U0377109

A Treatise On Probability

•1921•

约翰·梅纳德·凯恩斯文集

JOHN MAYNARD KEYNES

论概率

[英]约翰·梅纳德·凯恩斯 著

李井奎 译

复旦大學出版社

中文版总序

约翰·梅纳德·凯恩斯（John Maynard Keynes，1883—1946）是20世纪上半叶英国最杰出的经济学家和现代经济学理论的创新者，也是世界公认的20世纪最有影响的经济学家。凯恩斯因开创了现代经济学的“凯恩斯革命”而称著于世，被后人称为“宏观经济学之父”。凯恩斯不但对现代经济学理论的发展作出了许多原创性的贡献，也对二战后世界各国政府的经济政策的制定产生了巨大而深远的影响。他逝世50多年后，在1998年的美国经济学会年会上，经过150名经济学家的投票，凯恩斯被评为20世纪最有影响力的经济学家（芝加哥学派的经济学家米尔顿·弗里德曼则排名第二）。

为了在中文语境里方便人们研究凯恩斯的思想，由李井奎教授翻译了这套《约翰·梅纳德·凯恩斯文集》。作为这套《约翰·梅纳德·凯恩斯文集》中文版的总序，这里不评述凯恩斯的经济学思想和理论，而只是结合凯恩斯的生平简略地介绍一下他的著作写作过程，随后回顾一下中文版的凯恩斯的著作和思想传播及翻译过程，最后略谈一下翻译这套《约翰·梅纳德·凯恩斯文集》的意义。

一

1883年6月5日，约翰·梅纳德·凯恩斯出生于英格兰的剑桥郡。凯恩斯的父亲约翰·内维尔·凯恩斯（John Neville Keynes，1852—1949）是剑桥大学的一位经济学家，曾出版过《政治经济学的范围与方法》（1891）一书。

凯恩斯的母亲佛洛伦丝·艾达·凯恩斯（Florence Ada Keynes，1861—1958）也是剑桥大学的毕业生，曾在20世纪30年代做过剑桥市的市长。1897年9月，年幼的凯恩斯以优异的成绩进入伊顿公学（Eton College），主修数学。1902年，凯恩斯从伊顿公学毕业后，获得数学及古典文学奖学金，进入剑桥大学国王学院（King's College）学习。1905年毕业后，凯恩斯获剑桥文学硕士学位。毕业后，凯恩斯又留剑桥一年，师从马歇尔和庇古学习经济学，并准备英国的文官考试。

1906年，凯恩斯以第二名的成绩通过了文官考试，入职英国政府的印度事务部。在其任职期间，凯恩斯撰写了他的第一部经济学著作《印度的通货与金融》（*Indian Currency and Finance*，1913）。

1908年凯恩斯辞去印度事务部的职务，回到剑桥大学任经济学讲师，至1915年。他在剑桥大学所讲授的部分课程的讲稿被保存了下来，收录于英文版的《凯恩斯全集》（*The Collected Writings of John Maynard Keynes*，London：Macmillan，1971—1983）第12卷。

在剑桥任教期间，1909年凯恩斯以一篇讨论概率论的论文入选剑桥大学国王学院院士，而以另一篇关于指数的论文获亚当·斯密奖。凯恩斯的这篇概率论的论文之后稍经补充，于1921年以《论概率》（*A Treatise on Probability*）为书名出版。这部著作至今仍被认为是这一领域中极具开拓性的著作。

第一次世界大战爆发不久，凯恩斯离开了剑桥，到英国财政部工作。1919年初，凯恩斯作为英国财政部的首席代表出席巴黎和会。同年6月，由于对巴黎和会要签订的《凡尔赛和约》中有关德国战败赔偿及其疆界方面的苛刻条款强烈不满，凯恩斯辞去了英国谈判代表团中首席代表的职务，重回剑桥大学任教。随后，凯恩斯撰写并出版了《和平的经济后果》（*The Economic Consequences of the Peace*，1919）一书。在这部著作中，凯恩斯严厉批评了《凡尔赛和约》，其中也包含一些经济学的论述，如对失业、通货膨胀和贸易失衡问题的讨论。这实际上为凯恩斯在之后研究就业、利息和货币问题埋下了伏笔。这部著作随后被翻译成多种文字，使凯恩斯本人顷刻之间成了世界名人。自此以后，“在两次世界大战之间英国出现的一些经济问题上，更确切地说，在整个西方世界面临的所有重大经济问题上，都能听到凯恩斯的声音，于是他成了一个国际性的人物”（Patinkin，2008，p.687）。这一时期，凯恩斯在剑桥大学任教的同时，撰写了大量经济学的文章。

1923年，凯恩斯出版了《货币改革论》（*A Tract on Monetary Reform*，1923）。在这本书中，凯恩斯分析了货币价值的变化对经济社会的影响，提出在法定货币出现后，货币贬值实际上有一种政府征税的效应。凯恩斯还分析了通货膨胀和通货紧缩对投资者和社会各阶层的影响，讨论了货币购买力不稳定所造成的恶果以及政府财政紧缩所产生的社会福利影响。在这本著作中，凯恩斯还提出了他自己基于剑桥方程而修改的货币数量论，分析了一种货币的平价购买力，及其与汇率的关系，最后提出政府货币政策的目标应该是保持币值的稳定。凯恩斯还明确指出，虽然通货膨胀和通货紧缩都有不公平的效应，但在一定情况下通货紧缩比通货膨胀更坏。在这本书中，凯恩斯还明确表示反对在一战前的水平上恢复金本位制，而主张实行政府人为管理的货币，以保证稳定的国内物价水平。

1925年，凯恩斯与俄国芭蕾舞演员莉迪亚·洛波科娃（Lydia Lopokova，1892—1981）结婚，婚后的两人美满幸福，但没有子嗣。

《货币改革论》出版不到一年，凯恩斯就开始撰写他的两卷本的著作《货币论》（*A Treatise on Money*，1930）。这部著作凯恩斯断断续续地写了5年多，到1930年12月才由英国的麦克米兰出版社出版。与《货币改革论》主要是关心现行政策有所不同，《货币论》则是一本纯货币理论的著作。“从传统的学术观点来看，《货币论》确实是凯恩斯最雄心勃勃和最看重的一部著作。这部著作分为‘货币的纯理论’和‘货币的应用理论’上下两卷，旨在使他自己能获得与他在公共事务中已经获得的声誉相匹配的学术声誉。”

(Patinkin，2008，p.689）该书出版后，凯恩斯在1936年6月“哈里斯基金会”所做的一场题为“论失业的经济分析”的讲演中，宣称“这本书就是我要向你们展示的秘密——一把科学地解释繁荣与衰退（以及其他我应该阐明的现象）的钥匙”(Keynes，1971—1983，vol.13，p.354）。但是凯恩斯的希望落了空。这部书一出版，就受到了丹尼斯·罗伯逊（Dennis Robertson）、哈耶克（F. A. von Hayek）和冈纳·缪尔达尔（Gunnar Myrdal）等经济学家的尖锐批评。这些批评促使凯恩斯在《货币论》出版后不久就开始着手撰写另一本新书，这本书就是后来的著名的《就业、利息和货币通论》(Keynes，1936）。

实际上，在这一时期，凯恩斯广泛参与了英国政府的经济政策的制定和各种公共活动，发表了多次讲演，在1931年凯恩斯出版了一部《劝说集》(*Essays in Persuasion*，1931），其中荟集了著名的凯恩斯关于“丘吉尔先生政策的经济后果”(The Economic Consequence of Mr Churchill，1923）、“自由放任的终结”(The End of Laissez-faire，1926）等小册子、论文和讲演稿。1933年，凯恩斯出版了《通往繁荣之路》(*The Means to Prosperity*，1933），同年还出版了一本有关几个经济学家学术生平的《传记文集》(*Essays in Biography*，1933）。

在极其繁忙的剑桥的教学和财务管理工作、《经济学杂志》的主编工作及广泛的社会公共事务等等活动间歇，凯恩斯在1934年底完成了《就业、利息和货币通论》(《通论》）的初稿。经过反复修改和广泛征求经济学家同行们的批评意见和建议后完稿，于1936年1月由英国麦克米兰出版社出版。在《通论》中，凯恩斯创造了许多经济学的新概念，如总供给、总需求、有效需求、流动性偏好、边际消费倾向、乘数、预期收益、资本边际效率、充分就业，等等，运用这些新的概念和总量分析方法，凯恩斯阐述了在现代市场经济中收入和就业波动之间的关系。他认为，按照古典经济学的市场法则，通过供给自行创造需求来实现市场自动调节的充分就业是不可能的。因为社会的就业量决定于有效需求的大小，后者由三个基本心理因素与货币量决定。这三个基本心理因素是：消费倾向，对资本资产未来收益的预期，对货币的流动偏好（用货币形式保持自己收入或财富的心理动机）。结果，消费增长往往赶不上收入的增长，储蓄在收入中所占的比重增大，这就引起消费需求不足。对资本资产未来收益的预期决定了资本边际效率，企业家对预期的信心不足往往会造成投资不足。流动偏好和货币数量决定利息率。利息率高，会对投资产生不利影响，也自然会造成投资不足。结果，社会就业量在未达到充分就业之前就停止增加了，从而出现大量失业。凯恩斯在就业、利息和货币的一般理论分析基础上所得出的政策结论就是，应该放弃市场的自由放任原则，增加货币供给，降低利率以刺激消费，增加投资，从而保证社会有足够的有效需求，实现充分就业。这样，与古典经济学家和马歇尔的新古典经济学的理论分析有所不同，凯恩斯实际上开创了经济学的总量分析。凯恩斯也因之被称为"宏观经济学之父"。实际上，凯恩斯自己也更加看重这本著作。在广为引用的凯恩斯于 1935 年 1 月 1 日写给萧伯纳（George Bernard Shaw）的信中，在谈到他基本上完成了《就业、利息和货币通论》这部著作时，凯恩斯说："我相信自己正在撰写一本颇具革命性的经济理论的书，我不敢说这本书立即——但在未来 10 年中，将会在很大程度上改变全世界思考经济问题的方式。当我的崭新理论被人们所充分接受并与政治、情感和激情相结合，它对行动和事务所产生的影响的最后结果如何，我是难以预计的。但是肯定将会产生一个巨变……"（转引自 Harrod，1950，p.545）诚如凯恩斯本人所预期到的，这本书出版后，确实引发了经济学中的一场革命，这在后来被学界广泛称为"凯恩斯革命"。正如保罗·萨缪尔森在他的著名的《经济学》（第 10 版）中所言："新古典经济学的弱点在于它缺乏一个成熟的宏观经济学来与它过分成熟的微观经济学相适应。终于随着大萧条的出现而有了新的突破，约翰·梅纳德·凯恩斯出版了《就业、利息和货币通论》（1936）。从此以后，经济学就不再是以前的经济学了。"（Samuelson，1976，p.845）

在《通论》出版之后，凯恩斯立即成为在全世界有巨大影响的经济学家，他本人也实际上成了一位英国的杰出政治家（statesman）。1940年，凯恩斯重新回到了英国财政部，担任财政部的顾问，参与二战时期英国政府一些财政、金融和货币问题的决策。自《通论》出版后到第二次世界大战期间，凯恩斯曾做过许多讲演，这一时期的讲演和论文，汇集成了一本名为《如何筹措战费》（*How to Pay for the War*，1940）的小册子。1940年2月，在凯恩斯的倡议下，英国政府开始编制国民收入统计，使国家经济政策的制定有了必要的工具。因为凯恩斯在经济学理论和英国政府经济政策制定方面的巨大贡献，加上长期担任《经济学杂志》主编和英国皇家经济学会会长，1929年他被选为英国科学院院士，并于1942年被英国国王乔治六世（George VI）晋封为勋爵。

自从1940年回到英国财政部，凯恩斯还多次作为英国政府的特使和专家代表去美国进行谈判并参加各种会议。1944年7月，凯恩斯率英国政府代表团出席布雷顿森林会议，并成为国际货币基金组织和国际复兴与开发银行（后来的世界银行）的英国理事，在1946年3月召开的这两个组织的第一次会议上，凯恩斯当选为世界银行第一任总裁。

这一时期，凯恩斯除了继续担任《经济学杂志》的主编外，还大量参与英国政府的宏观经济政策的制定和社会公共活动。极其紧张的生活和工作节奏，以及代表英国在国际上的艰苦的谈判，开始损害凯恩斯的健康。从1943年秋天开始，凯恩斯的身体健康开始走下坡路。到1945年从美国谈判回来后，凯恩斯已经疲惫不堪，处于半死不活的状态（Skidelsky，2003，part 7）。1946年4月21日，凯恩斯因心脏病突发在萨塞克斯（Sussex）家中逝世。凯恩斯逝世后，英国《泰晤士报》为凯恩斯所撰写的讣告中说："要想找到一位在影响上能与之相比的经济学家，我们必须上溯到亚当·斯密。"连长期与凯恩斯进行理论论战的学术对手哈耶克在悼念凯恩斯的文章中也写道："他是我认识的一位真正的伟人，我对他的敬仰是无止境的。这个世界没有他将变得更糟糕。”(Skidelsky, 2003, p.833) 半个多世纪后，凯恩斯传记的权威作者罗伯特·斯基德尔斯基在其1 000多页的《凯恩斯传》的最后说：“思想不会很快随风飘去，只要这个世界需要，凯恩斯的思想就会一直存在下去。”(同上，p.853)

二

1929—1933年，西方世界陷入了有史以来最为严重的经济危机。面对这场突如其来的大萧条，主要西方国家纷纷放弃了原有自由市场经济的传统政策，政府开始以各种形式干预经济运行，乃至对经济实施管制。当时，世界上出现了德国和意大利的法西斯主义统制经济及美国罗斯福新政等多种国家干预经济的形式。第二次世界大战期间，许多西方国家按照凯恩斯经济理论制定和实施了一系列国家干预的政策和措施。凯恩斯的经济理论随即在世界范围内得到广泛传播。这一时期的中国，正处在南京国民政府的统治之下。民国时期的中国经济也同样受到了世界经济大萧条的冲击。在这样的背景之下，中国的经济学家开始介绍凯恩斯的经济理论，凯恩斯的一些著作开始被翻译和介绍到中国。从目前来看，最早将凯恩斯的著作翻译成中文的是杭立武，他翻译的《自由放任的终结》(书名被翻译为《放任主义告终论》，凯恩斯也被译作“坎恩斯”)，1930年由北京一家出版社出版。凯恩斯1940年出版的小册子《如何筹措战费》，也很快被翻译成中文，由殷锡琪和曾鲁两位译者翻译，由中国农民银行经济研究处1941年出版印行。在民国时期，尽管国内有许多经济学家如杨端六、卢逢清、王烈望、刘觉民、陈国庆、李权时、陈岱孙、马寅初、巫宝三、杭立武、姚庆三、徐毓枬、滕茂桐、唐庆永、樊弘、罗蘋荪、胡代光、刘涤源和雍文远等人，都用中文介绍了凯恩斯的经济学理论，包括他的货币理论和财政理论，但由于凯恩斯的货币经济学著作极其艰涩难懂，他的主要经济学著作在民国时期并没有被翻译成中文。这一时期，凯恩斯的经济学理论也受到一些中国经济学家的批评和商榷，如哈耶克的弟子、时任北京大学经济学教授的蒋硕杰，等等。

在中文语境下，最早完成凯恩斯《通论》翻译的是徐毓枬。徐毓枬曾在剑桥大学攻读经济学博士，还听过凯恩斯的课。从剑桥回国后，徐毓枬在中国的高校中讲授过凯恩斯的经济学理论。实际上，早在1948年徐毓枬就完成了《通论》的翻译，但经过各种波折，直到1957年才由三联书店出版。后来，徐毓枬翻译的凯恩斯的《通论》中译本也被收入商务印书馆的"汉译世界学术名著丛书"（见宋丽智、邹进文，2015，第133页）。1999年，高鸿业教授重译了凯恩斯的《通论》，目前是在国内被引用最多和最权威的译本。2007年南海出版公司曾出版了李欣全翻译的《通论》，但在国内并不是很流行。1962年，商务印书馆出版过由蔡受百翻译的凯恩斯的《劝说集》。凯恩斯的《货币论》到1997年才被完整地翻译为中文，上卷的译者是何瑞英（1986年出版），下卷则由蔡谦、范定九和王祖廉三位译者翻译，刘涤源先生则为之写了一篇中译本序言，后来，这套中译本也被收入商务印书馆的"汉译世界学术名著丛书"。2008年，陕西师范大学出版社出版了凯恩斯《货币论》另一个汉译本，上卷由周辉翻译，下卷由刘志军翻译。凯恩斯的《和约的经济后果》由张军和贾晓屹两位译者翻译成中文，由华夏出版社2008年出版。凯恩斯的《印度的货币与金融》则由安佳翻译成中文，由商务印书馆2013年出版。凯恩斯的《货币改革论》这本小册子，多年一直没见到甚好的中译本，直到2000年，才由改革出版社出版了一套由李春荣和崔铁醴编辑翻译的《凯恩斯文集》上中下卷，上卷中包含凯恩斯的《货币改革论》的短篇，由王利娜、陈丽青和李晶翻译。到2013年，中国社会科学出版社重新出版了这套《凯恩斯文集》，分为上、中、下三卷，由李春荣和崔人元主持编译。

三

尽管凯恩斯是20世纪最有影响力的经济学家，但是，由于其经济学理论尤其难懂且前后理论观点多变，英语语言又极其优美和灵活，加上各种各样的社会原因，到目前为止，英文版的30卷《凯恩斯全集》还没有被翻译成中文。鉴于这种状况，李井奎教授从2010年之后就致力于系统地翻译凯恩斯的主要著作，先后翻译出版了《劝说集》(2016)、《通往繁荣之路》(2016)、《〈凡尔赛和约〉的经济后果》(2017)、《货币改革略论》(2017)。这些译本将陆续重新收集在本套丛书中，加上李井奎教授重译的凯恩斯的《货币论》《印度的通货与金融》《就业、利息和货币通论》，以及新译的《论概率》《传记文集》等，合起来就构成这套完整的《约翰·梅纳德·凯恩斯文集》。这样，实际上凯恩斯出版过的主要著作绝大部分都将被翻译成中文。

自1978年改革开放以来，中国开启了从中央计划经济向市场经济的制度转型。到目前为止，中国已经基本形成了一个现代市场经济体制。在中国市场化改革的过程中，1993年中国的国民经济核算体系已经从苏联、东欧计划经济国家采用的物质产品平衡表体系（简称MPS）的“社会总产值”，转变为西方成熟市场经济体制国家采用的国民经济统计体系（简称SNA核算）从而国内生产总值（GDP）已成了中国国民经济核算的核心指标，也就与世界各国的国民经济核算体系接轨了。随之，中国政府的宏观经济管理包括总需求、总供给、CPI，货币、金融、财政和汇率政策，也基本上完全与现代市场经济国家接轨了。这样一来，实际上指导中国整个国家的经济运行的经济理论也不再是古典经济学理论和斯大林的计划经济理论了。

现代的经济学理论，尤其是宏观经济学理论，在很大程度上可以说是由凯恩斯所开创的经济学理论。但是，由于一些经济学流派实际上并不认同凯恩斯的经济学理论，在国际和国内仍然常常出现一些对凯恩斯经济学的商榷和批判，尤其是凯恩斯经济学所主张的政府对市场经济过程的干预（实际上世界各国政府都在这样做），为一些学派的经济学家所诟病。更为甚者，一些经济学人实际上并没有认真读过凯恩斯的经济学原著，就对凯恩斯本人及其经济学理论（与各种各样的凯恩斯主义经济学有区别，英文为“Keynesian economics”）进行各种各样的批判，实际上在许多方面误读了凯恩斯原本的经济学理论和主张。在此情况下，系统地把凯恩斯的主要著作由英文翻译成中文，以给中文读者一个较为容易理解和可信的文本，对全面、系统和较精确地理解凯恩斯本人的经济学理论，乃至对未来中国的理论经济学的发展和经济改革的推进，都有着深远的理论与现实意义。

是为这套《约翰·梅纳德·凯恩斯文集》的总序。

韦　森

2020 年 7 月 5 日谨识于复旦大学

参考文献

Harrod, Roy, 1951, *The Life of John Maynard Keynes*, London: Macmillan.

Keynes, John Maynard, 1971-1983, *The Collective Writings of John Maynard Keynes*, 30 vols., eds. by Elizabeth S. Johnson, Donald E., Moggridge for the Royal Economic Society, London: Macmillan.

Patinkin, Don, 2008, "Keynes, John Maynard", in Steven N. Durlauf & Lawrence E. Blume eds., *The New Palgrave Dictionary of Economics*, 2nd ed., London: Macmillan, vol.4, pp.687-717.

Samuelson, Paul A., 1976, *Economics*, 10th ed., New York: McGraw-Hill.

Skidelsky, Robert, 2003, *John Maynard Keynes 1883-1946: Economist, Philosopher, Statesman*, London: Penguin Book.

宋丽智、邹进文：《凯恩斯经济思想在近代中国的传播与影响》，《近代史研究》，2015 年第 1 期，第 126—138 页。

绪　言

本书的主题，是由莱布尼茨(Leibniz)首先提出来的。在他二十三岁所写的一篇论文中，他谈到波兰国王的选择模式，认为概率学是逻辑学的一个分支。在此前一些年，泊松(Poisson)曾这样写道："由一位交游甚广的人向一位严肃的扬森主义者[1]提出了一个关于机会游戏的问题，这乃是概率演算的起源。"在随后的几个世纪里，梅雷骑士(Chevalier de la Méré)使帕斯卡尔(Pascal)感兴趣的代数运算，[2]一直主导

---

[1] 这位交游甚广的人指的是梅雷骑士，这位严肃的扬森主义者指的是数学家帕斯卡尔，但实际上帕斯卡尔的观点与扬森主义也不完全相同，最著名的莫过于帕斯卡尔对人的看法。在帕斯卡尔看来，人是可怜的，但也是伟大的，在宇宙这座天平上，他非常渺小，"一滴水就能把他置于死地；他像一棵柔弱的芦苇。"但是，他是一棵"有思想的芦苇"，盲目的宇宙可以摧毁他与他的所有成就，但他是有意识的，他知道什么比他更强大，所以他才因空间的死寂而恐惧。扬森主义(又被译为詹森主义)是罗马天主教在17世纪的运动，其理论强调，神在创世之前就已经拣选预定要得救的人，如果没有神的恩典与拣选，靠着人的努力永远不可能得到救赎。人只有借着耶稣的死才能得到救赎，而且人也无法抗拒神的恩典，得救与否单看上帝的预定，上帝要赐给人的恩典不能被拒绝，也不需要人的同意，在逻辑上人只是自然或超自然定命论的牺牲品，他的行为不是决定于自然就是决定于恩典。此派在18世纪后逐渐衰落。——译者注

[2] 在17世纪，法国流行这样一个赌博游戏：连续抛掷一个骰子4次，赌是否会出现至少一个1点。经过试验，赌徒梅雷骑士发现至少出现一个1点比不出现的几率似乎要稍微大一些。他总是赌"会出现"，每次算下来他总是赢。在这(转下页)

着当时的知识界,超过了哲学家对人类能力如何通过确定合理的偏好而指导我们行为的更为深邃的研究,概率也就更经常地被看成是数学问题而非逻辑学问题。因此,这个领域出现了很多新奇的思想,而且由于是新的思想,所以也就有许多未经过滤、不够准确或者尚不充分的地方。就这一主题,我提出了我的一套系统性概念,供大家批评和扩充,至于我自己是否能够推动这项研究的发展,只能俟之长远。这项研究最初是我为申请剑桥大学研究员职位所提交的论文,中间为战争所打断,在这些年中我又对之进行了扩展。

从本书可以看到,我深受 W. E. 约翰逊(W. E. Johnson)[1]、G. E. 摩尔(G. E. Moore)[2]和伯特兰·罗素(Bertrand Russell)[3]的影响,也可说是深受剑桥学人的影响。剑桥学人虽然从欧洲大陆的学者身上得到很大的滋养,但却是对洛克(Locke)[4]、贝克莱(Berkeley)[5]、休

(接上页)个赌博游戏的一个"加强版"中,赌徒们需要猜测,连续抛掷两个骰子 24 次,是否会出现至少一对 1 点。梅雷骑士想,两个骰子同时掷出 1 点的几率显然是单个骰子掷出 1 点的几率的 1/6,为了补偿几率的减小则必须要抛掷骰子 24 次。因此,两个赌博游戏换汤不换药,赌"出现"获胜的几率应该是一样的。他每次都赌会出现一对 1 点,但奇怪的是,几乎每次的最终结果都是输。他感到百思不得其解,于 1654 年 7 月 29 日向数学家帕斯卡尔寻求一个合理的解释。帕斯卡尔与大数学家费马(Fermat)用信件就此进行了交流,最终提出了概率问题的若干原理,创立了概率学。——译者注

[1] 即威廉·恩斯特·约翰逊(William Ernest Johnson, 1858—1931 年),英国哲学家、逻辑学家和经济理论家。——译者注

[2] 即乔治·爱德华·摩尔(George Edward Moore, 1873—1958 年),英国哲学家,与伯特兰·罗素一同被认为是分析哲学的主要创始人。——译者注

[3] 即伯特兰·阿瑟·威廉·罗素(Bertrand Arthur William Russell, 1872—1970 年),英国哲学家、数学家和逻辑学家,分析哲学的创始人之一。——译者注

[4] 即约翰·洛克(John Lcocke, 1632—1704 年),英格兰哲学家,最具影响力的启蒙思想家,英国最早的经验主义者之一。——译者注

[5] 即乔治·贝克莱(George Berkeley, 1685—1753 年),英格兰哲学家,经验主义的代表人物之一。——译者注

谟(Hume)[1]以及穆勒(Mill)[2]和西季威克(Sidgwick)[3]等人的英国传统的直接继承。尽管这些前辈学人的学说彼此各异，但他们对何谓事实则有着共同的取向，他们把自己的研究看成是科学的一个分支，希望以此而非作为散文家创造性的想象，来得到世人的理解。

J. M. 凯恩斯

剑桥大学国王学院

1921年5月1日

[1] 即大卫·休谟(David Hume, 1711—1776年)，苏格兰哲学家、经济学家、历史学家，苏格兰启蒙运动领袖之一。——译者注

[2] 即约翰·斯图亚特·穆勒(John Stuart Mill, 1806—1873年)，也被译为密尔，英国著名哲学家、经济学家，19世纪影响力极大的古典自由主义思想家。——译者注

[3] 即亨利·西季威克(Henry Sidgwick, 1838—1900年)，英国哲学家，著名的功利主义伦理学家。——译者注

目录

第三编 归纳与类比

第四编 概率的一些哲学应用

第五编 统计推断基础

第一编　基本概念

第一章 概率的含义

我不止一次说过，我们需要一种新的逻辑来处理可能性的程度。

——莱布尼茨

§1. 我们知识中的一部分是直接取得的，一部分则是通过论证(argument)得来。概率理论关注的，就是那部分我们通过论证得到的知识，它讨论的是由此得来的结果之确定或不确定的程度。

在学院派逻辑学的大多数分支里，譬如三段论或理想空间几何学，所有的论证，其宗旨均在于表明确定性。它们要求**确凿的结论**(conclusive)。但很多其他的论证也是合理的，它们不假装具有确定性，这些论证也需要给予一定的重视。在形而上学、科学以及行为学中，我们所习惯的，把我们的合理信念建立于其上的大部分论证，是允许在较大或较小的程度上得出不那么确凿的结论的。如此一来，对这些知识分支所做的哲学处理，就需要对概率加以研究。

思想史引领逻辑学所遵循的方向，鼓励了这样一种观点，即：存疑的论证不在逻辑学的范围之内。但在实际的推理运用中，我们不会等到确定之后才下结论，或者认定对存疑论证的依赖是不合理的

(irrational)。如果逻辑学研究的是有效思考的一般原则,那么,对论证的研究,与证明性研究一样,都是逻辑学的一部分,给予其一定的重视是合理的。

§2. 术语**确定**(certain)和**可能**(probable)[1],描述了关于一个命题的合理信念的不同程度。我们拥有的不同知识量,使我们对该命题怀有不同程度的合理信念。所有命题都是或真或假的,但我们对它们拥有的知识,却取决于我们的环境;我们把各种命题说成是确定的或可能的,虽然通常是为了方便,但这也严格地表达了这样一种关系:在这种关系里,这些命题是对应于知识的**集库**(corpus)(包括实际的知识,也包括假想的知识)而成立的,而不是对应于这些命题本身的特征而成立的。一个命题能够同时具有不同程度的这种关系,这取决于与该命题有关的知识,因此,除非我们指明与该命题相联的知识,否则称该命题为"可能的"就是无意义的。

3

因此,某种程度上说,概率可以说是主观的。但就对逻辑学的重要意义言之,概率不是主观的。也就是说,它并不受制于人类的反复多变(human caprice)。一个命题之所以是不可能成立的,乃是因为我们认为它不可能。而一旦把确定了我们知识的事实给出来,在这些环境中,哪些命题可能或哪些命题不可能,就是客观确定的,无关于我们的看法。因此,概率理论是逻辑学的,因为它关注的是信念的程度(the degree of belief)[在给定条件下,抱持这样的信念程度被认为是**合理**的(rational)],而不仅是特定个人的那些可能合理或不合理的实际信念。

给定构成我们最终前提的直接知识整体,这一理论告诉了我们有

[1] "可能"也可以译为"或然""盖然",本书中大部分都翻译为"可能",但有些时候也会根据语境使用后面两个译法。——译者注

哪些更深一层的合理信念——无论是确定的还是可能的——可以从我们的直接知识中由有效论证(valid argument)推导出来。这牵涉到对下述两类命题之间的纯粹逻辑关系:一类是体现我们直接知识的命题,另一类是寻求关于它们的间接知识的命题。挑选哪些特定的命题作为我们论证的前提,自然而然由特定于我们自身的主观因素而定。但这些关系是客观的,符合逻辑的。在这些关系中,其他命题相对于这些命题而成立,而且,这些关系使我们可以获得可能信念。

§3. 令我们的前提由一众命题 h 的任一集合构成,我们的结论由一众命题 a 的任一集合构成,如果关于 h 的知识,证明了(justify)对 a 具有 α 程度的合理信念是正确的,那么,我们就称 a 和 h 之间存在具有 α 程度的**概率关系**(probability-relation)。[1]

4

按照日常的说法,我们通常把**结论**(conclusion)描述为存疑(doubtful)、不确定(uncertain)或只是可能(only probable)三种。但严格来说,这些术语应该要么运用于我们对结论的**合理信念**的程度,要么运用于一众命题的两个集合之间的关系或论证上。关于这种关系或论证的知识,将能为合理信念的相应程度提供基础。[2]

§4. 我将完全抛开"事件"(event)这个术语,要知道,它可是迄今为止在这个主题的表达体系中,占据着极为重要地位的术语。[3]通常,对概率下笔的著作家们在讨论的是,用什么术语表示"事件"(events)的"发生"(happening)。在他们率先加以研究的那些问题上,我这样做并不会与通常的用法过于疏离。但现在的这些表达,乃是以一种含混而模糊的方式在使用;在讨论命题的真确(the truth)与概率,而

[1] 这可以写为:$a/h=\alpha$。

[2] 也可以参看本书第二章§5节。

[3] 除了那些我主要讨论其他人工作的章节(例如,第十七章)之外。

不是**事件**的出现(the occurrence)与概率方面,我这样做还不止是一种文辞上的改良而已。[1]

§5. 这些一般性的概念,不大会招致严重的批评。在思考和论证的一般过程中,我们时常假设,一种陈述的知识虽不能**证明**(proving)第二种陈述为真,却可以为相信它而取得**某种根据**(some ground)。我们可以断言,我们应该基于该证据而偏好诸如此类的信念。我们可以声称,为那些无法确凿证明的断言,找到了合理的根据。事实上,我们承认,由于该原因,那些陈述未予确立时,它们可能是未予证明的。而我们通过这些表达所传递的信息是完全主观的这个说法,似乎并未经过仔细推敲。当我们认定,达尔文为我们接受他的自然选择理论提供了有效根据时,我们不是简单在说,我们在心理上倾向于认同他;可以肯定,我们还打算传递这样的信念,即:我们正在合理地表现出把他的理论视为可能的倾向。我们相信,达尔文的证据和他的结论之间,存在着某种真正客观的关系。这种关系,是独立于我们信念简单事实的。虽然程度有别,但这种关系,就如同三段论那种确凿论证所存在的关系一样,真实而客观。事实上,我们是在声言,我们在正确地认识命题的一个集合(我们称之为我们的证据,并且它对于我们是已知的)和另外一个集合(我们称之为我们的结论,并根据第一个集合所提供的根据,赋予这些结论或大或小的权重)之间的逻辑联系。必须提请读者注意的

[1] 我所了解的第一位注意到这个问题的作者是安西隆(Ancillon),他在其著作《关于概率问题的疑问》(*Doutes sur les bases du calcul des probabilités*, 1794年)中写道:"如果说一个事件在过去、现在或将来很可能发生,那么这就意味着一项命题是可能的。"这一点也为布尔(Boole)在《思维定律》(*Laws of Thought*)第7页和第167页所强调。还可以参看祖伯(Czuber)所著《概率》(*Wahrscheinlichkeitsrechnung*)第1卷第5页,以及斯塔普夫(Stumpf)的《关于数理概率的一些概念》(*Über den Begriff der mathematischen Wahrscheinlichkeit*)。

是，我们所说的是命题集合之间的这类客观关系——即当我们做出此类断言时，我们所声称的可以为我们正确地察知的那一类关系。

§6. 把这种关系说成是概率关系，并不是在强拉词语的用途。实际上，数学家是在更为狭窄的意义上使用该术语的。因为他们经常将它局限在那类受到限制的例子上，在这些例子中，该关系要适于进行代数处理。但在一般用法中，这个词语从未受到过这类限制。

概率论的研究者将会发现，我最终确实是涉及了他们所熟悉的主题的。我称他们为概率论研究者，是在出版过《概率》(*Wahrscheinlichkeitsrechnung*)或《概率演算》(*Calcul des probabilités*)这些代表性著作这个意义上来说的。但我们必须在一开始(或近乎在一开始)就准备着手对所有数理概率(mathematical probability)的研究者曾遇到过的，且众所周知未尝解决的根本困难，做出严肃的尝试，并对我们的主题宽泛地加以处理。一旦数理概率不再是纯粹的代数，或它假装可以指导我们的决策，那么，它马上就会遇到它自己的武器所无能为力的问题。而即便我们以后只想在狭义上使用概率，也要先知道其最广泛意义上的含义。

§7. 因此，在命题的两个集合之间，存在着一种关系。根据这种关系，如果我们知道第一个集合中的命题，我们就可以给第二个集合中的命题赋予某一程度的合理信念。这一关系就是概率逻辑的实质主题。 6

大量的混淆和错误，都是因为我们不能正确对待概率的这一相关面向(*relational* aspect)所致。由前提“a 蕴涵 b”和“a 为真”，我们可以得出关于 b 的某种结论——即 b 为真——这一结论并不牵涉 a。但是，如果 a 与 b 这样联系在一起，即关于 a 的知识可以为我们提供对 b 合理的可能信念，那么，如果不参照 a，我们是得不出关于 b 的任何结论的；而且，包含 a 的自洽前提的每一个集合，并不都具有与 b 的这种相同联系。因此,称“b 是可能的”,与称“b 是等于的”或“b 是大于的”一样,都是无用的;而且,同样没有正当理由,可以让我们得到这样的结论:因为 a 使 b 可能,所以,a 和 c 共同使 b 可能;这就像在说,因为 a 小于 b,所以 a 和 c 共同小于 b。

因此,在日常语言中,我们称某一看法是可能的,并不需要进一步地在资格上加以限定,这个时候,“可能”这个词语通常是被略去不提的。我们的意思是,当某些思虑或隐或显地出现在当时我们的头脑中,被纳入进来加以考虑时,它就是可能的。我们使用这个词汇是出于简化,这就好像我们谈到一个三英里远的地方,我们的意思是指,离我们彼时所在的地方有三英里远,或者离某个我们默会其所指的出发点有三英里远。没有哪个命题本身既可能又不可能,正如没有哪个地方本质上很遥远一样;同一个陈述的可能性,随所呈现的证据而有所差别,可以说,这种差别来自参照来源的选择。我们可以集中关注我们自己的知识,并在把它作为我们的参照来源时,按照能带来日常语言省略形式的那种普遍习惯,思考所有其他猜想的可能性;或者,我们可以同样把它集中在一个所提出的结论上,去讨论从假设(assumptions)的不同集合出发,它所导出的可能性程度将会如何,而这些假设或许就构成了关于我们自身或其他人的知识之集库,或者这些假设只是假说(hypot-
7 heses)而已。

思考之后可以发现,这种表述与所熟知的体验是相互一致的。一个理论的可能性(probability)[1]取决于支持它的证据,这个推断并无什么新奇之处;而且,断言一种观点基于起先所接触到的证据从而判断

---

[1] 译者根据语境,有时候把 probability 翻译成“可能性”,有时候把它翻译成“概率”,这两个词本质上可以互换。——译者注

为可能,但基于更进一步的信息则站不住脚,也是司空见惯。随着我们的知识或我们的假设在变化,我们的结论就有新的可能性,这些可能性不是在于那些结论自身,而是相对于这些新的前提而言的。新的逻辑关系现在变得重要起来,也即,在我们正在研究的结论和我们新的假设之间的逻辑关系正在变得重要起来。但结论和先前的假设之间的旧有关系仍然存在,而且和这些新的关系一样真实。在后来的阶段,当对一种观点的某些反对意见广为人知时,却拒绝承认该种观点曾是可能的,这种行径,就像我们在到达了目的地后却拒绝它曾有三英里远一样不可思议。在与旧假说的关系上,这种观点仍然是可能成立的,正如目的地离我们的出发地仍然有三英里远一样。

§8. 对概率(probability)下定义是不可能的,除非它能让我们根据信念的合理程度而对概率关系的程度加以定义。我们无法按照更为简单的理念去分析概率关系。一旦我们从蕴涵(implication)的逻辑以及真假的范畴,过渡到概率的逻辑和知识、无知与合理信念的范畴,我们就可以注意到一个新的逻辑关系。在这个逻辑关系中,虽然它是逻辑学的,但我们先前对它并不感兴趣,而且它也不可能按照我们先前的概念被解释或定义。

从这种情况的本质来看,这种观点不能得到正面证明。按照其精神所作的这一推定,其中一部分原因,必然源于我们无法找到一个定义,还有一部分原因,则在于这个概念把它自己作为某种新颖而独立之物呈现给了心灵。如果我们的陈述是这样的,即一种观点基于起先接触到的证据是可能成立的,但基于进一步的信息变得站不住脚,也就是说,这一陈述并不仅仅关乎心理上的信念,那么,我不知道,按照形式逻辑其他的不可定义性,逻辑怀疑的要素该如何加以定义,或者其实质该如何得到表述。迄今为止,在定义上所作的尝试,后续章节中都会予以

8

批评。我认为,当我们言及一个论点之概率时,这些尝试没有一个精确地表达了浮现在我们脑海中的那种特定的逻辑关系。

绝大多数情况下,不同的人使用"可能"(probable)这个术语,似乎在一致地描述同样一个概念。我认为,观点的差异,不能归因于语言的极端模糊性。无论如何,希望减少逻辑的不可定义性,这种愿望总会很轻易地走得过远。即便一项定义最终是可以被发现的,但把它推迟一段时间,等到我们对定义之对象的研究得到大大推进的时候再来理会,也并没有什么危害。在"概率"(probability)这种情况中,摆在人类心智面前的这个对象,我们是如此熟悉,以致由于缺少定义而错误地描述其特性所带来的危险,要少于该对象远离正常的思考通道,而成为一个高度抽象的实体所带来的危险。

§9. 本章虽然没有界定本书的主题,但就其内容来看,也算是对它略作了展示。本章旨在强调,当我们无法从其中的一个命题集合去证明另外一个命题集合时,这**两个命题集合之间存在一种逻辑关系**。这是一个最根本的主张。它不是全新的,却很少得到应有的强调,它通常被我们忽略了,有时候我们甚至拒绝承认它。概率源于前提与结论之间特定关系的存在,就其接受性来说,这个观点取决于对该概念真正特性深思之后所给出的判断。在概率这个标题下,我们的目标就是要讨论这种关系的主要性质。不过,首先,我们必须稍微岔开一下话题,以便简要讨论谈到**知识**(knowledge)、**合理信念**(rational belief)和**论点**(argument)时我们之所指。

9

第二章　概率与知识理论的关系

§1. 我不想涉足认识论问题，对这些问题，我也不晓得它们的答案；只要可能，我就渴盼进入哲学或逻辑学的特定部分，这部分才是本书的主题。不过，对于本书作者所由出发的那种看法，如果读者意欲有所了解，那么这里就有必要给出某种解释。因此，对于第一章所大致给出或假设的某个部分，我会加以扩展。

§2. 首先，在我们信念的合理部分和不合理部分之间，存在着区别。如果某人出于一种荒谬绝伦的原因相信某一事物，或者毫无缘由地相信某一事物，那么，即使他确实相信它，且它事实上是真的，我们也不可能说他是在**理性地**(rationally)相信它。另一方面，当一项命题事实上为假时，某人也可以理性地相信它是**可能成立**的。因此，合理信念(rational belief)和单纯的信念(mere belief)之间的区别，与真信念和假信念之间的区别，并不一样。合理信念的最高程度，我们称其为**确定合理信念**(*certain* rational belief)，相当于是**知识**。当我们对某物有确定合理信念时，我们就可以被说成是知道(know)某物，反之亦然。下文我们对合理信念的可能程度所作的阐述，会给出若干理由，鉴于这些理由，更为可取的做法是，我们把**知识**作为基础，并根据它来定义**合理信念**。

§3. 接下来，我们来看确定的合理信念部分与只是可能的合理信念部分之间的区别。信念,无论合理与否,都有程度之分。合理信念的 10 最高程度,或信念的合理确定性,以及其与知识之关系,前文我们已经介绍过。不过,与合理信念可能程度的知识的关系,又是什么呢?

在这种情况下,我们**知道** (know) 的命题(比如,q),与我们对之有着某一可能程度(比如,α)的合理信念的命题(比如,p),是不一样的。如果我们的信念所基于的证据为 h,那么,我们所**知道**的命题,即 q,就是命题 p 对命题集 h 产生程度为 α 的概率关系;而我们的这一知识,是在命题 p 上以程度 α 的合理信念,让我们相信了它。为了方便,我们称像 p 这样的命题为"初级命题"(primary propositions),这样的命题不包括对概率关系的断言;我们称诸如 q 这样的命题为"次级命题"(secondary propositions),这样的命题断言存在概率关系。[1]

§4. 这样一来,关于一个命题的知识,总是相当于对该命题的合理信念的确定性,同时,也相当于该命题本身实际为真。除非一个命题事实上为真,否则我们无法知道它。另一方面,对一个命题的合理信念的可能程度,源于对某一相应的次级命题的知识。如果一个人所依赖的次级命题为真且确定,那么,当一个命题事实上为假时,他可以理性地认为该命题是可能的;然而,如果一个人所依赖的次级命题非真,那么,即使当一个命题事实上为真,他也无法理性地认为该命题是可能的。这样一来,无论是何等程度的合理信念,都只能源于知识,虽然这一知识在上述意义上,可能是关于次级于具有合理信念程度的命题之命题的知识。

§5. 在这一点上,把迄今所使用的概率的三种含义加以综合,是值得一做的。在其最根本的意义上,我认为,它指的是两个命题集合之间

[1] W. E. 约翰逊先生建议我使用"初级"命题和"次级"命题的分类。

的逻辑关系，第一章§4节中，我把它称为概率关系。本书绝大部分内容主要处理的就是这一点。从这种意义上衍生出来的是下面这个意义：如前文所述，在这个意义上，**“可能的”**(probable)这个术语被运用于源于次级命题知识的合理信念的程度，这些次级命题在根本逻辑意义上明确肯定了概率关系的存在。进一步来说，把术语**“可能的”**运用于这样的命题之上——这一命题是合理信念可能程度的对象，而且对包含了证据的那些命题产生了所讨论的那种概率关系——通常很方便，不一定会带来误导。

§6. 我现在转向直接知识和间接知识的区别——即我们直接可知的合理信念的部分与我们通过论证所知的部分之间的区别。

我们从我们所拥有的各类事物开始，我所选择的称呼，不会参考**“直接认识”**(direct acquaintance)[1]这一术语的其他用途。认识这类事物本身并不构成知识，虽然知识是从与它们认识而来。我们直接认识的最重要的那些类事物，是我们自己的感觉［我们可以称其为**体验**(experience)］、思想或意义［对它们我们作过思考，我们可以称其为**理解**(understand)］，以及感知材料或意义的事实、关系抑或特征［我们可以称其为**感知**(perceive)］——体验、理解和感知是直接认识的三种形式。

知识和信念的对象——与我命名为感觉、意义和感知的直接认识对象相对立——我命名它为**命题**(propositions)。

现在，我们对命题的知识似乎可以通过两种方式取得：对所认识对象加以深思而直接得到的结果；以及**经过论证**，通过感知这一命题(我们对它寻求知识)与其他命题的概率关系而间接得到的结果。在第二

［1］“acquaintance”一词有些著作将其译为“亲知”，与“直接认识”同义。——译者注

种情况下,无论一开始怎么样,我们所知的都不是命题自身,而是一个关涉到它的次级命题。当我们知道了一个关涉到作为词(subject)的命题 p 的次级命题时,我们可以说具有了关于 p 的间接知识。

12

在适宜的条件下,关于 p 的间接知识,会在适当的程度上带来对 p 的合理信念。如果这一程度是确定性程度,那么,我们就不只是拥有关于 p 的(about p)间接知识,而且还拥有了 p 的(of p)间接知识。

§7. 我们举些直接知识的例子。从对黄色这种色彩感觉的认识来看,我们可以直接得到对如下命题的知识:“我有对黄色的感觉。”从对黄色的感觉之认识,以及对“黄色”“色彩”“存在”的含义之认识来看,我或许能够得到这一命题的直接知识:“我理解黄色的含义”,“我对黄色的感觉是存在的”,“黄色是一种颜色”。这样一来,通过某种很难尽述的心智过程,我们能够从对事物的直接认识,得到关于我们对其拥有感觉或理解其含义的事物之命题的知识。

接下来,通过对我们拥有直接知识的命题加以深思,我们就能间接地得到其他命题的或关于其他命题的知识。我们由直接知识得到间接知识所凭借的心智过程,在某些情况下和某种程度上是可以进行分析的。我们从命题 a 的知识得到关于该命题的知识,是可以通过对它们之间逻辑关系的感知得到的。有了这一逻辑关系,我们就有了直接认识。知识的逻辑学主要是由对逻辑关系的研究所充任,对逻辑关系的直接认识,让我们能够得到断言概率关系的次级命题的直接知识,在有些情况下,这样也可以让我们得到关于初级命题的间接知识。

不过,在间接知识的情况下分析心智过程,并不总是可能的,或者说,通过感知我们经由何种逻辑关系而从一个命题的知识得到关于另外一个命题的知识,并不总是可能的。但是,尽管在有些情况下,我们

看似直接从一个命题得到了另外一个命题,可我却倾向于认为,在所有 13
这类合理的转换之中,有些专有类型的逻辑关系必然存在于这些命题之间,即使在我们不能明确认识到它的时候,也是如此。无论如何,只要我们通过对一个命题与另外一个命题关系加以深思即可得到关于该命题的知识,而这另外一个命题我们是拥有知识的——甚至在这一过程不可分析时也是如此——我便称它为一项**论证**。诸如我们在普通思维中通过一个命题而到另外一个命题所拥有的知识,即便两个命题之间存在逻辑关系,我们也没有办法说出在它们之间可以感知到的是何种逻辑关系,那么,这种知识就可以被命名为不完全知识(uncompleted knowledge)。而从对相关逻辑关系的确切理解中所得到的知识,可以命名为纯粹知识(knowledge proper)。

§8. 因此,这样我就区分了直接知识和间接知识,区分了基于直接知识的我们的合理信念部分和基于论证的合理信念部分。关于**何种**事物我们是能够直接知道命题的,并不容易说明。关于我们自己的存在,我们自己的感觉材料,某些逻辑概念以及某些逻辑关系,我们通常都认为我们是拥有直接知识的。对于引力定律,月球另一面的地表情况,肺结核的疗法,全英火车时刻表的内容,我们通常也都认为我们并**不**拥有直接知识。但很多问题是存疑的。**哪些**逻辑概念和关系我们可以直接认识,关于我们是否能够直接知道**其他人**的存在,以及我们何时直接知道关于感觉材料的命题,又在何时对它们做出解释——这都是不可能给出清楚的答案的。此外,通过记忆,还存在另外一类特有的衍生知识。

在某一既定的时刻,存在着大量我们既无法直接知道,也无法通过论证认识的知识——但我们记住了它。我们可以把它作为知识加以记忆,而且会忘记我们最初是如何知道它的。我们一旦知道了它,并且

14 现在还会有意识地记起它，就完全可以称之为知识。但要在有意识的记忆、无意识的记忆或习惯成自然，以及纯粹的本能或与（习得或遗传的）理念之非理性的联系之间画出一条线来，并不容易；其中的最后一条，我们简直不能称它为知识，因为它不像前两个，它甚至不是从知识中得出来的（至少在我们身上是这样的）。尤其是在眼见为实的情况下，要对我们信念所产生的不同方式加以区分，是很困难的事情。因此，我们无法总能说清楚，哪些是记忆的知识，哪些根本不是知识；而当知识被记起时，我们并不总能同时记得住，它最初到底是直接知识，还是间接知识。

尽管本书主要关注通过论证得到的知识，但还有一类直接知识，也即对次级命题的知识，我不得不对之也有所涉及。在每一项论证中，我们唯一能直接可知的是，我们可以知道使这项论证本身有效和合理的次级命题。当我们通过论证知道某事时，这也必可通过对结论与前提之间的某种逻辑关系之直接认识而得到。因此，在所有知识中，存在某种直接的要素；而逻辑从来都不可能变成纯粹机械的步骤。逻辑所能做的，就是对推理的安排，从而使可以被直接感知的逻辑关系变得清晰而简单。

§9. 必须再说一句，术语“**确定性**”有时会在一种单纯的心理意义上用于描述一种心智状态，而不涉及信念的逻辑基础。我对这个意义角度并不关心。它也可以用于描述合理信念的最高程度，而这，是与我们当前的目的相关的意义角度。确定性的独特一面在于，涉及确定性的次级命题，它的知识连同在证据条件下在这个次级命题上成立的知识一起，会带来**相应的初级命题的知识**，而不仅是**关于相应的初级命题的知识**。另一方面，涉及概率程度低于确定性的一个次级命题的知识，连同该次级命题的前提的知识，仅会带来对于该初级命题**适宜程度的**

合理信念(a rational belief of the appropriate degree)。后一种情况中呈现的知识,我称之为关于(about)该初级命题或论证结论的知识,以与该初级命题或论证结论的(of)知识相区别。 15

关于概率,我们所能说的只是,其信念的合理程度低于确定性;如果我们喜欢,我们还可以说,它处理的是确定性的程度。[1]或者这么说,这两个说法中哪一个更基础,我们就对概率取哪种说法,并且把确定性视为概率的一种特殊情况,实际上是把它视为**最大概率**(maximum probability)。若稍微不严格些,我们可以这样说,如果我们的前提使结论变得确定,那么,它就可以从这些前提中**得出来**;如果它们使它变得非常可能,那么,它就非常接近从它们中得出来。

使用"不可能性"(impossibility)这个术语,把它作为"确定性"的负向关联词,有时候会很有用,尽管前者有时有一个关联关系(associations)的不同集合。如果 a 是确定成立的,那么,a 的对立面就是不可能成立的。如果 a 的知识使 b 确定成立,那么,a 的知识就使 b 的对立面不可能成立。这样一来,如果一个给定的前提证明了一个命题是错误的,那么,对于该前提,这个命题就是不可能成立的;不可能性的关系是最小概率的关系。[2]

---

[1] 这种观点经常为大家所取,例如,贝努利(Bernoulli)就持这种观点,拉普拉斯(Laplace)偶尔也持这种观点;弗莱斯(Fries)也持这种观点(参看:Czuber, *Entwicklung*, p.12)。那种认为概率讨论的是真理(truth)的程度,这种看法源于对确定性与真理的相互混淆,偶尔也为人所持有。未来事件既非真也非假的亚里士多德主义的学说,可能就是这样创立起来的。

[2] 必然性(necessity)和不可能性,就这些术语在模态理论(Theory of Modality)中被使用的那些意义上来看,似乎与概率论中确定性关系和不可能性关系是一致的,包含概率中间程度的其他模态,也与概率的中间程度相一致。几乎到17世纪末,对模态的传统处理,实际上还都是一种把概率关系纳入形式逻辑范围之内的初步的尝试。

§10. 我们已经区分了合理信念和不合理信念，以及在程度上是确定的合理信念和只是可能的合理信念。相应地，我们把知识区分为直接知识和间接知识，是初级命题的知识还是次级命题的知识，以及是其**对象的**(of)知识还是只是**关于其对象的**(about)知识。

16

为了让我们能够对具有确定程度的命题 p 拥有合理信念，以下两个条件必须满足其中的一个：(i)我们直接知道 p；或者(ii)我们知道一众命题 h 的一个集合，并且还知道断言 p 和 h 之间有确定关系的某一个次级命题 q。在后面这个情况里，h 可以既包含次级命题，也包含初级命题，但 h 的所有命题应该是**已知**的，这是一个必要条件。为了我们能够对 p 拥有比确定性为低的概率程度的合理信念，我们有必要知道命题 h 的集合，并且知道断言 p 和 h 之间概率关系的某一次级命题 q。

在上文中，有一种可能性被排除在外。假设我们无法对 p 拥有比确定性为低的概率程度的合理信念，除非通过了解所指定类型的一个次级命题而实现。也就是说，这样的信念只能通过对某一概率关系的感知才能产生。为了使用术语的一般用法(虽然这种用法与上文所接受的不一致)，我假设所有直接知识都是确定的。这就是说，所有知识，所有那些以某种方式严格地直接从对客体的认识加以深思，并且未尝把任何的论证和对其他关于此的知识之逻辑关系的深思予以混合而得来的知识，都相当于是**确定的**合理信念，而非只是可能程度的合理信念。的确，当信念的根源仅来自有所认识(acquaintance)时，**似乎**就存在知识和合理信念的程度，正如当其根源来自论证时存在知识和合理信念的程度一样。但我认为，这种表象部分源于对直接知识和间接知识进行区分所存在的困难，部分源于在**可能知识和含混**(vague)**知识之**间存在的混淆。我这里无法试着去分析含混知识的含义。但可以肯定,它与纯粹知识是不一样的东西,无论纯粹知识是确定的还是可能的,其结果都是如此;似乎它也不大可能经受得住严格的逻辑推敲。不管怎么样,我还是无法知晓如何对它加以处理,尽管它也确实很重要, 17 但我不会为了努力取得全面处理含混知识的理论,而使一个本就困难的主题进一步复杂化。

接下来,我假设只有真命题是已知的,术语"可能知识"应该被术语"合理信念的可能程度"取代,合理信念的可能程度无法直接源于知识,而只是作为论证的结果,也就是说,直接源于断言存在某种逻辑概率关系的次级命题,在这种概率关系中,信念的对象相对于某一已知的命题而成立。对于这样的论证(如果存在这样的论证的话),其最终前提以某种不同于上述方式的其他方式为我们所知,譬如可以称之为"可能知识",我的理论不经修改是不足以处理它们的。[1]

基于直接知识的特定信念之对象,与间接产生的特定信念正相反,对于前者有一个既定的表达式;我们的合理信念既确定又直接的命题,则被称为是自明的(self-evident)。

§11. 总之,知识对个人的相对性或已得到简要的述及。知识的某一部分——关于我们自己的存在或我们自己感觉的知识——显然与个人经验有关。我们无法绝对地谈论知识——只能谈论特定人的知识。知识的其他部分——例如逻辑公理的知识——可能看起来更加客观。但我想,我们必须得承认,这也是相对于人类心智的构成而言的,而人类心智的构成在一定程度上人人而殊。对我来说自明的东西,以及我真正了解的东西,对你来说或许只是一种可能的信念,或者

[1] 不过,不管怎么样,我目前都不是在说,一项论证的最终前提总要是初级命题。

说也许根本无法构成你的合理信念的一部分。这可能不仅适用于像**我的**存在之类的事情，而且还适用于一些逻辑公理。有些人——的确 18 有这种情况——可能比别人具有更加强大的逻辑直觉。而且，人类直觉似乎对某些类命题具有力量，对某些类命题则没有，这之间的区别可能完全取决于我们心智的构成，而对完全客观的逻辑来说毫无意义。我们不能假设说，所有为真的次级命题都是，或者应该是普遍已知的，就像我们不能假设所有为真的初级命题都是已知的一样。对某些概率关系的理解，可能超出了我们中的一些人或所有人的能力范围。

因此，我们所知道的以及可以归因于我们的合理信念的概率，相对于个人而言都是主观的。但是，考虑到我们的主观能力和环境提供给我们的大量前提，且给定各种逻辑关系（论证可以基于这些逻辑关系，而且我们有能力感知到它们），我们可以合理地得出的结论，就在客观的和全部的逻辑关系上相对于这些前提而成立。我们的逻辑，关注的是通过一系列特定类型的步骤从**有限的**前提中得出结论。

有了这些关于我所理解的概率与知识论关系的简要说明，我就从不是本书主要主题的终极分析和定义问题，转到逻辑理论和上层建筑（superstructure）上来，它处于终极问题和理论应用的中间位置，无论这些应用是采用通用的数学形式，还是具体和特定的形式。为此目的，如果我使用完全准确的术语，对语言做出细微的改进，那么这只会妨碍阐述，不会增加其清晰度或准确性，这些对于在非常基本的研究中避免错误是必要的。因此，尽管我竭力避免本章的内容与后面的内容有任何分歧，并且只使用可以翻译成（**若有此需要**）完全准确的语言的迂回说法，但我不会断然丢弃以前的著作家所习惯使用的那种方便但不够严密的表达方式，而且，这种方式还具有至少在一般情况下读者们易于理解的优点。[1]

[1] 当代所有逻辑哲学研究者都面临的这个问题，在我看来，它更像是一个**风格**(style)问题——因此与其他此类问题一样，需要根据同样的考虑来解决——而不是通常假设的问题。有时我们需要非常精确的陈述方法，例如在罗素先生的《数学原理》(*Principia Mathematica*)中使用的方法。但休谟的以英文文字所作的表述也有好处。摩尔先生在《伦理学原理》(*Principia Ethica*)中发展了一种居间的风格，这种风格在他手里变得有力而优美。但那些不全部认同罗素先生反而卖弄精确性的研究者，有时候只是过于迂腐罢了。他们不会吸引读者的注意，他们所使用的语汇重复而复杂，阻碍了对完全精确性的理解，而且它们也没有真正达到完全的精确。技术性的和非常规的表达，并不总是最好的避免思想混乱的方法，对于那样的表述，我们的心智(mind)并没有给出理解上的即时回应；在细致的形式主义遮掩下，是可以加以表述，但如果用平实的语言表达，我们的心智就会马上予以否定。因此，可以这样说，这有助于理解你一**直在说**的内容，并且永远不会把你的论点的实质简化为思想状态(mental status)x 或 y。

第三章　概率的测量

§1. 之前我言及概率时，关心的是合理信念的程度。这个词汇意味着，在某种意义上，它是可定量的，可能是能够予以测量的。因此，可能论点之理论（the theory of probable arguments）必定充满着对赋予不同论点的各自权重的比较。现在，我们来讨论这个问题。

到目前为止，人们都是很自然地假设，在“概率”这个词汇完全字面的意义上言之，它是可以测量的。我将不得不限制而非扩展这一流行的学说。但是，我暂时把自己的理论作为背景，而从讨论现有关于这一主题的一些观点开始。

§2. 人们有时候认为，任何一对概率的程度之间数值上的比较，不仅可以想象，而且实际上也在我们的能力范围之内。例如，边沁（Bentham）[1]在他的《司法证据学原理》（*Rationale of Judicial Evidence*）一书中，[2]提出了证人证言可能是标明它们确定性程度的一种尺度；其他一些人则很认真地给出了一种“概率度量计”（barometer

[1] 即杰里米·边沁（Jeremy Benthan, 1748—1832 年），英国哲学家、法学家和社会改革家。——译者注

[2] 第一卷，第六章维恩（Venn）提到过此书。

of probability)。[1]

这样的比较在理论上是可能的,无论我们是否在每种情况下都有能力进行比较,这种理论上的可能性总是广为大家所接受。下面的引文[2]很好地体现了这种立场:

> 我不明白,关于所提出的假说,信念的每一个确定程度自身能以一个数值表示来表征,对此加以质疑的基础何在。无论多么困难,或者多么不切实际,都可以肯定,这样的实际取值是存在的。在某一状态下,人类身体所有粒子的活动数量,也是很难估计的;但没有人怀疑,这个数量存在一个数值表示。我之所以提到这一点,是因为不确定福布斯教授(Professor Forbes)是否把在某些情况下**弄清数值**(asertaining numbers)的困难,与通过数值进行表达所设想的困难相区分。前者的困难是真实存在的,但只是相对于我们的知识和技能而言是这样;后者的困难,如果也是真实存在

21

---

[1] 读者或许会想起吉本(Edward Gibbon,即英国历史学家爱德华·吉本。——译者注)的建议:"可能要造一个神学的度量计,这位红衣主教(巴罗尼乌斯)[即凯撒·巴罗尼乌斯(Caesar Baronius),意大利天主教徒,天主教会史学家,在1596年担任红衣主教和1597年梵蒂冈图书馆馆长之后,受教皇委托撰写了一部十二卷的《教会年代纪》,以反驳路德教派的进攻。在方法上,他只重视用大量的史料来驳倒对方的论据,并不纠缠于神学的争论,以史料来证明当时的天主教会是纯洁的,同彼得初创时的天主教会没有什么不同,因而并不像新教教徒所说的那样是腐败堕落的。——译者注)]和我们的同胞米德尔顿博士[Dr. Middleton,即Conyers Middleton(1683—1750年),英国牧师,一生纠缠于各种宗教争议与争执中深陷泥潭无法自拔,吉本对他在其本人书中的观点以及论证多不赞同。——译者注]应该构成相对的两个遥远的极端,因为前者已然处在轻信的最低程度,与其学识相契合,而后者则升到了怀疑主义的最高点,与其宗教高度一致。"

[2] 参看:W. F. 唐金(W. F. Donkin),《哲学杂志》(*Phil. Mag.*),1851年。他在这篇文章里回复了J. D. 福布斯(J. D. Forbes)(《哲学杂志》,1849年8月)的文章对这种观点提出的质疑。

的,那么它在这一重要主题上就是绝对的、内在的,但我认为情况并不是这样。

德·摩根(De Morgan)[1]也秉持着同样的观点,其理由是,只要我们有程度上的不同,数值比较在理论上就**必定**是可能的。[2]也就是说,他假设所有概率都可以按照量值的顺序进行排列,据此他认为,它们必定是可以测量的。不过,那些身兼数学家的哲学家们却不再认为,只要前提正确,结论就能从中推导出来。客体对象可以按照顺序排列——有关于此,我们可以合理地称它为具有程度或量值——而不必存有可以构想出测量个体间差异的度量制之可能。

即使德·摩根不这么认为,其他人可能也会持有这种观点,这部分地是因为,对于他们来说,概率研究是很小众的。概率计算领域所得到的关注,远逊于概率逻辑;对于处理这个主题的整个领域,数学家缺乏动力。他们很自然地把他们的注意力限制在那些特殊的情况上,对于这些特殊情况的存在,在稍晚阶段上将会得到证明,到了那时,代数表征(algebraical representation)已经有其可能。因此,在理论家的心目中,概率是与那些我们用许多具有排他的、可穷尽的同等概率备选项来表示的问题联系在一起的;这些很容易即可应用于这类环境的原理,无需再做深入研究,它们都被认定具有普遍有效性。

22

§3. 按照在定义中必然涉及概率的数值特征这种情况看,概率的

[1] 即奥古斯特·德·摩根(Augustus De Morgan, 1806—1871年),英国数学家、逻辑学家,德·摩根定律的提出者。——译者注

[2] "当'更大'和'更小'这些词语可以得到应用时,虽然可能无法被我们所测量,但我们可以设想两倍大、三倍大,等等。"——见词条"概率理论",《大百科全书》(*Encyclopaedia Metropolitana*),第395页。在他的《形式逻辑》(*Formal Logic*)(第174、175页)一书中,他更加谨慎一些;但就概率而言,他还是得出了相同的结论。

各种理论也可以说已经被提了出来,并被广泛接受。例如,常有人说,概率是"有利的事例"数目与总"事例"的数目之比率。如果这个定义是准确的,那么由此可以推知,每一种概率都可以适当地由一个数字表示,而且事实上**就是**一个数字(number),因为比率根本不是一个数量(quantity)。也是在这种基于统计频率的定义情况下,根据定义,相应于每一概率必有一个数值比率。基于它们的这些定义和理论,我将在第八章讨论;它们与观点上的根本差异有关,这些差异不一定会加重当前论证的负担。

§4. 如果我们从理论家的这些观点转到实践者的经验上来,那么,赞成所有概率存在数值估值的推想,就可以建立在保险公司的实践以及劳埃德银行[1]针对实际存在的风险进行投保的意愿之上。保险公司实际上是愿意——可能是强烈要求——给每一种情况命名一个数值指标,并以金钱支持它们的观点的。但这种做法只是表明,许多概率比某一数值指标更大或更小,而不是指它们自身在数值上是明确的。只要保险公司确定的保险费**超过了**可能的风险,那么,这样对保险公司来说就已经足够了。但是,撇开这一点,我表示怀疑的是,对于极端情况下,保险公司在确定保险费之前的思考过程是否完全合理和明确;或者换一种说法,两个同等精明的经纪人基于同样的证据,是否总会得出同样的结论。例如,在预算案之前生效的保险情况里,所援引的数字必然部分地是随意而定的。在这些数字上,是存在着随意为之的因素的,当经纪人引用一个数字时,他的心智状态与一个庄家在确定投注赔率时的心智状态很相像。同时,他或许可以基于庄家的原则来挣得利润,然 23

[1] 劳埃德银行(Lloyd's banking group)是英国四大私营银行之一,1765年建立,初名泰勒·劳埃德公司,兼并50多家银行后于1889年改为现名。该银行是伦敦票据交换银行之一,总行设在伦敦。——译者注

而，在某些范围内，庄家坐庄确定的具体数字则是任意为之的。也就是说，他几乎可以肯定，在茶叶、蔗糖和威士忌这些商品上，有不止一项商品会被征新税；国外也可能有一种观点（这观点可能合理，也可能不合理），认为这三项商品被征新税的可能性，其大小依次为——威士忌、茶叶、蔗糖。所以，对于三者中同样的数量，可以在30%、40%和45%的水平上收取保险费。因此，他可以确定得到15%的利润，而无论他的报价或许是多么的荒唐和随意。这些新税的征收概率是否真可以按照30%、40%和45%来予以测度，对于保险业能否取得成功来说，并不是必需的；有商人愿意在这些比率上进行保险，这应该也就足够了。此外，即使报价只是部分地任意而为的，这些商人可能也会很明智地去购买保险。因为除非把可能的损失限制在一定的范围内，否则他们就会遭受破产之厄。如果针对其中一种可能性有特别大的保险需求，那么，其比率就会上升。这一事实表明，原则上来说，该交易就是一种博彩方式，这个可能性没有改变，但"庄家"却处在倾覆的危险之中。美国总统选举提供了一个更为清楚的例子。1912年8月23日，如果伍德罗·威尔逊博士当选，那么，劳埃德银行有60%的可能性需要支付全部损失，如果塔夫脱先生当选，那么这一可能性是30%，如果是罗斯福先生当选，则这个数字是20%。[1]针对每一个候选人的当选，同等数量上购买保险的经纪人，肯定可以在这些比率上挣到10%的利润。对这些条款嗣后的修改，基本将取决于申请每一类保险政策的人数。如果说这些数字以某种方式代表了对概率所作的合乎逻辑的数值估计，那么，这

[1] 1912年美国总统大选，出现了4个候选人，他们分别来自四个党派，最终，民主党人伍德罗·威尔逊得票600余万张，当选美国总统。西奥多·罗斯福代表新成立的"民族进步党"参选，得票400多万张，共和党人塔夫脱得票300多万张，社会党人尤金·德布兹得了80万张选票。——译者注

种说法有可能成立吗?

在有些保险费上,随意的因素看起来甚至更大。例如,我们来看沃勒塔(Waratah)这艘消失在南非水域的船只的再保险费率。随着时间 24 的逝去,再保险费率也在提高;派出搜寻它的那些船只的出发,则会让再保险费率下降;一些无名的残片被发现,再保险费率则会提高;三十年前,在类似的环境下,也有一艘船无助地漂浮了两个月后才被发现,并没有严重毁损,当大家记起这样的历史事实时,再保险费率又下降了。难道我们能认为,这些逐日有别的行情——75%、83%、78%——是合理地确定的?或者说,难道我们能够相信,实际数字不是在一个宽泛的范围内随意而定,并且受某些人的任性想法所确定的吗?事实上,保险公司自己是这样对两类风险进行区分的:第一类风险,可以适当地加以保险,原因要么是它们的概率可以在比较狭窄的数值范围内进行估计,要么是有可能像庄家坐庄那样能对所有概率都了如指掌;第二类风险则不能以这种方式来对待,它们也不能构成常规保险业务的基础,尽管人们有时候会偶尔赌上一把。因此,我认为,保险公司的做法不是支持了所有概率均可测量且给出数值估计这种观点,相反,这些做法还弱化了这种观点。

§5. 在这个方面,还有一类实践家,比哲学家更为敏感,那就是律师。[1]对能在某个较为狭窄的范围内加以估计的概率与无法加以估计的概率所做的区分(这对于我们当前的目的来说是很有意义的),已

---

[1] 莱布尼茨提到,法学家在概率程度之间做出过微妙的区分;在一本计划写作却没有完成的书[该书一度被命名为《试论概率的法律地位》(*Ad stateram juris de gradibus probationum et probabilitatum*)]的前言里,他建议把这些区分作为或然问题(contingent questions)中的逻辑模型来对待[库图拉特(Couturat),《莱布尼茨的逻辑学》(*Logique de Leibniz*),第240页。]

经在有关损害的一系列司法判决中出现。下面这段文字[1]摘录自《泰晤士法律报告》(*Times Law Reports*),在我看来,这种混合了流行性的措辞和法律措辞的说法,非常清楚地阐发了我们所讨论的逻辑要点:

这是赛马的饲养者为要求补偿因被告违约所造成的损害而引发的行为。这个契约是这样的,赛麟(Cyllene)是被告所拥有的一匹赛马,1909年到了季节,应该与原告的母马交配。1908年夏天,被告在未经原告同意的情况下,以30 000英镑的价格把赛麟卖到了南非。原告要求被告赔偿一笔钱,其数额等于他通过拥有一匹与赛麟交配的母马而在过去四年中平均挣得的利润。在这四年里,他曾拥有四匹小雄马,共卖了3 300美元。在这一基础上进行计算,他的损失为700几尼。[2]

> 杰尔夫法官先生(Mr. Justice Jelf)说,如果他能够做到的话,他是非常渴望找到从法律上令被告补偿原告的某种模式的。但这个损害问题令人望而生畏,对于他的头脑来说,存在着不可逾越的困难。如果这些损害确有其事,那么这里可以补偿的损害必须是对利润的损失估计,或者是其他的名义损害。这一估计值只能基于一系列的或然事件。如此一来,就得假设赛麟(和其他的马)在需要它完成服务的时候都是活着的,而且体格也都很好;送来的母马也得到了良好的喂养,不会不能生育;怀上小马驹不会流产;小马驹生下来是活的,而且是健康的。在这类情况里,他只能依靠机会的加权;法律一般会认为,取决于机会加权的损害实在是太遥远了,因此无可补偿。基于概率进行损害估计,一如"辛普森诉L.和

[1] 我对最初的报告[萨泊威尔诉巴斯案(Sapwell v. Bass)]做了压缩处理。

[2] 根据英国当时的货币单位,1英镑等于20先令,1先令等于12便士,1几尼等于1.05英镑,即等于21先令。——译者注

N. W. 铁路公司案”(1, Q. B. D., 274)中的情况一样,对于这个案例,首席法官科伯恩(Cockburn, C. J.)表示:“在一定程度上,这一损害必属推测无疑,但不判以任何损害赔偿是没有理由的。”对于这种损害估计,应在对完全不确定的损害之要求权之间画出一条分界线。他(杰尔夫法官先生)认为,当前这个案件正好在这条线上。在参考了“梅恩论损害赔偿”(Mayne on Damages)(第八版,第70页)之后,他指出,在“华生诉安伯格铁路公司案”(15, Jur., 448)中,由于铁路公司把机器装上驳船运去展览过晚造成违约,帕特森法官(Patteson, J.)似乎认为,估计这一违约行为所带来的损失,或许应该考虑机器在展览上获奖的几率;但厄尔法官(Erle, J.)好像认为这类损害太过遥远。在杰尔夫大法官看来,就各方的思虑范围而言,获奖的几率在达成契约时并不具有充分确定的价值。26 而且,在当前的这个案例中,意外事件非常多,也非常不确定。他会判原告有权获得名义损害赔偿,这就是他有权做到的一切了。这些损害赔偿额被评估为1先令。

其他还有一个类似的案例,可以引用过来进一步表达这一相同的要点,而且我们引用它,还因为它阐明了另外一个要点,即弄清楚概率计算背后的假设之重要性。这个案例[1]源自《每日电讯报》(*Daily Express*)发起的选美大奖赛。[2]这个大奖赛的情况是这样的,主办方从所提交的6 000张照片中选出若干张来,然后以下面的方式发表在该报纸上:

---

[1] 查普林诉希克斯案(Chaplin v. Hicks, 1911年)。

[2] 大奖是在戏剧中出演角色,以及(按照这篇文章的说法)之后就有可能嫁入豪门。

联合王国被分为许多个区，主办方把生活在每个区被选上来的候选人的照片提交给该区的报纸读者，通过他们投票选出他们认为最漂亮的人。有一位名叫斯摩尔·希克斯的先生(Seymour Hicks)，对于获得票数最多的50位佳丽，他会亲自从中选出12个，并愿意为她们提供工作机会。原告是其中一个区的冠军，她认为，她没有得到获取工作的合理机会，由此损失掉了她有可能成为这12人之一的机会所带来的价值，对此要求相应的赔偿。陪审团发现，被告确未曾以合理的方式提供给原告机会以供挑选。在暂不考虑对概率的评估问题的情况下，倘若他们可以来估价这一损失，那他们就评估它为100英镑。这一问题被摆到了法官皮克福德先生(Justice Pickford)面前，之后又呈送到了上诉法院法官沃恩·威廉姆斯勋爵(Lord Justice Vaughan Williams)、弗莱彻·莫尔顿(Fletcher Moulton)以及哈维尔(Harwell)面前。这里有两个问题——概率应该相对于何种证据进行计算，以及它在数值上可以测量吗？被告的辩护人认为，“如果要考虑原告的机会之价值，那么，它 27 必定是在选美比赛一开始计算出来的那个价值，而不是在她被选为50佳丽之一以后的那个价值。由于参赛的照片有6 000张，而且还要考虑到被告作为最后裁决者的个人口味，所以，其成功几率的价值实际上是难以计算的。”其第一个论点认为，她应该作为6 000人中的一个，而非作为50个人中的一个进行考虑，但这显然是荒谬的，法院不会被这种说法所蒙骗。但另外一个论点，即作为裁决者的个人口味这一问题，却带来了更大的困难。在估计该几率上，法院是否应该搜集并考虑关于该裁决者对不同类美女的偏好之证据呢？法官皮克福德先生并未对此问题给出说明，但他认为，这一损害能够估计得出来。法官沃恩·威廉姆斯勋爵在上诉法院给出的判决如下：

正如他所理解的那样，这里有50位竞争者，奖励名额是12个，奖励的价值相同,因此,胜出的机会平均大概是四分之一。然后,有人认为,决策者的头脑中可能会出现的问题成千上万,以致运用平均律是不可能的。但他并不认同这一点。还有人认为,如果在任何情况下我们都不可能做到精准和确定,那么,把损害说成难以评估就是对的。他认同的是,可能有难以评估的损害赔偿,对此平均律之所以不可能加以运用,乃是因为对于运用它所不可或缺的数字取值不是那么容易取得。在这些报告中有些案例就是这样,这种观点可以得到它们的支持,但他还是拒绝了这样的建议:由于精准和确定未尝达到过,所以陪审团没有职责或义务来判定这些损害赔偿……他(法官沃恩·威廉姆斯勋爵)拒绝承认的是:你无法精准和确定地评估这一事实,使做错事的人免于对因其不承担相应义务而造成的损害进行赔偿。他不会规定,每一案件都让陪审团来评估这些损害赔偿;有一些案件,其损失如此依赖于另外一个人不受约束的决定,以致不可能从违约行为中得出任何可以评估的损失。这里没有市场可资判断,这一点是千真万确的;参与选美的权利属于个人,不可能转让。他不认为,那个发现自己是50佳丽之一的选美者可以到市场上去,把她选美之权利售卖出去。同时,陪审团可能也会合乎情理地问他们自己这样一个问题:如果有参与选美之权利,那么它是否可以转让,转让之价又如何。在这些情况下,他认为,这才是陪审团的事情。 28

法官沃恩·威廉姆斯勋爵的态度很清楚。原告显然遭受到了损害,正义要求对她进行补偿。不过,同样很显然的是,相对于可以获得最完全的信息并考虑到裁决者个人的口味,这一概率绝对无法以数值上的精准性来加以估计。而且,对于原告成为她所在的地区冠军(地区数目少于50)这一事实,应该赋予多大的权重,也是不可能给出来的;不过,这让她的机会超过了50人中的那些(未能成为地区选美冠军的)

佳丽的机会。因此,正义必须得到伸张。为了简单起见,我们简化一下案情,忽略这一证据的其中一部分。"平均律"(doctrine of averages)是适用的,或者换句话说,原告的损失可以评估为奖励价值的五十分之十二。[1]

§6. 那么,这件案子这样办经得住推敲吗? 无论这样的事情在理论上是否可以想象,都不可能进行实际判断,经由这种判断,可以切实地为每一论点的概率赋予一个数值。我们非但无法测量它们,我们是否总能按照它们的量值来给它们排序也未可知。这件案子也没有给出有关它们进行估值的任何理论法则。

然而,鉴于这些事实,在每种情况下任何两种概率即使在理论上是否可以根据数字进行比较这个疑问,也并未受到严肃的对待。但在我看来,接受这种怀疑的理由非常充分。让我们再看几个例子。

29

§7. 我们来看一项归纳或一项概括(generalisation)。我们通常认为,每一个新增的例证都会提高这一概括得以成立的概率。基于三个不同条件的试验得出的结论,要比基于两个条件得出的结论更可信。但是,用数值度量来测度该结论可靠度的增加,又可以援引什么样的理由或原理呢?[2]

---

[1] 不过,陪审团评定这一损失为100英镑,他们可没有考虑得这么细。因为奖励额的平均值(我忽略了计算奖励价值的那些细节)是不可能被公平地估计得高达400英镑的。

[2] 拉普拉斯(Laplace)和其他学者(甚至包括当代的学者)认为,一项归纳的概率是可以通过一个公式测量的,这个公式名为继承法则(rule of succession),按照这个法则,某一事件出现n次,基于此得到的一项归纳的概率为$\frac{n+1}{n+2}$。对使这一法则成立的推理心悦诚服的那些人,请暂缓下判断,我们到第三十章再来对此加以审视。但我们这里可以指出的是,基于一个单一例证(它似乎可以由该公式而为一项结论提供合理的理由)进行概括,认为该几率是2比1,则是极端荒谬的。

或者，我们来看另外一类情况，我们有时候会有理由认为，如果一个对象和某一范畴中其他已知的成员具有相似性(例如，如果我们正在考虑某幅画作是否应该归到某位画家名下)，那么，这个对象就属于该范畴，而且相似性越大，我们结论成立的概率就越大。但在这些情况中，我们无法测度这种概率的增加，我们可以说，一幅画作中某个特别的印记，提高了某位画家作此画作的概率，我们已知这位画家在画它的时候作为特色会加上这样的印记，但我们不能说，这些印记的出现，使比没有这些印记的画作更可能为这位画家作品的两倍、三倍或其他多少倍。我们可以说，一件事物比起它与第三件事物的相像，更像第二件事物；但说这种相像有两倍之多，则是没有任何意义的。就度量而言，概率与相似性非常类似。[1]

30

或者，我们来看生活中的一般情况。我们出门散步——我们活着回到家的概率是多少？这个概率总有一个数值指标吗？如果暴风雨加身，这个概率就会小于之前那个，但是，此一变化可以用某个明确的数值量来表示吗？当然，可能会有数据，使这些概率在数值上可以相互比较；或许我们可以认为，关于因被闪电击中而死亡的统计学知识能使这样的比较成为可能。不过，如果这类信息没有包含在这一概率所涉及

[1] 几乎没有哪个研究概率的学者明确承认，概率虽然在某种意义上是定量的，却可能无法进行数值比较。埃奇沃斯(Edgeworth)的“机会哲学”(Philosophy of Chance)[《心智》(*Mind*)，1884 年，第 225 页]认为，对概率“虽然不能给出数值上的估计值，但仍可能具有重要的定量意义”。哥德施密特(Goldschmidt)[《概率》(*Wahrscheinlichkeitsrechnung*)，第 43 页]的著作也曾被人引用，表明其持有着多少与此相类的观点。他认为，概率在根由上之缺乏可比较性，通常是以普通用法中对或然(the probable)的可测性而言的，而且对于测量一种论点相对于另外一种论点的数值，也并不必然存在良好的理由。另一方面，对可能程度的数值表述，虽然一般来说不大可能，但其本身并不与该观念相矛盾；对于与相同的环境相联系的三个陈述，我们完全可以说其中一个比另外一个更为可能，以及哪一个是三者中最可能的。

的知识之内,那么,这一事实就与实际上所讨论的概率不相关,从而无法影响它的取值。此外,在有些情况下,由一般的统计学或许可以导出这一数值概率,却由于关于其特定情况的新增知识的出现而无法适用。吉本[1]可以从大量重要的统计知识和精算计算中推断他的生活前景。但如果有一个医生过来帮助他,那么这些计算的精准度就变得没有多大用处了;吉本的生活前景比之前或许更好,也可能更坏,但他不可能再计算得出一日或一周内他活下来的机会有多大。

在这些情况下,我们或许能够在量值顺序上排列这些概率,并推断新添的数据是强化还是弱化了论点,虽然新的论点比旧的论点强多少或者弱多少,这个估计值并没有什么基础可言。但在另外一类情况里,在量值顺序上是否有可能排列这些概率呢?或者说,我们可以说这一个更大、那一个更小吗?

§8. 我们来看三组实验,每一组都可以导向一项概括(generalisation)。第一组包含的试验数量更多;在第二组中,不相关的条件得到了更为细致的分辨;在第三组中,这项概括在范围上要比其他两者更为宽泛。在这样的证据之上,这些概括中哪一个最为可能呢?不错,我们对此并没有答案;它们之间既不是相等的,也不是不相等的。我们无法总按照归纳而能就其相似性加以权衡,或者说,无法按照支持它的证据多少来断定这项概括的适用范围。如果我们比以前有了更多的根据,那么,比较就是有可能的;但是,如果在这两种情况下的根据截然不同,那么,哪怕是多与少这样的比较都是不可能的,更不要去说数值上的测量了。

31

---

[1] 即爱德华·吉本(Edward Gibbon, 1737—1794年),近代英国杰出的历史学家,影响深远的史学名著《罗马帝国衰亡史》一书的作者,18世纪欧洲启蒙时代史学的卓越代表。——译者注

这产生了一种观点，我曾听说有人认同于它。该观点认为，尽管并非所有的概率测度、所有的概率比较均在我们的能力范围以内，但在每一论证情况下，我们都可以说出，它比不可测度、不可比较是可能性**更高**还是**更低**了。当我们开始出去散步时，我们对于下雨的预期总是或者比不下雨**更高**，或者比不下雨**更低**，或者和不下雨的预期一样？但我却打算认为，在某些情况下，这些选项**没有一个**是成立的，是否决定带把伞备着，是一件很随意的事情。如果气压表数值很高，并且云呈乌色，那么，在我们的脑海中，其中的一个选项应该压倒另外一种，甚或我们应该使它们保持平衡，这并不总是合理的——虽然是随意决断，但不再因此而浪费时间争论，也是一项合理的选择。

§9. 因此，有一些情况肯定没有合理的基础，却发现可以做数值上的比较。这里的情况并不是说，由理论所规定的计算方法超出了我们的能力，或者实际应用太过劳烦。无论多么不切实际的计算方法，都**没有**给出来过。我们也没有什么表面上看起来过得去的指标，表明所有概率的量值存在着可以合理参照的共同单位。概率的程度并不是由某种同质的内容构成，并不明显可以分为彼此共享相似特征的不同部分。因此，一个断言，即给定概率的大小与其他概率的大小成数值比率，似乎除非它基于当前的概率**定义**之一（我将在后面的章节中单独讨论这个定义），否则就完全得不到这类支持，该类支持通常可以在数量的可测量性不容否认的情况下给出。不过，这一论点值得进一步深究。

32

§10. 这里有四个备选项可供选择。要么是，在某些情况下根本没有概率；要么是，概率并不都属于按照某一共同单位测量的量值之单一集合；要么是，这些测量指标虽然存在，但在许多情况下是未知的，而且**必然是未知的**；要么是，概率确实属于这样的一个集合，其测量指标可以由我们来确定，尽管我们并不能总是在实践中来确定它们是多少。

§11. 拉普拉斯和他的追随者排除了前两个选项。他们认为，只要**我们知道它**，每一个结论都会在 0 到 1 的概率数值范围内有其位置，他们发展了关于**未知**概率的理论。

在处理这一内容上，我们必须清楚，当我们说概率是**未知**的时候，我们的意思指的是什么。我们的意思到底是指由于在给定证据而进行的证明上缺乏技能所导致的未知，还是指由缺乏证据而带来的未知？如果单是第一种，那倒是可以容许的，因为新的证据会给我们新的概率，而不是给我们关于原来概率的更为充分的知识；而对于既定证据上的陈述之概率，我们无法通过与截然不同的证据相比较从而确定其概率来发现。由第二种意义上来获得未知概率理论的合理性，是我们一定不能容许的。一般来说，我们经由概率的关系不会获得太有价值的信息，除非它为结论提供了一个介于狭窄数值范围之间的概率。因此，在日常的实践中，我们并不总是认为自己**知道**一个结论的概率，除非我们可以从数值上估计它。也就是说，我们很容易把“**可能的**”这个表达语的使用，限制在那些数值情况上，并断言在其他情况下概率是未知 33 的。例如，我们可能会说，当我们坐火车旅行时，我们不知道出现火车事故而死亡的概率是多少，除非我们被告知往年的事故统计数据；或者说，我们不清楚我们中彩票的机会是多少，除非我们被告知这些奖票的数目情况。但经过思考必定可以搞清楚的是，如果我们在这个意义上使用该术语，——这无疑是一个完全合理的意义——我们应该说，在某些论证情况下，概率关系并不存在，而不是说它是未知的。这是因为，当新的证据的加入使我们有可能给出数值估计值的时候，它就不是我们发现的**这个**概率了。

可能这种未知概率的理论也可以从我们对论点进行估计的实践中

获得力量，如我所坚持的那样，通过参考那一些拥有数值取值的论点而知道这一些论点并不拥有数值取值。我们可以给出两个理想的论点，也就是说，在这两个论点上，证据的一般性特征基本上与我们知识范围内实际的情况相类，而其构成足以产生一个数值，我们可以判定，实际论点的概率位于这两者之间。因此，由于我们的标准指的是很多情况中的数值度量值，在这些情况下是不可能进行实际测量的，而且还由于概率位于这两个数值度量值之间，所以，我们就会认为，只要我们曾知道过它，它自己也必然具有这样的度量值。

§12. 那么，我们说一个概率是未知的，应该是指：由于我们缺乏从给定的证据中来证明之的技能，所以它对我们是未知的。这一证据为某种程度的知识提供了合理的理由，但我们推理能力的弱点阻碍了我们认识这一程度是什么样的。在这类情况里，我们至多只是**模糊地**知道，哪些前提在何种概率程度上可以给出结论来。情况显然是这样的：概率可以在这一意义上是未知的，或者虽是已知，但不像论证所证明的那样清楚。我们由于蠢笨而根本无法对概率做出任何估计，一如我们由于同样的原因而错误地估计一个概率一样。一旦我们可以在合理持有的信念程度以及实际上持有的信念程度之间做出区分，我们事实上 34 就已经承认，真正的概率对于每个人都是**未知**的。

但承认这一点并不能让我们有更多的认识。概率（请参阅第二章第§11节）在某种意义上与**人类**理性原理互相有关。概率的程度，也即对**我们**来说持有它的合理性，并不预设我们具有完美的逻辑洞察力，部分而言与我们事实上知道的次级命题互相有关；它并不取决于我们是否具有更为完美的逻辑洞察力。它是那些逻辑过程所产生的概率程度，是我们的头脑能够思虑的概率程度；或者，用第二章的语言来说，它是那些次级命题证明其为合理的概率程度，是我们事实上知道的概率程度。如果我们不取这种概率立场，如果我们不把它限制在这个方面，并在此程度上使其与人类能力互相有关，那么，我们就会全部停留在这种未知之上，浮于表面而无法深入；这是因为，我们不可能知道，通过对那些我们没有能力理解，而且必定总是没有能力理解的逻辑关系的感知，何种概率程度可以被证明为合理。

§13. 有人认为，有些情况无法赋予数值概率，这不是因为没有这样的概率，而只是因为我们不知道它。坚持这样认为的人，我敢肯定，他们真正的意思是说，如果增加我们的知识到一定程度，我们是可以赋予一个数值的，也就是说，我们的结论相对于稍有不同的前提是具有数值概率的。因此，除非读者坚持认为，在本章前面段落中我所引述的每一个例子里，基于那种证据，赋予该概率一个数值，在理论上是可能的，否则的话，我们就只剩下§10节中的前两个选项了：要么是，在有些情况里，根本不存在概率；要么是，概率完全不属于可以按照一个共同单位进行测量的量值的单一集合。在那些我们无法赋予其概率以数值的情况里，我们很难认为，我们的前提和我们的结论之间根本不存在任何 35 的逻辑关系；如果真不存在，那么，它实际上就是一个这一逻辑关系是不是具有某一类可以让我们确信能够称其为概率关系的问题，而不是是否可测量的问题。因此，这两个选项中，我们偏好哪一个，部分而言是一个定义的问题。也就是说，我们可以从概率（在最宽泛的意义上）中挑选出一个集合——如果这样的集合存在的话——其中所有的概率都可以按照一个共同的单位进行测量，我们称这个集合中的元素是概率，而且只有它们是概率（在狭义上）。我认为，把“概率”这个术语限制在这个方面非常不方便。这是因为，正如我将表明的那样，找到若干个集合，其每个集合的元素都可以按照对于该集合中所有元素都通用的单位来测量，是可能的事情。因此，选择其中哪一个集合，就具有一定程度的随意性。[1]而且,概率之间的这种区分,也即在可如此予以测量的概率与那些不可以如此测量的概率之间所作的区分,并不是根本性的。

不管怎么样,我在本书中的目的,都是要处理最宽泛意义上的概率,我反对把概率的范围局限在受到限制的那类论点上。如果并不是所有概率都可以测量这一观点看起来很矛盾,那么,这就可能是由于它与读者所预期的那种用法不一致所致。一般来说,即使普通的用法牵涉到某种数值测量,它也不会总是把那些无法测量的概率排除在外。过去那些对于在未知概率名义下于数值上不确定的概率所做的令人感到混乱的尝试表明,如果最初的定义过于狭窄,那么,把这一讨论局限在有意设定的范围之内将会是何等的困难。

§14. 那么,在下文中,我认为,在其量值不可能予以比较的元素之间,存在一些概率对(pairs of probabilities);虽然在量上不可比较,但我们却可以说在概率关系的有些对中,这一个更大,另外一个更小,尽管测度它们之间的差值并无可能;而且在每一种特殊类型的情况里,都可以对量值的**数值**比较赋予一种含义,这一点后文还会讨论。我认为,本章前文给出的那些例子的观察结果,与这一阐述是一致的。 36

我们说不是所有的概率都是可以测量的,这个意思是指,要对每一对我们具有某种知识的结论都下断言,称在其中一个结论上我们的合理信念的程度,与在另外一个结论上我们的合理信念的程度有着某种数值关系,是不可能做到的;我们说不是所有的概率都可以比较大和小,这个意思是指,断言在一种结论上我们信念的合理程度要么大于等

[1] 不都是如此。这是因为,选出确定关系所属的那个集合是自然而然的结果。

于,要么小于在另一种结论上我们信念的程度,并不总是可能的。

我们现在必须得检视一下概率的数量性质的哲学理论了,这个理论要解释结论,并证明其合理,如果前面的讨论是正确的,那么,经过思考就可在普通的论证实践中发现这样的理论。我们必须在心中谨记,我们的理论一定要应用于所有的概率,而不能仅限于有限的种类,正如我们不能接受预先假定其具有数值可测性的概率定义一样,我们也不能直接从程度差异中得出这些差异的数值上的测量指标。这个问题微妙而又艰难,因此,我在提出下面的解决方案上颇为踌躇;但我还是高度确信,与这里提出的结论相类似的东西是正确的。

§15. 概率或知识的所谓量值或程度(可以据以判断这个概率更大、那个概率更小的),实际上源自一种**顺序**,这个顺序可以把概率放置其中。举个例子来说,确定性、不可能性以及概率(概率是一个中值),构成了一个有序数列,概率位于确定性和不可能性**之间**。按照同样的办法,在确定性和排前头的这第一个概率**之间**,还会存在第二个概率。因此,当我们说一个概率比另外一个概率大时,它的确切意思是说,我们在第一种情况里合理信念的程度,位于确定性和我们在第二种情况里合理信念的程度**之间**。

37

关于这一理论,我们很容易可以看出,大与小之间的比较并不总是可能的。只有当它们和确定性都位于同样一个有序序列上时,它们才存在于两个概率之间。但如果有不止一个不同的概率序列存在,那么,很显然,只有那些属于**同**一序列的概率可以比较。如果"更大"这个属性可以应用于唯一地源于一个序列中各项的相对顺序的两项之一,那么,大与小的比较对于同一序列中的各项之间就都是可能的了,而对于非同一序列各项之间的比较则绝无可能。有些概率不能用大和小来进行比较,因为可以这样说,在证明和反证(proof and disproof)之间、确定性和不可能性之间存在着不止一条路径;位于两条独立路径上的两个概率中,其中任何一个不仅与另一个,而且也都与确定性没有"相互之间"的那种对于数量比较而言必不可少的关系。

如果我们在比较两个论点的概率时,在这两个论点上的结论都一样,而且其中一个的证据超过了另外一个的证据,因为前者包含了更为相关的一些事实,在这种情况下,这二者之间似乎显然存在一种关系,根据这种关系,其中一个比另外一个**更接近于**确定性。有若干类论点可以作为例证,在它们身上,这种关系的存在同样很明确。但我们不能认定,这在每种情况下都是存在的,或者可以根据大和小来比较每一对论点的概率。

§16. 类似的例子并不罕见,数量这个表达方式因其方便的宽泛性而被误用了,其误用的方式一如概率这个词的情况。最简单的例子莫过于"颜色"这个词。当我们把一个物体的颜色描述成比另外一个物体的颜色更蓝时,或者说某物体更绿时,我们的意思不是说,该物品的颜色拥有了蓝和绿的数量更多或更少;我们的意思是说,这种颜色在一个颜色序列上处于某一个位置,这个位置比我们所比较的那个颜色更接近于某个标准颜色。 38

另外一个例子可以由基数数字(cardinal numbers)来阐发。我们说"3"这个数字比"2"这个数字大,但我们不是在说,这些数字其中一个比另外一个拥有更大的量值。这一个数比另外一个数大,是因为它的位置处在数的序列上,它离原点零的距离更远。如果第二个数字位于零和第一个数字之间,那么我们就可以说第一个数字比第二个数字大。

但最为类似的比较还是相似性的比较。当我们说到三个物体 A、B 和 C 时,称 B 比 C 更像 A,我们的意思不是说,在某个方面,B 自身在数量上比 C 更大,而是说,如果这三个物体放在一个相似性序列里,

B 比 C 更接近 A。正如概率的情况一样，相似性也存在**不同的**序列。例如，一本裹着蓝色摩洛哥羊皮的书比它裹着蓝色小牛皮时更像一本裹着红色摩洛哥羊皮的书；一本裹着红色小牛皮的书比它裹着蓝色小牛皮时更像那本裹着红色摩洛哥羊皮的书。但是，裹着红色摩洛哥羊皮的书和蓝色摩洛哥羊皮的书之间存在的相似性程度，与裹着红色摩洛哥羊皮和红色小牛皮的书之间存在的相似性程度，却可能没有可比性。这一阐释值得特别关注，因为相似性和概率的序列之间的类比是如此重要，以致对它的理解可以极大地有助于阐发我希望传递的那些思想。与我们描述一个物体比另外一个物体更接近于相比较的标准物体一样，我们可以用同样的方式说，一个论点比另外一个论点更为可能（即更接近于确定性）。

§17. 关于概率是否能够进行**数值**比较这个问题上，我们还没有多加言说。对于某些类有序列来说，确实存在其组成元素之间距离以及顺序上的可测关系，其中一个元素与“原点”的关系，可以与另外一个元素与同一个原点的关系进行数值上的比较。不过，这类比较的合理性对于每种情况下的特定研究一定是非常重要的。

39

要想详细解释，一种含义有时如何以及在什么意义上可以给出概率的数值测量，得等到本书第二部分才可以做到。但如果我简要地给出我们将要得到的结论，那么，这一章会显得更为完整。我们将表明，复合概率（compounding probabilities）的过程可以定义有这样的一些特性，这些特性可以使之方便地被称为**加法**（addition）过程。因此，情况有时候会是这样，我们说一个概率 C 等于另外两个概率 A 和 B 的和，即 $C=A+B$。如果在这样的情况里，A 和 B 相等，那么，我们可以把它写为：$C=2A$，称 C 是双倍的 A。类似地，如果 $D=C+A$，我们可以写为 $D=3A$，如此等等。因此，我们可以给等式 $P=n.A$（其中 P 和 A 各是概率关系,n 是一个数字)赋予一种含义。确定性关系普遍取的是这类惯用的测量指标的一个单位值(the unit)。因此,如果 P 代表确定性,那么用日常语言来说,我们应该这样表示,概率 A 的量值是 $1/n$。我们还将表明,我们定义了一个适用于概率的过程,该过程具有乘法运算的性质。在可以进行数值测量的地方,我们可以在结果上做具有适度复杂性的代数运算。对于某些数值概率的有限种类所施予的关注,超出了其应有的实际重要性,这种关注,似乎是对所有概率都必然属于这类数值概率这样一种信念所作的部分解释,本章的主要目标就是证明这种信念是错误的。

§18. 那么,我们必须以下面的方式来检视概率的数量特征。那些可以将之放在序列中的概率,我们用它们构成一些集合,在这些集合里,我们可以就任何两个概率进行比较,称其中一个比另外一个更近于确定性,即一种情况下的论点比另外一种情况下的论点更可信,对于一种结论比对另外一种结论具有着更合理的原因。但我们只能在一些特定的情况中建立这些有序序列。如果我们有两个不同的论点,那么,就不存在一般性的推断,认为它们两个的概率和确定性能够被置于同一个顺序之中。在每种不同的情况下,确定这类顺序存在的责任,都落在了我们自己的肩头上。稍后,我们将尽力以一种系统性的方式,来解释这类顺序是如何以及在何种条件下得以确立的。对于这里所提出的这个理论的论证,也将得到加强。就目前来说,认为某些情况下存在顺序,而另外一些不存在顺序,就像常识一样,大家已经不再会有什么异议。 40

§19. 下面给出概率的有序列(ordered series)的一些主要性质:

(i) 每一个概率都位于不可能性和确定性之间的路径上;概率的程度(既不是不可能性也不是确定性)位于不可能性与确定性之间,这样认识总是正确的。因此，确定性、不可能性和任何其他程度的概率，构成了一个有序列。这相当于说，每一项论点都意味着或是证明，或是反证，或是居于二者之间的某个中间位置。

(ii) 由概率程度构成的路径或序列一般不是紧的(compact)。也就是说，在同一序列中，任何一对概率之间也有一个概率这个结论，并不一定成立。[1]

(iii) 同样程度的概率可以位于不止一条路径上(即可以属于多条序列)。因此，如果 B 位于 A 和 C 之间，而且也位于 A' 和 C' 之间，那么，无法由此得出，A 和 A' 二者之中有一个位于另外一个和确定性之间。同样的概率可以属于不止一个不同的序列，这一事实与相似性的情况具有类似性。

(iv) 如果 ABC 构成了一个有序列，B 位于 A 和 C 之间，BCD 构成了一个有序列，C 位于 B 和 D 之间，那么，$ABCD$ 就构成了一个有序列，B 位于 A 和 D 之间。

§20. 概率的不同序列以及它们的相互关系，可以通过图表的方式最为方便地表示出来。我们用位于一条路径上的各点来代表一个有序列，一条给定路径上的所有点都属于同一个序列。由(i)可以推出这样的结论：位于每一条路径上的点 O 和 I，分别表示不可能性关系和确定性关系，所有的路径全部位于这些点之间。由(iii)可以推出的结论是，同样的点位于不止一条路径上。因此，对于这些路径来说，有相交(in-

41

[1] 在数学中，由序列构成的集合如果是紧集，那么在其上一定存在一个度量，可以给出最大值和最小值来，这当然意味着集合内的元素是可以两两比较的。而凯恩斯这里虽使用了“compact”一词，但他的意思却是指“稠密的”(dense)的意思，比如实数轴上的点是稠密的，因为任意两个实数之间必有其他实数。这一点敬请读者注意。——译者注

tersect)和交叉(cross)的可能。由(iv)可以推出的结论是,由给定点所代表的概率,若比任何其他那些点所代表的概率大,则该点可以通过不断朝向不可能性运动,而沿着一条路径向前走即可达到那些点,同时,它比通过朝向确定性运动,而沿着一条路径向前而可达到的任一点所代表的概率更小。由于存在多条独立的路径,所以,将会存在一些代表着概率关系的成对的点,从而使我们无法通过从另外一点出发,总是沿着相同方向的一条路径运动而达到另一点。

下面这张附加的图(图 1)对这些性质进行了阐发,O 代表不可能性,I 代表确定性,A 代表一个从数值上可以测量的概率中间值,位于 O 和 I 之间;U、V、W、X、Y、Z 是非数值概率,不过,其中 V 小于数值概率 A,也小于 W、X 和 Y。X 和 Y 都大于 W,且大于 V,但彼此不可比较,或者不可与 A 比较。V 和 Z 都小于 W、X 和 Y,但彼此不可比较;U 在数量上与 V、W、X、Y、Z 不可相互比较。数值上可以比较的概率都会属于一个序列,这条序列的路径,我们可以称其为数值路径或数值股(strand),由 OAI 表示。

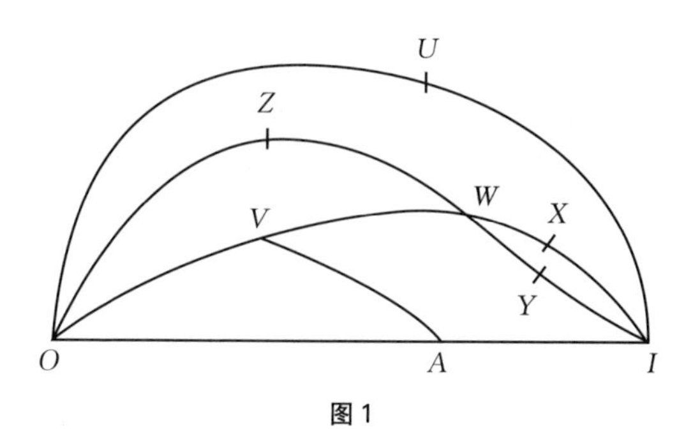

图 1

§21. 我们可以把截止到目前所得到的主要结论更为严谨地总结如下:

(i) 存在着不同的概率程度或合理信念集合,每一个集合构成一个

42 有序列。这些序列根据关系“介于”(between)来排序。如果 B“介于”A 和 C 之间,则 ABC 形成一个序列。

(ii) 在 O 和 I 这两个概率程度之间分布着所有其他概率。也就是说,如果 A 是一个概率,则 OAI 形成一个序列。O 代表不可能性,I 代表确定性。

(iii) 如果 A 位于 O 和 B 之间,那么我们可以将此写作$\widehat{AB}$,所以$\widehat{OA}$和$\widehat{AI}$对所有概率均成立。

(iv) 如果$\widehat{AB}$,则概率 B 就被说成是大于概率 A,也可以表达为 $B>A$。

(v) 如果结论 a 对前提 h 产生了概率 P 的关系,或者,换句话说,如果假说 h 以概率 P 得到结论 a,那么这就可以写作:aPh。也可以写作:$a/h=P$。

这后一个表达,对于大多数的目的而言更为有用,具有根本性的重要意义。如果 aPh 和 $a'Ph'$,即如果对于 h,a 的概率与 a'对于 h'的概率相同,那么,这就可以写成:$\frac{a}{h}=\frac{a'}{h'}$。记号 a/h 的值,即其他学者所谓的“a 的概率”,体现的是下面这样的事实:它涵盖了对把这一概率与该结论联系在一起的数据的明确参考,避免了因忽略这种参考所导致

43 的许多错误。

第四章　无差异原理

埃勃梭鲁特[1]说："可以肯定，先生，对于我对之一无所知的一位女士，要唤起我的感情，这是很不合理的。"

安东尼先生说："先生，我可以肯定，拒绝一位你对之一无所知的女士，对你来说更加不合理。"[2]

§1. 在上一章，我们假设在有些情况下，两个论点的概率可以是相等的。也可以这样认为：在其他情况下，一个概率在某种意义上大于另一个概率。但到目前为止，尚没有什么可以表明，我们如何知道什么时候两个概率相等或者不相等。本章就来讨论当存在概率相等的时候对它的认知，下一章我们讨论对概率不相等的认知。关于这一问题不时涌现的各种理论，第七章再来做一番历史性的叙述。

§2. 迄今为止，相比于确定概率间的不相等，对概率间相等的确定得到了更多的关注。这是因为，人们把这一主题的重点放在了数学方

---

[1] 原文是 Absolute，语意双关，既指人名，也含有"绝对"的意思。——译者注

[2] 鲍桑葵先生[Mr. Bosanquet，即伯纳德·鲍桑葵(Bernard Bosanquet，1848—1923 年)，英国新黑格尔主义、唯心主义和新自由主义的代表人物之一。在逻辑学、哲学、美学、心理学等领域均有建树。——译者注]在提到关于非充足理由律时引用过这段对话。

面。为了使数值测度有其可能,必须给我们具有等可能的不同选项。这样一来,找到等概率(equiprobability)得以成立的规则,就很重要了。詹姆斯·伯努利(James Bernoulli)[1]引入了一种规则,这种规则对于本处的目的来说已然足够。此人是数理概率的真正奠基人,[2]他引入的这一规则通常以**非充足理由律**(principle of non-sufficient reason)的名称而被大家广泛接受,[3]一直沿用到今天。但这样的描述语焉不详,不够让人满意,如果有充分的理由打破传统,那么,我宁愿称之为**无差异原理**(principle of indifference)。

44

无差异原理是说,如果没有**已知**的理由预判我们的主体是若干备择项中的某一个而非另外一个,那么,相对于这样的知识状态,这些备择项中每一个的断言(assertions)具有**相等**的概率。因此,如果对赋予**不相等**概率缺乏切实的理由的话,那么我们就必须赋予各个论点以相等的概率。

这个规则如果成立,则可能会导出悖论性的结论,甚至是自我矛盾的结论。我要对它提出详细的批评,然后思考是否能找到对它的有效修正。对于接下来给出的这几种批判意见,我大大受惠于冯·克里斯(Von Kries)的《概率论原理》(*Die Principien der Wahrscheinlichkeit*)

---

[1] 也称雅克·伯努利(1654—1705年),瑞士数学家,著名的伯努利家族的代表人物之一。他是最早使用"积分"这个术语的人,也是最早使用极坐标系的人,概率论中的伯努利实验与大数定律都是他提出来的。——译者注

[2] 也可参看第七章。

[3] 这是与"充足理由律"(Law of Sufficient Reason/Princeple of Sufficient Reason)相对。所谓充足理由律,是指在同一论证过程中,一个思想被确定为真总是有充足理由的。用公式表示为:"P真,因为Q真,并且由Q能推出P。"违反充足理由律,就会导致"虚假理由"或"推不出"的逻辑错误。充足理由律通常被认为是逻辑基本规律之一,充足理由律的提法源于17世纪末、18世纪初的德国哲学家、逻辑学家莱布尼茨。——译者注

一书。[1]

§3. 如果每一个概率必然比另外一个或大、或小、或相等，那么，无差异原理就是合理的。这是因为，如果证据不能为赋予对各个备选项的预测以不相等的概率提供理由，那么，我们似乎就可以得出它们必然相等这样的结论。另一方面，如果概率之间既不能相等，又不能不相等，那么，这一推理方法就失败了。不过，抛开这一基于第三章的论点而给出的反对意见不论，这个原理的合理性也很容易为它所牵涉到的那些矛盾所动摇。这些矛盾需要三或四个不同的小节来说明。在§4—9节，我的批评将完全是摧毁性的，在这些段落中，我不会先尝试着给出我自己摆脱这些困难的途径。

§4. 我们来看一个命题，关于该命题的对象，我们只知道其意义；而且，当把这个命题应用到这一主体上时，关于该命题是否为真，我们没有掌握任何外在的相关证据。假设这里有两个穷举（exhaustive）且互斥（exclusive）的备选项——这个命题的真与其矛盾命题的真——而我们关于这一对象的知识，并没有为我们提供偏好其中一个超过另一个的理由。因此，如果 a 和 $\bar{a}$ 互为矛盾命题，而关于这些命题的对象，45 我们没有任何外部的知识，那么，由此我们可以推断：每一个命题为真的概率都是$\frac{1}{2}$。[2]按照同样的方式，另外两个命题 b 和 c（具有与 a 一

[1] 此书出版于 1886 年。在我们这本书的第 96 页，我给出了关于冯·克里斯的主要结论的简要阐述。对他这本书所作的有用概括，可以参见美农（Meinong）给出的一篇评述，该评述在 1890 年发表在《哥廷根学术公报》（*Göttingische gelehrte Anzeigen*，第 56—75 页）上。

[2] 请查阅（例如）杰文斯[即威廉·斯坦利·杰文斯（William Stanley Jevons，1835—1882 年），英国 19 世纪的经济学家、逻辑学家，边际效用学派的创始人之一。——译者注]《科学原理》（*Principles of Science*）第 1 卷第 243 页上的著名段落，在这段中，他赋予命题“血小板增长系数为正”（A Platythliptic Coefficient is(转下页)

样的对象)的概率,可能每一个为真的概率也都是$\frac{1}{2}$。但是,在缺乏与这些命题的对象有关的任何证据的情况下,我们知道,这些断言彼此之间是相对立的,因此也就是互斥的备选项——这可以推定,它根据相同的原理导出了与刚刚得到的数值相异的取值。例如,如果对于本书的颜色缺乏相关的证据,那么,我们可以得出结论认为,"此书为红色"的概率是$\frac{1}{2}$,我们同样也可以得出结论认为,"此书为黑色"和"此书为蓝色"这些命题每一个的概率也是$\frac{1}{2}$。因此,我们就面对着三种互斥的备选项,这种情况是不可能发生的。无差异原理的辩护者可能会这样答复:我们这样假设关于该命题的知识:"对同一对象,不能同时断言其有两种不同的颜色";而如果我们了解这一点,那么,它就构成了相关的外部证据。但这是关于该断言的证据,不是关于该对象的证据。这样,该原理的这名辩护者不得不被动地继续辩护下去,要么把他的辩护限制

(接上页) positive.)以$\frac{1}{2}$的概率。杰文斯通过证明指出,没有其他的概率能够合理地赋予它。当然,这牵涉到以下假设:每一个命题必有某个数值概率。就我所知,这一观点首先遭到了特罗特主教(Bishop Terrot)于 1856 年在《爱丁堡哲学评论》(*Edin. Phil. Trans*)上发文批判。布尔在他最后发表的一篇论概率的作品中刻意强调拒绝这一观点:"这是概率的逻辑理论一个平平无奇的结论,"他说(见于:《爱丁堡哲学评论》,第二十一卷,第 624 页):"对于伴随着对整个事件的全然无知的预期状态,可以恰当地予以表示的,不是分数$\frac{1}{2}$,而是无意义的形式$\frac{0}{0}$。"不过,杰文斯给出的具体例子也受到了如下意见的反驳:我们甚至并不知道该命题的对象之含义。他会否坚持认为,对于那些不认识阿拉伯人的人来说,用阿拉伯语表达的每个陈述的概率都是一样的呢?在选择他所给出的例子上,他受到了修饰语"正的"的已知特征多大的影响呢?他会赋予给命题"血小板的增长系数恰好是一个三次幂"(A Platythliptic Coefficient is a perfect cube)以概率$\frac{1}{2}$吗?对命题"血小板的增长系数是同种的"(A Platythliptic Coefficient is allogeneous)又该怎么样做呢?

在那些我们既不了解该对象也不了解该断言的情况上，但这样一来，对于所有实际的目的而言，他的辩护就会受到阉割；要不然就得修正并加强他的辩护，这是我们自己打算去做的。

46 如果说我们一定知道且把可能的对立面的数目都纳入了考虑，那么这样做也并不能解决所遇到的困难。这是因为，基于任何证据的任何命题，其对立面的数目总是无穷多的；$\bar{a}b$ 是 a 的对立面，它是对于所有 b 的取值而言的。同样的问题也可以表达成不牵涉到对立面或矛盾物的形式。例如，如果 h 与 a 和 b 都无关，那么，在那个粗略的无差异原理所要求的意义上，$\frac{a}{b}=\frac{1}{2}$ 且 $\frac{ab}{h}=\frac{1}{2}$。[1]由此可以得出结论，如果 a 为真，则 b 必然也为真。如果从没有正面数据的情况下而推出结论称"A 是一本红色的书"具有 $\frac{1}{2}$ 的概率，且"A 是红色的"的概率也是 $\frac{1}{2}$，那么，我们就可以推断说，如果 A 是红色的，则它必定是一本书。

接下来，我们可以解释这一点，即：关于一个命题的对象倘若我们没有外部的证据，则该命题的概率不必然是 $\frac{1}{2}$。这一结论是否令无差异原理不再成立，就其自身而言是很重要的，在后文当中，它还将有助于驳斥拉普拉斯学派的一些著名结论。

§5. 现在，我们可以用一种稍微不同的形式来给出反对意见。我们且像以前一样，假设对于待检视的命题之对象缺乏正面的证据，这些对象会以某种方式在某些不同的断言之间被区别对待。举个例子，如果我们对这个世界的各个国家不管是面积还是人口都缺乏信息，那么，一个人是英国公民还是法国公民就是等可能的，没有理由偏爱其中一

[1] a/h 代表"基于假说 h，a 的概率。"

个国家胜过另外一个国家。[1]同样,他是爱尔兰居民还是法国居民的可能性也是一样的。基于同样的原理,他是不列颠群岛的居民和法国居民的可能性也是一样的。然而,这些结论显然是不相一致的。因为,我们前两个命题合在一起得到的结论会是:他是不列颠群岛居民的可能性两倍于他是法国居民的可能性。

除非我们认为——我想我们是无法这样做的——不列颠群岛由47 大不列颠和爱尔兰组成这个知识[2],是一个人更可能是这些地区的居民而非法国的居民这个看法的一个理由,不然肯定自相矛盾。当我们在考虑不同地区的相对人口数时,坚持认为分支地区的名称的数量(这个在我们的知识范围内)在缺乏关于这些分支地区面积大小的任何证据情况下是一个相关的证据,并不合理。

不管怎样,我们都可以编造出来许多其他的类似例子,每个例子都需要一个特别的解释,因为,前文给出的例子完美体现了一个普遍存在的困难。a、b、c 和 d 是可能的备选项,不存在对它们进行区别对待的任何手段;而且同样缺乏在(a 或 b)、c 和 d 之间区别对待的任何手段。这个困难可以通过各种方式而使它变得引人注目,但如果从稍微不同的侧面去进一步批评这个原理,会是更好的做法。

§6. 我们来看某一给定物质的特定量。[3]让我们假设,我们已经

---

[1] 这个例子提出了一个与冯·克里斯提出的导师例子类似的困难。斯塔普夫(Stumpf)曾提出一个关于"冯·克里斯困难"的不能成立的解决方案。针对这里提出的这个例子,斯塔普夫的解决办法比其反对冯·克里斯的还要不合理。

[2] 历史上英国人曾多次入侵爱尔兰,并统治爱尔兰长达 300 多年,直到 1949 年爱尔兰才从英国彻底独立出去。但是,即便如此,爱尔兰北部六郡也就是所谓的"北爱尔兰"地区,却依然留在了英国的治下。凯恩斯写作此书的时候,爱尔兰尚未独立,故有此论。——译者注

[3] 这个例子冯·克里斯在前引书的第 24 页援引过。在我看来,冯·克里斯似乎没有正确解释这一矛盾是如何产生的。

知道这个量位于 1 到 3 之间，但至于其确切的取值在这个区间的什么地方，我们并没有什么信息。无差异原理允许我们认定它落在 1 到 2 之间和 2 到 3 之间的可能性是相等的；这是因为，我们没有任何理由认为它位于这个区间而不是另外一个区间。但现在我们来看这个特定的密度。这个特定的密度是该特定量的倒数，因此，如果后者为 v，那么前者就是$\frac{1}{v}$。我们的数据一如先前一样，我们知道，这个特定的密度必然位于 1 和$\frac{1}{3}$之间。与之前一样，同样运用无差异原理，我们可知位于$\frac{2}{3}$到 1 与位于$\frac{1}{3}$到$\frac{2}{3}$之间的可能性是一样的。但特定量是特定密度的确定函数，如果后者位于 1 到$\frac{2}{3}$之间，那么，前者位于 1 到 $1\frac{1}{2}$之间；如果后者位于$\frac{1}{3}$到$\frac{2}{3}$之间，那么，前者位于 $1\frac{1}{2}$到 3 之间。因此，由此可以得出结论，认为特定的量位于 1 到 $1\frac{1}{2}$之间和位于 $1\frac{1}{2}$到 3 之间的可能性相同；然而我们已经证明，相对于相同的数据，它位于 1 到 2 之间和位于 2 到 3 之间的可能性是相同的。此外，该特定量的任何其他函数都同样 48 完全适用于我们，通过对这一函数的恰当的选择，我们可能已经以类似的方式证明，对于 1 到 3 区间的任何一种分划(division)，都会得到具有相等概率的子区间。特定量和特定密度只不过是测度同一客观数量的不同方法而已；我们可以接受很多的方法，通过运用无差异原理，它们当中的每一个都可以对数量上给定的客观变动取不同的概率。[1]

---

[1] A. 尼采(A. Nitsche)(“概率的维度和证据的不确定性”，《认知哲学季刊》，第 16 卷，第 29 页，1892 年)批判冯·克里斯，他认为，无差异原理必须被运用到的这些备选项，是最小的实际可区分的区间，位于某一取值范围的特定量的概率，(转下页)

对这一物理量以及许多其他的物理量进行测量的具体方法，任意而武断，这一性质很容易可以得到解释。严格说来，所测量的客观质量可能不具有数值上的定量性，虽然它拥有一些依靠数字之间相关性进行测量的必要性质。它能认定的那些取值或许可以按照一个顺序进行排列，有时候如此形成的序列也会出现，这些序列是连续的，所以在这一序列中，其顺序位于任何两个挑选出来的数值之间；但并不能由此得出结论，认为一个数值是另外一个数值的两倍这样的断言具有任何意义。连续性的顺序关系可以存在于一个数值序列的各项之间，但并不必然存在数值上的定量关系，在这种情况下，我们可以接受基本上是连续相连的各项所具有的任意测量指标，这可以取得对于许多目的——例如，对于数学物理学(mathematical physics)的那些目的——来说可能都是满意的结果，虽然对于概率的那些目的来说无法令人满意。这种方法是选出某些其他的数量或数字序列，其中每一项在顺序上都与我们希望测量的序列项中的一项且仅有一项相符合。例如，某一特征的不同程度所形成的序列，可以由特定量来测量，与我们所关注的某种物质与水的同等质量的各量值之间的数值比率序列，就存在着这种关系。对于产生特定密度之指标的相应比率，它们也有这样的关系。但这些只是取得了约定的测度，我们可以通过多种方式选择与我们希望测量

49

(接上页)可以转变为该范围内这类可区分的区间的数目。这种方法或许令人信服地提供了正确的计算方法，但它没有因此恢复无差异原理的信誉。这是因为，它不是在说应用这一原理所得到的结果总是错的，而是在说它不会明确带来正确的方法。如果我们不知道可区分的区间的数目，那么我们就没有理由认为，那个特定的量位于1和2之间而不是2和3之间，因此这个原理还是可以像我在正文中给出的情况那样被运用。即便我们不知道这个数目，并认为这些区间都相等，都包含同等数目的“实际可区分的”部分，我们是不是就可以肯定：这不只是为我们提供了新的测量体系，该测量体系与特定量和特定密度的方法具有相同的约定基础，而且这一测量体系与其他体系一样具有正确的测量指标呢？

的各项相关联的数字。由此可以得出结论认为,代表比率的数字之间的相等区间,并不必然与所测量的质量之间的相等区间相一致。这是因为,这些数值差异取决于我们挑选出来的是何种测量约定。

§7. 在所谓的“几何”(geometrical)或“局部”(local)概率问题的关联上,有一个多少有些相似的困难。[1]在这些问题中,我们关心的是一个点或一个连续统内的无穷小区域或体积的位置。[2]在这里,这种情况的数目是不确定的,但是,无差异原理已经被认为在为下面这个假设提供合理的依据:在没有差别性证据的情况下,相同长度、面积或体积的连续统具有包含某一点的同等可能性。人们早就知道,在许多情况下,这种假设会得出相互矛盾的结论。例如,如果在球面上随机取两点 A 和 A',我们求出大圆 AA' 的两个弧中的较小者小于 a 的概率,我们假设一个点位于球面的给定部分上的概率与该部分的面积成正比,这样可以得到一个结果;另一个假设,如果一个点位于给定的大圆上,则其位于该圆的给定弧上的概率与弧的长度成正比,这就可以得到另外一个结果,这些假设的每一个都可以被无差异原理所确证。

50

或者考虑以下问题:如果随机画出圆的一条弦,那么它小于内接等边三角形边长的概率是多少?有人会说:

---

[1] 关于这一主题的最佳描述可以在祖伯的著作中找到。见:“几何概率与平均值”(*geometrische wahrscheinlichkeiten und mittelwerte*),祖伯,《概率》,第一卷,第75—109页;克劳福顿(Crofton),《大英百科全书》(第9版)(*Encycl. Brit.*),“概率”词条;博雷尔(Borel),《概率理论要义》(*ELéments de la Théorie de s Probabilityés*),第VI.—VIII.章。本书后面的文献目录提供了其他参考资料,关于个别问题的一些讨论可以在《教育时报》(*Educational Times*)的数学卷中找到。这一主题的旨趣主要在数学方面,这里不打算讨论它的主要问题。

[2] 正如祖伯所指出的(《概率》,第一卷,第84页)那样,所有涉及连续统和不可枚举集合的问题,无论是几何问题还是算术问题,通常都以“几何概率”的名义加以讨论。也可以参看:拉莫尔(Lämmel),《概率研究》(*Untersuchungen*)。

(a) 该弦的一端在哪一点上并不重要。如果我们假设这一端是固定的,而方向是可以随机选择的,那么在这种情况下,答案很容易被证明是$\frac{2}{3}$。

(b) 我们认为该弦位于哪个方向上无关紧要。从这个显然不那么合理的假设出发,我们发现答案是$\frac{1}{2}$。

(c) 要随机选择一个弦,我们必须随机选择它的中点。如果弦长小于内接等边三角形的边长,则中点与中心的距离必须大于半径的一半。但比这更远的区域是整个区域的$\frac{3}{4}$。因此我们的答案是$\frac{3}{4}$。[1]

一般来说,如果x和$f(x)$都是连续变量,总是在相同或相反的意义上变化,并且x必须在a和b之间,那么x位于c和d之间的概率(其中$a<c<d<b$)似乎是$\frac{d-c}{b-a}$,而$f(x)$位于$f(c)$和$f(d)$之间的概率是$\frac{f(d)-f(c)}{f(b)-f(a)}$。这些代表着必然一致结论概率的表达式——并未

51 像它们所应该呈现的结果那样——是相等的。[2]

§8. 区分能够将无差异原理合理地应用于几何概率的情况与不能应用几何概率的情况,这种尝试已经不止一次。博雷尔先生认为,数学家可以将点M位于AD的某一段PQ上的几何概率,**定义为**与该段线段的长度成比例,但除非直到其结果与经验观测结果相一致从而在**后验中**得到证实,否则这一定义就仍还是**传统意义上的**定义。他指出,在实际情况中,通常存在一些需要考虑的因素,这些因素使我们倾向于

[1] 伯特兰,《概率计算》(*Calcul des probabilités*)。

[2] 例如,可参看:博雷尔,《概率理论要义》(*Eléments de la théorie des probabilités*),第85页。

选择可能假设中的一种而不是另一种。不管是否如此，数学家们所提议的方法，等于放弃了作为有效标准的无差异原理，并使我们的选择在无法获得进一步证据时难以确定。

庞加莱(Poincaré)先生还认为，在这种情况下，对于等概率性的判断取决于一个"约定"(convention)，他试图通过表明在某些条件下结果独立于所选择的特定约定，来尽量降低任意因素的重要性。我们与其假设该点同样可能位于每个无穷小区间 dx 上，不如用函数 $\phi(x)dx$ 表示其位于该区间的概率。例如，在白与黑(*rouge et noir*)游戏[1]中，我们有许多间隔排列成黑色和白色相间的圆圈，庞加莱先生证明，如果我们可以假设，$\phi(x)$是一个常规函数(regular function)，连续且具有连续的可微系数，那么，无论该函数的特定形式是什么，黑色的概率都大致等于白色的概率。[2]

不管对这些方面的研究是否具有实际价值，我认为，它们都不具有任何理论上的重要性。如我所坚持认为的那样，如果概率 $\phi(x)$不一定可以用数值表示，那么，若是认为其连续性理所当然，那这就不是一个普遍合理的假设。在所引用的这个具体例子中，我们有许多备选项，其中的一半导致黑色，另一半导致白色；连续性的假设等于是假定：对于每一个白色的备选项，都有一个黑色的备选项，其概率几乎等于白色的备选项。当然，在这种情况下，对于作为整体的白色，和作为整体的黑色，我们可以得到一个大致相等的概率，而不需要假设每个备选项具有相等的概率。但这一事实与我们正在讨论的理论所面对的困难，并没有什么关系。

52

[1] 这是法语，有的翻译为"红与黑"，纸牌赌博的一种。——译者注

[2] 庞加莱，《概率计算》，第 126 页及以下。

伯特兰先生[1]对几何概率的矛盾有着很深的印象，他希望排除所有备选项数目为**无限**的情形。[2]后续的章节将表明，与此相类的有些结果确实成立。对该问题的讨论，我们留待§21—25节中继续探讨。

§9. 还有另一组情况，其性质不同于迄今所考虑的情形，在这些情况中，无差异原理似乎没有为我们提供明确的指导。典型的例子是一个装有未知比例的黑白球的瓮。[3]我们可以认为，无差异原理支持最常见的假设，即所有可能的黑白球数值**比率**都是等可能的。但我们同样可以假设，球在这个系统的所有可能的**构成**，[4]都是等可能的，因此每个单独的球被假设为具有或黑或白的同等可能性。由此可以推出这样的结论：黑白球的数量大致相等的可能性，要比一种颜色大大超过另外一种颜色这种情况的可能性大得多。此外，在这一假设下，一个球

53

[1] 即约瑟夫·路易·弗朗索瓦·伯特兰(Joseph Louis François Bertrand, 1822—1900年)，法国数学家、经济学家、科学史学家。他曾提出了著名的“伯特兰悖论”，这是一个有关概率论的传统解释会导致的悖论。伯特兰于1888年在他的著作《概率计算》中提到此悖论，用来举例说明，若产生随机变数的“机制”或“方法”没有清楚定义好的话，概率也将无法得到良好的定义。在经济学方面，他是大名鼎鼎的伯特兰双寡头竞争模型的提出者。——译者注

[2] 伯特兰，《概率计算》，第4页：“无限不是一个数字；没有解释，就不能将它引入推理中。这些词语虚幻的精确性可能会造成矛盾。在无限数量的可能情形中随机选择，并不足以令人明白其中的含义。”

[3] 布尔(Boole)首先指出了这个问题中存在的困难，参见《思维定律》(*Laws of Thought*)，第369—370页。在讨论了继承法则之后，布尔继续指出，“还有其他假设，严格地说，涉及‘知识或无知的平等分配’原则，这也会导致相互矛盾的结果。”另见冯·克里斯(Von Kries)，同前引书，第31—34、59页，和斯塔普夫，《关于数理概率的概念》(*Über den Begriff der mathematischen Wahrscheinlichkeit*)，巴伐利亚学院，1892年，第64—68页。

[4] 如果A和B是两个球，A白、B黑，和A黑、B白，是不同的“构成”，但如果我们考虑不同的数值比率，则这两个情况是无法区分的，只能算作一个。

的抽取和由此产生的对其颜色的认识,不改变其余球的各种构成的可能性大小;在第一个假设下,抽取而不放回一个球,则对其颜色的认识会明显改变下一个被抽中球之颜色的可能性大小。这两个假设中的任何一个似乎都满足无差异原理,相信这一原理绝对有效的人,无疑会采用最先进入他头脑的假设。[1]

我从冯·克里斯那里得到的一个例子,很清楚地说明了这一点。从不同的扑克牌盒子里选出两张牌,把它们面朝下放在桌子上。拿起其中一张,发现是黑色的,请问:另一张也是黑色的可能性有多大?人们会自然地回答说,可能性是相等的。但这是基于这样一种猜测,即:每一种"构成"都有同样的可能性,也就是说,每张牌是黑色的可能性与红色相同。但在这一领域的研究者当中,这种猜测相对并不流行。如果我们偏好这一假设,那么,我们就必得放弃教科书上的理论,即从包含未知比例的黑球和白球的瓮中抽取一个黑球,会影响我们对剩余球中黑球和白球比例的认知。

另外一种理论——或者说是教科书理论——假设:有三种同等的可能性——一黑一红、两个全黑、两个全红。如果两张牌都是黑牌,我们翻到一张黑牌的可能性,就是在两张牌一黑一红这种情况下翻到黑牌的两倍。因此,在我们翻到一张黑牌之后,另外一张是黑牌的概率,

[1] C. S.皮尔斯(C. S. Peirce)在其《或然性推断理论》(*Theory of Probable Inference*)(约翰·霍普金斯《逻辑学研究》)第172、173页中认为,在这两个假设中,只有这一个与它自身是一致的,基于此,"构成"假说单独有效。我同意他的结论,并将在本章结束时给出导致拒绝"比率"假说的基本考虑。斯塔普夫指出,在任何情况下,抽中一个白球的概率是$\frac{1}{2}$,此为真,但是第二个是白球的概率显然取决于这两个假说中的哪一个是首选。尼采(Nitsche)(在上述引用中的第31页)似乎以同样的方式忽略了这一困难中的关键之处。

是它为红牌概率的两倍。是故,第二张牌为黑牌的几率是$\frac{2}{3}$。[1]无差

54 异原理并没有针对这每一种方案给出任何说法。除非有某种更进一步的标准提出来,否则,我们似乎不得不认同庞加莱,即对任何一种假说的偏爱,全然是随意而为。

§10. 因此,这就是不加防范地使用无差异原理所带给我们的各类结果。那些引起我们关注的困难,以前就曾被注意到,但是,这种怀疑并没有明确地集中在错误的最初根源上。不过,这一原理肯定仍然是一个否定的标准;只要有任何根据对两个命题加以区别对待,那么,这两个命题就不可能具有同样的可能性。这一原理是必要条件,但似乎不是充分条件。

如果我们要在这个问题上取得进展,就必须阐明一个充分的规则。但要找到一个正确的原则是相当困难的。我认为,在一定程度上,这一困难是哲学家和其他许多人对这种演算的实际应用经常感到怀疑的原因。许多态度公正之人在面对概率的结果时,会强烈地感觉到它所依赖的逻辑基础存在着不确定性。要找到对"概率"含义的明白易懂的表述很困难,或者说,要找到对于我们如何确定某一特定命题的概率之明白易懂的表述,是很难的。不过,关于这一主题的各种论著,似乎得出了最精确、最深刻的实际重要性的复杂结果。

拉普拉斯学派不够慎重的方法和夸大的主张,无疑促成了这些情绪的存在。但这种普遍的怀疑态度才更为根本,我认为,这种怀疑态度比这门学科的文献所承认的要广泛得多。在这件事上,休谟不必感到"无助的孤独所带来的惊恐和迷惘,我把我的哲学置于这种无助的孤独

[1] 这是泊松(Poisson)的方案,《研究》(*Recherches*),第96页。

之中”,也不必把自己视为“某种奇怪的、粗俗的怪物,不能在社会中和光同尘团结一致,被驱逐出了人类的一切商业活动,因为被彻底遗弃而无比沮丧”。就他对概率的观点而言,他是在代表着普通之人,反对“形而上学者、逻辑学家、数学家,甚至神学家”的诡辩和天才。 55

然而,这种怀疑走得太远了。对概率的判断,是我们在经验问题上几乎所有信念的基础,无疑取决于我们从特定视角去考虑事物这样的强烈心理倾向。但我们不能据此为根据,认定它们只不过是“生动的想象”。对于我们用以赞同其他逻辑论证的判断,也是如此。然而,在这种情况下,我们认为,可能存在某种客观有效性因素,它超越了心理冲动,而心理冲动是我们的主要表现形式。所以,在概率情况下,我们可能认为,我们的判断可以深入真实世界之中,即使这些判断的凭据是主观的。

§11. 我们现在必须要探究的是,在多大程度上,我们可以使无差异原理恢复功用,或者可以找到一个替代性的原理。在讨论前面几段所提出的问题时,还有几个不同的困难需要注意。我们的第一个目标,必定是通过揭示其应用在多大程度上是机械性的(mechanical),以及在多大程度上诉诸逻辑直觉,以使这一原理本身更加精确。

§12. 在不损害概率关系的客观性质的情况下,我们必须承认,如果没有任何来自直觉或直接判断的帮助,那么我们几乎不可能发现一种识别特定概率的方法。既然人们总是假设,我们有时候可以直接判断一个结论得自一个前提,所以,假设我们有时可以认识到一个结论部分地得自一个前提,或与一个前提之间存在概率关系,并不是对前述那个假设作了多大的扩展。此外,由于使用其他逻辑概念来解释或定义“概率”,这本身就产生了一种假设,即认为概率的特定关系首先必须被直接识别为概率关系,而且不能根据规则从本身不包含概率陈述的 56

数据中演变得来。

另一方面,虽然我们不能排除直接判断的每一个要素,但这些判断可能会受到具有普遍适用性的逻辑规则和原理的限制与控制。虽然我们可能拥有直接识别许多概率关系的能力,就像能识别许多其他逻辑关系一样,但有些关系可能比其他关系更容易被识别。概率的逻辑体系的目标,是使我们能够通过其他我们能更清楚地认识到的关系,来认识那些不易被感知的关系——实际上是把模糊的知识转化为更明确的知识。[1]

§13. 让我们在无差异原理中,寻求对直接判断要素和机械规则要素进行区分的方式。正如通常所表达的那样,对这一原理的阐述,虽然掩盖了前一种要素,但并没有避开它。它在某种程度上是一个公式,在某种程度上则是对直接检验(direct inspection)的要求。但是,除了该公式的晦涩和模糊之外,对直觉的诉求并不像应有的那样明确。这条原理指出:"对于偏好备择项集合中的一个元素胜过另外一个元素,一定不存在什么已知的原因。"这是什么意思?什么是"原因",我们如何知道它们是否证明了我们偏好一个备择项而不是另一个备择项的正当性?我不知道有什么关于概率的讨论,对这个问题问得如此之深。例如,假如我们考虑从一个装有黑白球的瓮中取出一个黑球的概率,我们

57

[1] 由于三角学(trigonometry)的目的是确定一个物体的位置,这在某种意义上不是通过对它的直接观察,而是通过观察另一个物体和某些关系而得到,所以,这种间接的方法是所有逻辑体系的目的。如果不能直接承认某些命题的真实性和某些论证的正确性,我们就不能取得进展。此外,我们可能具有某种直接识别的能力,而在我们的逻辑体系中,并没有必要利用这种能力。在这些情况下,逻辑证明的方法增加了知识的确定性,如果没有它,我们可能是以一种更令人怀疑的方式拥有知识。在另一些情况下,例如一个复杂的数学定理,它使我们能够知道命题为真,而这些命题完全是我们无法直接洞察的,正如我们通常可以从观察其他物体开始,获得关于部分可见或甚至不可见物体位置的知识一样。

假设球之间的颜色差异并不是我们选择任何一个备选项的原因。但是,除非根据现有的证据,我们对球的颜色的了解与所讨论的概率无关,否则我们怎么知道这一点?我们知道备选项在某些方面有所不同,但我们判断这些差异的知识却是不相关的。另一方面,如果我们用磁铁把球从瓮里拿出来,并且知道黑球是铁的,白球是锡的,那么一个球是铁制而非锡制的这个事实,在确定其被抽中的概率上就是非常重要的。那么,在我们开始应用无差异原理之前,必须做出许多直接判断,即所考虑的概率不受某些特定细节的证据所影响。对于"没有理由"偏好任何一个备选项而言,我们说不出它们之间存在任何已知的差异,除非我们已经判定,关于这一差异的知识与所讨论的概率无关。

§14. 为了引入一些新的术语,这里有必要稍微岔开说上几句。总的说来,有两个主要的概率类型,我们寻求对其量值进行比较。这两类概率类型就是:那些证据相同而结论各异的概率,以及那些证据各异但结论相同的概率。其他类型的比较可能也需要,但这两个类型是迄今为止最普遍的。在第一个类型上面,我们比较的是在给定的证据上两个结论的可能性;在第二个类型上面,我们讨论的是证据的变化会对既定结论的可能性带来什么差别。使用符号语言来说,就是我们希望比较 x/h 和 y/h,或者比较 x/h 和 x/h_1h。我们可以称第一类为偏好判断,或者当 x/h 和 y/h 相等时,我们可以称其为**无差异**判断;第二类我们可以称其为**相关性** (relevance) 判断,或者当 x/h 和 x/h_1h 相等时,我们可以称其为**非相关性** (irrelevance) 判断。在第一类上,我们考虑的是,根据证据 h,我们是否能够判断 x 偏好于 y;在第二类上,我们考虑的是,在证据 h 上加上 h_1,是否与 x 相关。 58

无差异原理致力于表述为**无差异**判断提供依据的规则。但可以肯定,该规则没有为究竟是偏好这个备选项还是另外一个备选项提供理由,如果它从根本上就是一条指导性规则,而不是一个丐题(petitio principii)[1],那么,它所涉及的就是对无关性判断的一种要求。

对于无关性,最简单的定义是这样的:如果在证据 hh_1 上,x 的概率与其在证据 h 上的概率相同,那么,在证据 h 上,h_1 与 x 无关。[2]但是,由于我们将在第六章给出的原因,接下来这个更为严格和更为复杂的定义,在理论上更受欢迎:如果不存在这样的命题,即它可以从 h_1h 推断出来,但不能从 h 推断出来,使得把 h_1 添加到证据 h 上会影响 x 的概率,那么,在证据 h 上 h_1 就与 x 无关。[3]当然,在严格意义上无关的任何命题,在更为简单的意义上也无关。但如果我们打算接受这个更简单的定义,那么,有时候就会出现这种情况,即:有一部分证据是相关的,但总体来看又是不相关的。这个更加复杂的定义避免了这一点,将来它会证明使用这个定义更为方便。如果只有 $x/h_1h=x/h$ 这个条件得到了满足,那么,我们可以说,证据 h_1"在总体上是无关的"。[4]

再定义两个其他的术语也会很方便。如果 h_1 和 h_2 彼此之间可以构成 h,而且二者不能互相推出来,那么它们二者就是这个证据中的独立和互补部分。如果 x 是结论,h_1 和 h_2 是这个证据中的独立和互补部分,那么,如果 h_1 再加上 h_2 会影响 x 的概率,则 h_1 就是相关的。[5]

---

[1] 又称乞题,它是指在论证时把不该视为理所当然的命题预设为理所当然,这是一种不当预设的非形式谬误。——译者注

[2] 这就是说,如果 $x/h_1h=x/h$,那么,h_1 就与 x/h 无关。

[3] 也就是说,如果没有 h_1' 这样一个命题,它满足 $h_1'/h_1h=1$, $h_1'/h\neq1$ 以及 $x/h_1'h\neq x/h$ 这些条件,那么,h_1 就是与 x/h 无关的。

[4] 若是不会产生误解,那么这里的限制条件"在总体上"有时候可以忽略。

[5] 也即(用符号来表示):如果 $h_1h_2=h$, $h_1/h_2\neq1$ 且 $h_2/h_1\neq1$,那么,h_1 和 h_2 就是 h 的独立且互补的部分。还可以说,如果 $x/h\neq x/h_2$,那么 h_1 是相关的。

本书第二编会来证明关于无关性的一些命题。如果 $\bar{h}_1$ 是 h_1 的矛盾关系(contradiction)[1],且 $\frac{x}{h_1 h}=\frac{x}{h}$,那么,$\frac{x}{\bar{h}_1 h}=\frac{x}{h}$。所以,无关性证据的对立面也是无关的。而且,如果 $\frac{x}{yh}=\frac{x}{h}$,则我们可以推出 $\frac{y}{xh}=\frac{y}{h}$。因此,如果在初始证据 h 上 y 与 x 无关,那么,在同样的初始证据下,x 与 y 也无关,也即:如果在知识的给定状态上,一个事件(occurrence)对另外一个没有什么影响,那么,同样,第二个事件也对第一个事件没有什么影响。

59

§15. 这一区别使我们能够更准确地表述无差异原理。与其中一个备选项相联系的**相关性**证据一定不会存在,除非有与另外一个备选项相联系的**相应**证据;也就是说,我们的相关性证据必定与这些备选项是对称的,而且必定能以同样的方式适用于其中的每一个。这就是无差异原理有些隐晦的目标。根据对相关性的一系列判断,我们必须首先确定:我们证据的哪些部分在总体上是相关的,这些部分不容易简化为上面描述的那类规则。如果对于两个备选项,这一相关性证据具有**相同的形式**,那么,无差异原理就认可了一项无差异判断。

§16. 这个规则可以用符号语言更精确地予以表达。首先,让我们假设,这些替代性的结论可由 $\phi(a)$ 和 $\phi(b)$ 这样的形式来表达,其中 $\phi(x)$ 是一个命题函数(propositional function)。[2]也就是说,它们之间的差别可以用一个单变量来表示。

---

[1] 在逻辑学中,所谓"矛盾关系"(contradiction)是指两个命题的真值恰好相反,必然是一真一假,这里指两个证据互相矛盾,其中一个为真,则另一个必为其对立面,根据语境,本书有时也翻译为"对立面"。——译者注

[2] 如果 $\phi(a)$, $\phi(b)$ 等是命题,且 x 是一个变量,能够取值 a, b 等,那么,$\phi(x)$ 就是一个命题函数。

无差异原理适用于 $\phi(a)$ 和 $\phi(b)$ 这些备选项，条件是：当证据 h 是这样进行构造时，即如果 $f(a)$ 是 h 的独立部分（参看§14），与 $\phi(a)$ 相关，且不包含任何与 $\phi(a)$ 不相关的独立部分，那么，h 也包含 $f(b)$。

这个规则可以由连续的步骤（successive steps）扩展到多个变量的情况上去。如果该必要条件满足，我们可以依次比较 $\phi(a_1a_2)$ 和 $\phi(b_1a_2)$ 的概率，以及 $\phi(b_1a_2)$ 和 $\phi(b_1b_2)$ 的概率，并建立 $\phi(a_1a_2)$ 和 $\phi(b_1b_2)$ 之间的相等关系。

60

这一说明适用于通常适用无差异原理的大多数情况。因此，在瓮中取球这样我们惯用的例子中，从我们的证据里，我们无法推断出关于白球的相关命题，故而我们也无从推断有关黑球的相应命题。我认为，大多数应用了几率之数学理论并依赖于无差异原理的例子，都可以按照上述规则所要求的形式加以编排。

§17. 我们现在可以弄清楚在§9节所讨论的那些情况中出现的困难，其中具有代表性的例子是包含黑白球且二者比例未知的瓮这一问题。对无差异原理的这一更为准确的表述，使我们能够证明：这两个解决方案中，每一“构成”的等概率性单独来看都是合理的，而每个数值比率的等概率性都是错误的。让我们把这另外一种表达方法写出来：“黑球比例是 x”$\equiv\phi(x)$，作为论据的事实，可以写作：“口袋中有 n 个球，它们是黑球还是白球没有人知道”$\equiv h$。关于这一“比率”假说，有人认为，无差异原理为判断 $\phi(x)/h=\phi(y)/h$ 的无差异性提供了合理的理由。为了使其有效，就必须能够以 $f(x)f(y)$ 这一形式表述相关证据。但情况并非如此。如果 $x=\frac{1}{2}$ 以及 $y=\frac{1}{4}$，那么，我们对一半黑球的产生方式有相关知识，这与我们对四分之一的黑球产生方式的知识不完全相同。如果有 A、B、C、D 四个球，如果 A、B 或 A、C 或 A、

D 或 B、C 或 B、D 或 C、D 是黑球，那么一半是黑球；如果 A 或 B 或 C 或 D 是黑球，那么四分之一是黑球。这些命题在形式上并不相同，而且只能通过关于不相关性的错误判断，我们才能忽略它们。不过，对于“构成”假说，其中 A、B 是黑球和 A、C 是黑球被视为不同的选项时，我们的相关性证据中这种缺乏对称性的情况是不可能出现的。

§18. 我们也可以讨论由 §4 节中提出的困难所说明的问题。在 61 该节，我们考察了没有外部证据表明彼此相关时 a 和它的对立面 $\bar{a}$ 的概率。我们说没有相关证据，到底是什么意思？又加上的“外部”这个修饰语重要吗？如果 a 代表的是一个特定的命题，关于它，我们必须知道点儿什么，也即关于它的意义，我们必须知道点儿什么。对它的意义的理解难道不会给我们提供某一相关的证据吗？如果能够提供某一相关的证据，这样的证据一定不会被排除出去。那么，如果我们说没有相关的证据，则我们必定是想说，只是对符号 a 的意义加以理解是得不到什么证据的。如果我们没有给这个符号附加上什么意义，那么，讨论其概率值就是徒劳之举；这是因为，当概率作为知识的目标而非语言的形式从而属于一项命题时，在此种情况下这个概率并不存在。

在上文中，符号 a 到底代表着什么呢？它是否代表我们关于任何的命题之所知，仅仅是它是一个命题这么多内容呢？或者，它是否代表着我们所理解的一个特定命题，但我们对它之所知仅包含在理解它所牵涉到的内容而已？在前种情况下，我们无法把我们的结论拓展到一项我们还知道其意义的命题上去，因为那样的话，我们就应该知道比“它是一个命题”更多的内容；在后一种情况下，我们无法说出，与其对立面相比，a 的概率是多少，直到我们知道它代表**哪一个特定的命题**。正如我们已经看到的那样，这个命题本身会提供相关的证据。

这就表明，诸多混淆的一个根源在于对符号的使用以及概率中变量的概念上。蕴涵逻辑(the logic of implication)处理的是真值(truth)而不是概率,使一个变量为真的,必定同样使该变量所有的情况均为真。另一方面,在概率中,无论一个变量何时出现,我们都必须保持警惕。在蕴涵逻辑上,我们可以得到这样的结论:有关于 ϕ 为真的一切,ψ 都为真。在概率上,我们可以得出的结论只是:有关于我们只知道 ϕ 为真的一切,ψ 都是可能的。如果 x 代表 $\phi(x)$ 为真的一切,那么,一旦我们在概率上用某一具体的值替代 x,而这个具体值的含义我们是知道的,则该概率值就会受到影响;曾经无关的知识,现在开始变得相关起来。我们举一个例子:$\phi(a)/\psi(a)=\phi(b)/\psi(b)$ 这个式子成立吗? 也就是说,在仅给出 ψ 对于 a 为真的条件下,关于 a 为真的 ϕ 的概率是否等于仅给出 ψ 对于 b 为真的条件时,关于 b 为真的 ϕ 的概率呢? 如果这只是意味着一个满足 ϕ 的对象的概率等于前述概率,而关于 ϕ,我们除了知道它满足 ψ 之外一无所知,那么,该方程即是一个恒等式。因为,在这种情况下,$\phi(a)/\psi(a)$ 与 $\phi(b)/\psi(b)$ 的意思完全相同,即:我们除了知道 x 和 y 满足 ψ 以外一无所知,而且我们没有什么根据来把 a 与 b 区分开来。但是,如果 a 和 b 代表特定的实体,这些实体我们可以加以区分,那么,该等式并不必然成立。例如,如果 $\phi(x)$ 代表"x 是苏格拉底",那么,$\phi(a)/\psi(a)=\phi(b)/\psi(b)$ 显然是错误的,其中 a 代表苏格拉底,b 代表别的人。

62

§19. 把这个危险铭记在心,我们现在可以进一步精确地阐述§16节中给出的无差异原理。**就其相关性而言**,我们必须考虑我们关于 a 的含义的知识;如果我们关于 b 的含义具有相应的知识,那么无差异原理可以得到很好的满足。这样,$\phi(a)/h=\phi(b)/h$ 可以对于一对 a、b 的取值为真,对于另外 a'、b' 这对取值而为非真。

这就使我们有可能部分地解释§4节中讨论的矛盾。当我们除了

知道 a 是一个命题之外别无所知时，即使 a 的概率是 $\frac{1}{2}$ 为真，我们也无法得出结论认为：当我们知道“书”和“红色”的含义时，即使只知道这些，“这本书是红色的”的概率也是 $\frac{1}{2}$。直接源于对“红色”的含义之认识的知识，对于使我们推断“红色”和“非红色”不是应用无差异原理的令人满意的备选项而言，可能也就足够了。在 § 20、§ 21 两节，我们会对此加以讨论。

但这些矛盾仍然没有得到真正的解决；因为 § 4 节中讨论的其中一些困难，即使在我们知道 a 和 b 仅仅是**不同的**命题时仍然会出现。 63 实际上，虽然我们现在可以比以前更清楚地表明无差异原理应该如何阐述，但要解释或避免从 § 4 到 § 7 节中所遇到的全部矛盾，仍然是不可能的。对于这一目的而言，我们必须给出进一步的限定条件。

§ 20. 无差异原理不适用的那些例子，有着诸多共同之处。我们通过一系列析取性判断(disjunctive judgments)，把我们所称的概率域(the field of possibility)分为多个区域。但这些可供选择的区域并不是**最终的区域**(ultimate)。它们可以被进一步分为其他区域，这些区域与之前的情况**在种类上是相似的**。在每种情况下，当无差异原理视为等价的备选项包括或可能包括不同或数目不定的更为基本的单位时，就会出现悖论和矛盾。

有这样一种断言，即：在相关证据缺乏的情况下，一个命题与其对立面的可能性是一样的。无差异原理看来是允许这一断言存在的。在这种情况里，即便命题本身满足这一条件，其矛盾关系也不是最终的和不可分割的备选项(在 § 21 节所解释的意义上)。这是因为，其矛盾关系可以析取性地分解成该命题对立面的数目不定的集合。我们的困难之所以开始出现，正源于此。“这本书不是红色的”包含了许多其他的备选项,如“这本书是黑色的”以及“这本书是蓝色的”等。因此,它不是最终的备选项。

按照相同的方式,§5 节中的矛盾关系源自于把备选项“他居住在不列颠群岛”分成两个子选项:“他居住在爱尔兰或他居住在大不列颠。”在第三种情况下,即关于特定体积和密度的例子所属的那种情况,备选项“v 位于 1 到 2 的区间上”可以分为两个子选项:“v 位于 1 到 1.5 的区间或 1.5 到 2 的区间上”。

64 §21. 那么,这似乎指出了通往我们正在找寻的限制条件的道路。我们必须阐明某一正式规则,该规则排除了这样一些情况,即:其中所牵涉的一个备选项本身就是所析取出来的**具有相同形式的**子备选项。出于这一目的,我们提出了下面这个条件。

我们取一些根据无差异原理而寻求赋予等概率性的备选项,标示为:$\phi(a_1)$, $\phi(a_2)$, …, $\phi(a_r)$;[1]把证据标示为 h。那么,相对于该证据而言,这些 $\phi(x)$形式的备选项应该是**不可分的**(indivisible),这一点是运用无差异原理的一个必要条件。我们可以按照以下方式来定义一个可分的备选项:

备选项 $\phi(a_r)$**是可分的**(divisible),如果:

(i) $[\phi(a_r)\equiv\phi(a_{r'})+\phi(a_{r''})]/h=1$

(ii) $\phi(a_{r'}).\phi(a_{r''})/h=0$

(iii) $\phi(a_{r'})/h\neq 0$ 且 $\phi(a_{r''})/h\neq 0$

子备选项必须与原初的备选项具有相同的形式,即可以通过相同的命题函数 $\phi(x)$来表达,这个条件值得关注。情况可能是这样:原初的备

[1] 在更复杂的情况下,备选项是其各种情形的命题函数包含不止一个变量(参看§16 节),在做出必要的修正后,这些更复杂的情况可以用类似的方式来处理。

选项没有什么切实的共同之处;即:$\phi(x)\equiv(x=x)$是唯一对于所有备选项都一样的命题函数,这些备选项为 a_1, a_2, …, a_r。对于命题 a_r 总可以被分解为 $a_rb+a_r\bar{b}$,其中 b 是任一命题,$\bar{b}$ 是其对立面。另一方面,如果我们所比较的这些备选项可以用 $\phi(a_1)$和 $\phi(a_2)$的形式来表达,其中函数 $\phi(x)$与 x 不同,那么,情况并不一定是这样的:二者中的任何一个都可以分解为各项的析取性组合,这个析取性组合,是以相同的方式根据其顺序而表达的。

我们拿掉那些象征符号,可以把这些条件表达如下:我们的知识必不能使我们把 $\phi(a_r)$分解为两个子选项的析取式,(i)这些子选项自身也可以用相同的形式 ϕ 来表达,(ii)它们是互斥的,(iii)基于所给出的证据,它们都是可能的。

65

总之,如果我们知道一对备选项中的任何一个能够进一步分解成与原来那一对备选项形式相同、但互不相容的一对备选项,那么,无差异原理就不适用于这对备选项。

§22. 这条规则本身得到了常识的认可。如果我们知道这两个备选项是由不同数量或无限数量的子选项所组成,这些备选项在其他方面与我们所证明的最初的选项相似,那么,这就是我们必须加以考虑的相关事实。而由于它以不同或不对称的方式影响着这两个备选项,所以,这就打破了有效运用无差异原理的基本条件。

这种考虑以及在§18 和§19 节中讨论的内容,都没有实质性地修正在§16 节所阐明的无差异原理。它们只是通过解释备选项与部分证据相关的形式和含义的知识之理解方式,使该原理一直隐含的内容变得显性化。那些明显的矛盾,源于我们只关注所谓无关紧要的证据,而忽略了对备选项的形式和含义感到繁难的那部分证据。

§23. 把这一结果应用到§18 节所引用的例子中并不困难。它排除了由命题及其对立面构成备选项的那些情况。这是因为,如果 b 是命题,$\bar{b}$ 是其对立面,那么,我们就找不到满足这些必要条件的命题函数 $\phi(x)$。它还处理了在考虑随机抽取某人,结果此人为某一给定地区居民的概率时所产生的对立类型。另一方面,如果"国家"一词的定义使得一个国家不能包括两个国家,那么,相对于适当的假说,一个人是其中一个国家居民的可能性与他是另一个国家居民的可能性相同。这是因为,函数 $\phi(x)$[其中 $\phi(x)\equiv$"这个人是 x 国的居民"]满足那些条件。而且它处理了特定体积和特定密度的范围这一例子,因为,在其自身之内不包含两个相似范围的范围是不存在的。由于在这种情况下,没有可以用来定义相等范围的确定单位,所以,我们无法使用§25 节中提到的用于处理几何概率的方法。

66

§24. 值得补充的是,只是在那些**没有**可能找到满足这些条件的最终备选项的情况下,§21 节的限定条件才对无差异原理的实际效用至为关键。这是因为,如果每个原初的备选项都包含一定数量的不可分和无差异的子备选项,那么,我们就可以计算出它们的概率来。但是,通常的情况是,我们不能通过任何有限的细分过程得出不可分割的子备选项,或者,如果我们可以的话,那么它们对证据来说就不是无差异的。在上面给出的那些例子中,例如,在 $\phi(x)\equiv x$ 或 x 是连续统中非特定量值一部分的情况下,就**没有**不可分割的子备选项。第一类包括所有的情况,在这些情况下,我们为一个命题及其对立面赋予概率权重。第二类包括大量涉及物理或几何数量的情况。

§25. 我们现在转回去看几何概率研究中出现的诸多悖论(参见§7、§8 节)。我认为,§21 节的限定条件使我们能够发现这一混淆的根源。我们在这些问题中的备选项与某些区域或线段或弧线有关,但无论我们所采用的作为我们备选项的那些元素有多小,它们都可以仍然由更小的元素组成,这些更小的元素也可以作为备选项。因此,我们的规则不能得到满足,而且,只要我们以这种形式阐明它们,我们就不能采用无差异原理。但在大多数情况下,很容易找到另外一组备选项,这些备选项通常同样能很好地满足我们的目的。例如,假设一个点位于长度为 $m.l.$ 的直线上,我们可以这样写这个备选项:"点所在的长度为 l 的区间是沿着该线从左向右移动时该长度的第 x 个区间"$\equiv\phi(x)$;然后,无差异原理可以安全地应用于 m 个备选项 $\phi(1)$,$\phi(2)\cdots\phi(m)$,随着区间长度 l 的减少,数量 m 会增加。没有理由可以解释:为什么 l 不应该具有无论多么小但都确定的长度。 67

如果以这种方式处理几何概率问题,那么我们将避免因把不同的基本区域混淆在一起而得出的矛盾结论。例如,在§7节中讨论的于一个圆中随机绘制一条弦的问题中,这条弦不被视为一条一维的直线,而是被视为区域的**界限**,其形状在每个不同解决方案中是不一样的。在第一个解决方案中,它是三角形的极限,该三角形的边长趋于零。在第二种解决方案中,它是四边形的极限,四边形的两条边平行并且相距一定的距离,这个距离趋于零。在第三种解决方案中,该区域由未定义形状的中央部分的极限位置来界定。这些不同的假设不可避免地导致了不同的结果。如果我们要处理严格线性的弦,那么无差异原理将不会给我们带来任何结果,因为我们无法以所需的形式阐明备选项。如果该弦是一个基本区域,那么我们必须知道这个具有极限的基本区域的形状。只要我们谨慎地以无差异原理可以明确适用的形式来阐明备选项,那么,这就可以防止我们将不同的问题混淆在一起,并能够使我们以几何概率得出明确有效的结论。

我们可以用稍微不同的方式来表示此一解释的实质,那就是:在这些情况下,我们以何种方式达致极限并不是无关紧要的问题。我们必须先分配概率,然后再达致极限,后者我们是可以明确做到的。但是,如果所讨论的问题并没有止步于较小的有限长度、面积或体积,而我们68 还必须达致极限,那么最终结果将取决于物体接近极限的形状。数学家将会认识到,这种情况是可以类比导体内各点电位的确定的。它的值取决于在极限上表示该点的区域的形状。

§26. 对于等概率有效判断的确定,本章有两个积极的贡献。首先,我们通过显示其对相关性判断的必要依赖,更精确地表述了"无差异原理",从而找出了它始终涉及的直接判断或直觉的隐藏要素。我们已经表明,该原理规定了一条规则,通过该规则,直接判断相关性和不相关性可以导致对偏好和无差异的判断。其次,某些类实际相关、却有被忽视之危险的考虑,已经得到了强调和重视。通过这种方式,只要我们在没有适当限定条件的情况下应用该原理,就有可能避免该原理或69 将导致的各种令人怀疑和感到矛盾的结论。

第五章　确定概率的其他方法

§1. 我们看到，并非所有概率都可以用数值表示的事实，限制了无差异原理的适用范围。我们过去总是认为，只有简化到一组互斥的和穷举的等可能性备选项是切实可行的情况下，数值指标才能真正取得。因此，我们先前关于数值测量通常是不可能实现的结论，与上一章的论点非常吻合，即：可以用来断定等概率的规则在其应用领域中受到一定程度的限制。

但是，由于认识到这一事实，我们因此就有必要讨论一些原则，这些原则将证明在概率上进行或大或小的比较是正确的，而数值测量在理论上和实践上都是不可能的。出于上一章所述的原因，我们必须在最后手段上依靠直接判断。下述规则和原则的目标是，将我们不得不做出的关于偏好和相关性的判断，减少到若干相对简单的类型上。[1]

§2. 我们首先要问的问题是，在什么情况下我们可以预期大与小的比较在理论上是可能的。我倾向于认为这是一个我们能够制定明确规则的问题，这一点可能确实出乎意料。我认为，我们总是可以比较下

[1] 第十五章的多个部分与以下各段的主题紧密相关，此处开始的讨论在那里会给出结论。

面这对概率：

(i) ab/h 和 a/h 这种类型，或者(ii) a/hh_1 和 a/h 这种类型，只要

70 新添的证据 h_1 仅包含相关信息的独立部分即可。

(i) 第二编的那些命题将使我们能够证明：

$$ab/h<a/h,\text{除非 } b/ah=1;$$

也就是说，我们得出这个结论的可能性，因在该结论上增加了某种东西而降低了，而根据我们的论点的假设则无法从中推断出这东西。上述这个命题对读者来说是自明的。通常，两个命题的联合概率会小于两个命题分别的概率，它还包括了下面这样一个规则，即：一个更为专用性的概念之属性要比一个不那么专用性的概念之属性，在可能性上要更低一些。

(ii) 这一条件需要稍加解释。它指出，如果 h_1 不包含与 a/h 相关的一对互补和独立部分[1]，则概率 a/hh_1 总是要么大于，要么等于，要么小于概率 a/h。如果 h_1 是有利的，则 $a/hh_1>a/h$。类似地，如果 h_2 是有利于 a/hh_1 的，则 $a/hh_1h_2>a/hh_2$。如果 h_1 和 h_2 是不利的，则不等号相反。因此，在附加证据 h' 的相关独立部分是有利或不利的情况下，我们都可以比较 a/hh' 和 a/h。如果我们的附加证据是模棱两可的，一部分被认为是有利的，另一部分被认为是不利的，则这种比较不一定是可能的。用一般的语言来说就是，我们可以断言：根据我们的规则，关于我们就单个事实的证据所附加的东西，对我们的结论总是具有确定的意义。它要么保持其概率不受影响且不相关，要么具有绝对有利或不利的影响，且具有有利或不利的相关性。它不能以一种不确定的方式影响结论，那样我们就无法在两个概率之间进行比较。但是，

[1] 关于这些术语的含义，可参阅第四章 § 14 节。

如果增加一个事实是有利的,而增加第二个事实是不利的,那么,将我们原初论点的概率与其被两个新增事实修改后的概率进行比较,不一定是可能的。

通过将这两个原则与无差异原理相结合,我们可以进行其他比较。71 例如,我们可能会发现由于 $a/hh_1 > a/h$, $a/h = b/h$, $b/h > b/hh_2$,所以,$a/hh_1 > b/hh_2$。这样,我们就可以取得一对不是上面所讨论的概率类型之间的比较,但又没有引入任何新的原理。我们可以用(iii)表示这种类型的比较。

§3. 对于不属于(i)、(ii)或(iii)类别中的任何比较,其是否可能,我并不确定。毫无疑问,对于那些没有为它们所覆盖的类别,我们可以做一些直接比较。例如,我们认为恺撒(Caesar)入侵不列颠[1]比罗慕路斯(Romulus)创立罗马[2]更有可能。但是,即使在这种简化到常规形式(regular form)的努力并不那么显而易见的情况下,如果能够清楚地分析我们判断的真实依据,那么,我们或许也可以证明这种比较有其可能性。在这种情况下,我们也许会争辩说,虽然罗慕路斯创立罗马是

[1] 即盖乌斯·尤利乌斯·恺撒(Gaius Julius Caesar,公元前100—前44年),史称恺撒大帝,又译盖厄斯·儒略·恺撒、加伊乌斯·朱利叶斯·恺撒等,罗马共和国(今地中海沿岸等地区)末期杰出的军事统帅、政治家,并且以其优越的才能成为罗马帝国的奠基者。公元前55年和公元前54年,恺撒两次入侵不列颠。第一次因为风暴导致损失惨重,不得不仓促撤回。第二次调集了更多兵力,但遭到以卡图维拉尼部落首领卡西维拉努斯为首的不列颠凯尔特人顽强抵抗,难以打开局面。最后恺撒利用对方的内部矛盾,才终于击败卡西维拉努斯,迫使不列颠人臣服,而后返回高卢。——译者注

[2] 罗慕路斯(拉丁语里叫Romulus,公元前771—前716年),是雷慕斯(Remus)的孪生兄弟,也是一个神话人物,根据历史的记载,是他创造了罗马以及罗马最初的主要政治制度,因此他是罗马的第一任王,而罗马也用他的名字Romulus命名。关于罗慕路斯这个人物历史性的争论最初始于19世纪,同时也是从那时候他的人物形象才出现于传统文学里。——译者注

完全基于传统而得到这样的认识的,但我们还有其他类证据表明恺撒入侵过英国,而就我们基于传统而形成的对恺撒入侵的信念而言,我们的理由与我们对罗慕路斯的信念完全相同,而无需纳入对罗慕路斯和恺撒时代之间的传统之延续性产生的新的疑虑。通过这样的分析,我们的比较判断可以被归入以上类别中去。

以这种方式做出比较判断的过程,可以称为"方案化"(schematisation)。[1]我们最初采用的是一种理想的方案,该方案属于比较的范畴。让我们用 $\psi_1(x)$ 代表:"从恺撒时代之前的许多年传承下来的历史传统 x";$\psi_2(x)$ 代表"从恺撒时代起传承了下来的历史传统 x";$\psi_3(x)$ 代表"历史传统 x 有其他传统的支持";罗慕路斯传统和恺撒传统分别由 a 和 b 表示。然后,如果我们的相关证据 h 的形式为 $\psi_1(a)\psi_2(b)\psi_3(b)$,则很容易看出,$a/h>b/h$ 的比较可以从上述中找到合理的理由。[2]有一个更进一步的判断,即我们的实际证据与这一方案化形式(schematic form)未呈现出相关的分离趋向,这会让我们的结论表现得与实际相符。对于我们在通常的实践中所做出的、又显然无法简化为某种方案化形式的比较所下的任何合理的判断,我并不了解,而且我还认为这种比较没有逻辑基础,有鉴于此,我有理由怀疑对形式不同且无法进行严格简化的论点的概率进行比较的可能性。但是,在该主题的这一部分得到更深入的思考之前,我们必须对这一点抱持着极端怀疑的态度。

72

§4. 类别(ii)范围很广,显然涵盖了多种情况。如果我们要建立论

---

[1] 这个词语也曾被冯·克里斯所使用,与本处的用法多少有些相似的联系,同前引书第179页。

[2] 因为 $a/\psi_2(a)=b/\psi_2(b)$; $a/\psi_1(a)<a/\psi_2(a)$; $b/\psi_2(b)<b/\psi_2(b)\psi_3(b)$; $a/\psi_1(a)=a/h$; 而且 $b/\psi_2(b)\psi_3(b)=b/h$。

证的一般原理，从而避免过度依赖直接的个人相关判断，那么，我们必须找出其中包含的一些新的和更具体的原理。其中有两个——类比和归纳原理——极为重要，将成为本书第三编的主题。除这些准则之外，本书还将在第十四章§4和§8节(49.1)中研究和确立一些准则。在这里(在第二编的符号逐步给出之前)，我们只能先满足于以下两个观察结论：

(1) 如果满足以下两个条件中的任何一个，即：(a)如果 $a/hh_1=0$，(b)如果 $a/hh_1=1$；那么，将一个新的[1]证据 h_1 添加到一个可疑的[2]论点 a/h 上，就是**有利地**相关的。由于我们还不能使用抽象的符号，所以，这仅相当于这样一种陈述：如果与以前的证据相结合，一份证据是我们结论为真的必要条件或充分条件，那么，这份证据就是有利的。

(2) 我们可以合理地认为，证据将有利于我们的结论，而我们的结论又有利于有利的证据，即：如果 h_1 有利于 x/h，而 x 有利于 a/h，那么，h_1 有利于 a/h。然而，尽管在有些条件下，该论点经常被采用，这些 73 条件如果明确得到阐发，它们就可以证明该论点的合理性所在，但还是存在一些无法明确阐发的条件，在这些条件下，这个论点就不再是这样，从而使其不再是一定有效的。由于上述假定包含着具有极大欺骗性的谬论，所以，约翰逊先生向我建议使用“**中间项谬论**”(*Fallacy of the Middle Term*)这个名称。这个一般性的问题——如果 h_1 对 x/h 是有利的，而且 x 对 a/h 也是有利的，那么，在什么条件下 h_1 对 a/h 是有利的呢？——将在第十四章§4节和§8节(49.1)中加以研究。同

[1] 只要 $h_1/h\neq1$，h_1 就是一个新的证据。

[2] 只要 a/h 既不是确定的，又不是不可能的，该论点就是可疑的。

时，关于这一悖论，读者们可以由约翰逊先生给出的以下观察得到帮助，从而取得有关这一谬论的直觉：

令 x, x', x'', …是基本数据(datum) h 下的互斥且穷举的备选项。令 h_1 和 a 在这些备择项的**每一项**中都是一致的，即：任何被 h_1 增强的假设都会增强 a，而任何被 h_1 削弱的假设都会削弱 a。显然，如果 h_1 加强了某些假设 x, x', x'', …则会削弱其他假设。这一事实有助于我们了解，为什么关于某一个**单一的**备选项我们不能思考 h_1 与 a 的一致性，而一定能断言互斥且穷举备选项中的**每一个**备选项（包括所选定的具体备选项）的一致性。但我们还需要进一步的条件，这个条件（正如我们将证明的那样）至少在两个典型问题中显然可以得到满足。这个进一步的条件是：对于**每个**假设 x, x', x'', …下面的陈述成立：如果已知该假设为真，则 h_1 的知识**不会削弱** a 的概率。

这两个条件对于确保 h_1 将会增强 a（独立于 x, x', x'', …的知识）是**充分条件**；从某种意义上讲，它们似乎也是**必要条件**。因为除非它们得到满足，否则 h_1 对 a 的依赖关系（可以说）就"中间项"(x, x', x'', …)而言会是**偶然的**(accidental)。

我们需要参考**所有**备选项 x, x', x'',…这种必要性，类似于普通三段论中中间项的分布要求。因此，从"所有 P 是 x，所有 S 是 x"的前提出发，不会得出形如"S 是 P"的结论。但是，给定"所有 P 是 x，所有 S 是 x'"，则可以得出"没有 S 是 P"的结论，其中 x' 与 x 相对。这两个条件合起来与下面这个论点类似：所有 xS 是 P；所有 $x'S$ 是 P；所有 $x''S$ 是 P；…因此，所有 S 是 P。

74

第一个典型的问题。——一个瓮中包含未知比例的不同颜色的球。抽出一个球，之后再重新放回。然后，x, x', x'',…代表各种可能的比例。令 h_1 表示"抽中了一个白球"；令 a 表示"将再次抽中一个白球”。那么,任何被 h_1 加强的假设都会加强 a;任何被 h_1 削弱的假设都会削弱 a。此外,如果已知这些假设中的任何一个都是正确的,则 h_1 的知识不会削弱 a 的概率。因此,在没有关于 x, x', x'',…的确定知识的情况下,h_1 的知识将增强 a 的概率。

第二个典型的问题。假如发生了某个事件,可能是 x, x', x'' 或…。令 h_1 表示 A 如此这般进行报告;令 a 表示 B 同样(identically)或**类似地**(similarly)进行报告。“**类似地**”这个语汇仅表明,任何将由 a 的报告所增强的有关该确切事实的假设,也将由 B 的报告加强。当然,即使这些报告在字面上是**相同的**(identical),a 的证据也不一定会在与 B **相同**(equal)的程度上加强该假设。因为 a 和 B 的专业或聪明程度可能并不一样。现在,在这种情况下,(一般而言)我们可以进一步确知,如果该事件的实际性质已知,那么,关于 a 对该事件的报告之知识**会削弱**(虽然它也不需要加强)B 将给出一份**类似的**报告的概率。因此,在没有此类知识的情况下,h_1 的知识将增强 a 的概率。

§5. 在离开论证的这一部分之前,我们必须强调在这里介绍的理论中直接判断所起的作用。在某个点上,确定概率之间的相等性和不等性的规则,都取决于它。在我看来,这是不可避免的。但我不认为我们应该将其视为缺点。因为我们已经看到,大多数(也许是全部)情形可以通过将一般原理应用于一种简单的直接判断来确定。对于确定特定情形的直觉能力,除了确定新证据总体上是支持还是反对给定结论之外,没有其他要求。对这些规则的应用,并没有牵涉到比其他逻辑分支更广泛的假设。 75

虽然在用一般原则来建立对直接判断的控制时,不应把这种控制隐藏起来是很重要的,但我们最终依赖于直觉的这个事实,并不必然使我们认定我们的结论因此没有合理的基础,或认为它们的有效性与它们的起源一样主观。我们有理由赞同皇港(Port Royal)的逻辑学家们[1]的观点,认为我们可以通过关注与案例相关的所有情况,得出一个真正可能的结论。我们必须尽可能少地承认休谟的嘲讽:“当我们优先考虑一组论点而不是另一组时,我们什么也没做,只是从我们对它们影响力的优越性感觉中做出决定。”

76

[1] 《皇港逻辑》(*Port Royal Logic*),原名 *La logique, ou l'art de penser*。这本书是亚里士多德以来到19世纪末最有影响力的逻辑教材。作者是安托万·阿尔诺(Antoine Arnauld)和皮埃尔·尼可(Pierre Nicole),他们是与皇港修道院有关的哲学家和神学家,该修道院是17世纪法国异端天主教扬森主义运动的中心。该书第一版于1662年问世。在作者们的一生中,共做了四次主要修订,最后一次也是最重要的一次修订是在1683年。布莱斯·帕斯卡尔(Blaise Pascal)可能贡献了其中的相当大一部分。——译者注

第六章　论点的权重

§1. 本章要提出的问题有些新颖。虽经深思熟虑，我仍然不确定它到底该有多重要。就第三章所讨论的那种意义言之，一个论点概率的大小取决于所谓有利证据和不利证据之间的平衡。未曾打破这种平衡的新的证据，也不会改变该论点的概率。但似乎还有另外一个方面，在这个方面，存在着论点之间的某种定量比较的可能性。这种比较不是在有利和不利证据之间取得平衡，而是分别在相关知识（relevant knowledge）的**绝对**量和相关无知（relevant ignorance）的**绝对**量之间取得平衡。

随着我们掌握的相关证据的增加，该论点成立的概率的大小可能会降低也可能会增加，因为新知识会增强不利或有利的证据。但是，无论哪种情况，似乎都会增加**一些东西**，——使我们的结论具有更为充分的依据。我的意思是，新证据的加入提高了一个论点的**权重**（weight）。新证据有时候会降低一个论点的概率，但它总是会提高其“权重”。

§2. 对证据权重的测量，与我们在概率测量中遇到的困难相似。只有在某些类受到严格限制的情况下，我们才能比较两个论点权重是更大还是更小。但是，如果两个论点的结论相同，并且其中一个的相关

证据不仅包含而且还超过了另一个的证据，那么两个论点权重大小之
77 间的比较就总是可能的。如果新证据是“无关的”，这种所谓的“无关性”是在第四章§14节中所定义的两种更为精确的意义下而言的，那么，权重就会保持不变。如果新证据的某一部分是相关的，那么权重值会增加。

现在，我们对“相关性”进行更严格定义的原因显而易见。如果我们能够将“权重”和“相关性”视为相互关联的术语，那么，即使一个证据部分有利、部分不利，使概率在整体上保持不变，我们也必须把它看成是相关的。有了这个定义，说新的证据是“相关的”，就等于说它提高了论点的“权重”。

命题不能成为论点(an argument)的主体，除非我们至少对该命题赋予某种含义(meaning)，并且即使这个含义仅与该命题的形式有关，该含义也可能在与其有关的某些论点中是相关的。但可能其他相关证据并不存在；有时将这样一个论点的概率称为“先验概率”(*à priori* probability)很方便。在这种情况下，该论点的权重最低。因此，从每一个相关证据的出现开始，尽管一个论点的证据权重可能会上升或下降，但从对应于“先验概率”的最小权重开始，它的证据权重总会增加。

§3. 如果两个论点的结论不同，或者一个论点的证据与另一个论点的证据不重叠，那么，我们通常无法比较其权重，就像无法比较其概率一样。不过，还是存在一些比较的规则，并且在各对论点分别在概率和权重方面具有可比性的条件之间似乎存在着紧密但并非完全的对应关系。我们发现主要存在三种可能的概率比较类型，其他的比较则基于这些类型的组合：

(i) 那些基于无差异原理，服从一定条件，并以 $\phi a/\psi a\ .h_1=$
78 $\phi b/\psi b\ .h_2$ 的形式表示的类型，其中 h_1 和 h_2 与论点无关。

(ii) $a/hh_1 \gtreqless a/h$，其中 h_1 是一个信息单元，该信息单元不包含任何重要的独立部分。

(iii) $ab/h \leqslant a/h$。

让我们用 $V(a/h)$ 表示论点的证据权重，其概率为 a/h。然后，与上述内容相对应，我们发现下面这些权重比较是可能的：

(i) $V(\phi a/\psi a.h_1)=V(\phi b/\psi b.h_2)$，其中 h_1 和 h_2 在严格意义上是无关的。也就是说，无差异原理所适用的论点具有同等的证据权重。

(ii) $V(a/hh_1)>V(a/h)$，除非 h_1 是无关的，在这种情况下，$V(a/hh_1)=V(a/h)$。在比较量值大小的情况里，对 h_1 的构成施加这一限制是必要的，而在权重的情况里，则没有这个必要。

然而，用于比较相应于上述(iii)中的权重的规则，却并不存在。我们可以认为 $V(ab/h)<V(a/h)$，其理由是：一个论点相对于给定前提越复杂，其证据权重就越小。但这是站不住脚的。论点 ab/h 比论点 a/h 更不适合于证明，但却更适于反驳。例如，如果 $ab/h=0$ 且 $a/h>0$，则 $V(ab/h)>V(a/h)$。实际上，情况似乎是这样，论点 a/h 的权重始终等于 $\bar{a}/h$ 的权重，其中 $\bar{a}$ 与 a 是矛盾关系，即 $V(a/h)=V(\bar{a}/h)$。因为一个论点总是像证明或反证命题一样可以反证或证明命题。

§4. 我们或可指出的是，如果 $a/h=b/h$，则不必然能推出 $V(a/h)=V(b/h)$。有人曾断言，如果第一个等式直接源自对无差异原理的单一的应用(single application)，那么第二个等式也成立。但是，第一个等式在其他情况下也能成立。例如，如果 a 和 b 分别是三个同等可能、互斥且穷举备选项的不同集合的元素，则 $a/h=b/h$；但是这些论点可能有不同的权重。然而，如果相对于 h，a 和 b 每一个都从另一个推断出来，即 $a/bh=1$ 且 $b/ah=1$，则 $V(a/h)=V(b/h)$。因为要证明或反证其中的一个，我们必然要证明或反证另一个。

79

毫无疑问，我们可以得出进一步的原则。在单凭常识可能无法确信地说出上述情况的那些情形里，这些情况可以组合起来得到结论。例如，假设我们有三个排他性和穷举性备选项 a、b 和 c，并且根据无差异原理有 $a/h=b/h$，则我们有 $V(a/h)=V(b/h)$ 和 $V(a/h)=V(\bar{a}/h)$，因此 $V(b/h)=V(\bar{a}/h)$。由于 $\bar{a}/(b+c)h=1$ 且 $(b+c)/\bar{a}h=1$，因此 $V(\bar{a}/h)=V((b+c)/h)$ 也是正确的。故而，我们有 $V(b/h)=V((b+c)/h)$。

§5. 前面的段落已经清楚地表明，对证据量(amount)的加权是一个与平衡有利和不利证据完全不同的过程。然而，到目前为止，由于我们已经讨论了权重问题，因此通常我们也就已经进行了所有尝试，根据对有利和不利证据的平衡来解释对证据量的加权。如果 $x/h_1h_2=\frac{2}{3}$ 且 $x/h_1=\frac{3}{4}$，那么，有时人们会认为，x/h_1h_2 实际为 $\frac{2}{3}$ 的可能性比 x/h_1 实际为 $\frac{3}{4}$ 的可能性还要大。根据这种观点，证据量的增加会增强该概率的可能性，或者正如德·摩根(De Morgan)所说的那样，会增强对该概率的推定(presumption)。稍作反思即可表明，这种理论是站不住脚的。因为在假设 h_1 上的概率 x 与事实上 x 是否为真无关，并且如果我们随后发现 x 为真，那么在假设 h_1 上给出 x 的概率为 $\frac{3}{4}$ 就不会错误。同样，x/h_1h_2 是 $\frac{2}{3}$ 这个事实也不会影响 x/h_1 是 $\frac{3}{4}$ 的结论，除非我们在判断或根据证据进行计算时犯了错误，否则这两个概率就分别为 $\frac{2}{3}$ 和 $\frac{3}{4}$。

§6. 第二种方法是盖然误差(probable error)方法，根据这种方法，我们或许可以认为,权重问题已然得到了处理。不过,尽管有时盖然误差或许与权重有关,但它主要关注的却是完全不同的问题。这里应该解释一下,"盖然误差"是对一个表达方式所给的名称,它是当我们思考给定数量被多个不同量级中的一个所测量的概率时产生的表达方式,不过,这个名称可能确实不是一个很方便的表达。我们的数据可以告诉我们,这些量级中有一个是关于该数量的最具可能的度量指标;而且在某些情况下,它还会告诉我们该数量的其他可能量值所具有的可能性。在这种情况下,我们可以确定,该数量(quantity)所具有的量值(magnitude)与最大可能性相差不超过指定量(specified amount)的概率。数量的实际值与其最可能的值之差所不会超过的量,就是"盖然误差"。在许多实际问题中,若要证明我们的结论是有价值的,那么,只存在小的盖然误差就极为重要。该数量具有任何特定量值的概率可能很小。但是,如果它位于一定范围内的概率很高,那么,这一点也就无关紧要了。 80

现在很明显,确定盖然误差与确定权重,本质上是一个不同的问题。确定盖然误差的方法只是把各个互斥的概率加总起来。如果我们说最可能的量值是 x,而盖然误差是 y,那么,这种对关于 x 以外的各种量值的多个可能结论进行加总的方式,乃是出于多种目的而方便为之的,这些量值是在证据的基础上该数量所可能拥有的量值。盖然误差和权重之间的联系,乃是出于(比如)以下事实:在科学问题中,很大的盖然误差并非不常见,原因在于缺乏足够的证据,并且随着可获证据的增加,存在着一种盖然误差减低的趋势。在这些情况下,盖然误差或许是衡量权重的一种实用方法。

不过,在理论探讨中,有必要指出,这种联系是偶然的,仅在少数情况下存在。这一点可以通过一个例子很容易得到说明。我们可能具有 81

以下数据:$x=5$ 的概率是$\frac{1}{3}$,$x=6$ 的概率是$\frac{1}{4}$,$x=7$ 的概率是$\frac{1}{5}$,$x=8$的概率是$\frac{1}{8}$以及 $x=9$ 的概率是$\frac{1}{20}$。其他证据可能表明,x 必定为或 5 或 8 或 9,这每个结论的概率为$\frac{7}{16}$、$\frac{5}{16}$、$\frac{4}{16}$。后一种论据的证据权重大于前一种论据的证据权重,但到目前为止,盖然误差并未减少,反而增加了。实际上,没有理由认为随着论据权重的增加,盖然误差必定会减少。

我们可以用从瓮中抽出球后的两种情形,来说明这种典型情况:在这种典型情况中,权重和盖然误差之间存在实际联系。在每种情况下,我们都要求给出抽中一个白球的概率。在第一种情况下,我们知道瓮中包含相等比例的黑球和白球;在第二种情况下,每种颜色球的比例是未知的,每个球都可能是黑球和白球。显然,在任何一种情况下,抽中白球的概率只是说明,支持这一结论的论点之权重在第一种情况下更大。当我们考虑从长远来看将会抽取的球的最可能比例时,如果在每次抽取后将其放回,盖然误差问题就出现了,而且我们发现,关于第一个假设的论点的证据权重越大,伴随着的是盖然误差越小。

这个常见的例子在许多科学问题中是很典型的。我们对任一现象的了解越多,通常来说,我们的观点被其他每一新增经验所修改的可能性就越小。因此,在这样的问题中,当考虑一系列类似现象的特征时,关于某种现象较高权重的论点,可能伴随着较低的盖然误差。

§7. 因此,权重不能用概率来解释。高权重的论点并不比低权重的论点“更有可能是正确的”。这是因为,这些论点的概率,仅表述前提与结论之间的关系,并且在两种情况下,这些关系均以相同的精度予以表述。高权重的论点也不是盖然误差小的论点。因为,一个小的盖然误差,仅意味着最可能量值附近的量值具有相对较高的概率,而证据的增加并不一定牵涉到这些概率的增加。

论点的“权重”和“概率”是彼此独立的属性,对于把概率应用到实践而做的讨论来说,这个结论可能会带来困难。[1]因为,在确定行动方案时,假设我们应该考虑权重以及不同期望的概率,似乎是合理之举。但是,很难想出有关于此的任何明确的例子,而且我也不确定“证据权重”理论是否具有较大的现实意义。

伯努利的第二个准则,就是我们必须把我们拥有的所有信息考虑进来,这意味着我们应该以该论点的概率为指导,其中包括我们所知道的前提,以及其中谁的证据权重最大。但是,这不是应该通过下面这个进一步的准则来加强吗?这个进一步的准则即是:我们应该通过获取我们能够获得的所有信息,来使我们论点的权重尽可能地大。[2]然而,我们很难看出,通过增加证据,对一个论点的增强应该被推到哪一点上才是合宜的。我们可能会说,当我们的知识虽少但有能力增加时,相对于这些知识而言,可能产生最大益处的行动过程,通常在于获取更多的知识。但很显然,到了一定的时候,在采取行动之前,已不值得再为获取更多的信息而费心思了,并且也没有明显的原则可用来确定我们应该在多大程度上贯彻我们的规则,加强我们的论点的权重。稍加 83 思考之后,读者可能就会相信这确是一个非常令人感到困惑的问题。

§8.本章的基本特征可以简单地予以重述。如果我们的论点建立在大量相关证据的基础上,那么,它就比其他的论点具有更大的**权重**;但并不总是,甚至对于两组命题,我们一般也不能认为其中一组比另一

[1] 也可以参看第二十六章§7节。

[2] 参阅:洛克,《人类理解研究》,第2卷,第21章第67节:“如果一个人在做判断时,没有充分了解自己的能力,那他就不可能自己承认判断错误。”

组包含更多的证据。如果证据对它有利的平衡,大于对我们与它相比较的论点有利的平衡,那么,它就比另一个论点具有更大的概率;但是,倘若要说一种情况下的平衡大于另一种情况下的平衡,则并非总能这样说,甚至一般来说是不能这样说的。打个比方,权重衡量的是有利和不利证据的总和,而概率衡量的则是二者的差值。

§9."权重"现象可以用不同于此处采用的其他概率理论来描述。如果我们按照某些德国逻辑学家的看法,认为概率是建立在析取判断(disjunctive judgment)的基础上的,则我们可以说,当备选项数量减少时,权重就会增加,尽管有利备选项数量与不利备选项数量之比可能没有受到扰动;或者,借用另一个德国学派的说法,我们可以说,随着概率域的缩小,概率的权重增加了。

我们可以用频率理论的语言来解释同样的区别。[1]我们应该可以这样说,如果我们能够使用原初的参考类别中所包含的一个类别来作为参考类别,那么权重就会增加。

§10.概率的研究者通常不会对本章的主题进行讨论,我只知道有两个人明确提出过这个问题:[2]美农(Meinong)曾对冯·克里斯的《概率论原理》一书的结论给出过建议[发表于1890年的《哥廷根学报》

84 (*Göttingische gelehrte Anzeigen*)(尤其是第70—74页)]。此外,尼采(A. Nitsche)曾在《科学哲学季刊》(*Vierteljahrsschrift für wissenschaftliche Philosojphie*,1892年,第16卷,第20—35页)上发表的一篇题为"概率的维度和不确定性的证据"(*Die Dimensionen der Wahrscheinlichkeit und die Evidenz der Ungewissheit*)的文章中采纳了美农的建议。

[1] 参看第八章。

[2] 祖伯(《概率计算》,第1卷,第202页)也对通过不同方法获得的概率的值得关注之处发表了一些评论,与此也有一定的关联。

美农并没有详细说明这一点，而是将概率和权重区分为“强度”(Intensität)和“质量”(Qualität)，并倾向于将它们视为两个独立的维度，可以自由地进行判断——它们是“判断连续统”(Urteils-Continuum)的两个维度。尼采认为权重是概率的可靠性(Sicherheit)的度量，并认为随着权重的增加，概率会不断接近其真实值(reale Geltung)。他的处理办法太简短，以至于无法让人很清楚地理解他的意思，但是他的观点似乎与已经讨论过的理论类似，即较高权重的论点“比较低权重的论点更可能是正确的”。

85

第七章　历史性回顾

§1. 我们为第三章和第四章讨论的问题所提供的解决方案，必然决定了我们的概率哲学的特征。虽然我们将在第二编中发展的逻辑演算的很大一部分内容，只要稍加修改，即可适用于该主题的若干不同理论，但建立演算前提的那些最终问题，却揭示出了每一个根本的意见分歧。

也许正是出于这个原因，这些问题往往被那些主要对该主题的形式部分感兴趣的研究者置之不顾。但是，概率还不具有很可靠的基础，从而由之可以安然地独立发展其形式的或数学的一面，而且，很自然，有些尝试是用来解决巴特勒主教(Bishop Butler)就概率进行简短讨论的总结中给逻辑学家提出的问题的，这段讨论出现在他为《类比》(*Analogy*)一书所写的导言里。[1]

因此，在本章中，我们将按照其历史顺序，来回顾哲学上对这些问

[1] “我的目的不是进一步探究概率的性质、基础和度量；或者，由此看来，相像性(likeness)就会产生一种推定、意见和充分的信念，而这种推定、意见和信念，是人的心灵接受相像性而得以形成的，而且这种相像性必然在每个人身上都会产生；又或者，防止类比推理容易犯的错误，是一项义务。这属于逻辑学的学科范畴，并且是该学科范畴中尚未得到充分考虑的部分。”

题的回答：我们如何知晓概率关系，我们有何判断依据，以及我们可以通过什么方法来增进我们的知识。

§2. 人天然倾向于这样一种观点，即概率在本质上与经验归纳有关，如果他稍微再见多识广些，则会认为概率本质上与因果律(*Laws of Causation*)和自然齐一律(*Uniformity of Nature*)[1]有关。正如亚里士多德所说："或然性指的就是通常发生的情况。"事件的发生，并非总是符合经验上的期望。但是，经验法则通常给我们提供了一个很好的基础，可以假设它们通常是会发生的。这些期望的偶尔落空，使我们的预测变得扑朔迷离。但是，它们的概率的依据，必须在这一经验中找寻，而且只能在这一经验中找寻。 86

从本质上讲，这是《皇港逻辑学》(*Port Royal Logic*，1662年)作者的观点，他们是第一批以现代方式处理概率逻辑的人："为了判断事件的真相，决定相信或不相信它，我们没有必要像对待几何学命题一样，抽象地思考它本身。但是，有必要注意与之相伴的内在和外在的所有环境。我把属于事实本身的环境，称为内在环境，而把那些属于使我们据以相信其证言的人的环境，称为外部环境。做出这样的区分之后，如果所有环境都使得相类似的环境与该事件为假的情况从未或极少伴随发生，那么，我们的心灵就自然而然地受到

[1] 自然齐一律(Uniformity of Nature)，简称UN，是19世纪英国哲学家、逻辑学家约翰·斯图亚特·穆勒认定的一条关于古典归纳逻辑的根本原则和总的原理。其基本内容是：自然中存在相同的情形，曾经发生过的东西，在有足够的相似情况之下，将会再发生，而且，只要存在这样的情况，它还将永远发生。一切归纳法实际上都以假设这一原理的成立为其前提和根据。否则，就不可能通过简单枚举的途径从一类事物的某些个别对象具有某种情况而归纳或概括出该类事物的全部对象都具有某种情况。不过，自然齐一律把复杂多变的自然现象在一定程度上简单化了，因而存在明显的缺陷。随着归纳逻辑的发展，其原则或被抛弃，或被修改而予以严格限制。本书第三编第十九章、第二十二章对此还有所论述。——译者注

引导,使我们相信这一事件是真的。”[1]洛克紧随在皇港逻辑学家之后,认为“概率是事件为真的可能性……简而言之,其依据是以下两点:首先,任何事物与我们自己的知识、观察和经验的一致性。其次,其他人的证言,这些证言证明了他们的观察和经验。”[2]巴特勒主教持有的观点,与此基本相同:“当我们确定某件事可能为真,认为一个事件已经发生或将要发生时,之所以有此看法,乃是我们的心灵认为,它与我们所观察到的另一事件具有相似之处。在数不清的事例中,这种观察形成了对此类事件已经或将要发生的一种推定、意见或充分的信念。”[3]

87 针对这一观点,休谟提出了批评:“因果关系的观念是从经验中得出的,这告诉我们,在过去的所有事例中,这些特定的对象一直都是彼此联系在一起的……根据这种对事物的描述……概率是建立在我们经历过的那些事物与我们没有经历过的那些事物之间存在相似之处的假设之上的。因此,这种假设不可能源于概率。”[4]“当我们习惯于看到两个印象联系在一起时,一个印象的表象或理念会立即将我们带入另一个印象的理念上去……因此,一切可能的推理,都不过是一种感觉而已。我们不仅仅在诗歌和音乐中,必须遵循我们的品位和情感,在哲学中亦复如是。当我坚信任何原则时,它只是一个最强烈地影响了我的观念而已。当我优先选择一组论点而不是另一组论点时,我只能根据我对它们影响力优越性的感觉做出判定。”[5]休谟实际上指出,虽然

[1] 英译本,第353页。
[2] 《人类理解研究》,第四卷,《论知识和意见》。
[3] 《类比》一书的导言。
[4] 《人性论》,第391页(格林版)。
[5] 同前引书,第403页。

过去的经验确实会产生一种对某些事件而不是对其他事件的心理预期,但这种优越性预期的有效性尚无根据。

§3. 而与此同时,这个主题也到了数学家手中,彼时,一种全新的方法正处在发展的过程中。很明显,我们实际上做出的许多概率判断,并不以过去的经验为依据,也不符合皇港逻辑学家或洛克所设定的标准。特别是,人们有时认为某些备选项是同等可能的,而不一定有任何实际经验表明它们在过去发生的频率大致相同。除此之外,基于过去某种不确定经验做出的判断,显然并不容易进行精确的数值评估。因此,詹姆斯·伯努利(James Bernoulli)[1]才是古典数学概率学派的真正创始人,尽管他不否认过去的经验检验,但他的许多结论却基于完全不同的标准——即我所命名为"无差异原理"的规则。数学学派的传统方法,本质上取决于将所有可能的结论简化为诸多"等可能的情况"。而且,根据无差异原理,当没有理由偏好某一事物而不是另一事物时,当像布里丹的驴子[2]那样,没有任何东西可以决定我们的头脑转向几种可能方向中的哪一个时,这些"情况"即被认定为是等可能的。以祖伯(Czuber)的骰子为例,[3]如果没有理由假设任何特定的不规则性,那么,该原理允许我们假设每一面都有可能出现,而且不需要我们知道这种构造是有规律的,也不需要我们知道,事实上这个骰子过去是否每一面都曾同样出现过。 88

伯努利把这一原理扩展到了赌博以外的问题上去,在赌博问题中,

[1] 尤其可参阅:《猜度术》(*Ars Conjectandi*),第224页。转引自:拉普拉斯,《解析论》(*Théorie analytique*),第178页。

[2] 布里丹的驴子是以14世纪法国哲学家布里丹名字命名的一个悖论,其表述如下:一只完全理性的驴子恰处于两堆等量同质的干草的中间将会饿死,因为它不能对究竟该吃哪一堆干草做出任何理性的决定。——译者注

[3] 《概率计算》,第9页。

帕斯卡尔和惠更斯[1]已经通过这一不言自明的假设给出了若干简单的运用，基于这一原理，数学概率论的整个结构很快就被搁置了。从未被弃之不顾的旧有的经验标准，很快就被纳入新的学说中。首先，根据伯努利著名的大数定律，代表事件概率的比例数被认为也代表了事件发生的实际比例，因此，如果经验足够丰富的话，可以将其转化为算术密码(cyphers of arithmetic)。接下来，借助无差异原理，拉普拉斯确立了他的继承法则(Law of Succession)，通过该法则，我们可以对任何经验的影响(无论多么有限)进行数值测量，并据此证明，如果 B 被视为伴随 A 出现两次，B 在 A 的下一次出现时将再次伴随 A 出现的比例就是二比一。在逻辑炼金术中，没有其他公式比这个更能发挥出惊人的作用的了。因为它以全然无知为前提，证实了上帝的存在；而且，它以数值上的精确度，测量了太阳明天升起的概率。

89

然而，这些新的原则并没有在不受反对的情况下得到接受。达朗贝尔(D'Alembert)[2]、休谟和安西隆(Ancillon)[3]是作为对概率的怀疑论者而引人注意的，与之形成鲜明对比的是18世纪的哲学家们的轻信。18世纪哲学家对一门声称要把(并似乎也在)将一个全新领域

---

[1] 克里斯蒂安·惠更斯(Christiaan Huyghens, 1629—1695年)，荷兰物理学家、天文学家、数学家。他是介于伽利略与牛顿之间一位重要的物理学先驱，是历史上最著名的物理学家之一，他对力学的发展和光学的研究都有杰出的贡献，在数学和天文学方面也有卓越的成就，是近代自然科学的一位重要开拓者。——译者注

[2] 达朗贝尔的怀疑论只针对当时的数学理论，不像休谟的怀疑论那样具有深远的影响。他之不接受当时所接受的意见，与其说是一种歧视，倒不是如说是一种绝妙的反对。

[3] 安西隆1794年与柏林科学院的通信，题为《对概率基础的质疑》(*Doutes sur les bases ducalcul des probability*)，并没有像它应得的那样广为人知。他以休谟追随者的身份写作，但增加了许多原创而有趣的内容。作为一名历史学家，他还撰写过各种哲学著作，安西隆还曾担任过普鲁士的外交大臣。

纳入理性统治范围的科学的结论,不加质疑地全盘接受。[1]

第一个有效的批评来自休谟,他也是第一个将洛克和哲学家的方法与伯努利和数学家的方法区分开的人。他说:"概率,或者根据推测来进行的推理,可以分为两种,即:建立在**机会**(chance)之上的,和从多种原因(causes)而得来的。"[2]显然,他所指的这两种方法,是指基于无差异的计算均等机会的数学方法,以及基于一致性经验的归纳方法。他认为,"机会"本身就不能成为任何事物的基础,并且"在机会中必须总是有各种原因的混合,才能成为任何推理的基础"。[3]他先前反对概率的论点,是建立在对原因的假设基础上的,因之也可以扩展到数学方法上来。

但是,到19世纪初,拉普拉斯的伟大声望和他的那些更为著名的理论结果为他的原理提供的所谓"验证"(verifications),在几乎不容置疑的立场上确立了这门以无差异原理为基础的科学。然而,应该指出的是,在英格兰,这个领域的主要学者德·摩根,似乎已经将以无差异为由而同样可能会采用的实际实验方法和案例计数方法,视为同等有效的替代性方法。 90

§4. 过去的100年里对传统学说的反对,还不具备足够的力量来取代既有的学说,无差异原理仍然以不符合规格的方式被非常广泛地

[1] 在18世纪下半叶的法国哲学中,似乎没有什么东西能超越概率论的预测能力,它几乎在人们的思想中取得了以前由《启示录》所占据的地位。正是在这种影响下,孔多塞(Condorcet)发展了他关于人类完美性的学说。如果对这些思想感兴趣,读者可以通过以下思想源流来认识现代欧洲思想的连续性和开放性,即:孔多塞的思想源自伯努利,葛德文又受孔多塞启发,马尔萨斯受葛德文的愚蠢刺激,从而阐明了他那著名的学说,还有就是,达尔文从马尔萨斯的《人口论》中,获得了最早的灵感激发。

[2] 《人性论》,第424页(格林版)。(由此可知,在当时的古典时期,人们认为"chance"表示的是客观的可能性,而"probable"更多地表示相对主观的概率判断,本书把"chance"译为"几率"或"机会",把"probable"译为"或然""盖然""可能"或"概率"。——译者注)

[3] 同前引书,第425页。

接受。对它的批评有两个不同的路向:其中的一个路向,最初由莱斯利·伊利斯(Leslie Ellis)所发端,由维恩博士(Dr Venn)、埃奇沃斯教授(Edgeworth)和皮尔逊教授(Karl Pearson)所发展,其影响力几乎完全局限在英国;另一个路向,肇端于布尔的《思维定律》(*Laws of Thought*),在德国得到了发展,其中最为杰出者当数冯·克里斯。总体上讲,这两个批评路向对法国都没有产生影响,法国保持着对拉普拉斯的传统的忠实。虽然亨利·庞加莱(Henri Poincare)曾经颇有疑虑,并描述无差异原理是"非常模糊,非常有弹性的",但他也认为它是我们这种惯例(convention)选择的唯一指南,虽然"这种惯例的选择总是有些武断",91 但他仍然认为概率计算要始终以之为基础。[1]

§5. 在详细介绍这两个发展路向之前,我来再次总结一下这些新学派的领袖们所面对的早期学说。

早期的哲学家在处理概率问题时,考虑的是把经验归纳应用于未来,而几乎完全排除了其他的问题。因此,对于概率的数据,他们只看自己的经验和他人记录的经验;他们的主要改进是区分这两种根由,他们并没有试图用数值来估计这些几率。另一方面,数学家们从骰子和扑克牌游戏的简单问题出发,要求应用他们的方法作为数值测量的基

[1] 庞加莱关于概率的观点可以在他的《概率计算》和《科学与假设》两本书中找到。在我看来,这两本书都不是经过深思熟虑之后写下的作品,但他的观点足够新颖,值得一读。简而言之,他指出当前的数学定义是循环的,并据此论证说,对那些在应用数学之前认为最初是相等的特定概率之选择,所根据的完全是一种"惯例"。因此,他指出概率的研究只不过是一种得体的习用而已,他总结说:"概率计算在其所指定的概念上给出了一个矛盾,如果我不担心在这里引用一个经常被重复引用的话,我会说它教会了我们一件事,那就是知道我们什么都不知道。"另一方面,他的书的大部分致力于研究实际应用的事例,他谈到了"形而上学"使特定惯例合理化,但没有解释这是怎么发生的。他似乎在竭力挽救自己作为哲学家的声誉,放弃把概率作为一种有效的概念来接受,但同时又不放弃自己作为数学家所给出的主张,去研究具有实际意义的盖然公式。

础，他们只考虑证据的消极方面，而不考虑其积极方面，他们发现，衡量同等程度的无知比衡量同等数量的经验更容易。这就导致了对无差异原理的明确引入，或者正如后来所称的那样，叫作非充足理由律(Principle of Non-Sufficient Reason)。在19世纪初的人们眼中，18世纪的伟大成就在于调和了这两种观点和对概率的测量，它们都是以经验为基础的，而调和所使用方法的逻辑基础，则是非充足理由律。这的确是一个令人惊叹的发现，而且，正如这些学者们所宣称的那样，它将使人类活动的几乎每个阶段都逐渐被纳入最精确的数学分析的能力范围之内。

但是不久，更多持怀疑态度的人开始质疑，这一理论证明了太多的东西。诚然，它的计算是根据经验数据构建的，但是经验越简单、复杂程度越低，则对理论的满意度就越高。对理论满意，所需要的不是丰富的经验或详细的信息，而是在很少的信息中具备完全的对称性。这似乎源于拉普拉斯的学说，即一个人要想消息灵通，首要条件是保持同等平衡的无知状态。 92

§6. 对于一种似乎源于与经验相关的抽象结果的教学所产生的明显反应，是投入经验主义的怀抱；在当时的哲学状况下，英国是这种反应的自然发源地。据我所知，第一次抗议是由莱斯利·伊利斯在1842年提出的。[1]在他的《关于所谓最小二乘方法证明的评论》(*Remarks on an Alleged Proof of the Method of Least Squares*)一文[2]的结论中，他说："纯粹的无知不可能是任何推断的根据。无不可以生有(*Ex nihilo nihil*)。"在维恩的《机会逻辑》中，伊利斯的建议被发展成一

[1] 《论概率理论的基础》(*On the Foundations of the Theory of Probabilities*)。

[2] 《著作杂集》(*Miscellaneous Writings*)，重印。

个完整的理论：[1]“经验是我们唯一的向导。**如果我们想发现现实中的一系列事物**，而不是我们自己的一系列概念，我们必须诉诸事物本身来获取它，因为我们在其他地方得不到太多帮助。”埃奇沃思教授[2]是这一学派的早期信徒：“如果硬币是普通硬币的话，正面出现 n 次的概率至少约为 $\left(\frac{1}{2}\right)^n$。该值可以从切实的经验、游戏玩家的观察以及杰文斯和德·摩根的实验记录中得到严格推定。”

第八章将考察经验主义学派的学说，我把我详细的批评推迟到该章给出。维恩拒绝伯努利定理的那些应用，他将其描述为“现实主义的最后残余之一”，他也不承认后来的拉普拉斯继承法则，因此破坏了经验方法与先验方法之间的联系。但是，除此之外，他认为概率陈述只是关于现实世界现象的一类特定陈述，这种观点使他更加依赖实际经验。他认为，一个事件具有特定属性的概率，只是表示这种属性在实际情况中所占的比例数。然而，我们对这一比例的认识，往往是归纳地得出的，并且与所有的归纳一样，也具有不确定性。此外，在将一个事件参考于一个事件序列时，我们并不假定序列的所有成员都应该相同，而只是假定它们不应该以**已知**的相关方式存在差异。因此，即使在这个理论中，我们也不完全由实证知识和经验的直接数据决定。

93

§7. 经验主义学派反对拉普拉斯理论企图从虚无之中发展出来的那些自命不凡的结果，他们朝着相反的方向上走得太远了。如果我们的经验和知识是完整的，我们就不需要进行概率演算了。如果我们的经验是不完整的，我们就不能指望从经验中得到概率判断，而不借

---

[1] 《机会逻辑》(*Logic of Chance*)，第 74 页。

[2] 《米制》(*Metretike*)，第 4 页。

助于直觉或其他一些先验的原则。经验,相对于直觉,不可能为我们提供一个标准,以用来判断在给定的证据上两个命题的概率是否相等。

无论经验数据多么重要,它们本身似乎都无法提供我们所需要的东西。祖伯[1]更喜欢他所谓的“令人信服的推理原理”(das prinzip des zwingenden grundes),认为概率只有在基于确定知识的情况下才有客观的而不仅仅是形式上的解释,因此,人们不得不承认,我们不能在没有非充足理由律的情况下对概率既得到客观的解释,又得到形式上的解释。基于其本身的直觉合理性以及某些必要的结论,我们不可避免地会将这一原理作为判断概率的必要依据。从某种意义上说,概率的判断似乎确实是建立在同等程度无知的基础上的。

§8. 德国逻辑学家就是从这个起点出发的。他们已经意识到,很少有关于概率的判断是完全独立于某种类似于非充足理由律的原则的。但他们也认为,布尔的做法可能是一种非常武断的处理方法。 94

第四章§18节指出,无差异原理(或非充足理由律)被打破的那些情况有很多共同点,而且还指出,我们把概率域(field)划分为多个区域(areas),实际上它们是不等的,但是在证据上却无法区分。因此,一些德国逻辑学家曾努力确定某种规则,根据这种规则,可以假定各种概率域在区域面积上实际是相等的。

迄今为止,在这些方面,最完整、最合理的解决方案是冯·克里斯给出来的。[2]他主要是急于为概率的数值测量找到一个适当的基础,因此,他开始仔细研究等概率有效判断的依据。他对非充足理由律的

[1]《概率计算》,第11页。

[2]《概率原理》,载于《逻辑研究》,弗莱堡,1886年。

批评,正是在寻找这样的依据,为了达到这样的目的,他阐述了一些他认为是必要和充分的条件。然而,在本书作者看来,其著作的价值却在于其中批判性而非建设性的部分。他表达资格条件的方式,至少对英语读者来说,常常有些晦涩难懂,他有时似乎是通过发明新的技术术语来掩盖而不是解决困难。这些特征使我们很难以概要的方式充分地阐述他的思想,读者必须参考原著,才能获得关于"场域"(*spielräume*)学说的正确表述。简单来说(不过这样可能说得不是很清楚),他认为,我们希望获得数值比较的概率假设必须指的是"无差异的""可比较"的"场域"和"本相"(*ursprünglich*)。如果在非充足理由律面前两个域相等,则它们是"无差异的";如果这些域的范围确实相等,则它们是"可比较的";如果不是从其他域衍生出来的,那么它们就是"原初的"或终极的。最后一个条件非常模糊,但这似乎意味着我们最终要处理的对象必须由假设的"域"直接表示,并且这些对象与域的对象之间不能仅是存在关联而已。具有可比性的资格,是为了处理诸如与程度不明的不同区域面积的总体有关的困难;而通过间接测量所获得的原初性资格,一如特定密度的情况。

95

冯·克里斯的解决方案极富启发性,但据我对它的理解,似乎并没有为所有情况提供一个明确的标准。他对概率的哲学性质的讨论,简短而又不够充分,而且,他在对这一主题的处理中所犯的根本错误,是实存上的(physical)而不是逻辑上的偏见,似乎是这一偏见引导他得出了那些条件。例如,原创性(*Ursprünglichkeit*)的条件似乎取决于实存标准而非逻辑标准,因此,其适用性比真正满足该情况的条件应有的局限性要大得多。不过,尽管我在他的关于概率论的哲学概念上与他有所不同,但我认为,构成其著作大部分内容的对无差异原理的处理,极富成果,在第四章确立我自己的条件上,我从中受益良多。

西格沃特(Sigwart)和洛兹(Lotze)的处理方法虽然不太合理,也不太详细,但他们的目的都是为了得到同样的结果,所以也值得关注。西格沃特的[1]立场可以由以下摘录充分地予以说明:“进行数学处理的可能性主要在于,在析取判断中,析取的项数起着决定性的作用。由于提出了有限数量的互斥的概率,而其中只有一种是实际存在的,所以数字的要素形成了我们知识的基本组成部分……我们的知识必须使我们能够假定,到目前为止,析取的特定条件是等价的,它们表达了一般概念的同等专门化程度,或者它们涵盖了概念整个外延的相等部分……当我们处理一个空间区域的相等部分,或一段时间的相等部分时,这种等价是最直观的。但是,即使在没有出现这种明显的情况下,我们也可以把我们的期望建立在一个假定的等价关系上,在这个假设中,我们没有理由认为一种可能性的程度大于另一种可能性的程度……”

96

在这段文章的开头,西格沃特似乎意识到了根本的困难所在,尽管可以对“一般概念的同等专门化程度”一词的模糊性作例外处理。但是在最后一句中,他放弃了自己在前面的解释中所获得的优势,而且他没有坚持要求具有同等专门化程度的知识,而是满足于没有任何与之相反的知识。因此,尽管他给出了最初的条件,但他最终还是无可救药地投入到了非充足理由律的怀抱。[2]

洛兹[3]在对这个问题的简短讨论中,提出了一些值得引用的观点:“我们不承认构成真正问题的各种情况的一切知识,因此,当我们谈

[1] 西格沃特,《逻辑》(*Logic*)(英文版),第二卷,第220页。

[2] 奇怪的是,西格沃特对概率问题的处理是不够准确的。例如,在他关于概率的四个基本规则中,他的阐述可以肯定是错误的。

[3] 洛兹,《逻辑》(*Logic*)(英文版),第364、365页。

到同样可能的情况时，我们只能**指在普遍情况的范围内相互协调而成为等价的种类**。也就是说，如果我们把一个种属所具有的特殊形式一一列举出来，我们就可以得到关于这种形式的析取判断：如果条件 B 满足，那么全域结果 F 的各种类 $f_1\ f_2\ f_3$…中的一个将会发生，而其余部分则被排除在外。在所有这些不同结果中，哪一个实际上会发生，取决于所有情况下的特殊形式 $b_1b_2b_3$…，这些特殊形式也都满足一般性条件……一个**相互调和**的情况，是只符合条件 B 的互斥值 b_1b_2…的一个且仅符合其中的一个……而这些对立的取值可能会在现实中发生；它不符合 B 这一条件的更一般的形式，而这种形式在现实中永远不可能存在，因为它包含了几个特定的值 $b_1\ b_2$…”。

97

这当然会遇到一些困难，而且，细心的读者不难看出，它与第四章中提出的条件有相似之处。但这不是很精确，也不容易应用于所有情况，例如对连续量的测量就是这样。通过结合冯·克里斯、西格沃特和洛兹的建议，我们也许可以修补一下，给出一个相当全面的规则。例如，我们可以说，如果 b_1 和 b_2 是类(classes)，则它们的成员必须是有限的，且是可枚举的，或者它们必须组成类域(stretches)；如果它们在数量上是有限的，则它们一定在数量上是相等的；而且，如果其成员组成类域，则这些类域一定是相等的类域；如果 b_1 和 b_2 是概念，则它们一定是代表同等专门化程度的概念。但是，如此措辞的限制条件所带来的困难，几乎与它们所解决的一样多。例如，我们如何知道概念何时具有同等专门化程度呢？

§9. 尽管逻辑学家普遍没有恰如其分地强调概率是一种关系(relation)，但他们经常不定在哪里就承认这一观点。据我所知，最早注意到这一点的学者是卡勒(Kahle)，见于他于 1735 年在哈雷市出版的《逻辑学和数学方法下的概率论》(*Elementa logicae Probabilium methodo mathematica in usum Scientiarum et Vitae adornata*)一书。[1]在新近的研究者中,类似的随意表述颇为常见,大意是说,一项结论的可能性是相对于它所依据的基础而言的。以布尔[2]为例,他这样写道:“这个定义指的是,概率总是与我们的实际信息状态相关,并随着信息状态的变化而变化。”或者如布拉德雷(Bradley)[3]所说:“概率告诉 98 我们应该相信什么,基于一定的数据我们应该相信什么……与任何其他基于假设前提的逻辑推理行为相比,概率并不更为‘相对’和‘主观’。它是相对于它必须处理的数据而言的,而不是相对于任何其他意义而言的。”甚至拉普拉斯在解释人类观点的多样性时也说:“在可能发生的事情中,每个人所掌握的数据的差异是我们看到的观点多样性的主要原因之一。相同的对象,却有着不同的观点……因此,在大型集会上陈述的同一事实,根据听众的知识程度,他们会获得不同程度的信念。”[4]

---

[1] 这项工作,现在也难得一见,似乎很快就被完全忽视了,它充满了趣味性和原创性的思想。以下引文表明了它所采取的基本立场:“如果有一定的证明事实的要求,则存在可以辨别的概率(第15页)。一个可能的命题可能为假,而不可能的命题可能为真。因此,如果把所有其他的要求都加于确定性之上,那么今天的可能知识,也许会被明天的不可能改变。(第26页)……确定性是一个相对的术语,在我们的理解中,……我们的不确定性取决于我们缺乏知识的程度(第35页)……无意中采取的违反概率规则的行动,可能会导致成功的结果。因此,行动的谨慎不应仅以成功来衡量(第62页)……概率逻辑是对那些无法证明为真的知识的确定性程度加以评估的科学(第94页)。”

[2] 《论概率论的一般方法》(On a General Method in the Theory of Probabilities),《哲学杂志》,第4系第8卷,1854年。也可参见《论概率论在证言或判决组合问题上的应用》(On the Application of the Theory of Probabilities to the Question of the Combination of Testimonies or Judgments,《爱丁堡哲学评论》,第21期,第600页):“我们对事件概率的估计,并不绝对地随那些事实上影响其发生环境的变化而变化,而是随我们关于那些环境知识的变化而变化。”

[3] 《逻辑原理》(*The Principles of Logic*),第208页。

[4] 《哲学论文集》(*Essai Philosophique*),第7页。

§10. 本章我们阐述了似乎有可能取得进展的各个不同方向，希望这样的阐述能对那些不满意于第四章中提出的解决方案的读者有所帮助，帮助他确定最可能找到一个难题答案的论证路线。

99

第八章　概率的频率理论

§1. 前面几章概述了概率理论，有重重困难需要克服。衡量或比较可能性程度在理论和实践上都有困难，更有困难的是先验地确定它们。现在我们必须研究一种替代性理论，该理论可以免除这些麻烦，而且目前它被广泛接受。

§2. 这个理论从本质上是一个非常古老的理论。亚里士多德(Aristotle)在他认为“或然性指的就是通常发生的情况”时，就预示了这一点；[1]而且，正如我们在第七章中所看到的，17、18 世纪的哲学家们也有类似的观点，他们可是在不受数学家影响的情况下研究概率问题的。不过，概率论早期研究者所形成的基本观念在 19 世纪下半叶从一些英国逻辑学家那里取得了一种更新、更复杂的形式。

这个理论，我称它为“概率频率理论”(frequency theory of probability)，它首先出现在莱斯利·伊利斯《论概率理论的基础》(*On the Foundations of the Theory of Probabilities*)这篇简短的文章中，[2]以

[1] *Rhet*. *i*. 2, 1357 a 34.

[2] 我把优先发明权给伊利斯，因为他发表于 1843 年的论文在 1842 年 2 月 14 日即已宣读过。不过，在古诺(Cournot)1843 年出版的《阐述》(*Exposition*)中也可找到相同的概念：“概率理论的对象是某些数值比率，如果可以重复给出，(转下页)

此作为他所提议的逻辑方案的基础，该方案在他的《关于概率理论基础的评论》(*Remarks on the Fundamental Principles of the Theory of Probabilities*)一文中得到了进一步发展。[1]他说："如果正确地确定了某一特定事件的概率，那么在长期的试验中，该事件的重复频率往往与概率成正比。这在数学上可以得到一般性的证明。在我看来，它似乎先验为真……我一直无法将一个事件比另一个事件更可能发生的判断，与长期来看它会发生得更频繁的信念分开。"伊利斯明确引入了这样一种观念，即概率本质上与一组或一系列事件有关。

100

尽管发明的优先权必须给予莱斯利·伊利斯，但该理论通常是与维恩(Venn)的名字联系在一起的。在他的《机会逻辑》(*Logic of Chance*)[2]中，该书首先对这一理论进行了详尽而系统的讨论，他吸引了众多追随者，还没有其他更全面的著作，试图对该理论的特殊困难做出回应或针对它的批评。因此，我首先以维恩阐述的形式对其进行考察。维恩的论述充斥着逻辑经验主义的观点，但对于其学说的基本部分，逻辑学或许并不如他本人所暗示的那样必要，而且，也不是所有那些在概率论上与他意见一致的人都表示认同。因此，有必要用一种更一般的概率频率理论来补充对维恩的批评，而这种概率频率理论已被

(接上页)那么，这些数值比率将是固定的确定值。如果是无限多次地重复，这个数值比率就会是相同的，如果重复次数有限，那么，随着次数的增加，所出现的数值比率波动幅度就会越来越窄，越来越接近最终的确定值。"

[1] 这些论文发表在剑桥哲学协会的《会刊》(*Transactions*)上，其第一部出版于1843年(第8卷)，第二部出版于1854年(第9卷)。二者均在《数学及其他著作》(*Mathematical and other Writings*)(1863年)以及关于概率和最小二乘法的其他三篇简短论文中被重印。这五篇作品都灵感四溢，充满独创性，但如今却没有得到它们本来应该取得的知名度。

[2] 第一版出现于1866年。修订版分别于1876年和1888年发行。本书参考的是1888年的第三版。

他所赋予的经验主义所抛弃。

§3. 维恩的《机会逻辑》中的以下引文给出了他论点的一般大意：基本概念是事件的一个序列（第4页）。该事件序列是一系列具有某些共同特征或属性的事件（第10页）。概率的独特之处在于：区别于永久属性，经过检查会发现，偶然属性倾向于**以一定比例存在于情况的总数中**（第11页）。我们要求自然界中应该有属于较大的类（classes）的对象，而一个类的所有个体成员都具有普遍的相似性。为此目的，自然种类（kinds）或群体（groups）的存在是必要的（第55页）。概率的显著特征主要表现在自然种类的属性中，无论是最终属性还是派生或偶然属性（第63页）。在大多数自然的力量和频率中，同样的特性会再次盛行（第64页）。我们似乎有理由相信，只有在与人为的事物相区别的这类事物中，才能找到所讨论的性质（第65页）。在任何特定情况下，我们如何确定概率序列的存在呢？经验是我们的唯一指南。**如果我们想要发现现实中的一系列事物**，而不是我们自己的一系列观念，我们就必须诉诸事物本身来获得它，因为我们在其他地方得不到太多帮助（第174页）。当概率脱离了对对象的直接指称时，因为它本质上不是建立在经验的基础上，它就会分解为排列和组合的代数学（第87页）。通过指定一个与个体有关的期望，我们的**意思无非是**对他所属类的平均水平做一个陈述（第151页）。当我们说一个结论在严格的概率范围内是不确定的时候，我们的意思是，在有些情况下，只有这样的结论是正确的，在其他情况下，它将是错误的（第210页）。

101

这个理论的精髓可以用几句话来表达。我们称某一事件具有某种特征的概率是$\frac{x}{y}$，意味着该事件是若干事件中的一个，其中$\frac{x}{y}$比例的部分具有所讨论的特征；**事实上**，就特性而言，有这样一系列的事件具有这种频率,这纯粹是一个经验问题,要以与任何其他事实问题相同的方式加以确定。这样的序列确实存在,这是我们所知的这个现实世界的特征,由此就可以知道概率计算的实际重要性了。

102

这种理论具有明显的优点。它没有什么神秘的,没有新的无法定义的东西,也不诉诸直觉。测量也没有带来困难;我们的概率或频率是普通的数字,运用算术工具可以安全地计算这些数字。与此同时,它似乎以一种清晰而明确的形式,把一种常识性的飘忽不定的观点具体化,即某个事件在某些假定的环境中,是否可能发生,取决于它在事实和经验上有多不寻常。

那么,维恩体系的两个主要原则是:概率与一系列或一组事件有关,所有必要的事实都必须根据经验确定,概率的陈述只是以一种方便的方式总结了一组经验。他说,总体规律性与个体差异相结合,是现实世界中许多事件的特征。因此,通常情况下,我们可以就某个所属类的平均值或就其长期特性做出陈述,而我们不可能在不冒很大的错误风险的情况下,对其任何个体成员的特性做出这样的陈述。由于我们对整个类的了解可以给我们在处理单个事例时提供有价值的指导,因此我们需要一种便捷的方式来说明,一个个体属于某个类,在这个所属类中,某些特征以已知的频率平均出现,这就是概率论的传统表述。概率的重要性,完全取决于经验世界中这些群体或真实种类的实际存在,而概率判断的有效性,必然取决于我们对这些群体或种类的经验知识。

§4. 对这种理论的一个明显的批评,同样也是正确的批评是,以统计频率来识别概率非常严重地背离了词汇的既定用法。因为它显然排除了许多通常被认为与概率有关的判断。维恩自己也很清楚这一点,因此不能指责他认为所有通常被称为“可能”的信念都与统计频率有关。但是,从他的一些追随者所发表的著作来看,他们并不总是像他那

103

样清楚地认识到,他的理论与其他学者以同样的标题所处理的主题并不相同。维恩这样为他的处理办法辩护,他认为若要责以采取严格的逻辑认知,则不可能赋予该术语以其他的意义,而且该术语所曾使用过的其他含义,也没有足够的共同之处,以允许将它们简化为一个逻辑方案。因此,对于维恩的批评者来说,指出许多假定的概率判断与统计频率无关是没有用的;因为,就我对《机会逻辑》的理解而言,他是承认这一点的;批评者必须证明,与维恩所使用的"概率"一词不同的意义,有一个我们可以加以概括的重要逻辑解释。这是我所寻求的态度。我认为,只有这另一种意义才是重要的;维恩的理论本身几乎没什么实际应用,如果我们让它在这个领域占据主导地位,那我们就必须得承认,概率不是生活的指南,我们遵循概率也不是在按照理性行事。

§5. 我认为,维恩的理论之所以可信,部分原因在于他未能认识到其适用性的狭窄范围,或者没有注意到他自己对此所给予的承认。他说(第124页):"在任何情况下,我们都可以通过归纳法或类推法来扩展我们的推论,或者依靠他人的见证,或者信任我们自己对过去的记忆,或者通过相互冲突的论据得出结论,甚至用数学或逻辑作冗长而复杂的演绎。在这些情况下,我们对于结论,几乎总是不能像从前提推出结论那样肯定。在所有这些情况下,我们意识到信念的数量是不同的,但产生和改变信念所依据的法则是否相同呢?如果不能将它们简化为一个和谐一致的方案,实际上,如果至多只能归结为若干不同的方案,每个方案都有自己的规律和规则体系,那么,试图把它们聚合为一门科学就是徒劳的。"因此,所有这些我们"不确定的"情况,维恩明确把它们排除在他所选择的概率科学之外,不再进一步关注它们。在他看来,概率科学只不过是一种使我们能够用一种方便的形式表达频率的统计说明的方法。在第160页上,他又写道:"概率的范围并不像可以观察到

104

的信念的变化那么广泛。概率仅考虑这样一种情况,即这种变化是由某种确定的统计方式引起的。"[1]他在第194页中指出,出于概率的目的,我们必须从统计频率入手,从这个频率开始我们已经做好了准备,而不必就其产生的过程或完整性提出疑问:"它可以由归纳法所提供的众多规则中的任何一条得到,也可以由演绎推理得到,或者由我们自己的观察所得到;它的价值可能会因为它依赖于证人的证词,或者被我们自己的记忆回忆而降低。它的真正价值可能受到这些原因或这些原因的任何组合的影响;但这些都是预备阶段的问题,与我们没有直接的关系。我们假设我们的统计命题为真,却忽略了在获得的过程中其价值的削弱。"

因此,我们必须承认,维恩故意把我们所关注的几乎所有我们认为我们的判断为"唯一可能的"情况都排除在他的研究之外;但无论他自己的方案具有什么价值或一致性如何,他都为世人留下了广阔的研究领域。

105

§6. 使维恩认为基于统计频率的判断是唯一具有逻辑重要性的概率情况的主要理由,似乎有两个:(i)其他情况基本是主观的;(ii)它们不能准确地衡量。

关于第一个问题,必须承认,在许多情况下,信念的变化纯粹是由

[1] 和我一样,埃奇沃斯经常使用"概率"一词,但他通过限制概率计算的主题范围,做出了与维恩相对应的区分。他写道(《机会哲学》(*Philosophy of Chance*),《心灵》(*Mind*),1884年,第223页):"概率计算是关于概率程度的估计;这种估计不是每一个种(species)的估计,而是基于特定标准的那种估计。这个标准是统计一致性现象:一个属(genus)可以不断地细分为种,这样每个种中的个体数量与该属中的个体数具有近似恒定的比率。"对术语的这种使用是合理的,尽管要始终如一地遵循它并不容易。但是,像维恩一样,它忽略了最重要的那些问题。这样解释的概率计算本身并不能指导我们应该遵循哪种观点,也不能衡量我们应该对相互矛盾的论点给予多大的权重。

心理原因引起的，与那些把概率定义为衡量主观信念程度的人的论点相比，他的论点是有效的。但这并不是看待这个问题的通常方式。概率是对导致我们认为一种信念胜于另一种信念的**理性**偏好(*rational* preference)的原因的研究。维恩并不否认，这种偏好存在着除统计频率之外的合理依据；他在上面的引文中承认，我们结论的“实际价值”受统计频率之外的许多其他因素影响。因此，维恩的理论不能被他的门徒公平地给出来，以**替代**这里提出的理论。因为我的这部著作是关于从前提到结论的论证的一般理论的，而这些结论是合理的但不是确定的，这是维恩在《机会逻辑》中故意没有讨论的问题。

§7. 除了两种情况之外，几乎没有必要再多说什么了；但是首先有些学者认为，维恩提出了**完整**的概率理论，却没有意识到他根本不关心以下这样的意义：在这个意义上，我们可以说，一种归纳法或类推法，或证词，或记忆，或一系列论点，比另一种归纳法或类推法，或证词，或记忆，或一系列论点更有可能；其次，他自己也并不总是把自己的理论限制在狭窄的范围之内。

106 因为他并不满足于将概率定义为与统计频率等同，但是又经常述及，就好像他的理论告诉我们哪些选项可以是**合理地偏好的**。例如，当他指出应该将模式(modality)从逻辑中放逐并降为概率(第296页)时，他忘记了自己就前提所给出的声明，即前提的显著特点在于缺乏确定性，概率只考虑**一个类别**(*one class only*)，而归纳考虑的不仅是自己这个类别，还包括其他类别，如此等等(第321页)。他还忘了，当他考虑实际应用统计频率时，他不得不承认一个事件可能拥有一个以上的频率，而我们必须根据无关的理由决定选择哪个频率(第213页)。他说，这种方式必然在很大程度上是任意的，没有逻辑上的决策依据。但是，他是否会否认，在一个统计频率上而不是在另一个统计频率上找到我们的概率通常是合理的呢？如果我们的理由是合理的，那么，从某种重要的意义上讲，它们难道不合乎逻辑吗？

因此，即使在那些情况下，我们从统计频率的知识中得出我们对一种选择的偏好，统计频率本身也不足以确定我们这么做。如果我们愿意，我们可以将统计频率称为概率，但是，确定几个备选项中哪个在逻辑上更可取的根本问题，仍有待解决。我们不能满足于维恩所提供的唯一方案，即我们应该选择一个从既不太大也不太小的序列中取得的频率。

同样的困难，即从维恩的角度来看，概率不足以确定在逻辑上更可取的选择，也出现在另外一种联系中。在大多数情况下，统计频率并不是在经验中确定的，而是通过归纳过程得出的，他承认，归纳并不是确定的。如果过去每10个婴儿中有3个婴儿在出生后的4年内死亡，那么，归纳就可以基于此得出以下这个可疑的断言：所有婴儿都以该比例死亡。但是我们不能像维恩所希望的那样，在此基础上断言婴儿在头

107 4年中死亡的概率是$\frac{3}{10}$。我们只能说，存在(在他看来的)这样一个概率，(在我看来)这是可能的。为了做出决策，我们无法将此结论的值与其他结论的值进行比较，直到我们知道统计频率确实是(在我看来)$\frac{3}{10}$这样的概率。这种我们完全可以根据统计频率来确定一个结论的逻辑值的情况，在数量上似乎是极其少的。

§8. 导致维恩发展其理论的第二个主要原因是，他相信只有基于统计频率的概率才能精确测量。他认为，“概率”一词被恰当地限制在可以计算的几率的情况下，而所有可计算的几率都取决于统计频率。为了证明后一种观点，他提出了一些自相矛盾的主张。他承认：“毫无疑问，在许多情况下我们根本不求助于直接经验。如果我想知道在一

次惠斯特扑克游戏中握着10个王牌的几率是多少，我不会去问这种事情以前发生过多少次……实际上，先验的确定通常很容易，而后验诉诸经验不仅单调乏味，而且完全不切实际。"但他坚持认为，这些通常基于无差异原理的情况可以在统计上加以证明。在抛硬币的情况中，有相当多的经验表明，正反两面以相等的频率发生。在这种简单情况中所获得的经验，可以通过"归纳和类比"扩展到复杂的情况中去。在一个简单的情况中，无差异原理所导致的结果就是经验所建议的结果。因此，在完全没有实验基础的复杂情况中，我们可以假设经验（如果有经验）与无差异原理同气相求。这就是要断言，因为在没有已知的相反原因的情况中，实际上也就没有任何原因，因此在其他无法验证的情况下，没有已知的相反原因就证明了实际上没有任何原因。 108

试图用统计学的理由来证明逆概率的规则，我无法理解；在仔细阅读之后，我还是无法对《机会逻辑》第七章后半部分所涉及的争论做出一个清晰的解释。[1]我怀疑维恩是否应该把概率的后验论证和归纳论证都排除在他的方案之外。试图把它们包括进来，可能是由于希望处理通常认为可以用数值计算的所有情况。

§9. 到目前为止，我们所讨论的仅涉及《机会逻辑》中发展的频率理论的情况。下面的批评将针对同一理论的一种更一般的形式，这些批评很可能已经引起有些读者的注意。不幸的是，除了维恩之外，没有一个这一学说的追随者试图详细阐述这一学说。例如，卡尔·皮尔逊(Karl Pearson)教授可能只是在大体上同意维恩的观点，而前面的许多观点很可能不适用于他的概率论观点。但是，虽然我一般不同意他在

[1] 熟悉本章的读者，可以考虑维恩的推理在第187页的例子中所要求的确切假设。这个例子试图证明利斯特尔(Lister)勋爵的抗菌治疗的功效。如果将其翻译成这个例子的语言，那就是："关于这些袋子的不可避免的假设"是什么呢？

概率和统计学方面的工作所依据的基本前提,但我却不清楚他认为他从中导出自己在概率和统计学方面结论的哲学理论的性质,该哲学理论使他认为自己在概率和统计学方面的结论颇令人满意。仔细地阐述他的逻辑前提将大大增进他的工作的完整性。与此同时,只有对任何试图建立在统计频率概念之上的概率论提出一般性的反对意见才是可能的。

109 我要提出的广义频率理论,可能代表了该理论的追随者的思想,但在某些重要方面又与维恩不同。[1]首先,它认为概率与统计频率并不**相同**,尽管它认为所有概率都必须基于频率进行表述,并且可以根据频率表述来定义。它接受命题而不是事件应该被认为是概率的主体这样的理论;而且,它采用了关于该主体的综合观点,根据该观点,它包括归纳法和所有其他我们认为存在**逻辑**依据从一组不确定的情况中选择一个备择项的情况。它也不遵循维恩的观点,假设概率的频率理论与逻辑经验主义之间存在任何特殊的联系。

§10. 一个命题可以是许多不同命题类的成员,这些类仅由其成员之间存在特定相似之处或以某种方式构成。我们可能知道,给定的命题是特定命题类中的一个命题,而且我们也可能确切地或在限定的范围内知道,该命题类中有多少**比例**是真命题,而我们并不知道给定命题是否为真。因此,让我们称一个类中真命题的实际比例为该类的真值频率[2],并将该命题相对于该命题为其成员的类的概率度量,定义为等于该类的真值频率。

因此,概率频率理论的基本原则是,命题的概率始终取决于该命题

[1] 在接下来的内容中,我非常感谢怀特海博士(Dr Whitehead)给我的一些关于频率理论的建议。但是,不应认为下面的论述代表了他自己的观点。

[2] 这是怀特海博士所用的词语。

所属的那个或宽或窄范围内已知其真值频率的类。

这样的理论具有维恩理论的大部分优点,却避免了他的狭隘之处。到目前为止,没有什么东西是不能用普通逻辑来完全精确地表述出来的。它也不一定限于数值概率。在某些情况下,我们可能知道表示我 110 们类的真值频率的确切数字。但是不太精确的知识并非没有价值,我们可以说一个概率大于另一个概率,却不知道到底大多少,而且如果我们对该概率所涉及的类的真值频率的相应准确度有知识,那么,我们可以说它或大,或小,或可以忽略。我们将能够对某几对概率的数量进行数值比较,而其他一些对概率,只能给出是更大还是更小的判断,而另外还有些对概率,则根本不能进行比较。因此,第三章谈到的那许多内容,同样适用于当前这种理论,其差别是,事实上,概率**在所有情况下**都将具有数值,而较不完整的比较仅在部分实际概率未知的情况下才适用。因此,在频率理论上,有一个重要的意义,即概率可能是未知的,而在普通推理中所使用的概率的相对模糊性,则被解释为不属于概率本身,而仅属于我们对它们的知识。因为概率是相对的,不是相对于我们的知识,而是相对于某些具有完全确定的真值频率的客观的类,我们选择将它们作为这些概率的参考。

以这种方式阐述的频率理论无法轻易地避免提及这里所隐含的概率的相对性,就像在维恩理论中那样。无论一个命题的概率是否与给定的**数据**相关,它显然都与我们选择参考它的特定类或事件序列相关。一个给定的命题具有各种不同的概率,分别对应于它所隶属的各个不同的类;而且,在对命题的概率是某某(so-and-so)的陈述赋予可理解的含义之前,必须指明该命题所参考的类。大多数频率理论的追随者可能会走得更远,并认为在任何特定情况下,所参考的类都必须由我们掌握的**数据**确定。因此,这是频率理论不一定与本书的理论相背离的 111

另外一点。我认为,每个学派都应该会同意,在一种重要的意义上,一个结论的概率是**相对于给定的前提而言的**。在这个问题上,以及我们对许多概率的知识在数值上还不是很明确的这一点上,未来很可能会结束分歧,而争论可能会留给对这些已确定的事实所做的哲学解释,无论我们如何解释它们,拒绝承认这些事实都是不合理的。

§11. 现在,我开始讨论我对频率理论进行根本批评所基于的那些争论。其中第一个问题与确定所参考的类的方法有关。概率的大小总是由某个类的真值频率来衡量的;而这一类,如果允许的话,必须由这些在其基础上决定结论之概率的前提来决定。但是,由于一个给定的命题属于无数不同的类,我们如何知道哪些类的前提是适当的呢?频率理论可以用什么替代方法来作出相关性和无差异性的判断?如果没有这种替代方法,那么,有什么原则可以唯一地确定其真值频率用来衡量论点概率的类呢?的确,在我看来,用以前的观念所表达的规则,而不引入概率所特有的新概念,来说明给定的前提如何决定所参考的类,是存在难以克服的困难的。

尽管似乎不存在选择的一般标准,在这种标准中,两个可以相互替代的类彼此均不相互包含,但我们可以认为,假使一个类确实包括另一个类,那么,显然应该采用那个最狭窄、最专业化的类。维恩对此方法做了思考,然后拒绝了这种方法:尽管他反对这一方法,如他所说,这不是由于在这类情况下缺乏足够的统计信息以求一般化的结论,而是由于将所讨论命题的标志性特征纳入类概念中去的缘故,不过,该命题与当前正在讨论的问题无关。如果要将类的范围缩小到极致,我们一般只会得到一个类,这个类的唯一成员就是所讨论的命题,因为我们通常知道它的某些情况,而这些情况对于其他命题都是不成立的。因此,我们不能将参照类定义为一切均为真的命题类,而这一点对于我们试图

112

确定其为真的概率的命题则是已知的。的确,在那些频率理论具有最明显可信性的范例中,参考类的选择仅考虑了目标(quaesitum)的某些已知特征,即那些在环境中相关的特征。在那些情况下,人们承认概率可以通过参考已知的真值频率来测量,参考类是由这样一些命题构成的:我们对这些命题的相关知识与所考虑的命题是相同的。在这些特殊情况下,我们从频率理论中得到的结果与从无差异原理中得到的结果是相同的。但这无助于对频率理论进行修复,以使其作为概率的一般性解释,而这却可以表明本书的理论是一般化的理论,在其中,统计性真值频率概念的有效性得到了理解。

“相关性”(relevance)是概率论中的一个重要术语,其含义很容易理解。我已经给出了我自己的定义。但是我不知道如何用频率理论来解释它。我很怀疑这一理论的支持者是否充分认识到其中的困难。这是一个基本问题,涉及概率特性(peculiarity)的本质,这使得它不能用统计频率或其他任何东西来解释。

§12. 然而,也许可以对频率理论提出一种修正的观点,以避免这个困难,因此,我会给出一些进一步的批评。大家可能会同意,在这一点上必须接受一个新颖的元素,并且必须以前面章节所解释的某种方式确定相关性。如果承认了这一点,我们可能会说,该理论仍然成立,诚然,它会失去原有的一些简洁性,但尽管如此,它仍然是有其实质性的一个理论,虽然在一些重要的方面与其他的替代性理论已经有所不同。 113

因此,接下来重要的反对意见,是关于在频率理论上建立概率主要定理的方式的。在以后的某些论述中,本书将对此有所涉及,建议读者最好在阅读完第二部分后,重新来读一下下面这一段。

§13. 让我们首先来看“加法定理”(Addition Theorem)。如果 a/h

表示假设 h 下 a 的概率,则该定理可以写成:$(a+b)/h=a/h+b/h-ab/h$,可以读为“在假设 h 下‘a 或 b’的概率,等于在假设 h 下 a 的概率+在假设 h 下 b 的概率-在假设 h 下 a 与 b 的概率”。表达这个定理的方法或有差异,但都得到了普遍的认可。因此,我们必须要问,频率理论可以为之提供什么证明。这里为了帮助阐述这种论点,需要一些符号来表示之:令 a_f 代表任何类 a 的真值频率,令 a_α/h 代表“假设 h 下 a 的概率,a 是由该假说确定的参考类。”[1]那么,我们就有 $a_\alpha/h=a_f$,对于尚未确定的 γ 和 δ 值,我们需要证明一个命题,其形式为:

$$(a+b)_\delta/h=a_\alpha/h+b_\beta/h-ab_\gamma/h$$

现在,如果 δ' 是命题 $(a+b)$ 的类,使得 a 是 α,b 是 β,则可以很容易通过普通的类算术,来证明 $\delta'_f=\alpha_f+\beta_f-a\beta_f$,其中 $\alpha\beta$ 是命题 α 和 β 均为其成员的类。因此,在这种情况下,$\delta=\delta'$ 和 $\gamma=\alpha\beta$,这就确立了我们所需要的那种加法定理。

114

但它没有遵循任何合理的规则,即如果 h 确定 α 和 β 为 a 和 b 的适当参考类,那么,h 必定将 δ' 和 $\alpha\beta$ 确定为 $(a+b)$ 和 ab 的适当参考类。例如,它可能是这样的:虽然 h 确定 α 和 β 时,它却不产生任何有关 $\alpha\beta$ 的信息,而是指向某个完全不同的类 μ 作为 ab 的适当参考类。因此,对于频率理论,我们认为,加法定理在一般情况下不是正确的,而只能在出现 $\delta=\delta'$ 和 $\gamma=\alpha\beta$ 的特殊情况下才能成立。

下面是一个很好的例子:我们已知黑发男性在人口中的比例为 $\frac{p_1}{q}$,色盲男性的比例为 $\frac{p_2}{q}$,而黑发和色盲之间没有已知的联系:对于

[1] 这个问题以前是有争议的,它是一个关于参考类如何由假设确定的问题,现在这个问题已被忽略。

一个我们对之一无所知的男性，他是[1]黑发或色盲的概率是多少？如果我们用 h 表示假设，用 a 和 b 表示备选项，则通常会认为，色盲和黑发相对于给定数据 $ab/h=\frac{p_1p_2}{q}$ 而言是独立于知识的[2]，因此，根据加法定理有 $(a+b)/h=\frac{p_1}{q}+\frac{p_2}{q}-\frac{p_1p_2}{q^2}$。但是，根据频率理论，此结果可能无效。因为 $\alpha\beta_f=\frac{p_1p_2}{q^2}$，所以，仅当这实际上是色盲和黑发者的真实比例，而且，它是真实比例这一点，不能通过对所讨论特征的知识独立性来推断时才是有效的。[3]

115

确切地说，在与乘法定理 $ab/h=a/bh.b/h$ 相联系时，也会出现同样的困难。[4]在上面提出的频率符号中，其相应的定理形式为 $ab_\delta/h=a_\gamma/bh.b_\beta/h$。要满足该方程，很容易看出 δ 必须是命题 xy 的类，从而使 x 是 α 的成员，y 是 β 的成员，而 γ 必须是命题 xb 的类，以使 x 是 α 的成员；而且，与加法定理一样，我们无法保证 γ 和 δ 这些类会是下面这样的类，即 bh 和 h 这些假设将分别确定它们为 a 和 ab 的适当参考类。

在逆概率(inverse probability)定理的情况下，[5]

$$\frac{b/ah}{c/ah}=\frac{a/bh}{a/ch}\cdot\frac{b/h}{c/h}$$

---

[1] 在当前的讨论中，析取性的(disjunctive)$a+b$ 并未得到解释，为的是排除合取性的(conjunctive)ab。

[2] 有关这一术语的讨论，参见第十六章§2节。

[3] 维恩认为(《机会逻辑》，第173、第174页)做出这种推断是有归纳基础的。下文§14节讨论了通过归纳来扩展概率频率理论基本定理的问题。

[4] 同前引书，第十二章§6节，以及第十四章§4节。

[5] 同前引书，第十四章§5节。

同样的困难再次出现，在考虑到现实应用时，还会多出一个困难来。这是因为，我们的先验假设 b 和 c 的相对概率，几乎不可能通过已知频率加以确定，而在逆原理发挥作用的最合理的例子中，我们要么依赖于归纳论证，要么依赖于无差异原理。我们很难想到这样的例子，其中的频率条件能近似地得到满足。

因此，有一类重要的情况（在这类情况下，人们普遍认为令人满意的概率上的论证不满足上述频率条件），这类情况是指在某一**数据**上引入两个独立于知识的命题的概念。本书第二部分对这个表达式的含义和定义进行了更全面的讨论。但我看不出频率理论可以对其给出什么解释。然而，如果仅仅是因为缺乏足够详细的数据而放弃“独立于知识”的概念，我们就会在绝大多数被认为是概率问题的问题上陷入困顿。因此，频率理论不足以解释它所要解释的推理过程。如果该理论将其操作（这似乎是必要的）限制在我们**确切知道** α 和 β 的真正成员相互重叠程度的那些情况，那么绝大多数使用概率的论证都会被拒绝接受。

116

§14. 因此，在根据统计频率的考虑而建立一般的或然推断方法之前，必须求助于某种进一步的原则；有些读者可能会想到，归纳法的原理可以提供帮助。在这里，也有必要对后续的讨论做出展望。如果本书第三编的论点是正确的，那么，没有什么比归纳现在受到批评的理论更致命的了。因为归纳法远没有支持概率论的基本规则，它本身就依赖于这些规则。在任何情况下，人们普遍认为归纳的结论只是可能的而已，而且它的可能性随着所确立的事例数量的增加而提高。根据频率理论，这种信念只有在归纳结论大多数都为真的情况下才有道理，而即使根据我们现有的数据，如果公认的多数结论为假的可能性是事实，那么**任何一个**结论都只是可能的这种信念也会是错误的。然而，对于大多数结论为真这个假定，在不回避问题的情况下，我们要问，频率理论可以提供什么可能的原因呢？如果做不到这一点，我们有什么理由认为归纳过程是合理的呢？然而，我们始终认为，利用我们现有的知识，在逻辑上讲，对归纳法给予一定的重视是合理的，即使未来的经验表明，归纳法的结论中没有一个在事实上得到了验证。因此，无论如何，以目前的形式，频率理论完全无法解释或证明或然推断领域中最常见论点的最重要来源。

§15. 频率理论之无法通过归纳或类比来解释或证明论点，这给出了一些更为一般的评论。毫无疑问，许多概率上有价值的判断部分地基于对统计频率的了解，并且可以认为更多的判断可以间接地从它们中推导出来，但仍有大量可能的论据以同样的方式证明彼此是自相矛盾的。因此，即使有可能，也不足以证明理论能够以一种自洽的方式发展。我们所接受的知识的大部分似乎都是建立在可能论证的基础上的，因此，我们必须说明如何用它来解释可能论证的主体；因为可以肯定的是，它的大部分似乎不是来自统计频率的前提。 117

举个例子，《物种起源》的结论建立在错综复杂的论证网络上：把它们转化为某种形式，使它们以统计频率为依据是多么不可能！当然，许多个别的论证都明确地建立在这种考虑的基础上，但这只能使它们与不是以此为基础的论证之间区别得更加清楚。我们可以引用达尔文自己对其论证性质的描述："目前，对自然选择的信念，必须完全基于以下一般性的思考：(1)从生存斗争和特定的地质事实来看，物种确实会以某种方式改变；(2)根据人为选择在驯化下的变化进行类比；(3)主要从这个观点出发将一系列的事实联系在一个可理解的观点下。当我们深入细节时……我们无法证明单一物种发生了变化；我们也不能证明所认定的变化是有益的，这是自然选择理论的基础；我们也无法解释为什么一些物种发生了变化,而另一些却没有。”[1]不仅在主体论证中,而且在许多附属讨论中,[2]归纳法和类推法的精心组合都叠加在对统计频率的狭窄而有限的知识之上。在几乎是所有的日常论证中,任何程度的复杂性均是如此。统计频率理论可以理解的判断类(class of judgements)太狭窄,不足以证明其提出了一个完整概率理论。

118

§16. 在本章结束之前,我们不应忽视频率理论所体现的真理要素,这为频率理论提供了合理性。首先,只要它不主张概率和频率是相同的,它就能真实地描述大量关于概率的**最精确**的论证,以及那些易于用数学方法处理的论证。正是这一特点使统计学家们对它产生了兴趣,并解释了它目前在英国被广泛接受的原因。据我所知,这种观点在国外并没有足够多的支持者,而频率理论之所以在英国颇受欢迎,是因为大多数近年来对概率的关注度颇高的英国学者,都是从统计学的角度来研究这一主题的。

其次,一个事件的概率是由它“长期”发生的实际频率来衡量的这一说法,与下面这个有效的结论有着非常密切的联系:在**某些情况**下,这个结论可以从伯努利定理推导出来。这个定理及其与频率理论的联系将是第二十九章的主题。

§17. 频率理论的任何追随者最近都没有对其逻辑基础进行阐述,这对我批评频率理论是一个很大的不利因素。我仔细研究过的一些观点,现在可能已经没有人持有了;我也不能绝对肯定,在目前的研究阶段,对该理论进行部分复原就一定无法做到。不过我确信,如果不使该理论变得更加复杂,不把它最为人称道的简洁性争夺过来,那我所提出

[1] 致G. 边沁(G. Bentham)的信,《生平与书信》,第三卷,第25页。

[2] 例如,在讨论废退(disuse)和选择(selection)对减少不必要的器官至基本状态的相对作用上。

119 的反对意见是不可能得到满足的。在为该理论提供新的基础之前，其逻辑基础还不够坚实，尚不足以解决在实践中具有争议性的应用问题。我认为，许多现代统计工作可能建立在一个不一致的逻辑框架之上，这种逻辑框架被公认为是建立在频率理论的基础之上的，而它引入的原理，频率理论却无力予以证明。 120

第九章　第一编中的建构性理论总结

§1. 我们直接获得的那部分知识，提供了我们通过论证获得的那部分知识的前提。从这些前提中，我们试图证明对各种结论的某种程度的合理性信念。我们通过察知前提和结论之间的某些逻辑关系来做到这一点。我们以这一方式**推断出**的这种合理性信念，名之为**可能性**(probable)[或在一定程度上**确定**(certain)]，而通过察知而获得的逻辑关系，被称为**概率关系**。

由前提 h 得出结论 a 的概率，我们写为 a/h，这个符号至关重要。

§2. 概率理论或概率逻辑的目的，是将这种推理过程体系化。其目的尤其在于阐明这样的一些规则：通过这些规则，我们可以比较不同论点的概率。基于证据确定两个结论中哪个更为可能，具有非常重要的实践意义。

这些规则中最重要的是无差异原理。根据该原理，我们必须依靠直接判断来区分证据的相关部分和无关部分。只有**看到**证据与结论没有逻辑上的联系时，我们才能抛弃那些无关紧要的证据。如果抛弃了不相关的证据，那么，该原理规定，如果两个结论中的任何一个其证据相同(即对称)，那么它们的概率也相同(即相等)。

另一方面，如果对于其中一个结论还有其他的证据(即除对称证据之外还有其他证据)，并且该证据具有有利的相关性(favourably relevant)，那么，该结论就更有可能出现。本编给出了某些规则，据之可以判断证据是否具有有利的相关性。通过将这些偏好判断与无差异原理所保证的无差异判断结合起来，我们可以进行更复杂的比较。 121

§3. 但是，在许多情况下，这些规则无法提供比较的手段；而且可以肯定地说，做这种比较，实际上并不在我们的能力范围之内。有人认为，在这些情况下，概率实际上是**不可比的**。正如相似度的例子中所示，相似度递增和递减的阶数不同，但我们无法说出每一对对象中的哪一个在整体上更像第三个对象，因此存在不同的概率阶数(different orders of probability)，处于不同的概率阶数的概率，是无法相互比较的。

§4. 例如，当我们希望评估一个几率或确定我们的期望数量时，不仅要说明一个概率大于另一个概率，而且还要说出具体大出多少，这在实际中有时是非常重要的。也就是说，我们希望对概率度进行数值测量。

进行数值测量，只是偶尔具有这种可能性。当结论是许多等概率、互斥和穷举性的备选项之一时，我们可以给出一个用于数值测量的规则，但在其他情况下则做不到这一点。

§5. 在本书第二编，我将对这一主题进行符号化的处理，并在某些公理的基础上，通过符号化方法，就这些对可能性进行论证的规则(rules of probable argument)加以更进一步地体系化。

在第三、第四和第五编，本书将详细讨论关于可能性论证的某些非常重要且复杂的类型之性质。在第三编，我们讲归纳法和类推法。在第四编，我们讨论某些准哲学问题。在第五编，我们将讨论现在通常被称为**统计学**的推断方法的逻辑基础。 122

第二编　基本定理

第十章　导　言

§1. 在第一编中，我们一直专注于我们主题的认识论方面，也就是说，研究我们对可能性知识的特征和合理性的认识。在第二编，我来谈谈它的形式逻辑。我不确定，这部分将会对读者有多大的正面价值。我的目的是表明，从第一编的哲学思想出发，我们可以通过严格的方法，从简单而精确的定义中得出通常所接受的结论，如概率的加法定理和乘法定理，以及逆概率定理。读者很容易就能意识到，若然不是受到罗素先生《数学原理》一书的影响，本编将永远不会写出来。但我很清楚，如果没有它宏大的尺度所能为这项伟大的工作提供的合理性，那么，这种方法可能因其过度精致和刻意求工而使人感到备受折磨。然而，与其他形式化方法(formal method)的情况一样，这种尝试也具有相反方面的优势，即它迫使作者精确其思想，发现错谬之处。这是认真尽责的学者必须完成的基础工作的一部分；尽管这样做的过程对他来说的价值，可能比那些结论对相关读者的价值更大，但是，作为对其余建筑构造可靠性的保证，这些读者关心的是这件事情能否做到，而不是去对整个建筑计划做详尽的检查。在我自己的思想发展中，以下各章非常重要。因为正是通过在概率是一种**关系**的假设下试图证明这门学科的基本定理，我才第一次踏入这门学科。本书余下的部分，都是在试图

125 解决一系列问题(successive questions),而正是将概率视为形式逻辑的一个分支的雄心,首先引发了这些问题。

此外,我在引入本书的这一编时,谦卑和歉疚之心,时有流露,这是因为我欠 W. E. 约翰逊先生的实多。在完全不知晓他的工作的情况下,我给出了我最初的体系,却不知道他在这方面的思考比我深刻得多。我所给出的对本编最终形式的表述,也是独立完成的。但是,曾有那么一个中间的阶段,我把我所做的工作提交给他以求指正,我得到的不仅有批评,还有他自己的建设性建议。由此造成的结果是,就本编最终形式而言,很难断明他对我之影响的确切程度。当本书下面这些内容交付出版时,出于他之手有关概率的研究著作,尚且未闻音讯;在他宣布其关于逻辑的一部著作即将完成时,我仍然不揣冒昧出版了本书。他的逻辑著作将会包含"有问题的推断"(problematic inference)。

我打算在此简要介绍以下五章,但不追求严格或精确。然后,我在第十一章到第十五章,自由地写些技术性内容,并请对这种技术的细节不特别感兴趣的读者径直略过即可。

§2. 概率关切的是**论证**(arguments),也就是说,概率关切的是将一组命题"承载"(bearing)在另一组命题上。如果我们要正式讨论对该主题的一般化处理,我们必须准备考虑**任何**两组命题之间的概率关系,而不仅仅是知识主题之间的概率关系。但是,我们很快发现,必须对命题集合的性质施加一些限制,然后我们才可以将这些命题视为论证的假定主题(hypothetical subject),即:它们必须是关于知识的**可能**主题。也就是说,我们不能方便地将我们的定理,应用于自相矛盾且在形式上

126 与自身不一致的前提。

为了达到这个限制的目的,我们必须就实际上是错误的一组命题

与一组形式上和自身不一致的命题进行区分。[1]这使我们提出了命题群(a group of propositions)这个概念,其定义是:满足以下条件的一组命题——(i)如果一项逻辑原理属于它,那么所有符合该逻辑原理的命题也都属于它;(ii)如果命题 p 和命题"非 p 或 q"都属于它,那么命题 q 也属于它;(iii)如果任一命题 p 属于它,那么 p 的矛盾命题就被排除在它之外。如果由一组命题的一部分所定义的命题群排除了属于该组另一部分所定义的命题群的一个命题,那么作为一个整体的集合就与自身不一致,无法构成一项论证的前提。

群的这个概念可以带来对一项需要其他命题辅助的命题之精确定义(即在所断言的领域中,这个概念与概率领域中的相关性这个概念是一致的),而且,还可以把逻辑优先级(logical priority)定义为,由命题与那些特别群(special groups)或真实群(real groups)的关系所得来的命题顺序,这些群实际上就是知识的主体。逻辑优先级没有绝对的含义,而是与特定的知识体系相关,或者与传统逻辑中所谓的参考总集(universe of reference)相关。

---

[1] 我认为,斯宾诺莎在处理必要性、偶然性和可能性时,心中是有着对真理(truth)与概率之间的区别的。"这是必然要遵守的数据之实质,也是以某种特定方式行事的决策本质的必然性所在。"(《伦理学》,第一章,§33 节)。也就是说,如果没有条件限制,一切都可以对,或者可以错。"但是,除非你了解群成员的具体认知,否则,你没有理由不选择这个群。"[《伦理学》,第一章,§33 节,"学校"(scholium)]。这就是说,偶然性,或者如我所赋予的名称,即概率,完全是由于我们知识的局限性而产生的。从广义上讲,偶然性包括相对于我们的知识而言仅是可能的所有命题(该术语涵盖概率的所有中间程度),在严格意义上,可以进一步划分为偶然性和概率,前者与"先验"或大于零的形式概率相对应;也就是说,可以分为形式概率和经验概率。"我把所发生的个体事件称为发生事件,我们只关注它们的实质,或者它们的存在必然为正,或必然会消失。就必然产生的原因而言,我们把这些单独事件的发生称为可能性,请注意,我们不知道它们是否同样发生。"(《伦理学》,第四章,定义 3 和 4)。(本注释中关于斯宾诺莎《伦理学》的译文参考了贺麟先生的相关译文,谨致谢忱。——译者注)

它可以让我们得到一个关于**推断**(inference)的定义,这与罗素先生
127 所定义的**蕴涵**(implication)截然不同。这件事情非常重要。熟悉罗素先生及其追随者著作的读者可能会注意到,他的著作与传统逻辑著作之间的对比,绝不完全是由于他的技术方法具有更高的精确度和更多的数学特性。它们在设计上也有所不同。他的目的是发现需要哪些假设,以便使数学家和逻辑学家普遍接受的形式命题可以通过连续步骤或一些非常简单的类型替换而获得,并以此揭示在所得到的结论中可能出现的任何矛盾之处。但是,除了以下事实——他试图提出的结论是常识性结论,而且他的体系每一步均依赖其有效性的一致论证类型是特别明显的一类——之外,他并不关注对我们实际采用的有效推理方法的分析。他以大家熟知的结论作结,但他是从我们以前从未见过的前提中获得这些结论的,而且他的论证如此精巧,以至于我们的头脑很难跟上它。作为一种阐述形式真理(formal truth)体系的方法,这一体系具有美感、相互依存性和完整性,他的方法远远优于之前的任何方法。但这引起了人们对一般推理与该有序体系的关系的质疑,特别是关于推理过程的精确联系的质疑,老一代逻辑学家主要感兴趣于推理过程,但他则忽略这个方面;他的方案取决于蕴涵关系。

根据他的定义,"p 蕴涵 q"与析取式"q 为真或 p 为假"完全等价。如果 q 为真,则"p 蕴涵 q"适用于 p 的所有值;同样,如果 p 为假,则这一蕴涵关系对 q 的所有值都成立。这不是说 q 可以从 p 推断或推论出来的意思。无论推断的确切含义是什么,它当然不能在**所有**成对的真命题之间成立,也不具有**每个**命题都来自错误的命题这样的特征。"英国现在由一名男性统治"无法从"法国现在由一名男性统治"中推断或
128 推论得出;或者,"英国现在由一名女性统治"也不能从"法国现在由一名女性统治"中推断或推论得出;而按照罗素先生的定义,这些相应的

蕴涵关系之所以成立,仅是根据这样的事实,即:“英国现在由一名男性统治”为真,“法国现在由一名女性统治”为假。

推断和概率的相对逻辑(relatival logic of inference and probability)与罗素先生的蕴涵的普适逻辑(universal logic of implication)之间的区别,似乎在于前者关心的是一般性命题与特定受限命题群的关系。就其重要性而言,推断和概率取决于以下事实,即:在实际的推理中,我们知识的局限性为我们提供了一组特定的命题,我们必须将我们寻求有关其知识的任何其他命题与之联系起来。论证的过程和推理的结论,不仅取决于何者为真,而且取决于我们据以开展的特定知识。归根结底,罗素先生无法避免涉及群。因为他的目的是发现指定我们形式知识的最小命题集合,然后表明这些命题实际上指定了形式知识。在这个工作中,人们必须把自己局限在我们知道的这部分形式真理中,而其公理能多大程度上包含**所有**形式真理这个问题,必定是无解的。不过,尽管如此,他的目标是建立形式真理之间的蕴涵序列(train);合理论证的性质和正当性,不是他的主题所在。

§3. 通过这些初步的思考,我们的首要任务是建立公理和定义,使这些公理和定义能够运作我们的符号化处理过程。这些过程几乎完全是用符号 a/h 表示概率的思想的发展,其中 h 是论证的假设前提,而 a 是其结论。用符号 a/h 指代从 h 到 a 的**论证**(argument),以及表示该论点的概率,或者更确切地说,通过符号 $P(a/h)$赋予对 a 的信念的合理性程度,可能原本是一个更符合我们基本思想的符号表达。这将对应于第六章中采用的符号 $V(a/h)$。论点的证据值(evidential value)与它的概率不同。但是,在我们只涉及概率的部分里,使用 $P(a/h)$就是不必要的麻烦了,因此,删除前缀 P,用 a/h 表示概率本身是很方便的。 129

得到一个方便的符号,就像找到一个必不可少的词汇一样,我们往往发现,这还不仅仅是具有在口头表述上的重要性而已。没有明确考虑到论证的前提假设以及其结论所采取的符号,就不可能对概率主题进行清晰的思考;在讨论结论的概率时而没有提及整个论证,会带来无休无止的混乱。因此,我主张采用 a/h 符号,把它作为朝着这一主题取得进展迈出的重要一步。

§4. 由于不能假定概率关系具有数字的属性,因此,概率的**加法**和**乘法**等术语必须按定义赋予适当的含义。使用这些熟悉的表达式,而不是引入新的术语,颇为便利,因为我们在概率中对加法和乘法的定义产生的属性类似于算术中的加法和乘法。但是,确立这些属性的过程有点复杂,占据了第十二章的较大部分篇幅。

第十二章最重要的定义如下(这些罗马数字是第十二章中的数字):

II. **确定性**(certainty)的定义:$a/h=1$。

III. **不可能性**(impossibility)的定义:$a/h=0$。

VI. **不一致性**(inconsistency)的定义:如果 $a/h=0$,那么,ah 是不一致的。

VII. **群**(group)的定义:满足 $a/h=1$ 的命题 a 的类(class)是群 h。

VIII. **等价性**(equivalence)的定义:如果 $b/ah=1$,且 $a/bh=1$ 则 130 $(a\equiv b)/h=1$。

IX. **加法**(addition)的定义:$ab/h+a\bar{b}/h$ [1]$=a/h$。

X. **乘法**(multiplication)的定义:$ab/h=a/bh.b/h=b/ah.a/h$。这一主题的符号性推演,很大程度上源于加法和乘法的这些定义。值得注意的是,它们不是赋予**任何**概率对的加法和乘法以意义,而是赋予满

[1] $\bar{b}$ 代表 b 的逆命题。

足某种形式的那些概率对以意义。乘法的定义可以读作:“给定 h 的 a 和 b 的概率,等于给定 bh 的 a 的概率乘以给定 h 的 b 的概率。”

XI. **独立性**(independence)的定义:如果 $a_1/a_2h=a_1/h$ 且 $a_2/a_1h=a_2/h$,则 a_1/h 和 a_2/h 是独立的。

XII. **无关性**(irrelevance)的定义:如果 $a_1/a_2h=a_1/h$,那么 a_2 无关于 a_1/h。

§5. 在第十三章中,这些定义,再加上若干公理,被用来证明**确定或必然推断**(certain or necessary inference)的基本定理。这样做的主要意义在于以下这一事实:这些定理包括那些被传统逻辑所称谓的思维定律(laws of thought),例如矛盾律和排中律。这些在这里作为广义推断理论或合理论证的一部分来展示。广义推断理论或合理论证,包括可能性推断以及确定性推断。本章的目的是要表明,通常所接受的推断规则,实际上是可以从第十二章的定义和公理中推导出来的。

§6. 在第十四章中,我将继续探讨这些基本的概率推断定理,其中最有意义的是:

加法定理:$(a+b)/h=a/h+b/h-ab/h$,其中 a 和 b 是互斥的时候,它可以简化为 $(a+b)/h=a/h+b/h$;如果相对 h,p_1p_2,…,p_n 形成了一个互斥且穷举的备选项的集合,那么,$a/h=\sum_1^n p_ra/h$。

无关性定理:如果 $a/h_1h_2=a/h_1$,那么,$a/h_1\bar{h}_2=a/h_1$;即如果一个命题是无关的,那么其矛盾命题也是无关的。 131

独立性定理:如果 $a_2/a_1h=a_2/h$,那么,$a_1/a_2h=a_1/h$;即如果 a_1 是无关于 a_2/h 的,那么,由此可得:a_2 无关于 a_1/h,而且 a_1/h 和 a_2/h 是独立的。

乘法定理:如果 a_1/h 和 a_2/h 是独立的,那么,$a_1a_2/h=$

$a_1/h.a_2/h$。

逆概率定理(*theorem of inverse probability*):

$$\frac{a_1/bh}{a_2/bh}=\frac{b/a_1h}{b/a_2h}\cdot\frac{a_1/h}{a_2/h}。$$

进一步来说,如果 $a_1/h=p_1$, $a_2/h=p_2$, $b/a_1h=q_1$, $b/a_2h=q_2$ 以及 $a_1/bh+a_2/bh=1$,那么,

$$a_1/bh=\frac{p_1q_1}{p_1q_1+p_2q_2};$$

而且,如果:$a_1/h=a_2/h$,那么 $a_1/bh=\frac{q_1}{q_1+q_2}$。

这等价于说,当我们知道 b 时,a_1 的概率等于$\frac{q_1}{q_1+q_2}$,其中 q_1 是当我们知道 a_1 时 b 的概率,而 q_2 是当我们知道 a_2 时 b 的概率。这个定理在所有的概率论著作中,得到了精确程度不一的阐述,但并未得到一般性的证明。

第十六章以 W. E. 约翰逊的工作——**累积公式**(*cumulative formula*)这一技术性符号方法,总结了一些关于各个前提假设之综合的复杂定理。

§7. 在第十五章中,我将前面各章中发展的非数值概率理论与通常的数值概念联系起来,并论证如何以及在哪种情况下可以对概率关系的数值度量赋予意义。这产生了所谓的数值近似,也就是说,本身不是数值的概率与是数值的概率之间的关系,通过**孰大孰小**的方式建立起来,在某些情况下,数值极限可以归之于无法进行数值测量的概率。

132

第十一章　群理论，特别指涉逻辑一致性、推断与逻辑优先级

§1. 概率论处理的是两组命题之间的关系，因此，如果已知第一组命题为真，则可以通过第一组命题进行论证，以适当的概率程度得知第二组命题。[1]但是，当第一组命题未知为真而是为假设时，这种关系也存在。

在对本书主题进行符号化处理时，重要的是，我们应该自由地考虑**假设的**前提，并把概率关系考虑成**任何**一对命题组之间存在的概率关系，而无论这些前提实际上是否是知识的一部分。但在这样做时，我们必须小心避免两个可能的错误来源。

§2. 第一个是在涉及**变量**的地方容易出现的问题。第四章§18节提到了这一点。我们必须记住，每当我们用一个变量的某个特定值代替它时，这可能会影响相关证据，从而改变概率。这种危险总是存在的，除非如第十三章的前半部分所述，关于变量的结论是**确定**的。

§3. 第二个困难具有另一个不同的特性。我们的前提可能是假设

---

[1] 或更严格地说，"对它们的觉知，与对第一组的知识一起，证明对第二组具有适当程度的合理信念是正确的。"

出来的,而不是知识实际上所知的对象。但是,难道它们一定不是知识

133 的可能对象吗?我们该如何应对那些自相矛盾或在形式上与自己不一致,也不能称为任何程度的合理信念对象的假设前提呢?

无论结论与不自洽的前提之间是否存在概率关系,从我们的方案中排除这样的关系将是很方便的,从而避免了不得不为那些对有效推理的实际过程没有意义的异象(anomalies)提供我们的方案。当一项前提与其自身不一致时,我们就不可能需要它。

§4. 让我们把命题的集合(collection of propositions)命名为由前提所指定的**群**(group),这些命题在逻辑上与前提有关,因为它们是由前提推论而来,或者换句话说,在确定性关系上与前提有关。[1]也就是说,我们将一个群定义为:**包含**逻辑上涉及任何前提或这些前提的任何结合的所有命题;**排除**在逻辑上涉及任何前提或这些前提的任何结合的命题之逆命题的所有命题。[2]因此,说一个命题源于一项前提,就等于说它属于该前提所指定的那个群。

然后,"群"的概念将使我们能够定义"逻辑一致性"。如果前提的任何部分指定了包含一项命题的群,而该命题的逆命题包含在其他部分所指定的群中,那么,前提就是**逻辑上不一致的**;否则,它们在逻辑上就是一致的。简而言之,如果命题由前提中的一个部分"推导而来",而其逆命题由另一部分推导而来,那么,前提就是不一致的。

---

[1] "a 可以由 b 来推断","a 从 b 中推论得来","a 与 b 的关系是确定的","a 在逻辑上隐含于 b",我认为这些都是等价的表达,其精确的含义可以在后续各段落中定义。"a 由 b 所蕴涵",我是在一个不同的意义上使用这个表达,也即在罗素先生的意义上把它当作"b 或非 a"的等价表达在使用。

[2] 对于群的概念以及本章中的许多其他概念和定义,例如,实数群(real group)和逻辑优先级的那些概念和定义,在很大程度上要归功于 W. E. 约翰逊先生。这个群理论的起源可归因于他。

§5. 但是，我们仍然需要就这个定义中我们之所指予以精确说明，这个定义就是，一项命题由另一项为真的命题**推导而来或逻辑地隐含**于另一个为真的命题。通过这些表达，我们似乎打算借助**逻辑原理**进行某种过渡。我认为，就逻辑原理而言，再也没有比罗素先生的**蕴涵逻辑**中的**形式蕴涵**更好的定义了。如果“非 p 或 q”在形式上为真，那么，“p 蕴涵 q”就是形式蕴涵；如果一项命题是一个命题函数的值，那么，该命题即在形式上为真。在这个命题函数中，除了自变量(arguments)之外的所有组成成分都是逻辑常数，且该函数的所有值都为真。 134

我们可以按照所有逻辑原理都属于一个群的方式来定义**群**。在这种情况下，所有形式上为真的命题都将属于一个群。这个定义在逻辑上是精确的，并且会产生一个连贯一致的理论。但是，它也有一个缺陷，那就是它与我们实际使用的推理方法不是密切对应的，因为事实上我们并不知道所有逻辑原理。即使在我们知道的情况下，命题之间似乎也存在一个逻辑顺序(logical order)(根据上面的定义，我们无法对它给出一个意义来)，这些命题是关于逻辑常数并且在形式上为真的，正如那些在形式上不为真的命题之间所存在的情况。因此，如果我们假设每项论证中的前提都包括所有形式上为真的命题，那么可能性论证的范围将限于我们可以称之为经验命题的范围(与形式上为真的命题相反)。

§6. 因此，出于这个原因，我倾向于使用更狭义的定义，该定义应可更准确地对应于当我们说一个命题来自另一个命题时我们似乎要表达的意思。让我们将一群命题定义为满足以下条件的一组命题：

(i) 如果命题“p 在形式上为真”属于该群，那么，属于同一形式命题函数例子的所有命题也都属于该群；

(ii) 如果命题 p 和命题“p 蕴涵 q”都属于它，那么命题 q 也属于它；

(iii) 如果任一命题 p 属于它，那么 p 的逆命题就排除在它之外。

135 根据这个定义，所有的确定性推断的过程都是由这样的步骤组成：其中每个步骤都是两种简单类型中的一种(如果我们愿意，也许我们可以将第一种看成是对另一种的理解)。我不确定这些条件是否比我们所说的一个命题从另一个命题衍生出来的意义更狭隘。但是，为了界定一个群，武断地就所有其他推断方法是否对我们有效予以定性，是没有必要的。如果我们按照上述意义将一个群定义为逻辑上与前提相关的那些命题，并规定一项概率论证的前提必须划定一个不小于此范围的群，那么，我们就是在对我们前提的形式施加**最小的**限制量。有时或通常说来，如果我们的前提事实上包括某一更有力的论证原理，那就更好了。

在随后的概率形式规则中，我们将视之为当然的是：构成任何论证之前提的命题集合一定不能前后矛盾。也就是说，前提条件必须在以下意义上规定一个“群”，即：前提条件的任何部分都不能排斥推论自另一部分的命题。但是，为了达到这个目的，我们不需要就什么是推断或确定性的**标准**下一个定论。

§7. 在这一点上，我们可以方便地定义这样一个术语，它表达了存在于一组命题和它们所规定的那个群之间的相反的关系。如果以下条件成立，则称命题 $p_1 p_2 \cdots p_n$ 本身是群 h 的**基础**(*fundamental*)，这些条件是：(i)命题 $p_1 p_2 \cdots p_n$ 本身属于群 h(这涉及它们彼此之间的一致性)；(ii)如果它们彼此之间完全规定了该群；(iii)如果它们都不属于其他命题所规定的群(因为如果 p_r 属于其他命题所规定的群，则此项是多余的)。

当这个基础集被**唯一地**确定时，如果 h' 的基础集包括在 h 的基础集中,则群 h' 是群 h 的子群。

从逻辑上说,一个给定的群可以有多个不同的基础命题集合;而且,必须先进行一些额外的逻辑检验,才能唯一确定基础集。另一方面,当给出基础集合的构成命题时,群就完全被确定了。此外,任何一致的命题集显然都指定了某个群,尽管这样的一组命题可能包含除了它所指定的群的基础命题之外的命题。同样清楚的是,给定一组一致的命题只能指定一个群。我们可以说,一个群的成员与该群的基础命题集合具有合理的联系。 136

§8. 如果伯特兰·罗素先生是对的,那么按照上面定义的意义,纯数学和形式逻辑的全部内容都来自少数原始命题(primitive propositions)。因此,由这些原始命题指定的群,不仅包括数学家已知的那些最远的演绎,而且还包括时间和技能尚未解决的演绎。如果我们从逻辑而不是心理学的意义上定义确定性,那么,如果我们的前提包括基本公理,则似乎有必要将这些公理产生的所有命题视为确定的,无论它们是否为我们所知。但是,似乎一定存在某种逻辑意义,在这种意义下,未经证实的数学定理(例如其中一些涉及数论的定理)可能可以得到证明,或者也可能不能得到证明,在这种意义上,通过类比或归纳向我们提出的这类命题,可能具有中间程度的概率。

我认为,毫无疑问,在这些情况下确实存在确定性的逻辑关系,在这样的情况下,尽管我们知道足够的前提,包括足够的逻辑原则,但缺乏技能或洞察力阻止了我们对它的理解。在这些情况下,我们必须说,当不确定性是由于缺乏前提而引起的时候,我们不能说这个概率是未知的。然而,在这样的情况下,我们实际拥有的知识在逻辑意义上只能是可能的知识。虽然基本公理与每个数学假设(或其相反的假设)之间都存在确定性关系,但还有其他数据与这些假设有关,而这些假设与那

137 些数据只具有中间概率程度。如果我们由于缺乏技能而无法发现一项假设与一个数据集事实上具有的概率关系,那么,该数据集实际上就是无用的,我们必须将注意力集中在与不是未知的概率相关的某个其他数据集上。当牛顿认为二项式定理出于经验原因而具有足够的概率,从而值得进一步研究时,这个概率之存在并不与数学公理有关(无论他是否知道这些数学公理),而是与他的经验证据有关,也许会与其中某些公理相结合。简而言之,这个通则有一个例外,即我们必须始终考虑与我们拥有的全部数据有关的任何结论的可能性。当结论与我们整个证据的关系不明确时,我们必须以结论与部分证据之间的关系为指导。因此,在后面的章节中,当我将一个形式命题称为具有中间程度的概率时,这将始终与该命题在逻辑上不符合§6节中定义的意义的证据有关。

§9. 从前面的定义可以得出,一个命题相对于一个给定的前提是确定的,或者,换句话说,如果一个命题被包含在这一前提所指定的群中,那么该命题就可以从该前提中推论得来。如果将它排除在群外——也就是说,如果它的逆命题来自该前提——那么,它便是不可能的。我们经常会有些随便地说,当两个命题在以下意义上——即就我们的证据而言,它们不可能属于同一个群——不一致时,它们是相互矛盾的。另一方面,一项命题本身不包括在该前提所指定的群中,而且其逆命题也不包含在内,那么,它就该前提而言具有中间程度的概率。

如果 a 从 h 推论而来,因之包含在 h 所指定的群中,那么,这就用 138 $a/h=1$ 表示。也就是说,确定性的关系,用单位符号来表示。当一对概率关系的乘积的含义得到解释时,该表示法有用并已被普遍接受的原因就会给出来。如果我们用 γ 表示确定性关系,用 α 表示任何一个其他概率,则乘积 $\alpha.\gamma=\alpha$。类似地,如果 a 从 h 指定的群中排除,并且相对于它是不可能的,则用 $a/h=0$ 表示。使用零符号表示不可能的原因是:如果 ω 表示不可能,用 α 表示任何其他的概率关系,则在后文要定义的乘法和加法意义上,乘积为 $\alpha.\omega=\omega$,加和为 $\alpha+\omega=\alpha$。最后,如果 a 不包含在 h 指定的群中,则写为 $a/h\neq1$ 或 $a/h<1$;如果未排除在外,则写为 $a/h\neq0$ 或 $a/h>0$。

§10. 群论现在使我们能够借助一些更进一步的概念,来说明逻辑优先级和推断的真正本质。我们所指的群,即我们实际推理所依据的论点,并不是随意选择的。它们是由我们拥有直接知识的那些命题决定的。我们的参照群是由那些直接判断所指定的,在这些直接判断中,我们个人**合理地证明了**某些命题为真和其他命题为假。只要尚未确定或不是唯一确定哪些命题是基本命题,就不可能在命题之间发现必要的顺序,也不可能表明一个真命题"以何种方式"从一个真前提而不是另一个前提推论而来。但是,当我们通过选择那些直接知道为真的命题,或通过其他方式,我们确定了哪些命题是基本命题时,就可以将意义附加到优先级以及推断和蕴涵之间的区别上。当给出我们直接知道的命题时,在那些我们通过论证间接知道的命题之间,存在着一个逻辑顺序。

§11. 区分假设的群和已知基础集合的群是有用的。我们将称前者为**假设群**(hypothetical groups),后者为**真实群**(real groups)。对于包含所有已知为真的命题的真实群,我们可以赋予它旧的逻辑术语"**参考总集**"(Universe of Reference)。尽管知识在这里被视为一个真实群的标准,但无论采用什么标准,只要基础集合以某种方式或其他方式唯一确定,由此推论之所得就同样有效。 139

如果除非从 q 的知识中进行推断,否则我们就不可能知道命题 p,那么,除非我们已经知道 q,否则我们不可能知道 p 为真,这可以通过说“p 要求(requires)q”来表达。更准确而言,我们可以把**要求**(requirement)定义如下:

如果存在一个 p 属于但 q 不属于的真实群,即如果存在一个真实群 h 使得 $p/h=1$,则 $q/h\neq1$,那么 p **不要求** q;因此:

如果不存在 p 属于且 q 不属于的真实群,则 p **要求** q。

如果 p 所属的群 h 包含 p 属于且 q 不属于的子群[1] h',则 p **在群 h 中不要求** q;也就是说,如果存在一个群 h',使得:$h'/h=1$,$p/h'=1$,则 $q/h'\neq1$。

如果 h 是参考总集,这就简化为上面这个命题。在§13 节中,我们将对这些定义进行一般化,使之涵盖中间程度的概率。

§12. 根据要求和真实群,我们可以来定义推断和逻辑优先级。区分对应于假设群和真实群的两类推断是很方便的,即这两类推断对应于论据只是假设的情况以及结论可以断言的情况:

假设性推断(hypothetical inference)。“如果 p,那么 q”也可以读作“q 可以从 p 假设性地推断出来”,意思是说,存在一个真实群 h,使得 140 $q/ph=1$, $q/h\neq1$。为了使之成为这种情况,ph 必须指定一个群;即 $p/h\neq0$,或者换句话说,p 一定不能从 h 中排除。假设性推断也等价于说:“p 蕴涵 q”,而“p 蕴涵 q”不要求“q”。换句话说,如果我们知道 q 为真或 p 为假,并且如果我们无需首先知道要么 q 为真要么 p 为假就可以知道这一点,那么,q 就是可以从 p 中假设性地推断的。

断言性推断(assertoric inference)。“$p\therefore q$”,可以读作“由于 p 所以 q”或“q 可以通过 p 的推论来断言”,表示“如果 p,那么 q”为真,另外

[1] 当该群的基础集合已经以某种方式唯一地确定时,必须注意(参看前文第§7 节),此时子群也就唯一地定义出来了。

“p”属于一个真实群；即存在适当的群 h 和 h'，使得 $p/h=1$，$q/ph'=1$，$q/h'\neq 1$，$p/h'\neq 0$。

当 p 不要求 q 且 q 要求 p 时，p **优先于** q，也就是说，我们可以在不知道 q 的情况下知道 p，但除非首先知道 p 否则就不能知道 q。

当 p 在群中不要求 q 且 q 在群中要求 p 时，p **在群 h 中优先于** q。

从这个定义和前面的定义可以看出，如果一个命题在我们只能直接知道(know)它的意义上是基本命题的话，那么，就没有什么命题优先于它。而且更一般地说，如果一个命题对于给定的群是基本命题，那么在该群内就没有命题优先于它。

§13. 现在，我们可以将要求(requirement)这个概念应用于中间程度的概率。大家要记住，我们采用的表示法如下：

$p/h=\alpha$ 表示命题 p 与命题 h 具有程度 α 的可能关系；假设 h 是自洽的，因此指定了一个群。

$p/h=1$ 表示 p 从 h 推论而来，因此包含在 h 所指定的群中。

$p/h=0$ 表示 p 从 h 指定的群中排除了出去。

如果 h 指定了参考总集，即如果它的群包含了我们的全部知识，则 p/h 被称为 p **的绝对概率**，或简称为 p **的概率**；如果 $p/h=1$ 并且 h 指定任一真实群，则说 p 是**绝对确定的**或简称为“**确定**”。因此，如果 p 是真实群的成员，则 p 是“确定的”，而“确定的”命题是我们知道为真的命题。同样，如果在相同条件下 $p/h=0$，则 p **是绝对不可能的**，或者简称为“**不可能**”。因此，“不可能”的命题是我们知道为假的命题。

141

我们可以看到，当对要求(requirement)的定义进行概括以考虑到中间概率程度时，要求的定义等同于相关性的定义：

如果存在子群 h'，使得对于每一个包含 h' 且被包含在 h 中的子群 h''，有 $p/h''=p/h'$ 和 $q/h'\neq q/h$，那么，**在群 h 中 p 的概率不要求** q。

当 h 群中包含 p 时，该定义简化为第§11节中给出的要求定义。

§14. 只要我们承认，有一些命题在没有任何论据的情况下我们视之为理所当然，而且所有论据，无论是说明性的还是可能的，都存在于将其他结论作为前提与这些命题联系起来的过程中，那么，群理论的重要性就产生了。

实际上是参考总集基本命题的那些特定命题，会因时、因人而异。我们的理论也必须适用于假设的总集。尽管我们可以用部分心理上的考虑来定义一个特定的参考总集，但一旦给定了该总集，我们关于其他命题与它的关系的理论就完全合乎逻辑了。

在接下来的各章中，我们尝试从所加诸的和有限的前提出发论证理论的形式发展，在其一般方法上与形式逻辑的其他部分相似。我们试图在我们的初始公理和派生命题之间建立起蕴涵关系，而不具体提及我们的实际的参考总集中哪些特定命题是基本命题。

142 在以下各章中将更清楚地看到，推断定律就是概率定律，而前者是后者的特殊情况。命题与群的关系取决于该群与它的相关性，而且，就其包含该命题的必要或充分条件而言群是相关的，或者说，就其包含必要或充分条件的必要或充分条件而言，如此等等，群是相关的；如果每个假设群（包括命题和参考总集）都包含该条件，那么，该条件就是必要条件；如果每个假设群（包括该条件和参考总集）的每个假设群都包括143 该命题，那么，该条件就是充分条件。

第十二章　推断与概率的定义和公理

§1. 对于以下内容的有效性，不需要决定对我们的参考总集来说至关重要的命题集是以哪种方式确定的，也不需要对数据指定的群中包含哪些命题做出明确的假设。当我们研究一个经验问题时，自然会包括我们整个逻辑装置，也就是说，包括我们已知的形式真理的整体，以及我们经验知识中相关的那部分。但是，在以下的形式化发展（这些发展旨在展示概率的逻辑规则）中，我们只需要假设我们的数据总是包含那些逻辑规则（我们的证明步骤是实例），以及与我们将要阐明的与概率有关的公理即已足矣。

本编以及随后的几章的目的是要表明，根据第一编中阐述的基本概念，推断和概率的基本逻辑中所有通常假定的结论，均严格遵循一些公理。我认为，这一系列公理与逻辑学家所说的"思维定律"相对应，这意味着它们比整个的形式真理体系要窄一些。但它超越了以往的常规，同时处理了或然推理和必然推理的规律。

§2. 本编中的这一章以及以下各章，在很大程度上独立于前几章提出的许多更具争议的问题。它们没有预先判断所有概率在理论上是否可测量；在建立特定命题之间的概率或推断关系时，直接判断所扮演的角色并不取决于我们的理论。它们的前提都是假设的。给定某些 144

概率关系，则可以推断出其他关系。第三章的结论，第四、五章中讨论的概率相等和不相等的标准，以及与第十一章§5、§6节中讨论的推断标准，我认为它们是完全独立的。它们处理的是该主题的不同部分，与认识论没有那么紧密的联系。

§3. 本章，我只限于讨论定义和公理。命题用小写字母表示，关系用大写字母表示。按照通常的用法，命题的析取组合用加法符号表示，而析取组合用简单的并置符号(simple juxtaposition)表示(或为清楚起见必要时用乘法符号表示)：例如，“a 或 b 或 c”写为“$a+b+c$”，而“a 与 b 与 c”写为“abc”。“$a+b$”的解释并不排除“a 与 b”。a 的逆命题写为 $\bar{a}$。

§4. **基本定义**：

I. 如果命题 a 和前提 h 之间存在概率关系 P，则：

$$a/h=P。\qquad 定义$$

II. 如果 P 是确定性关系[1]，则：

$$P=1。\qquad 定义$$

III. 如果 P 是不可能性关系[2]，则：

$$P=0。\qquad 定义$$

IV. 如果 P 是概率关系，但不是确定性关系，则：

$$P<1。\qquad 定义$$

V. 如果 P 是概率关系，但不是不可能性关系，则：

145

$$P>0。\qquad 定义$$

[1][2] 这些符号最早由莱布尼茨使用。参见下文原书第171页。

VI.

如果 $a/h=0$,那么合取式(conjunction)ah 是不一致的。　　定义

VII.

满足 $a/h=1$ 的命题 a 的类,是由 h 指定的群,

或（简称为）群 h。　　定义

VIII.

如果 $b/ah=1$ 且 $a/bh=1$,那么$(a\equiv b)/h=1$。　　定义

这可以被视为等价性的定义。因此,我们看到,等价性是相对于前提 h 而言的。给定 h,如果 b 可以从 ah 中推论而来,而 a 可以从 bh 中推论而来,那么,a 等价于 b。

§5. **基本公理**:

我们将假设,我们所关注的每一个前提中都包含形式蕴涵,这些形式蕴涵使我们可以断言以下公理:

(i) 假设 a 和 h 是命题,或命题的合取,或命题的析取,并且 h 不是不一致的合取,则在 a 作为结论与 h 作为前提之间存在唯一的概率关系 P。因此,任何结论 a 与任何一致的前提 h,有且只有一个概率关系。

(ii) 如果$(a\equiv b)/h=1$,且 x 是一个命题,则 $x/ah=x/bh$。这是等价性公理(*the Axiom of Equivalence*)。

(iii)

$$(\overline{a+b}\equiv\bar{a}\bar{b})/h=1,$$

$$(aa\equiv a)/h=1,$$

$$(\bar{\bar{a}}\equiv a)/h=1,$$

$$(ab+\bar{a}b\equiv b)/h=1。$$

如果 $a/h=1$,则 $ah\equiv h$。这就是说,如果 a 包含在由 h 指定的群里,那么,h 和 ah 是等价的。

§6. **加法和乘法**。如果我们假设概率是数字或比率,那么,我们可以将这些运算赋予其通常的算术含义。在概率加法或乘法中,我们应该简单地将数字相加或相乘。但是,在没有这种假设的情况下,有必要通过定义赋予这些运算过程以含义。我将仅针对某些类型的概率关系,定义概率关系的加法和乘法。但是稍后我们将表明,由此而对我们的运算施加的限制,并不具有实际操作上的重要性。

146

我们将可能性关系 ab/h 和 $a\bar{b}/h$ 之和定义为可能性关系 a/h;我们将可能性关系 a/bh 和 b/h 的乘积定义为可能性关系 ab/h。也就是说:

Ⅸ.

$$ab/h+a\bar{b}/h=a/h。\qquad 定义$$

Ⅹ.

$$ab/h=a/bh.b/h=b/ah.a/h。\qquad 定义$$

在我们继续讨论使这些符号可运算的公理之前,我们可以使用更熟悉的语言对这些定义予以重新定义。我们可以把Ⅸ读作:“相对于相同的假设,‘a 与 b 的概率’与‘a 与非 b’的概率之和,等于相对于该假设的‘a’的概率。”我们可以把Ⅹ读作:“假设 h 下‘a 与 b 的概率’等于假设 h 下 b 的概率与假设 b 与 h 下 a 的概率。”或者,用现在的术语[1]来说,我们应有:“假设第一个事件发生,两个事件同时发生的概率,等于第一个事件发生的概率乘以第二个事件发生的概率。”实际上,

[1] 例如,伯特兰,《概率计算》,第26页。

这是非“独立”事件概率相乘的一般规则。但是,它在理论发展中的中心地位比通常所认识到的要重要得多。

当然,减法和除法定义为加法和乘法的逆运算:

XI.

如果 $PQ=R$,则 $P=\frac{R}{Q}$。　　定义

XII.

如果 $P+Q=R$,则 $P=R-Q$。　　定义

因此,如果已经定义了加法和乘法的含义,我们将必须引入公理作为定义。在后一种情况下,我们应该能够应用普通的加法和乘法过程而无需任何其他公理。实际上,我们需要公理来使这些符号可运算,而这些符号我们已经赋予了我们自己的含义。当某些属性与之相关时,我们将其定义为属性,并通过公理将其与之关联,这常常或多或少是任意为之的。在这种情况下,出于形式发展的目的,我发现更方便的做法是把对加法和乘法的含义所做的充满先入之见的、常识中最自然的安排给颠倒过来。在概率论中,我通过一个相对不熟悉的属性来定义这些过程,并通过公理将更熟悉的属性与该过程相关联。这些公理如下: 147

(iv) 如果 P、Q、R 是概率关系,使得乘积 PQ、PR 和加和 $P+Q$、$P+R$ 存在,那么:

(iv. a) 如果 PQ 存在,那么 QP 存在,且 $PQ=QP$。如果 $P+Q$ 存在,那么,$Q+P$ 存在,且 $P+Q=Q+P$。

(iv. b) 除非 $Q=1$ 或 $P=0$,否则 $PQ<P$;除非 $Q=0$,否则 $P+Q>P$。如果 $Q=1$ 或 $P=0$,则 $PQ=P$;如果 $Q=0$,则 $P+Q=P$。

(iv. c) 如果 $PQ\leqslant PR$,那么,除非 $P=0$,否则 $Q\leqslant R$。如果

$P+Q\leqq P+R$,那么,$Q\leqq R$ 且反过来也成立。

重要的是要注意,在所有情况下,概率之间加法和乘法的符号,我们还没有赋予什么意义。根据我们给出的定义,只要 P 和 Q 是概率关系,$P+Q$ 和 PQ 就没有解释,而仅在确定条件下才有解释。此外,如果 $P+Q=R$ 且 $Q=S+T$,则我们不会得出 $P+S+T=R$ 的结论,因为未给 $P+S+T$ 这样的表达式赋予任何含义。这个方程必须写作 $P+(S+T)=R$。我们不能从上述公理推断$(P+S)+T=R$。以下公理允许我们在加和 $P+S$ 存在的情况下,即当 $P+S=A$ 且 A 是概率关系时,作出这一推断和其他推断。

148

(v) $[\pm P\pm Q]+[\pm R\pm S]=[\pm P\pm R]-[\mp Q\mp S]=[\pm P\pm R]+[\pm Q\pm S]=[\pm P\pm Q]-[\mp R\mp S]$。

在概率$[\pm P\pm Q]$、$[\pm R\pm S]$、$[\pm P\pm R]$等存在的每一种情况里,也即在这些情况下,这些加和满足必要条件,从而使我们可以按照我们的定义赋予它们含义,上式才成立。

(vi) 如果加和 $R\pm S$ 与乘积 PR 及 PS 作为概率而存在,则 $P(R\pm S)=PR\pm PS$。

§7. 从这些公理可以推出关于概率的加法和乘法的许多命题。例如,它们使我们能够证明,如果 $P+Q=R+S$,则 $P-R=S-Q$,前提是 $P-R$ 和 $S-Q$ 这些差存在;而且,$(P+Q)(R+S)=(P+Q)R+(P+Q)S=[PR+QR]+[PS+QS]=[PR+QS]+[QR+PS]$,前提是相关的加和以及乘积存在。一般而言,在算术量之间的等式中,任何合理的重排,在概率之间的等式中也都是合理的,前提是我们的初始等式和最终由符号运算得出的等式都可以用仅包含乘积与加和的形式表示,这些乘积与加和根据定义可以将其解释为概率的乘积与加和。

因此，如果观察到这一条件，我们不必在每个阶段都插入括号来使运算复杂化，而且如果采用的是上述规定的形式，则略去括号不会产生任何结果，如果从头到尾都严格地插入括号，则无法取得任何结果。只有当我们的最终结果涉及实际存在的和可理解的概率时，我们才会对它们感兴趣。因为我们的目标始终是将一种概率与另一种概率进行比较，因此，在我们的符号运算中，我们不会因为每对概率之间不存在加和与乘积而感到不方便。 149

§8. **独立性**(independence)：

XIII. 如果 $a_1/a_2h=a_1/h$ 且 $a_2/a_1h=a_2/h$，那么：

概率 a_1/h 和 a_2/h 是相互**独立**的。　　定义

因此，如果在两个结论的前提下增加前提对它们没有影响，那么，具有相同前提的两个论点的概率是相互独立的。

无关性(irrelevance)：[1]

XIV. 如果 $a_1/a_2h=a_1/h$，那么 a_2 **在整体上是无关的**(irrelevant on the whole)，或者，简言之：

无关于 a_1/h。　　定义 150

[1] 为了方便起见，此处重复给出了第四章§14节的内容。这里只需要考虑整体上无关，而不需考虑更精确的意义。

第十三章　必然推断的基本定理

§1. 在本章中,我们将主要讨论在确定或不可能关系存在的情况下,根据确定或不可能关系的规则,也就是说,根据确定推断或如德·摩根所说的**必然推断**(Necessary Inference)的规则,来推导确定或不可能关系的存在。但在这里加入一些处理中间概率程度的定理将会很方便。除了一两个重要的例子之外,我不会再繁琐地将这些定理从它们所表示的符号中转换成文字以作解释,因为对它们的解释并不困难。

§2.

(1) $a/h+\bar{a}/h=1$。

对于 $ab/h+\bar{a}b/h=b/h$　根据 IX,

有:

$$a/bh.b/h+\bar{a}/bh.b/h=b/h\quad \text{根据 X,}$$

令 $b/h=1$,则:

$$a/bh+\bar{a}/bh=1\quad \text{根据 iv. b,}$$

因为:

$$b/h=1,$$

所以:

$$bh \equiv h \quad \text{根据 iii。}$$

因此：

$$a/h+\bar{a}/h=1 \quad \text{根据 ii。}$$

(1.1) 如果 $a/h=1$，$\bar{a}/h=0$,则：

$$a/h+\bar{a}/h=1 \quad \text{根据(1)，}$$

$$\therefore a/h+\bar{a}/h=a/h=a/h+0 \quad \text{根据 iv. b，}$$

$$\therefore \bar{a}/h=0 \quad \text{根据 iv. c。}$$

(1.2) 类似地,如果 $\bar{a}/h=1$,则 $a/h=0$，

(1.3) 如果 $a/h=0$,则 $\bar{a}/h=1$，

$$a/h+\bar{a}/h=1 \quad \text{根据(1)，}$$

$$\therefore 0+\bar{a}/h=0+1 \quad \text{根据 iv. b，}$$

$$\therefore \bar{a}/h=1 \quad \text{根据 iv. c。}$$

151

(1.4) 类似地,如果 $\bar{a}/h=0$,则 $a/h=1$。

(2) $a/h<1$ 或 $a/h=1$(根据 IV)。

(3) $a/h<0$ 或 $a/h=0$(根据 V),即不存在负概率。

(4) 根据 X 和(iv. b)，$ab/h<b/h$ 或 $ab/h=b/h$。

(5) 如果 P 和 Q 是概率关系,且 $P+Q=0$,那么,$P=0$ 且 $Q=0$。

除非：

$$Q=0\text{,否则 } P+Q>P \quad \text{根据(iv. b)，}$$

以及：

$$\text{除非 } P=0\text{,否则 } P>0 \quad \text{根据 V，}$$

所以：

$$除非\ Q=0,否则\ P+Q>0。$$

因此,如果 $P+Q=0$,则 $Q=0$,类似地有 $P=0$。

(6) 如果 $PQ=0$,则 $P=0$ 或 $Q=0$,

除非 $Q=0$,否则 $Q>0$　根据 V。

因此,

除非 $P=0$ 或 $Q=0$,否则 $PQ>P.0$　根据(iv. c),

即:

除非 $P=0$ 或 $Q=0$,否则 $PQ>0$　根据(iv. b),

因此,如果 $PQ=0$,则结论可得。

(7) 如果 $PQ=1$,则 $P=1$ 且 $Q=1$,

除非 $P=0$ 或 $Q=1$,否则 $PQ<P$　根据(iv. b),

如果 $P=0$ 或 $Q=1$,则 $PQ=P$　根据(iv. b),

以及:

除非 $P=1$,否则 $P<1$　根据 IV,

所以:

除非 $P=1$,否则 $PQ<1$。

因此 $P=1$;类似地有 $Q=1$。

(8) 如果 $a/h=0$,则 $ab/h=Q$;且如果 bh 是不一致的,则 $a/bh=0$。

由于:

$ab/h=b/ah.a/h=a/bh.b/h$　根据 X,

并且因为 $a/h=0$，所以： 152

$$b/ah.a/h=0 \quad 根据(iv.\ b),$$

$$\therefore ab/h=0 \quad 以及 \quad a/bh.b/h=0,$$

$$\therefore 除非\ b/h=0, 否则\ a/bh=0 \quad 根据(5)。$$

因此，根据 VI，结果可得。

所以，如果一项结论是不可能的，那么，我们可以对结论进行补充或对前提进行一致补充，而不影响论证。

(9) 如果 $a/h=1$，如果 bh 不是不一致的，则 $a/bh=1$。

由于 $a/h=1$，则：

$$\bar{a}/h=0 \quad 根据(1.1),$$

因此，根据(8)有 $\bar{a}/bh=0$，

如果 bh 不是不一致的，由此可得：

$$a/bh=1 \quad 根据(1.4)。$$

因此，我们可以把使结论确定的前提，添加到任何其他与之并非不一致的前提下，而不影响结果。

(10) 如果 $a/h=1$，$ab/h=b/ah=b/h$，则有：

$$ab/h=b/ah.a/h=b/h \quad 根据\ X。$$

由于 $a/h=1$，除非 $b/h=0$，根据(9)有：

$$a/bh=1,$$

所以有：

$$b/ah.a/h=b/ah \text{ and } a/bh.b/h=b/h \quad 根据(iv.\ b),$$

因此,除非 $b/h=0$,这个结果就可以得到。

如果 $b/h=0$,该结果可从(8)中推论得来。

(11) 如果 $ab/h=1$,则 $a/h=1$。

因为根据 X 有:

$$ab/h=b/ah.a/h,$$

所以根据(7)有:

$$a/h=1。$$

(12) 如果:

$$(a\equiv b)/h=1,\ a/h=b/h,$$

那么根据 X 有:

$$b/ah.a/h=a/bh.b/h,$$

根据 VIII 有:

$$b/ah=1,\ a/bh=1,$$

所以根据(iv. b)有:

$$a/h=b/h。$$

153 (12.1) 如果$(a\equiv b)/h=1$且 hx 不是不一致的,

则:

$$a/hx=b/hx,$$

$$a/hx.x/h=x/ah.a/h,$$

以及根据 X 有:

$$b/hx.x/h=x/bh.b/h,$$

根据(ii)有 $x/ah=x/bh$，根据(12)有 $a/h=b/h$。

所以除非：

$$x/h=0,$$

则有：

$$a/hx=b/hx。$$

这就是**等价性原理**(*principle of equivalence*)。根据该原理以及公理(ii)，如果$(a\equiv b)/h=1$，则我们可以用 a 替代 b，反之亦然，只要它们发生在其前提包含 h 的概率中。

(13) 除非 a 是不一致的，否则 $a/a=1$。

因为根据(iii)、(12)和 X，有：

$$a/a=aa/a=a/aa.a/a,$$

由此，除非 $a/a=0$，否则根据(ii)有 $a/aa=1$，即：除非根据(iii)、(12)和 VI 有 a 是不一致的，否则 $a/a=1$。

(13.1) 除非 a 是不一致的，否则 $\bar{a}/a=0$。这从(13)和(1.1)可以推论得到。

(13.2) 除非 $\bar{a}$ 是不一致的，否则 $a/\bar{a}=0$。通过把(13.1)中的 a 写作 $\bar{a}$，这可以由(iii)推论得到。

(14) 如果 $a/b=0$ 以及 a 不是不一致的，则 $b/a=0$。

设 f 为 a 和 b 共有的假设群，我们假定这些假设包含在每个真实群中。

那么根据(iii)和(12)有 $a/b=b/f$ 和 $b/a=b/af$，根据 X 有 $a/bf.b/f=b/af.a/f$。由于根据假设有 $a/bf=0$，而且由于 a 并非不一致的而有 $a/f\neq0$，所以 $b/af=0$，由此可得 $b/a=0$。

因此，如果给定 b，a 是不可能的，那么，给定 a，b 也是不可能的。 154

(15) 如果 $h_1/h_2=0$, $h_1h_2/h=0$,那么根据 X 有:

$$h_1h_2/h=h_1/h_2h.h_2/h,$$

而且由于 $h_1/h_2=0$,除非 $h/h_2=0$,否则根据(8)有 $h_1/h_2h=0$,因此,除非 $h/h_2=0$,否则根据(iv. b)即可得该结果。

如果 $h/h_2=0$,那么根据(14)有 $h_2/h=0$,由于我们假设 h 并非不一致的,因此有根据(8)有 $h_1h_2/h=0$。这样一来,如果给定 h_2 时 h_1 是不可能的,则 h_1h_2 总是不可能的,并被排除出每一个群。

(15.1) 如果 $h_1h_2/h=0$ 且 h_2h 不是不一致的,则 $h_1/h_2h=0$。这是(15)的逆命题,可以从 X 和(6)中推论得出。

(16) 如果 $h_1/h_2=1$,那么$(h_1+\bar{h}_2)/h=1$,根据(1)有:

$$\bar{h}_1/h_2=0,$$

所以根据(15)有:

$$\bar{h}_1h_2/h=0,$$

所以根据(1.3)有:

$$\overline{\bar{h}_1h_2}/h=1,$$

所以根据(12)和(iii)有:

$$(h_1+\bar{h}_2)/h=1。$$

(16.1) 我们把(16)写为:

如果 $h_1/h_2=1$,则$(h_2\supset h_1)/h=1$,其中符号"$\supset$"表示"蕴涵"(implies)。这样,如果 h_1 从 h_2 推论得到,那么,h_2 蕴涵 h_1 就总是确定的。

(16.2) 如果$(h_1+\bar{h}_2)/h=1$ 且 h_2h 不是不一致的,则 $h_1/h_2h=1$。

一如(16)中的情况，$\bar{h}_1 h_2/h=0$，由于 h_2h 不是不一致的，所以根据(15.1)有：

$$\bar{h}_1/h_2h=0,$$

因此，根据(1.4)有：

$$h_1/h_2h=1。$$

这是(14)的逆命题。

(16.3) 我们把(16.2)写作：

如果$(h_2\supset h_1)/h=1$且 h_2h 不是不一致的，那么：

$$h_1/h_2h=1。$$

这样一来，如果我们定义一个“群”为一个命题集，这些命题从指定了它们的那个命题推出，且相对于该命题是确定的，那么，这一命题证明：如果 $h_2\supset h_1$ 和 h_2 属于群 h_2h，那么，h_1 也属于该群。 155

(17) 如果$(h_1\supset:a\equiv b)/h=1$和 h_1h 不是不一致的，那么：

$$a/h_1h=b/h_1h。$$

这可以从(16.3)以及(12)推论而来。

(18) $a/a=1$ 或 $\bar{a}/\bar{a}=1$。

除非 a 是不一致的，否则根据(13)有 $a/a=1$。

如果 a 是不一致的，则 $a/h=0$，其中 h 不是不一致的，因此根据(1.3)有：

$$\bar{a}/h=1。$$

因此，除非 a 是不一致的，否则 $\bar{a}$ 不是不一致的，因此根据(13)有：

$$\bar{a}/\bar{a}=1。$$

(19) $a\bar{a}/h=0$,那么根据(18)有 $\bar{a}/\bar{a}=1$ 或 $a/a=1$,所以根据(1.1)和(1.2)有 $a/\bar{a}=0$ 或 $\bar{a}/a=0$。在这两种情况下,根据(15)都有:

$$a\bar{a}/h=0。$$

因此,a 与其否命题均应为真是不可能的。这是矛盾律。

(20) $(a+\bar{a})/h=1$。

由于根据(iii)有:

$$(a\bar{a}\equiv\overline{a+\bar{a}})/h=1,$$

根据(19)和(12)有:

$$\overline{a+\bar{a}}/h=0,$$

所以根据(1.3)有:

$$(a+\bar{a})/h=1。$$

因此,要么 a 要么其否命题为真,这是确定的。这是排中律。

(21) 如果 $a/h_1=1$ 和 $a/h_2=0$,则 $h_1h_2/h=0$。

因为:

$$a/h_1h_2.h_1/h_2=h_1/ah_2.a/h_2,$$

以及根据 X 有:

$$\bar{a}h_1h_2.h_2/h_1=h_2/\bar{a}h_1.\bar{a}/h_1$$

所以:

$$a/h_1h_2.h_1/h_2=0 \text{ 且 } \bar{a}/h_1h_2.h_2/h_1=0,$$

又因为根据假设和(1)有:

156

$$\bar{a}/h_1=0 \text{ 和 } a/h_2=0,$$

所以有 $a/h_1h_2=0$ 或 $h_1/h_2=0$，以及 $a/h_1h_2=1$ 或 $h_2/h_1=0$，所以有 $h_1/h_2=0$ 或 $h_2/h_1=0$。在这两种情况下，根据(15)都有 $h_1h_2/h=0$。

因此，如果一个命题相对于一个前提集是确定的，相对于另一前提集是不可能的，那么，这两个集合就是不相容的(incompatible)。

(22) 如果 $a/h_1=0$ 和 $h_1/h=1$，则 $a/h=0$，根据(15)有：

$$ah_1/h=0,$$

所以：

$$h_1/ah.a/h=0, \text{除非 } a/h=0,$$

否则根据(9)有：

$$h_1/ah=1。$$

所以在任何情况下都有 $a/h=0$。

(23) 如果 $b/a=0$ 且 $b/\bar{a}=0$，则 $b/h=0$。

根据(15)有：

$$ab/h=0 \text{ 和 } \bar{a}b/h=0,$$

所以有：

$$a/bh=0 \text{ 或 } b/h=0,$$

以及根据 II 和(iv)有：

$$\bar{a}/bh=0 \text{ 或 } b/h=0,$$

由此可知，根据(1.4)有：

$$b/h=0。$$

157

第十四章　或然推断的基本定理

§1. 我将在本章中对概率的大多数基本定理进行证明，而几乎不做什么评论。在第十六章中，我们将更全面地讨论其中的某些定理。

§2. **加法定理**(addition theorems)：

(24) $(a+b)/h=a/h+b/h-ab/h$。

在 IX 中，用$(a+b)$取代 a，用$\bar{a}b$ 取代 b。

那么我们有：

$$(a+b)\bar{a}b/h+(a+b)\overline{\bar{a}b}/h=(a+b)/h,$$

由此根据(iii)有：

$$\bar{a}b/h+(a+b)(a+\bar{b})/h=(a+b)/h,$$

根据(iii)和 IX 有：

$$\bar{a}/bh.b/h+a/h=(a+b)/h。$$

也就是说，

$$(a+b)/h=a/h+(1-a/bh).b/h,$$

$$=a/h+b/h-ab/h。$$

按照第十二章§6 节所给出的那些原理，严格来说，应按照 $a/h+$

$(b/h-ab/h)$或$b/h+(a/h-ab/h)$的形式来写。这一论点是有效的，因为概率$(b/h-ab/h)$等于$\bar{a}b/h$（如先前的证明所示），因而这一论点是存在的。这个重要定理根据相对于同一个假设的“a”，“b”，“a与b”的概率，给出了相对于一个给定假设的“a或b”概率。

(24.1) 如果$ab/h=0$，即：如果a和b是相对于该假设的互斥备选项，那么有：

$$(a+b)/h=a/h+b/h。$$

这是互斥备选项的概率加法的一般规则。 158

(24.2) $ab/h+\bar{a}b/h=b/h$，因为根据(iii)有：

$$ab+\bar{a}b\equiv b,$$

而且根据(19)和(8)有：

$$a\,\bar{a}b/h=0。$$

(24.3) $(a+b)/h=a/h+b\,\bar{a}/h$。这是从(24)和(24.2)中推论得来的。

(24.4)

$$\begin{aligned}(a+b+c)/h &=(a+b)/h+c/h-(ac+bc)/h\\ &=a/h+b/h+c/h-ab/h-bc/h\\ &\quad -ca/h+abc/h。\end{aligned}$$

(24.5) 而且一般来说，

$$(p_1+p_2+\cdots+p_n)/h=\sum p_r/h-\sum p_sp_t/h+\sum p_rp_sp_t/h\cdots$$
$$+(-1)^{n-1}p_1p_2\cdots p_n/h。$$

(24.6) 如果对于s和t的所有成对取值我们有$p_sp_t/h=0$，那么，不断应用X，可以推出：

$$(p_1+p_2+\cdots+p_n)/h=\sum_1^n p_r/h。$$

(24.7) 如果 $p_s p_t/h=0$,如此等等,且$(p_1+p_2+\cdots+p_n)/h=1$,即如果相对于 h, p_1, p_2, …, p_n 形成了一个互斥且穷举备选项的集合,那么:

$$\sum_1^n p_r/h = 1。$$

(25) 如果相对于 h, p_1, p_2, …, p_n 形成了一个互斥且穷举备选项的集合,那么:

$$a/h = \sum_1^n p_r a/h。$$

因为根据假设有:

$$(p_1+p_2+\cdots+p_n)/h=1,$$

所以如果 ah 不是不一致的,那么根据(9)有:

$$(p_1+p_2+\cdots+p_n)/ah=1;$$

而且因为根据假设有:

$$p_s p_t/h=0,$$

所以如果 ah 不是不一致的,那么根据(9)有:

$$p_s p_t/ah=0。$$

因此,根据(24.6)有:

$$\sum_1^n p_r/ah = (p_1+p_2+\cdots+p_n)/ah = 1。$$

159 此外还有:

$$p_r a/h=p_r/ah.a/h。$$

加总可得 $\sum_1^n p_r a/h = a/h.\sum_1^n p_r/ah$,

所以,如果 ah 不是不一致的,那么:

$$a/h=\sum_{1}^{n}p_r a/h。$$

如果 ah 是不一致的,即如果 $a/h=0$(因为 h 根据假设是一致的),那么,该结论可以立即由(8)推论得到。

(25.1) 如果 $p_r a/h=X_r$,上述内容可以写为:

$$p_r/ah=\frac{X_r}{\sum_{1}^{n}X_r}。$$

(26) $a/h=(a+h)/h$。

因为根据(24)有:

$$(a+\bar{h})/h=a/h+\bar{h}/h-a\bar{h}/h,$$

根据(13.1)和(8)有:

$$(a+\bar{h})/h=a/h。$$

(26.1) 这可以写为:$a/h=(h\supset a)/h$。

(27) 如果$(a+b)/h=0$,则 $a/h=0$。

根据(24)和假设有:

$$a/h+[b/h-ab/h]=0,$$

所以根据(5)可得:

$$a/h=0。$$

(27.1) 如果 $a/h=0$ 和 $b/h=0$,则$(a+b)/h=0$。这可以从(24)推论而来。

(28) 如果 $a/h=1$,那么$(a+\bar{b})/h=1$,根据(24.3)有:

$$(a+\bar{b})/h=a/h+\bar{b}\bar{a}/h,$$

由此根据(1.1)和(8),再根据该假设,有:

$$(a+\bar{b})/h=a/h=1。$$

也就是说,一个确定性命题由每一个命题所蕴涵。

(28.1) 如果 $a/h=0$,那么在(28)中用$\bar{a}$代替 a,用 b 取代$\bar{b}$,我们有 $(\bar{a}+b)/h=1$。也就是说,一个确定为假的命题蕴涵每一个命题。

(29) 如果:

$$a/(h_1+h_2)=1,\ a/h_1,\ a/h_2=1,$$

则有:

$$\bar{a}/(h_1+h_2)=0。$$

160

所以根据(15)有:

$$\bar{a}/(h_1+h_2)/h_1=0。$$

因此根据(27)有:

$$\bar{a}h_1/h_1=0,$$

由此可得该结论。

(29.1) 如果 $a/h_1=1$ 且 $a/h_2=1$,则 $a/(h_1+h_2)=1$。

正如在(20)中,我们有:

$$\bar{a}h_1/(h_1+h_2)=0 \text{ 和 } \bar{a}h_2/(h_1+h_2)=0。$$

因此根据(27.1)有:

$$\bar{a}(h_1+h_2)/(h_1+h_2)=0,$$

由此可得该结果。

(29.2) 如果 $a/(h_1+h_2)=0$,则 $a/h=0$。这从(29)推论而来。

(29.3) 如果 $a/h_1=0$ 且 $a/h_2=0$,则 $a/(h_1+h_2)=0$。这从(29.1)推论而来。

§3. **无关性和独立性：**

(30) 如果 $a/h_1h_2=a/h_1$,那么 $a/h_1\bar{h}_2=a/h_1$,如果 $h_1\bar{h}_2$ 不是不一致的。

根据(24.2)有：

$$
\begin{aligned}
a/h_1 &= ah_2/h_1+a\bar{h}_2/h_1 \\
&= a/h_1h_2.h_2/h_1+a/h_1\bar{h}_2.\bar{h}_2/h_1, \\
&= a/h_1.h_2/h_1=a/h_1\bar{h}_2.\bar{h}_2/h_1, \\
\therefore a/h_1.\bar{h}_2/h_1 &= a/h_1\bar{h}_2.\bar{h}_2/h_1,
\end{aligned}
$$

因此,除非$\bar{h}_2/h_1=0$,即如果 $h_1\bar{h}_2$ 不是不一致的,则 $a/h_1=a/h_1\bar{h}_2$。

所以,如果一个命题无关于一个论点,那么,该命题的否命题也是无关的。

(31) 如果 $a_2/a_1h=a_2/h$ 且 a_2h 不是不一致的,则 $a_1/a_2h=a_1/h$。

这根据(iv.c)推论得来,因为根据 X 有 $a_2/a_1h.a_1/h=a_1/a_2h.a_2/h$。也就是说,如果 a_1 无关于论点 a_2/h(参看XIV),a_2 不是不一致于 h:那么,a_2 无关于论点 a_1/h; a_1/h 和 a_2/h 是独立的(参看 XIII)。

§4. 相关定理(theorems of relevance)：

(32) 如果 $a/hh_1>a/h$,则 $h_1/ah>h_1/h$。 161

ah 是一致的,因为否则的话 $a/hh_1=a/h=0$。

因此：

$$
\begin{aligned}
a/h.h_1/ah &= a/hh_1.h_1/h \qquad \text{根据 X,} \\
&> a/h.h_1/h \qquad \text{根据假设;}
\end{aligned}
$$

所以：

$$h_1/ah > h_1h。$$

故而，如果 h_1 对于论点 a/h 是有利地相关的，那么，a 对于论点 h_1/h 也是有利地相关的。

这构成了普遍所接受的原理的形式化证明，即如果一个假设有助于解释一个现象，那么该现象的事实将支持该假设的现实性。

在接下来的定理中，如果$\frac{a/ph}{a/h} > \frac{b/qh}{b/h}$，即如果以下文§8节的话来说就是，$p$ 对 a/h 的影响系数大于 q 对 b/h 的影响系数，则 p 将被说成是比 q 之于 b/h 更有利于 a/h 的。

(33) 如果 x 有利于 a/h，而 h_1 对 a/hx 的有利程度不如 x 对 a/hh_1 的有利程度，那么，h_1 是有利于 a/h 的。

因为：

$$a/hh_1, = a/h. \frac{a/hx}{a/h} \cdot \frac{a/hh_1x}{a/hx} \cdot \frac{a/hh_1}{a/hh_1x};$$

而且，根据假设，右边的第二项大于1，第三项和第四项的乘积大于或等于1。

(33.1) 更重要的是，如果 x 有利于 a/h 而不有利于 a/hh_1，以及如果 h_1 不是不有利于 a/hx，那么，h_1 是有利于 a/h 的。

(34) 如果 x 有利于 a/h 且 h_1 不比 x 之于 h_1/ha 更不有利于 x/ha，那么，h_1 是有利于 a/h 的。

根据和(33)一样的推理可以推出下式，因为我们可以运用乘法定理：

$$\frac{a/hh_1x}{a/hx} \cdot \frac{a/hh_1}{a/hh_1x} = \frac{x/hh_1a}{x/ha} \cdot \frac{h_1/ha}{h_1/hax}。$$

(35) 如果 x 有利于 a/h,但较之于 h_1x 则不更有利于它,较之于 a/hh_1 不更不利于它,那么,h_1 是有利于 a/h 的。 162

因为:

$$a/hh_1,=a/h.\left\{\frac{a/h}{a/hx}\cdot\frac{a/hh_1x}{a/h}\right\}.\left\{\frac{a/hx}{a/h}\cdot\frac{a/hh_1}{a/hh_1x}\right\}。$$

这个结果比前两个结果更切实。通过判断 x 和 h_1x 对论点 a/h 和 a/hh_1 的影响,我们可以推断出 h_1 本身对论点 a/h 的影响。

§5. **乘法定理:**

(36) 如果 a_1/h 和 a_2/h 是独立的,那么:

$$a_1a_2/h=a_1/h.a_2/h。$$

因为根据 X 有:

$$a_1a_2/h=a_1/a_2h.a_2/h=a_2/a_1h.a_1/h,$$

而且,因为 a_1/h 和 a_2/h 是独立的,所以根据 XIII 有:

$$a_1/a_2h=a_1/h \text{ 和 } a_2/a_1h=a_2/h。$$

因此:

$$a_1a_2/h=a_1/h.a_2/h。$$

所以,当 a_1/h 和 a_2/h 独立时,我们可以通过简单地把分别取的概率 a_1/h 和 a_2/h 相乘,基于相同的假设上一起得出 a_1 和 a_2 的概率。

(37) 如果 $p_1/h=p_2/p_1h=p_3/p_1p_2h=\cdots$,那么:

$$p_1p_2p_3\cdots p_n/h=\{p_1/h\}^n。$$

因为通过重复应用 X 可以得到:

$$p_1p_2p_3\cdots/h=p_1/h.p_2/p_1h.p_3/p_1p_2h\cdots。$$

§6. **逆原理**(inverse principle):

(38) 如果 bh, a_1/h 和 a_2/h 每一个都是一致的,则:

$$\frac{a_1/bh}{a_2/bh}=\frac{b/a_1h}{b/a_2h}\cdot\frac{a_1/h}{a_2/h},$$

因为:

$$a_1/bh.b/h=b/a_1h.a_1/h,$$

163 而且根据 X 有:

$$a_2/bh.b/h=b/a_2h.a_2/h,$$

因此,除非 bh 是不一致的,那么,由于 $b/h\neq 0$,所以该结论可以推论得到。

(38.1) 如果 $a_1/h=p_1$, $a_2/h=p_2$, $b/a_1h=q_1$, $b/a_2h=q_2$ 以及 $a_1/bh+a_2/bh=1$,那么,可以很容易得到:

$$a_1/bh=\frac{p_1q_1}{p_1q_1+p_2q_2},$$

以及:

$$a_2/bh=\frac{p_2q_2}{p_1q_1+p_2q_2}。$$

(38.2) 如果 $a_1/h=a_2/h$,那么上式可以简写为:

$$a_1/bh=\frac{q_1}{q_1+q_2},$$

以及:

$$a_2/bh=\frac{q_2}{q_1+q_2},$$

因为 $a_1/h \neq 0$,除非 a_1/h 是不一致的。

该命题很容易扩展到 a 的数目大于 2 的情况。

这个定理是值得转换为我们所熟悉的语言的。令 b 表示事件 B 的发生,a_1 和 a_2 表示 B 的两个可能原因 A_1 和 A_2 存在的假设,h 表示该问题的一般性数据。那么,p_1 和 p_2 分别是当不知道事件 B 是否发生时 A_1 和 A_2 存在的先验概率;q_1 和 q_2 是每个原因 A_1 和 A_2 的概率(如果存在的话),然后才有事件 B。事件发生之后 A_1 和 A_2 的概率分别是:$\frac{p_1q_1}{p_1q_1+p_2q_2}$ 和 $\frac{p_2q_2}{p_1q_1+p_2q_2}$,即除了我们的其他数据之外,我们还知道事件 B 已经发生。bh 必非不一致的这个初始条件,仅仅确保这个问题是一个可能问题,即至少在初始数据上可能发生事件 B。 164

该定理通常被称为概率的逆原理,其原因是显而易见的。应用概率计算的那些因果问题,自然而然地被分为两类,即一类是直接问题:给定该原因,我们可以推断出其效应;另一类是间接问题或逆向问题:给定该效应,我们可以调查其原因。逆原理通常被用来处理后一类问题。

§7. 关于前提组合的定理:

上面给出的乘法定理处理的是结论的组合;给定 a/h_1 和 a/h_2,我们考虑了 a_1a_2/h 与这些概率的关系。在这一段中,前提组合的相应问题将会得到处理;给定 a/h_1 和 a/h_2,我们将考虑 a/h_1h_2 与这些概率的关系。

(39) 根据 X 和(24.2)有:

$$a/h_1h_2h = \frac{ah_1h_2/h}{h_1h_2/h} = \frac{ah_1h_2/h}{ah_1h_2/h + \bar{a}h_1h_2/h}$$

$$= \frac{u}{u+v},$$

其中 u 是结论 a 和假设 h_1 和 h_2 联合在一起的先验概率，v 是结论的否命题与假设 h_1 和 h_2 联合在一起的先验概率。

(40)

$$a/h_1h_2=\frac{ah_1/h_2}{ah_1/h_2+\bar{a}h_1/h_2}=\frac{h_1/ah_2.q}{h_1/ah_2.q+h_1/\bar{a}h_2.(1-q)}$$

$$=\frac{h_2/ah_1.p}{h_2/ah_1.p+h_2/\bar{a}h_1.(1-p)},$$

其中 $p=a/h_1$ 和 $q=a/h_2$。

(40.1) 如果 $p=\frac{1}{2}$，则：

$$a/h_1h_2=\frac{h_2/ah_1}{h_2/ah_1+h_2/\bar{a}h_1},$$

而且随着式$\frac{h_2/ah_1}{h_2/\bar{a}h_1}$而增加。

这些结果不是很有价值，它们表明，我们需要一种原创性的简化方法。这个方法是由 W. E.约翰逊先生的“**累积公式**”(cumulative formula)给出来的，该公式目前尚未发表，但我承蒙他惠允，在这里给出来。[1]

165

§8. 首先必须引入一个新的符号。我们写作：

XV.

$$a/bh=\{a^hb\}a/h \qquad 定义$$

我们称$\{a^hb\}$为在假设 h 上 b 对 a 的**影响系数**(coefficient of influen)。

XVI.

$$\{a^hb\}.\{ab^hc\}=\{a^hb^hc\} \qquad 定义$$

类似地，我们有：

[1] 下面的命题(41)至(49)的实质内容，全部源于他的笔记——只是这里的表述是我给出的。

$$\{a^h b\}.\{ab^h cd^h e\}=\{a^h b^h cd^h e\}。$$

因此,根据定义,这些系数属于算子的总类(a general class of operators),我们可以称其为**分离因子**(separative factors)。

(41) $ab/h=\{a^h b\}.a/h.b/h$,因为 $ab/h=a/bh.b/h$。

因此,我们也可以称$\{a^h b\}$为在假设 h 上 a 和 b 之间的**依赖系数**(coefficient of dependence)。

(41.1) $abc/h=\{a^h b^h c\}.a/h.b/h.c/h$。

因为:

$$abc/h=\{ab^h c\}ab/h.c/h \qquad \text{根据(41)},$$

$$=\{ab^h c\}.\{a^h b\}.a/h.b/h.c/h \qquad \text{根据(41)}。$$

(41.2) 一般来说,

$$abcd\cdots/h=\{a^h b^h c^h d^h\cdots\}.a/h.b/h.c/h.d/h.\cdots$$

(42) $\{a^h b\}=\{b^h a\}$,因为 $a/bh.b/h=b/ah.a/h$。

(42.1) $\{a^h b^h c\}=\{a^h c^h b\}$,因为 $a/h.b/h.c/h=a/h.c/h.b/h$。

(42.2) 一般来说,我们可以得到**交换律**(a commutative rule),通过交换律,各项的顺序总是可以交换的——例如:

$$\{a^h bc^h def^h g\}=\{bc^h a^h g^h def\},$$

$$\{a^h bc^h def^h g\}=\{a^h cb^h fed^h g\}。$$

(43) 作为乘数,分离因子的作用是分离被乘数中与乘数相关联(或连接)的项。 166

因此:

$$\{ab^h cd^h e\}.\{a^h b\}=\{a^h b^h cd^h e\},$$

这是因为:

$$abcde/h = \{ab^h cd^h e\}.ab/h.cd/h.e/h$$
$$= \{ab^h cd^h e\}.\{a^h b\}.a/h.b/h.cd/h.e/h,$$

以及：

$$abcde/h = \{a^h b^h cd^h e\}.a/h.b/h.cd/h.e/h。$$

类似可得(例如)：

$$\{abc^h d^h ef\}.\{ab^h c\}.\{a^h b\} = \{a^h b^h c^h d^h ef\}。$$

(44) $\{a^h b\}.\{ab\} = \{a^h b\}$。因为：

$$ab/h = \{ab\}ab/h。$$

使用我们习惯用的符号来表示，我们令$\{ab\}=1$。

(44.1) 如果$\{a^h b\}=1$，由此可得 a/h 和 b/h 是独立论点；逆命题亦成立。

(45) 重复法则(rule of repetition)$\{aa^h b\} = \{a^h b\}$。

因为根据(vi)和(12)有：

$$aab/h = ab/h。$$

(46) **累积公式**：

根据(38)有：

$$x/ah : x'/ah : x''/ah : \cdots$$
$$= x/h.a/xh : x'/h.a/x'h : x''/h.a/x''h : \cdots$$

取 $n+1$ 个命题 a，b，$c\cdots$。那么，经过重复有：

$$x/ah.x/bh.x/ch\cdots : x'/a.x'b/.x'/c\cdots : x''/a.x''/b.x''/c\cdots : \cdots$$
$$= (x/h)^{n+1} a/xh.b/xh\cdots : (x'/h)^{n+1} a/x'h.b/x'h\cdots :$$
$$(x''/h)^{n+1} a/x''h.b/x''h\cdots$$

这还可以写成：

$$\prod^{n+1} x/ah : \prod^{n+1} x'/ah : \prod^{n+1} x''/ah : \cdots$$

167

$$= (x+h)^{n+1} \prod^{n+1} a/xh : (x'/h)^{n+1} \prod^{n+1} a/x'h : \cdots$$

现在根据(38)有：

$$x/habc\cdots : x'/habc\cdots : x''/habc\cdots$$

$$= x/h.(abc\cdots)/xh : x'/h.(abc\cdots)/x'h : \cdots$$

并且根据(41.2)有：

$$abc\cdots/xh = \{a^{xh}b^{xh}c\cdots\} \prod^{n+1} a/xh,$$

$$\therefore (x/h)^n.x/habc\cdots : (x'/h)^n.x'/habc\cdots : (x''/h)^n.x''/habc\cdots : \cdots$$

$$= \{a^{xh}b^{xh}c\cdots\}x/ah.x/bh.x/ch\cdots :$$

$$\{a^{x'h}b^{x'h}c\cdots\}x'/ah.x'/bh.x'/ch\cdots : \cdots$$

这可以写成：

$$(x/h)^n.x/habc\cdots \propto \{a^{xh}b^{xh}c\cdots\}.x/ah.x/bh.x/ch\cdots$$

其中包含 x 的变化。

当我们已经积累了证据 a，b，$c\cdots$，我们希望知道可以得出的各种可能推论 x，x'，$\cdots$的比较概率，并且当已经确定地知道 a，b，c，$\cdots$每一项分别作为 x，x'，$\cdots$的证据的影响力时，这个累积公式就可以运用上去。

除了因子 x/ah，x/bh 等之外，我们需要知道另外两组数值：①x/h，等等，即 x 等的先验概率，以及②$\{a^{xh}b^{xh}c\cdots\}$，等等，即在假设 xh 等上 a，b，c 等的依赖系数。可能要注意的是，即使 $x' \equiv x$，$\{a^{xh}b^{xh}c\cdots\}$，$\{a^{x'h}b^{x'h}c\cdots\}\cdots$的取值也不以任何方式相联系。

有时，数学家采用简化形式使用与累积公式相对应的形式，除非在特殊条件下，否则这种形式并不正确。首先，人们已经默认$\{a^{xh}b^{xh}c\cdots\}$，$\{a^{x'h}b^{x'h}c\cdots\}\cdots$都是1：所以：

$$(x/h)^n x/habc\cdots \propto x/ah.x/bh.x/ch\cdots。$$

其次，因子$(x/h)^n$也被省略了，所以：

$$x/habc\cdots \propto x/ah.x/bh.x/ch\cdots。$$

168 正是这种对公式的第二番错误陈述，导致了教科书中通常给出的独立证人证言的组合法则是错误的法则。[1]

(46.1) 如果 $abc\cdots/xh=\{a^{xh}b^{xh}c\cdots\}a/xh.b/xh.c/xh\cdots$，那么$x/habc\cdots \propto \{a^{xh}b^{xh}c\cdots\}x/ah.x/bh.x/ch\cdots$。这个结果非常有意义。约翰逊先生是第一个得出上述直接公式与逆公式之间简单关系的人，即在两种情况下校正简单的乘法公式需要**相同**的系数。然而，正如他所说，直接公式通过乘法直接给出了所需的概率，而逆公式仅给出了**比较**(comparative)概率。

(46.2) 如果 x，x'，x''，…是互斥且穷举的备选项，则有：

$$x/habc\cdots=\frac{(x/h)^{-n}.\{a^{xh}b^{xh}c\cdots\}\prod^{n-1}x/ah}{\sum[(x'/h)^{-n}.\{a^{x'h}b^{x'h}c\cdots\}\prod^{n-1}x'/ah]},$$

因为：

$$x/habc\cdots \propto (x/h)^{-n}\{a^{xh}b^{xh}c\cdots\}\prod^{n-1}x/ah,$$

且根据(24.7)有：

---

[1] 参看下文第198页。

$$\sum x'/habc\cdots = 1。$$

$$(47)\quad \frac{x/habc\cdots}{x/h} = \frac{a/h.b/h.c/h\cdots}{abc\cdots/h} \cdot \frac{abc\cdots/xh}{a/xh.b/xh.c/xh\cdots} \cdot \left[\frac{x/ah}{x/h}.\frac{x/bh}{x/h}\cdots\right]。$$

因为：

$$abc\cdots x/h = x/h.abc\cdots/xh,$$

所以：

$$\frac{abc\cdots x/h}{abc\cdots/h.x/h} = \frac{abc\cdots/xh}{abc\cdots/h} = \frac{a/h.b/h.c/h\cdots}{abc\cdots/h} \cdot \frac{abc\cdots/xh}{a/xh.b/xh.c/xh\cdots} \cdot \left[\frac{a/xh}{a/h}.\frac{b/xh}{b/h}\cdots\right],$$

因此，由于$\frac{a/xh}{a/h} = \frac{x/ah}{x/h}$等等，该结果可得。 169

(47.1) 上面的公式可以写成下面这个更为紧凑的形式：

$$\{abc\cdots{}^h x\} = \frac{1}{\{a^h b^h c^h\cdots\}} \cdot \{a^{xh} b^{xh} c^{xh}\cdots\}.[\{a^h x\}.\{b^h x\}.\{c^h x\}\cdots]。$$

$$(48)\quad \frac{\{x/h\}^n x/habc\cdots}{\{x/h\}^n \bar{x}/habc\cdots} = \frac{\{a^{xh} b^{xh} c^{xh}\cdots\}}{\{a^{\bar{x}h} b^{\bar{x}h} c^{\bar{x}h}\cdots\}} \cdot \frac{x/ah.x/bh.x/ch\cdots}{\bar{x}/ah.\bar{x}/bh.\bar{x}/ch\cdots}。$$

这是可以从(46.2)马上得出来的，因为 x 和$\bar{x}$是互斥和穷举的备选项。(假定 xh、$\bar{x}h$ 和 ah 等不是不一致的。)

这个公式按照 x/ah，x/bh 等给出了 $x/habc\cdots$，还给出了三个取值 x/h，$\{a^{xh} b^{xh} c^{xh}\cdots\}$和$\{a^{\bar{x}h} b^{\bar{x}h} c^{\bar{x}h}\cdots\}$。

$$(48.1)\quad \frac{x/habcd\cdots}{\bar{x}/habcd\cdots} : \frac{x/hbcd\cdots}{\bar{x}/hbcd\cdots} = \frac{\{a^{xh}bcd\cdots\}.x/ah}{\{a^{\bar{x}h}bcd\cdots\}.\bar{x}/ah} : \frac{x/h}{\bar{x}/h}。$$

这给出了对额外知识(extra knowledge)a 的比率(概率 x:概率$\bar{x}$)的影响结果。

(49) 当多个数据作为证据共同支持一个命题时,它们会不断增强自己的相互概率,前提是假设当已知该命题为真或为假时,这些数据联合起来不会相互依赖。

例如,如果$\{a^{xh}b^{xh}c\cdots\}$和$\{a^{\bar{x}h}b^{\bar{x}h}c\cdots\}$不小于1,而且$x/kh>x/h$(其中$k$是数据$a$, b, $c\cdots$中的任何一个),那么,$\{a^{h}b^{h}c^{h}d\cdots\}$从1开始,不断随着其项数的增加而增加。

$$abc\cdots/h = xabc\cdots/h + \bar{x}abc\cdots/h \qquad \text{根据 24.2,}$$

$$= x/h.abc\cdots/xh + \bar{x}/h.abc\cdots/\bar{x}h$$

$$\geqslant x/h.\prod a/xh.b/xh\cdots + \bar{x}/h\prod a/\bar{x}h.b/\bar{x}h\cdots$$

(因为$\{a^{xh}b^{xh}c\cdots\}$和$\{a^{\bar{x}h}b^{\bar{x}h}c\cdots\}$都不小于1),

$$\geqslant \frac{x}{h}\cdot\prod\left[\frac{ax/h}{x/h}\cdot\frac{bx/h}{x/h}\cdots\right]+\frac{\bar{x}}{h}\cdot\prod\left[\frac{a\,\bar{x}/h}{\bar{x}/h}\cdot\frac{b\,\bar{x}/h}{\bar{x}/h}\cdots\right],$$

所以:

$$\frac{abc\cdots/h}{\prod\,[a/h.b/h\cdots]}\geqslant\frac{x}{h}\cdot\prod\left[\frac{x/ah}{x/h}\cdot\frac{x/bx}{x/h}\cdots\right]$$

$$+\frac{\bar{x}}{h}\cdot\prod\left[\frac{\bar{x}/ah}{\bar{x}/h}\cdot\frac{\bar{x}/bh}{\bar{x}/h}\cdots\right]。$$

170 我们可以表明,每增加一个证据a, b, c, $\cdots$都会增加该表达式的值。这是因为,令:

$$x/h.G+\bar{x}/h.G'$$

为当所有直到k的互斥的证据被采用时其所取的值,如此则$x/kh.G+\bar{x}/kh.G'$是当k被采用时它的取值。现在因为$x/ah>x/h$等等,以及$x/ah<x/h$等等,故有$G>G'$,所根据的是证据有利于x这个假设;出于同样的原因,$x/kh-x/h$等于$x/h-x/kh$,它是一个正数,所以:

$$G(x/kh-x/h)>G'(\bar{x}/h-\bar{x}/kh),$$

即：

$$x/kh.G+\bar{x}/kh.G'>x/h.G+\bar{x}/h.G',$$

由此结论可得。

(49.1) 上述命题可以推广到互斥备选项 x，x'，x''，…(取 x，$\bar{x}$而代之)的情况上去。

因为：

$$\{a^h b^h c^h \cdots\}=x/h.\{a^{xh} b^{xh} c\cdots\}\{a^h x\}\{b^h x\}\{c^h x\}\cdots$$
$$+x'/h.\{a^{x'h} b^{x'h} c\cdots\}\{a^h x'\}\{b^h x'\}\{c^h x'\}\cdots$$
$$+x''/h.\{a^{x''h} b^{x''h} c\cdots\}\{a^h x''\}\{b^h x''\}\{c^h x''\}\cdots+\cdots;$$

从中我们可以推论得到，如果$\{a^{xh} b^{xJl} c\cdots\}$等$\lessdot 1$，而且如果$\{a^h x\}-1$，$\{b^h x-1\}$，$\{c^h x-1\}$等具有相同的符号，那么，$\{a^h b^h c\cdots\}$是从 1 开始(随字母数目)递增的。

约翰逊先生把这个结果描述为校正过的"中间项谬误"(middle term fallacy)的一般化(参看第五章§4 节)。

附　录

关于概率的符号化处理

莱布尼茨首先在题为《法律判例中的证明所必须显示的条件之学说》的一本非常早期的小册子中，首次提出了将符号 0 用于表示不可能性，将符号 1 用于表示确定性的用法，该小册子出版于 1665 年[参见：科图拉特(*Couturat*)，《莱布尼茨的逻辑学》(*Logique de Leibnitz*)，第 553 页]。莱布尼茨用符号$\frac{1}{2}$表示中间概率度，但这个符号表示的是 171

0到1之间的变量。

一些现代学者曾尝试过对概率进行符号化处理。但是，除了布尔——我在第十五章、第十六章和第十七章中已经详细讨论了他的方法——之外，没有人做过更详细的研究。

麦考尔先生(McColl)发表了一些有关概率的简短笔记，尤其是他的《符号逻辑》(*Symbolic Logic*)、《有关等效语句演算的第六篇论文》(*Sixth Paper on the Calculus of Equivalent Statements*)，以及《论符号语言的发展和使用》(*On the Growth and Use of a Symbolical Language*)。把概率作为命题之间关系的概念，构成了他的符号主义的基础，这与我做的是一样的。[1]相对于先验前提 h，他把 a 的概率写作$\frac{a}{\varepsilon}$；在这个先验前提之外再加上 b，这个概率他写作$\frac{a}{b}$。因此有$\frac{a}{\varepsilon}=a/h$ 以及$\frac{a}{b}=a/bh$。其差为$\frac{a}{b}-\frac{a}{\varepsilon}$，即由增加语句 b 到论据上所带来的 a 的概率变化，他称之为"语句 a 依赖于语句 b"，然后将其标示为$\delta\frac{a}{b}$。所以，$\delta\frac{a}{b}=0$，其中按照我的术语来讲就是：基于证据 h，b 无关于 a。他给出的乘法和加法公式如下：

$$\frac{ab}{\varepsilon}=\frac{a}{\varepsilon}\cdot\frac{b}{a}=\frac{b}{\varepsilon}\cdot\frac{a}{b},\ \frac{a+b}{\varepsilon}=\frac{a}{\varepsilon}+\frac{b}{\varepsilon}-\frac{ab}{\varepsilon}。$$

此外还有：

$$\delta\frac{a}{b}=\frac{A}{B}\delta\frac{b}{a}，其中\ A=\frac{a}{\varepsilon}。$$

[1] 在我大体上发展出我的方法之前，我没有接触到这些笔记。麦考尔先生是第一个使用概率基本符号的人。

令人惊讶的是，他很少成功地使用这些良好的结论。但是，他得出了形如下式的逆公式：

$$\frac{c_r}{v}=\frac{\frac{c_r}{\varepsilon}\frac{v}{c_r}}{\sum_{r=1}^{r=n}\frac{c_r}{\varepsilon}\cdot\frac{v}{c_r}},$$

其中 c_1，…，c_n 是事件 v 的一系列互斥的原因，并且包含了它的所有可能原因；我们可以把它作为下面这个命题的一般化：

$$\frac{a}{b}=\frac{\frac{a}{\varepsilon}\cdot\frac{b}{a}}{\frac{a}{\varepsilon}\cdot\frac{b}{a}+\frac{\bar{a}}{\varepsilon}\cdot\frac{b}{\bar{a}}}。$$

172

在一篇题为《相对数的运算及其在概率论中的应用》(*Operations in Relative Number with Applications to the Theory of Probabilities*)的论文中，[1]吉尔曼(B. I. Gilman)先生尝试根据类似于维恩的频率理论进行符号化处理，但他做得更为精确，也更为自洽："概率必然不是针对单个事件，而是针对事件类；而且不是针对一个类，而是针对一对类，——一个类包含，另一个被包含。后者是我们主要关注的对象，我们用省略号省略了它的概率，而没有提及所包含的类。但实际上概率是一个比率，要定义该比率，我们必须同时给出二者的关联关系。"但是，吉尔曼先生的符号化处理收效甚微。最近，R. 拉姆梅尔(R. Laemmel)在他的《对概率的确定之研究》(*Untersuchungen über die Ermittlung von Wahrscheinlichkeiten*)中露出了类似的端倪。但是，在他那里，符号化处理也没有带来实质性的结果。

除上述作者外，还有一些人偶然地使用了概率符号。我们只引用

[1] 发表在约翰·霍普金斯(Johns Hopkins)的《逻辑研究》(*Studies in Logic*)上。

一下祖伯就足够了。[1]他用$W(E)$表示事件E的概率,而用$W_F(E)$表示给定事件F出现时事件E的概率。他使用该符号表示$W_F(E)=W_{\bar{F}}(E)$作为事件E和事件F($\bar{F}$表示F未发生)的独立性的标准;$W_F(E)=1$表示E是F的必然结果这一事实,还有其他一两个类似的结果。

最后,在1887年的《喀山物理数学协会简报》(*Bulletin of the Physico-mathematical Society of Kazan*)中,有一个由普拉东·S.波列茨基(Platon S. Porctzki)用俄语写的回忆录,题为《借助数学逻辑解决概率论的一般问题》(A Solution of the General Problem of the Theory of Probability by Means of Mathematical Logic)。我看到有人说,施罗德(Schröder)曾打算最终发表对概率的符号化处理方法。我不知道,他生173 前是否准备过这方面的手稿。

[1] 《概率论》(*Wahrscheinlichkeitsrechnung*),第1卷,第43—48页。

第十五章　概率的数值测度和近似

§1. 第三章结尾提到的数值测量的可能性来自加法定理(24.1)。在介绍为了使数值测量的惯例习惯做法起作用而需要的定义和公理时，我们可能会像最初的加法和乘法定义那样，显得在以一种矫揉造作的方式在进行争辩。在这里，正如在第十二章中所提到的，这是由于我们在假定某些合成概率的过程具有这些名称的一般性质之前，就给它们起了加法和乘法名字的缘故。根据常识，人们一听到这些名称，就急于把它们归因于某种性质，因而可能会忽略正式介绍这些性质的必要性。

§2. 为了给数值测量赋予意义，需要给出如下这些定义和公理：

XVII.

$a/h+\{a/h+[a/h+(a/h+\cdots r \text{ terms})]\}=r.a/h$。　　定义

XVIII. 如果：

$$r.a/h=b/f,$$

那么：

$$a/h=\frac{1}{r}\cdot b/f。\qquad 定义$$

XIX. 如果：

$$b/f=q.c/g,$$

那么：

$$\frac{1}{r}\cdot b/f=q/r\frac{c}{g}。\qquad 定义$$

因此，如果 $b/h=a/h+a/h+\cdots$ 一直到 r 项，那么，概率 b/h 即是 r 乘以概率 a/h；因此，如果 $ab/h=0$ 和 $a/h=b/h$，那么，概率 $(a+b)/h$ 两倍于概率 a/h。如果 a 和 b 相对于 h 是穷举且互斥的备择项，那么有 $(a+b)/h=1$(因为我们把确定性关系取为 1)，那么：

174

$$a/h=b/h=\frac{1}{2}。$$

我们还需要以下公理来假设存在与所有真分数相对应的概率关系：

(vii) 如果 q 和 r 是任意的有限整数，且 $q<r$，那么根据前面提到的定义，存在可以被表达为 $\frac{q}{r}$ 的概率关系。

§3. 从这些公理和定义出发，再结合第十二章的公理和定义，很容易表明(确定性由 1 表示，不可能性用 0 表示)，我们可以根据普通的算术定律，通过一项特别的惯例来操作“数字”，由此引入这些数字来表示概率。为完全证明这一点所必需的证明，如下例：

(50) 如果：

$$a/f=\frac{1}{m}且\ h/b=\frac{1}{n},$$

那么：

$$a/f+b/h=\frac{m+n}{mn}。$$

令概率$\frac{1}{mn}=P$，根据(vii)它是存在的，那么，根据(XIX)有：

$$n.P=\frac{1}{m}=a/f,$$

以及：

$$m.P=\frac{1}{n}=b/h,$$

所以，如果这个概率存在，那么：

$$a/f+b/h=n.P+m.P,$$

$=P+P\cdots$到 n 项到 m 项，$+P+P\cdots$

$=P+P\cdots$到 $m+n$ 项，

$=(m+n)P=\frac{m+n}{mn}$　　根据 XIX。

根据(vii)，这个概率是存在的。

§4. 许多概率——事实上是所有那些与其他某个具有相同前提，且其结论与原来论点的结论不相容论点的概率相等的概率——在某种意义上是可以从数字上衡量的，即存在它们可以以上述方式与之比较的某个其他的概率。但是，从最通常的意义上讲，它们在数字上不是可测量的，除非它们可与之比较的概率是确定性关系。很容易可以知道使概率 a/h 在数值上可测量且等于$\frac{q}{r}$的条件。必然可知，应该存在概率 a_1/h_1，a_2/h_2，…，a_q/h_q，…，a_r/h_r，使得下面各式成立：

175

$$a_1/h_1=a_2/h_2=\cdots=a_q/h_q=\cdots=a_r/h_r,$$

$$a/h = \sum_{1}^{q} a_s/h_s,$$

以及：

$$\sum_{1}^{r} a_s/h_s = 1。$$

如果 $a/h=\frac{q_1}{r_1}$ 和 $b/h=\frac{q_2}{r_2}$，那么由(32)可以推知，仅当 a/h 和 b/h 是独立论点时才有 $ab/h=\frac{q_1 q_2}{r_1 r_2}$。因此，除非我们再处理独立论点，否则，即便当个体概率在数值上是可测量的，我们也无法应用详细的数理推理。所以，数理概率的更多内容，与既独立又是数值可测量的论点有关。

§5. 很显然，可以进行精确数值测量的情况是非常有限的一类，通常取决于需要通过应用无差异原理来判定等概率情况的证据。我们所依赖的证据越全面，它与各种备选项之间的关系就越做不到完全对称，它就越有可能包含有利于其中一种备选项的相关信息。因此，在实际推理中，很少会出现完全相等的概率以及确切的数值度量。

不过，不精确的数值比较范围并不是这么有限的。许多无法进行数值测量的概率仍然可以置于数值极限之间。通过将特定的非数值概率作为标准，可以使进行大量的比较或近似的测量成为可能。如果我们可以将一个概率与某个标准概率放置在一个量级上，我们就可以通过比较获得其近似度量。

这种方法在普通话语中经常被采用。当我们问某事有多大可能性时，我们经常以这样的形式提出问题：与某某相比，可能性是更大还是更小？其中“某某”就是某种可比的且具有更为我们所知概率的事物。这样，我们就可以在不可能用数字来表示所讨论的概率的情况下获取信息。达尔文在谈到与莱尔(Lyell)的谈话时,曾给非数值概率施加了一个数值极限,在那个谈话中,达尔文认为,他在几乎所有方面都应该正确的可能性,与掷1便士硬币连续20次都得到正面朝上的可能性是一样的。[1]在类似的例子和其他例子里,作为比较标准的概率本身是非数值的,或如达尔文的例子一样不是一个数值概率,这类例子读者也很容易会遇到。

近似比较(approximate comparison)的一个特别重要的例子是"实际确定性"(practical certainty)。这与逻辑确定性不同,因为其矛盾命题不是不可能的,但实际上我们对任何接近这种极限的概率都是完全满意的。这个词语的使用自然不是完全精确的,但是从最有用的意义上讲,它本质上是非数值的——我们无法根据逻辑确定性来衡量实际确定性。我们只能通过举例来说明实际确定性有多大。例如,我们可以说,它是根据明天太阳升起的概率来衡量的。我们最有可能采用的类型,是经过充分验证的归纳类型。

§6. 大多数此类比较必须基于第五章的原理。但是,发展一种系统的近似方法是有可能的,这种方法有时可能会很有用。下面的定理主要由布尔的一些工作给出。引入他的定理是出于不同的目的,他似乎还没有意识到这一有意义的应用,但从分析上看,他的问题与近似问题是相同的。[2]从分析上讲,这种近似方法也与尤尔(Yule)先生在 177

[1] 《生平与通信》(*Life and Letters*),第2卷,第240页。

[2] 在布尔的《概率计算》中,我们往往会得到一个二阶或更高阶的方程,从这个方程我们可以推导出结论的概率。布尔介绍了这些方法,以确定他的方程的几个根中,哪一个应该被作为概率问题的真正的解。在每种情况下,他都表明必须选择介于某些极限之间的根,并且只有一个根满足此条件。他在《思维定律》第19章中阐述了在这种情况下适用的一般理论。该章题为"论统计条件"。但是这一章给出的解决方案是笨拙和不够令人满意的,因此他随后在1854年《哲学杂志》(第四辑,第八卷)中以"论概率理论中问题的解是有限的之条件"为题,发表了一种更好的方法。

“一致性”(consistence)名目下讨论的方法基本相同。[1]

(51) xy/h 总是位于 x/h 和 $x/h+y/h-1$ 之间,[2]并且位于 y/h 与 $x/h+y/h-1$ 之间。因为根据(24.2)和(X)有:

$$xy/h=x/h-x\bar{y}/h=x/h-\bar{y}/h.x/\bar{y}h。$$

现在根据(2)和(1)可知 $x/\bar{y}h$ 位于 0 和 1 之间,因此,xy/h 位于 x/h 和 $x/h-\bar{y}/h$ 之间,例如位于 x/h 和 $x/h+y/h-1$ 之间。由于 $xy/h \nless 0$,如果 $x/h+y/h-1<0$,上面的极限可能会被 x/h 和 0 取代。

因此,我们有 xy/h 的极限,足够接近这些极限,有时候是有用的,无论 x/h 和 y/h 是否为独立论点,这些极限都可得到。例如,如果 y/h 几乎是确定的,则 $xy/h=x/h$ 几乎完全独立于 x 和 y 是否独立。这一点显而易见;但对于所有这些情况,有一个简单而通用的公式将会很有用。

(52) $x_1x_2\cdots x_{n+1}/h$ 总是大于 $\sum_1^{n+1} x_r/h-n$。

这是因为,根据(51)有:

$$\begin{aligned}x_1x_2\cdots x_{n+1}/h &> x_1x_2\cdots x_n/h+x_{n+1}/h-1\\ &> x_1x_2\cdots x_{n-1}/h+x_n/h+x_{n+1}/h-2,\end{aligned}$$

178 如此等等。

(53) $xy/h+\bar{x}\bar{y}/h$ 总是小于 $x/h-y/h+1$,而且小于 $y/h-x/h+1$。

因为正如在(51)中,有:

---

[1] 《统计学理论》(*Theory of Statistics*),第2章。

[2] 在这个定理以及接下来的定理中,术语“之间”(between)包括了这些极限。

$$xy/h = x/h - x\bar{y}/h,$$

以及：

$$\bar{x}\bar{y}/h = \bar{y}/h - x\bar{y}/h,$$

所以：

$$xy/h + \bar{x}\bar{y}/h = x/h - y/h + 1 - 2x\bar{y}/h,$$

因此可得所需要的结果。

(54) $xy/h - \bar{x}\bar{y}/h = x/h + y/h - 1$。

从上面直接可以推出的这个命题，放在这里确实不合适。但是它与结论(51)和(53)的密切联系是显而易见的。也许有点出乎意料的是，两个事件都会发生的概率与两个事件都不发生的概率之差，与事件本身是否独立无关。

§7. 在这里，不值得花费更多篇幅来计算这些结果。第十七章的求解过程，给出了一些不太系统的同类近似值。

在试图将一种概率的程度与另一种概率的程度进行比较时，我们可能希望去掉其中一项，因为它与我们的任何标准概率都不可比。因此，我们的目标通常是从一组方程或不等式中消去一个给定的数量符号。例如，如果我们要得到概率必然存在的数值极限，我们就必须从结果中排除那些非数值的概率。这是要求解的一般问题。

(55)下面的举例最佳地展示了求解这些问题的一种通用的方法，当我们可以将我们的方程式转化为线性形式时，就所有概率符号而言，假设我们有：

$$\lambda + \nu = a, \tag{i}$$

$$\lambda + \sigma = b, \tag{ii}$$

$$\lambda+\nu+\sigma=c, \tag{iii}$$

$$\lambda+\mu+\nu+\rho=d, \tag{iv}$$

$$\lambda+\mu+\sigma+\gamma=e, \tag{v}$$

$$\lambda+\mu+\nu+\rho+\sigma+\gamma+\upsilon=1, \tag{vi}$$

179 其中λ，μ，ν，ρ，σ，γ，υ代表要消去的概率，并且我们根据标准概率a，b，d，e和1可以为c找到极限。

λ，μ等必然都位于0和1之间。

由(i)和(iii)可得$\sigma=c-a$；由(ii)和(iii)可得$\nu=c-b$。

由(i)、(ii)和(iii)可得$\lambda=a+b-c$。

因此有：

$$c-a\geqslant 0,\ c-b\geqslant 0,\ a+b-c\geqslant 0,$$

在(iv)、(v)和(vi)中代入σ，ν，λ：

$$\mu+\rho=d-a,\ \mu+\gamma=e-b,\ \mu+\rho+\gamma+\upsilon=1-c,$$

由此可得：

$$\rho=d-a-\mu,\ \gamma=e-b-\mu,\ \upsilon=1-c-d+a-e+b+\mu,$$

因此有：

$$d-a-\mu\geqslant 0,\ e-b-\mu\geqslant 0,\ 1-c-d+a-e+b+\mu\geqslant 0。$$

我们还必须消去μ，

$$\mu\leqslant d-a,\ \mu\leqslant e-b,\ \mu\geqslant c+d+e-a-b-1,$$

因此我们有：

$$d-a\geqslant c+d+e-a-b-1,$$

以及：

$$e-b \geqslant c+d+e-a-b-1。$$

由此我们可得：

c 的上极限：$b+1-e$，$a+1-d$，$a+b$(无论是哪一个最小)，

c 的下极限：a，b(无论是哪一个最大)。

该例仅由布尔给出的例子稍做修改而来，它代表了众所周知的概率问题的实际情况。 180

第十六章　关于第十四章定理及其拓展和证明的观察结论

§1. 在第十二章中的定义 XIII 中，关于 a_1/h 和 a_2/h 是相互独立论点的陈述，具有一定的含义。第十四章定理(33)中表明，如果 a_1/h 和 a_2/h 独立，则 $a_1a_2/h=a_1/h.a_2/h$。因此，如果在给定的证据上 a_1 和 a_2 之间存在独立性，则在联合起来的 a_1a_2 证据上，该概率是 a_1 和 a_2 各自概率的乘积。除非满足此条件，否则很难将数学推理应用于概率计算上来。人们通常认为这种条件极易实现，这是太过轻率了。在概率论中，许多最容易引起误解的谬误是由于在不合理的情况下使用了简化形式的乘法定理所致。

§2. 这些谬误，部分是由于对“独立性”含义缺乏清晰的理解所致。研究概率的学者考虑的是事件的独立性，而不是论点或命题的独立性。这一种措辞(phraseology)也许与另一种措辞一样合理；但是，当我们谈到事件的依存关系时，我们会认为，这个问题是直接的因果依赖关系，如果一个事件的发生是另一个事件发生的一部分原因或可能的一部分原因，则两个事件是相互依赖的。从这个意义上讲，抛硬币的结果取决于硬币或抛硬币的方法是否存在偏差，但它与其他抛硬币的实际结果无关。对天花的免疫力取决于疫苗接种，但独立于与免疫力有关的统 181

计报告;两个证人关于同一事件的证词是独立的,只要他们之间没有串通。

这种不容易精确定义的含义,无论如何都不是我们在处理独立概率时所关心的意义。我们关心的不是上述那种直接因果关系,而是"对知识的依赖"这个问题,即对一个事实或事件的**知识**是否为预期另一个事实或事件的存在提供了任何合理的基础。毫无疑问,对两个事件的知识的依赖通常是出于**某种**因果联系,或者我们把这样的依赖称为因果联系。但是两个事件对于知识来说并不是独立的,仅仅因为它们之间没有直接的因果联系;另一方面,它们也不一定是相互依赖的,因为事实上有一个因果链将它们带进间接的联系中。问题是,是否存在任何**已知**的直接或间接的可能联系。对其他的抛硬币结果的知识,可能与对硬币的偏差的知识差不多具有同样的重要性。因为对这些结果的知识可能是对偏差的或然知识的基础。天花免疫力的统计数据,与疫苗接种和天花之间的因果关系之间存在类似的联系。两个证人对同一事件发生的真实证词有一个共同的原因,即无论证人是如何独立(在没有串通的法律意义上)的,该事件都是发生了的。就概率而言,只有当一个事实的存在并不能**说明**另一个事实的部分原因时,两个事实才是独立的。

§3. 虽然依赖性和独立性可能因此而与因果关系的概念联系在一起,但根据这种联系定义独立性并不方便。部分或可能的原因涉及一些仍然不够清楚的概念,我更喜欢参照已经讨论过的相关性概念来定义独立性。是否真的存在实质的外部因果律,因果联系与逻辑联系有多大的区别,以及其他诸如此类问题,都与逻辑和概率的最终问题以及与之相关的许多主题(尤其是本书第三编)密切相关。但是我对此没有什么有用的东西要讲。我所处理的几乎所有事情,都可以用逻辑相 182

关性来表达。我们对逻辑相关性与实质原因之间的关系必须保持怀疑。

§4. 从我认为是由于误解了独立性的含义而导致错误的学者中列举几个例子,或许会有所裨益。

古诺(Cournot)[1]关于概率的著作,被长期忽略了,这一著作在法国受到了现代思想流派的高度青睐,他区分了基于无知(ignorance)的"主观概率"和基于"客观可能性"(objective possibilities)计算的"客观概率"(objective possibility)。所谓"客观概率",是由属于独立序列的现象的组合或收敛所带来的偶然事件。客观偶然事件的存在取决于他的学说:因为有一系列因果相关的现象,因此在这些因果发展之间也存在其他独立的现象。然而,古诺的这些客观概率,无论是真实的还是假想的,对于概率论可能都不重要。这是因为,我们不知道何种序列的现象是这样独立的。如果我们必须等到我们知道现象在这种意义上是独立的,然后才能使用简化的乘法定理,那么概率的大多数数学应用将仍然处于假说状态。

§5. 古诺的"客观概率"完全取决于客观事实,与那些采用概率频

183 率理论的人心中的概念是有些相似的。尤尔(Yule)先生[2]最清楚地给出了关于该理论的独立性的正确定义,具体如下:

> ……通常,在任何给定的观察范围或"总集"中,当发现两个属性 A 和 B 一起出现的几率是分别发现它们两者的几率的乘积时,它们可以被定义为相互独立。在另一种形式的表述中,该定义的

---

[1] 对于古诺的记述,请参阅本书第二十四章§3节。

[2] 参阅:《关于统计中的属性关联理论的说明》,《生物统计学》(*Biometrika*),第2卷,第125页。

实质含义(physical meaning)似乎更加清晰,即**当在给定总集中 A 和 B 的比例与整个总集中的比例相同时**,我们可以将 A 和 B 定义为相互独立。例如,如果提出这样一个问题:"天花发作和疫苗接种的独立性的检验标准是什么?"人们自然的回答是:"被感染者中接种疫苗者的比例应与总体中的比例相同。"……

这个定义与它所属的理论的其余部分是一致的,但同时,也留下了对它提出一般反对意见的空间。[1]尤尔先生承认,A 和 B 在大多数世界中可能是彼此独立的,但在 C 的世界中并非如此。因此,问题来了,给定证据指明的是哪个世界?在通常情况下,当不确定某个给定世界中实际的比例是多少时,我们是否有可能再向前迈进一步?就像古诺的独立序列一样,从这个意义上说,我们通常不会知道 A 和 B 是否独立。以某种方式证明我们推理合理的知识,其逻辑独立性必定不同于这两种客观形式的独立性。

§6. 我现在来讨论布尔对这个问题的处理方法。在他的体系中,他对概率所犯下的中心错误来自他对"独立性"的两个不一致的定义。[2] 184

[1] 参阅第八章。

[2] H.威尔伯拉罕(H. Wilbraham)在他的评论"论布尔教授的《思维定律》中发展的几率理论"(On the Theory of Chances developed in Professor Boole's *Laws of Thought*)中,指出了布尔的错误,尽管表述有些晦涩,但还是准确地指出了这一点(《哲学杂志》,第 4 辑,第 7 卷,1854 年)。布尔没有理解威尔伯拉罕的批评的重点,他激烈地回复,抨击威尔伯拉罕对任何个别结论进行的指责["对威尔伯拉罕先生发表的某些评论所做的答复"(Reply to some Observations published by Mr Wilbraham),《哲学杂志》第 4 辑,第 8 卷,1854 年]。他在题为"论概率论中的一般方法"(On a General Method in the Theory of Probabilities)的论文中,再次提到了同样的问题。(《哲学杂志》,第 4 辑,第 8 卷 1854 年),在这篇文章中,他通过诉诸无差异原理来努力地支持他的理论。麦考尔在他的"关于等效命题演算的第六篇论文"中看到,布尔的谬误转成了他对独立性的定义。但是我认为他并不理解,至少他没有解释,布尔到底是在哪里犯了错。

他首先给出了一个完全正确的定义，赢得了读者的默许："当两个事件中任一个发生的概率不受我们关于另一个发生或不发生的**预期**所影响时，两个事件即被称为是独立的。"[1]但是，不久之后，他又从完全不同的意义上解释了该术语。因为，根据布尔的第二个定义，除非我们被告知它们**必定**同时发生或**不可能**同时发生，否则我们必须将这些事件视为独立事件。也就是说，它们是独立的，除非我们可以肯定地知道它们之间确实存在不变的联系。"简单事件 x, y, z 如果不能自由地在每种可能的组合中发生时，我们就说它们是**有条件的**。换句话说，当某些依赖于它们的复合事件被排除时……简单的无条件(unconditioned)事件就其定义而言就是独立的。"[2]实际上，只要 xz 是**可能**的，x 和 z 就是独立的。这显然与布尔的第一个定义不一致，他没有试图将其进行调和。从双重意义上讲，他使用"独立"一词的后果是深远的。因为他使用了归约法(method of reduction)，这个归约法仅在论点于第一个意义上是独立的情况下才有效，并且假定如果它们在第二个意义上是独立的，这种方法也是有效的。如果所涉及的所有命题或事件在第一个意义上是独立的，那么他的定理即为真，但如果事件仅在第二个意义上是独立的，则正如他认为的那样，它们不为真。在某些情况下，这个错误使他产生了非常矛盾的结果，以致可能使他发现了他的根本错误所在。[3]

185

[1] 《思维定律》，第 255 页。引文中的着重是我后加的。

[2] 同前引书，第 258 页。

[3] 在《思维定律》第 286 页，有一个很好的例子。布尔讨论了这样一个问题：给定析取语句"要么 Y 为真，要么 X 和 Y 为假"的概率为 p，求条件命题"如果 X 为真，则 Y 为真"的概率。这两个命题在形式上等价，但是布尔通过上面指出的错误得出了以下结果：$\frac{cp}{1-p+cp}$，其中 c 是"要么 Y 为真，要么 X 和 Y 为假"的概率。他对该悖论的解释相当于一个断言，因此只要两个命题只是可能的，它们为真时在形式上是相等的，则这两个命题就不一定等价。

通过假设问题的数据可以采用“概率 $x=p$”这样的形式，即在无需说明这个概率之所指的情况下，就足以表述一个命题的概率是如此这般，布尔几乎可以肯定能够得出这一错误所在。[1]

有趣的是，德·摩根(De Morgan)偶然曾提出过一个独立性的定义，它与布尔的第二个定义几乎完全相同：“对于我们知道的相反的情况而言，如果两个事件中后者可以在没有前者的情况下存在，或者前者可以在没有后者的情况下存在，那么这两个事件是独立的。”[2]

§7. 在许多其他情况下，错误之所以产生，不是由于对独立性含义的误解，而仅仅是由于对它所做的粗糙的假设，或者是在没有限定条件的情况下阐明乘法定理。数学家们太急于假定那些复杂的乘法概率过程的合理性，为此，概率数学中的很大一部分都在致力于提供简化和近似解。甚至德·摩根在他的一本著作中[3]也很粗心地以下列形式阐明乘法定理：“两个、三个或更多事件发生的概率是它们分别发生的概率的乘积(第 398 页)……知道复合事件及其组成部分之一的概率后，186 我们通过将第一个概率除以第二个概率可以找到另一组成部分的

[1] 在研究和批评布尔关于概率的工作时，很重要的一点是把他在 1854 年写给《哲学杂志》的各种文章考虑进来，这些文章对“思维定律”的方法进行了相当大的改进和修缮。他对概率的最后也是最深思熟虑的贡献，是他的论文《关于概率论在证言或判断组合问题上的应用》(On the Application of the Theory of Probabilities to the Question of the Combination of Testimonies or Judgments)，该论文可在《爱丁堡哲学评论》(第 21 卷，1857 年)中找到。此备忘录包含对《思维定律》中最初提出的方法的简化和概括，这应被认为可以取代该书之中的论述。尽管存在这些错误，从而会使他的许多结论无效，但这个备忘录和他的其他著作一样富有天才和独创性。

[2] 见于《百科博览》(*Cabinet Encyclopaedia*)中的“概率论”词条，第 26 页。德·摩根在有关该主题的各种不同论文中，他自己的观点并不十分一致，其他定义也可在另外的地方找到。布尔对独立性的第二个定义也被麦克法兰(Macfarlane)在《逻辑代数》(*Algebra of Logic*)一书所采纳，见该书第 21 页。

[3] 参阅：“概率论”词条，《大主教百科全书》(*Encyclopaedia Metropolitan*)。

概率。这是最后一个显而易见而不需要进一步证明的数学结论(第 401 页)。”

关于错误的独立性假设的危险,一个经典的绝佳例子是,确定连续抛掷两次硬币中正面朝上的概率。普通人通常毫不犹豫地认为几率是 $\left(\frac{1}{2}\right)^2$。因为第一次抛掷时正面朝上的先验几率是 $\frac{1}{2}$,我们自然可以假设这两个事件是独立的,因为头一次正面朝上的事实对下一次抛掷没有影响。但除非我们确定该硬币没有偏差,否则情况就不会是这样。如果我们不知道是否存在偏差,或偏差的存在方式,那么将概率设置为高于 $\left(\frac{1}{2}\right)^2$ 就是合理的。第一次抛掷硬币出现正面朝上的**事实**,也不是导致第二次抛掷硬币出现正面朝上的原因,但是,关于硬币曾经出现正面朝上的**知识**,还是会影响我们对未来硬币抛落正反面的预测,因为过去正面朝上可能是出于将来也会有利于正面朝上的原因所致。人们或许会注意到,硬币存在偏差的可能性总是有利于“抛掷”出某种结果;这种可能性增加了“抛掷”出正面朝上和“抛掷”出反面朝上的概率。

第二十九章对此进行了详细讨论,该章会给出更多的例子。因此,在本章,我将只提及拉普拉斯的一项研究,以及我们在第二十九章中不会关注的一种关于独立的真实的谬论和假定的谬论。

§8. 在§7 节中解释的所有考虑因素的范围内,拉普拉斯在“在所谓的相等几率之间可能存在未知的不相等”(*Des inégalités inconnues qui peuvent exister entre les chances que l'on suppose égales*)的标题下讨论了这些考虑因素。[1]在这种情况下,也就是说在具有未知偏差的

[1] 《哲学论文集》,第 49 页。也可以参看《关于概率的备忘录》(Mémoire sur les Probabilités),《科学院通讯》,第 228 页;以及达朗贝尔,《论概率演算》(Sur le calcul des probabilités),《数学论著》(1780 年),第 7 卷。

硬币中，他认为即使在第一次抛掷时，正面朝上的真实概率也与1/2之间相差一个未知的数量。但这不是看待问题的正确方式。在假设的情况下，第一次抛掷出现正面和反面的初始几率确实是相等的。不正确的是，“两次正面”的初始概率等于“一次正面”的概率的平方。 187

让我们把“第一次抛掷为正面朝上”写作$=h_1$；“第二次抛掷为正面朝上”写作$=h_2$。那么，$h_1/h=h_2/h=\frac{1}{2}$，以及$h_1h_2/h=h_2/h_1h.h_1/h$。因此，仅当$h_2/h_1h=h_2/h$时，即如果在关于第一次抛掷时正面朝上的知识至少不会影响其在第二次抛掷时出现正面朝上的概率，才有$h_1h_2/h=\{h_1/h\}^2$。通常，h_2/h_1h与h_2/h不会有太大差异(因为相对于大多数假设，第一次抛掷正面朝上不会对第二次抛掷正面朝上的预期产生太大影响)，因此，对于所需的概率而言，$\frac{1}{4}$是一个良好的近似值。拉普拉斯提出了一种巧妙的方法，通过这种方法可以减少分散度。如果我们抛掷两枚硬币，并把“正面”定义为第二枚硬币所抛出的正面，他讨论了第一枚硬币抛掷中“抛出两次正面”的概率。当然，解决该问题需要一些特定的假设，但这些假设与完全没有偏差相比，在实践中更容易实现。由于拉普拉斯没有把它们表述出来，并且他的证明也不完整，因此可能值得详细地予以说明。

设h_1，t_1，h_2，t_2分别代表在第一枚和第二枚硬币的第一次抛掷中为正面和反面，而h_1'，t_1'，h_2'，t_2'分别表示在第二次抛掷中的相应事件，那么，“抛掷出两次正面”的概率(按照上面的惯例)，即两枚硬币之间抛掷相同一面的概率为：

$$(h_2h_2'+t_2t_2')(h_1h_1'+t_1t_1')/h=(h_2h_2'+t_2t_2')/(h_1h_1'+t_1t_1',\ h)\times(h_1h_1'+t_1t_1')/h。$$

因为根据无差异原理有 $h_2h'_2/(h_1h'_1+t_1t'_1, h)=t_2t'_2/(h_1h'_1+t_1t'_1, h)$,而且 $h_2h'_2t_2t'_2/h=0$。

188

因此,根据(24.1)有:

$$(h_2h'_2+t_2t'_2)/(h_1h'_1+t_1t'_1, h)=2.h_2h'_2/(h_1h'_1+t_1t'_1, h)。$$

类似地,有:

$$(h_1h'_1+t_1t'_1)/h=2h_1h'_1/h。$$

我们可以假设 $h_1/h'_1h=h_1/h$,即一枚硬币正面朝上与另一枚硬币正面朝上的概率是无关的:而且根据无差异原理有 $h_1/h=h'_1/h=\frac{1}{2}$,所以有:

$$(h_1h'_1+t_1t'_1)/h=2\left(\frac{1}{2}\right)^2=\frac{1}{2}。$$

因此:

$$\begin{aligned}(h_2h'_2+t_2t'_2)(h_1h'_1+t_1t'_1)/h &=2h_2h'_2/(h_1h'_1+t_1t'_1, h).\frac{1}{2}\\ &=h_2h'_2/(h_1h'_1+t_1t'_1, h)\\ &=\frac{1}{2}h_2/(h'_2, h_1h'_1+t_1t'_1, h),\end{aligned}$$

这是因为,由于$(h_1h'_1+t_1t'_1)$与 h'_2/h 无关,故有:

$$h'_2/(h_1h'_1+t_1t'_1, h)=h'_2/h=\frac{1}{2}。$$

现在 $h_2/(h'_2, h_1h'_1+t_1t'_1, h)$大于 1/2,因为这些硬币有一次相互一致的事实可能是假设它们会再次相互一致的某种原因。但是它小于 h_2/h_1h:因为我们可以假设 $h_2(h'_2, h_1h'_1+t_1t'_1, h)$小于 $h_2(h'_2, h_1h'_1,$

h),并且还可以假设 $h_2(h_2', h_1h_1', h)=h_2/h_1h$,即一枚硬币抛出两次正面,并不会增加使用不同的硬币抛出两次正面的概率。因此,在这些假设下,根据 h 的内容来看,拉普拉斯的抛掷方法多少是合理的,它是一个比 h_1h_2/h 更接近于$\frac{1}{4}$的概率。如果 $h_2/(h_2', h_1h_1'+t_1t_1', h)=\frac{1}{2}$,则该概率正好为$\frac{1}{4}$。

§9. 我们再给出另外两个例子,以此把这段相当离题的评论做个了结。根据无差异原理,假定天狼星上存在铁元素的概率是$\frac{1}{2}$,同样,在那里其他任何元素的存在概率也都是$\frac{1}{2}$。因此,在天狼星上没有发现类地行星的 68 个元素中任何一个的概率是$\left(\frac{1}{2}\right)^{68}$,而至少有一种被发现的概率为 $1-\left(\frac{1}{2}\right)^{68}$,或者说这接近于确定的情况。这一论点或类 189 似的论点已经得到了认真的推进。除了其他许多事情之外,似乎还可以证明,天狼星上几乎肯定会发现至少一所与牛津大学或剑桥大学完全相似的大学。正如冯·克里斯和其他人所指出的那样,产生这一谬论的部分原因是源于对无差异原理的不合理使用。天狼星上存在铁元素的概率不是$\frac{1}{2}$。而且,这个结果也是由于虚假的独立性的谬误所致。假定已知天狼星上存在 67 个类地行星元素,并不会提高在那里发现第 68 种元素的概率,而知道天狼星上缺乏这些元素也不会降低这第 68 种元素出现的概率。[1]

---

[1] 参阅冯·克里斯,《概率原理》(*Die Principien der Wahrscheinlichkeitsrechnung*),第 10 页。斯塔普夫[《关于盖然性的数学概念》(*Über den Begriff der mathem. Wahrscheinlichkeit*),第 71—74 页]认为,谬误所在,源于没有考虑到这样的(转下页)

§10. 另一个例子是麦克斯韦在气体理论中所犯的经典错误。[1]根据该理论,气体分子在各个方向上都以极高的速度运动。方向和速度都是未知的,但是分子具有给定速度的概率是该速度的函数,并且与方向无关。最大速度和平均速度随温度而变化。麦克斯韦试图仅在这些条件下确定分子具有给定速度的概率。他的论点如下:

如果 $\phi(x)$表示平行于 X 轴的速度分量为 x 的概率,则速度具有平行于三个轴的分量 x, y, z 的概率为 $\phi(x)\phi(y)\phi(z)$。因此,如果

190 $F(v)$表示总速度 v 的概率,则我们有 $\phi(x)\phi(y)\phi(z)=F(v)$,其中 $v^2=x^2+y^2+z^2$。从中不难得出(假设这些函数是解析函数),$\phi(x)$的形式必定为 $G\exp[-k^2x^2]$。

目前普遍认为,这个结果是错误的。但我认为,该错误的性质与人们通常所认为的完全不同。

伯特兰[2]、庞加莱[3]和冯·克里斯[4]都引用了麦克斯韦的论

(接上页)事实,即可能金属元素的数量与原子量一样多,因此铁的几率是$\frac{1}{z}$,其中 z 是可能的原子量。A.尼采[《科学哲学年鉴》(*Vierteljsch. f. wissensch. Philos.*)1892年]认为,天狼星上元素的实际备选项是:0 种,或仅为 1 种,或仅为 2 种,……,或 68 种类地行星元素,它们是等可能的,每一个的几率都是$\frac{1}{69}$。

[1] 我从伯特兰的《概率论》(*Calcul des probabilités*)第 30 页上看到的这一说法。在这里,我引用麦克斯韦在他 19 岁(1850 年)去剑桥之前所写的一封关于概率的文章,该文颇富卓见,把概率视为逻辑学的一个分支:“他们说理解(Understanding)应该遵循正确推理的规则。这些规则包含在逻辑中,或者应该包含在逻辑中。但在目前,实际上的逻辑科学只涉及要么确定,要么不可能,要么完全可疑的事物,而其中任何一个(很幸运地)都不需要我们做出推理。因此,这个世界的真正逻辑是概率演算,它考虑的是在理智之人的心中存在或应该存在的概率的大小。”[《生活》(*Life*),第 143 页]。

[2] 《概率论》,第 30 页。

[3] 《概率论》(第二版),第 41—44 页。

[4] 《概率计算》,第 199 页。

点来说明独立性的谬误;而且认为:正如麦克斯韦也给出的假设那样,如果速度的概率是该速度的函数的话,那么,这些学者认为 $\phi(x)$,$\phi(y)$和 $\phi(z)$不可能如他的假设那样来表示独立的概率。但是,这种结果上的错误并非真的以这种方式产生的。**如果我们不知道该速度的概率是速度的什么函数**,那么了解平行于 x 和 y 轴的速度的知识,不会告诉我们有关平行于 z 轴的速度的任何信息。我认为,麦克斯韦非常正确地认识到,仅假定速度的概率是该速度的**某个**函数的假设,并不会干扰关于平行于三个轴中每个轴上速度的相互独立性。让我们用 $X(x)$表示命题"平行于 X 轴的速度为 x",相对于 Y 和 Z 轴的对应命题由 $Y(y)$和 $Z(z)$表示,并用 $V(v)$表示命题"总速度为 v",令 h 代表我们的先验数据。然后,如果 $X(x)/h=\phi(x)$,则根据无差异原理可以得出一个合理的推论,即 $Y(y)/h=\phi(y)$和 $Z(z)/h=\phi(z)$。麦克斯韦由此推断出 $X(x)Y(y)Z(z)/h=\phi(x)\phi(y)\phi(z)$。也就是说,他假设 $Y(y)/X(x).\ h=Y(y)/h$ 和 $Z(z)/Y(y).\ X(x).h=Z(z)/h$。我不同意以上所引用的权威认为这是不合理的意见。只要我们不知道该速度的概率是总速度的什么函数,那么,关于平行于 x 和 y 轴的速度之知识,就与给定平行于 z 轴的速度的概率无关。麦克斯韦进一步推导出 191 $X(x)Y(y)Z(z)/h=V(v)/h$,其中 $v^2=x^2+y^2+z^2$。在这里,有一个错误以一种非常基本的方式悄然出现。命题 $X(x)Y(y)Z(z)$和 $V(v)$并不等价。后者来自前者,但前者并非来自后者。存在不止一组取值 x, y, z,它们都将会得到相同的取值 v。因此,概率 $V(v)/h$ 远大于概率 $X(x)Y(y)Z(z)/h$。由于我们不知道总速度 v 的方向,因此有很多方法可以将其解析为与各轴平行的分量,这与我们的数据没有矛盾。实际上,我认为把前面的论点扩展到$V(v)/h=\phi(v)$是合理的;因为没有理由对方向 V 的思考与我们对方向 X 的思考有所不同。

在讨论子弹散布在标靶上这一问题时,我们遇到了类似的困难——这纯粹是由于人们的好奇心而引出的问题,它受到了许多概率论研究者的关注,有关于这个问题的文献数量之大,与其重要性远不成比例。

§11. 我现在谈谈逆概率原理,这是这门学科历史上非常重要的一个定理。我将在第三十章讨论以它为基础的各种论点。但是,在这里讨论该原理本身的历史以及对其进行证明的种种尝试,将会很方便。

历史上这个问题首次出现的时间相对较晚。直到 1763 年,贝叶斯定理被传给皇家学会时,[1]逆概率的确定规则才得到明确阐述。对归纳问题的解决方案,隐含着对逆原理的使用,而且这种使用多多少少是有些错误的。这个对归纳问题的解决方案,实际上已经由著名的丹尼尔·伯努利(Daniel Bernoulli)提出来过,是在他对支持接种的统计证据的研究中给出的。[2]但贝叶斯《备忘录》的出现,标志着一个新发展

192

[1] 发表于《皇家学会哲学通讯》(即 *Philosophical Transactions of the Royal Society*,简称 *Phil. Trans.*,还被翻译为"自然科学会报",这是一本由英国皇家学会出版的科学期刊。它始创于 1665 年,是世界上最早专注于科学的期刊。因为该期刊自创办以来一直持续出版,所以该期刊也是世界上运营时间最长的科学期刊。期刊标题中的词语"哲学"源于"自然哲学",也就是现在所说的科学。——译者注),第 LIII 卷,1763 年,第 376—398 页。在贝叶斯死后,这本备忘录曾流传到普莱斯(Price)手中。第二年,有了第二本备忘录(vol. LIV,第 298—310 页),普莱斯本人对此也做出了一些贡献。请参阅陶德杭特(Todhunter)的《历史》,第 299 页及以后。托马斯·贝叶斯(Thomas Bayes)是皇家唐桥井(Tunbridge Wells,有时简称唐桥井,是英国英格兰肯特郡西部的大型城镇,距离伦敦市中心东南方约 40 英里。——译者注)一位持异见的牧师,他从 1741 年开始担任皇家学会会员,直到 1761 年去世。他的《概率论》德语版已由狄默定(Timerding)编辑出版。

[2] "我尝试对天花造成的死亡率,以及预防接种对预防天花的好处进行新的分析。"《科学院史录》(*Hist. de l'Acad.*),巴黎,1760 年(1766 年出版)。伯努利认为,所记录的接种结果使其成为免疫的可能原因。这是一个逆论证,尽管在此过程中并未使用贝叶斯定理。另请参见 D. 伯努利《关于行星轨道倾角的备忘录》(*Memoir on the Inclinations of the Planetary Orbits*)。

阶段的开始。它出现在1767年，是在米歇尔(Michell)[1]在《自然科学会报》上关于星体分布所作的研究之后，米歇尔的贡献我们将在第25章中进一步提及。1774年，拉普拉斯在他的《科学院备忘录》(*Mémoires présentés à l'Académie des Sciences*，第6卷，1774年)中以"关于事件的概率原因的备忘录"为题明确阐述了这一规则，尽管还不够准确。他这样写道(第623页)：

> 如果一个事件可以由 n 个不同的原因产生，那么从该事件中获取的这些原因的存在概率，就像从这些原因中获取该事件的发生概率一样；它们每一个原因存在的概率，就等于从这个原因所获取的该事件的概率除以从这些原因所获取的该事件的所有概率之和而得到的商。

他说的这段话好像是要证明这一原理，但他只给出了解释和实例，而没有给出证明。从第十四章定理(38)可以看出，该原理并非严格地以他所阐明的形式存在。缺少必要的限定条件，会导致许多谬误的论点产生，其中一些错误的论点，我们将在第三十章中予以讨论。

§12. 贝叶斯《备忘录》的价值和独创性是相当非凡的，拉普拉斯的方法可能要归功于它的部分，比通常所公认的或拉普拉斯所承认的要多得多。该原理通常用贝叶斯的名字来称呼，但在他的《备忘录》中却没有出现拉普拉斯给出的此后通常采用的那种形式。不过，贝叶斯的表述严格而且正确，并且他的表述方法表明，它与更基本的那些原理具有真正的逻辑联系，而拉普拉斯的表述使它看上去是专门为解决因果 193

[1] 米歇尔的论点也许要归功于丹尼尔·伯努利，而不是贝叶斯。

关系问题而引入的新原理。在我看来,以下这段话[1]提供了解决该问题的正确方法:"如果存在两个相继的事件(subsequent events),已知第二个事件发生的概率$\frac{b}{N}$和两个事件共同发生的概率$\frac{P}{N}$,而且,由于首先发现第二个事件已发生,所以,我认为第一个事件也已经发生,那么我认为正确的概率是$\frac{P}{b}$。"如果第一个事件的发生由 a 表示,第二个事件的发生由 b 表示,那么,这就与 $ab/h=a/bh.b/h$ 相符,因此 $a/bh=\frac{ab/h}{b/h}$;这是因为 $ab/h=\frac{P}{N}$, $b/h=\frac{b}{N}$, $a/bh=\frac{P}{b}$。拉普拉斯没有理解逆原理对复合概率规则的直接和根本的依赖关系。

§13. 自从拉普拉斯时代以来,对这个定理的证明,人们已经尝试了许多次,但是其中绝大多数都不令人满意,而且通常是以这样的形式来表述的——即这些证明只不过使这个命题显得合理而已。麦考尔先生[2]给出了一个符号化的证明,在考虑到所用符号的差异情况下,麦考尔先生的做法与定理(38)非常相似。A. A. 马尔可夫(A. A. Markoff)[3]也提供了极为类似的证明。对于其他的对此所做的严格讨论,我就不太熟悉了。

冯·克里斯[4]提出了最有意义、最细致的一类证明的例子,这一证明曾由许多学者以不同的形式提出来过。根据这种观点,我们最初

---

[1] 引自陶德杭特,同前引书,第 296 页。陶德杭特低估了这段话的重要性,他认为这段话毫无独创性,而且晦涩难懂。

[2] 《关于等效语句演算的第六篇论文》,《伦敦数学协会会刊》(*Proc. Lond. Math. Soc.*),1897 年,第 XXVIII 卷,第 567 页。也可以参阅本书前文第 155 页。

[3] 《概率计算》,第 178 页。

[4] 《概率计算原理》,第 117—121 页。上述对冯·克里斯的论点的阐述非常简要。

有一定数量的假设性的概率,所有这些概率均具有同等的可能性,有些对我们的结论有利,有些不利。经验,或者更确切地说,是该事件已发 194 生的知识,排除了许多其他选择,而我们所面临的概率范围比初始时要更为狭窄。现在,只有一部分原初区域或概率的范围,是得到承认(和允许)的。原因的后验概率与它们在目前受限的概率区域中发生的程度成比例。

这其中有很多内容似乎是对的,但这几乎不能算是一个证明。整个讨论实际上是诉诸直觉的。因为,我们怎么知道,就因为被假定为"先验"的那些概率,其后验概率就仍然相等呢?冯·克里斯自己也注意到了其中的困难。除了引入一个公理之外,我看不出他是如何避开这种情况的。

实际上,这是唐金教授(Professor Donkin)在1851年所采取的做法,当时他在《哲学杂志》(*Philosophical Magazine*)上的一篇文章曾激起过人们的兴趣,但此后却被人们遗忘了。不过,唐金的理论具有相当大的意义。他将以下原理作为概率的一个基本原理:[1]

> 如果有一些互斥的假设 h_1, h_2, h_3, …,相对于特定信息状态,其概率为 p_1, p_2, p_3, …,而且,如果获得新的信息而改变了其中某一些(假设是 h_{m+1} 以及其后的所有假设)的概率,那么,在没有对其余假设做出任何参考的情况下,在获得新信息**之后**,这些后面的概率彼此之间具有与以前**相同的比率**。[2]

[1] "关于概率论的一些问题",《哲学杂志》,第4辑,第1卷,1851年。

[2] 有趣的是,实际上A. A. 马尔可夫[《概率计算》(*Wahrscheinlichkeitsrechnung*),第8页]在标题"独立公理"(*Unabhängigkeitsaxiom*)下放了一个几乎与此等效的公理。

唐金继续说,最重要的情况是新信息包含必须拒绝某些假设的知195 识,而没有有关所保留的原初集合的任何进一步信息。这正是冯·克里斯所需要的定理。

就目前而言,“在没有对其余假设做出任何参考的情况下”这句话显然缺乏精确性。但是,我们还是可以对其进行解释,有了这个解释,该原理就成立了。如果在给定旧信息和假设 h_1, …, h_m 之中的一个为真的情况下将余下的假设排除在外,那么无论采用 h_1, …, h_m 中的哪种假设,新信息传达出来的该假设的概率都是相同的,如此一来,唐金的原理就是有效的。这是因为,设 a 为旧信息,a'为新信息,令 $h_r/a=p_r$, $h_r/aa'=p'_r$;然后可得:

$$p'_r=h_r/aa'=\frac{h_ra'/a}{a'/a}=\frac{a'/h_ra.p_r}{a'/a},$$

因此,如果 $a'/h_ra=a'/h_sa$(这个条件已经给过解释),那么 $\frac{p'_r}{p_r}=\frac{p'_s}{p_s}$ 等等成立。

§14. 然而,与逆原理相关的难题也出现了,但在试图证明该原理方面并没有像在阐明该原理时那样困难——尽管可能缺乏严格的证据从而导致要不断地对一个不准确的原理进行阐释。

我们将会注意到,在公式(38.2)中,如果 $p_1=p_2$,则假设 a_1 和 a_2 的先验概率就会消失,然后可以用更简单的形式表示这些结果。这是拉普拉斯在为一般情况阐明的该原理的形式,[1]并且代表了德·摩根非常清楚地表达的独立发现的观点:[2]“所观察到的事件是否应当是从这些原因中得来,其可能性或不可能性的程度,与这些原因的可能

[1] 请参阅本书前文第193页引述的段落。

[2] 《关于概率的论文》,载于《百科博览》(*Cabinet Encyclopaedia*),第27页。

性或不可能性的程度是一样的。"如果这是真的,那么逆概率原理无疑将是最有力的证明武器,其有力程度甚至可以等同于它所承载的沉重负担。不过,我们在第十四章再给出这个证明来。一般说来,这个证明 196 有必要考虑到可能原因的先验概率。除了形式上的证明之外,这一必要性本身也需要认真反思。如果一个原因本身是非常不可能的,那么只要有其他可能的原因,一个很容易从前面那个不可能的原因得出来的事件的发生,就不一定是大大有利的证据。在许多忘记了理论限定条件而被误导产生了实际错误的学者中,拉普拉斯、德·摩根、杰文斯和西格沃特(Sigwart)等哲学家彼此之间差异极大。杰文斯[1]甚至坚持认为,他所阐明的错误原理是"常识使我们几乎本能地接受了它"。

§15. 在第十四章的§7、§8节中论述了前提组合的理论,这个理论很少被讨论,其历史渊源也不够深厚。大主教怀特里(Archbishop Whately)[2]所犯的错误很浅显,因之误入歧途,而德·摩根也采用了

[1] 《科学原理》(*Principles of Science*),第1卷,第280页。

[2] 《逻辑》(*Logic*),第8版,第211页:"就像有两个可能的前提这种情况,除非假定它们都为真,否则就无法确定结论,因此在对某个命题真假性有两个不同且独立的指示的情况下,除非两个假设都不成立,否则该命题必为真:因此,我们将表示每个假设不成立的概率(反对它的几率)的比例相乘,结果就是作为这些论证结论之不成立的总几率,1减去这个比例,差值就给出了它的概率。例如,某人推测某本书是某某作者的作品,一部分原因是从风格上与他的已知作品相似;另一部分原因是某个可能是见多识广的人将其归因于他。假设由这些论点之一推论得出的结论,其概率是$\frac{2}{5}$,而在另一种情况下是$\frac{3}{7}$;那么相反的概率将是$\frac{3}{5}$和$\frac{4}{7}$,它们相乘得出的值$\frac{12}{35}$,就是该结论的概率……"

这位大主教的错误,就在于总是可以改变语言表达而将否定转变为肯定,这个错误是爱丁堡的一位教区主教特罗特首先指出的,载于《爱丁堡哲学评论》,第21卷。布尔在《爱丁堡哲学评论》同一卷中很好地解释了这个错误:"在此,我们可能会发现,结论被证实的概率与不能证实它的证据所倾向的结论之概率,存在着混淆。在对他的规则所作的证明和陈述中,大主教怀特里采用了关于数据中所涉及的概率性质的前一种观点。而在对此进行举例说明时,他却采用了后者。"

197 同样的错误规则，将其推到了荒谬的地步。[1]主教特罗特(Bishop Terrot)[2]更具批判性地提出了这个问题。布尔[3]对概率理论所做的最后的，也被认为是最重要的贡献，就是处理这同一主题的。据我所知，在过去的60年中没有人讨论过这个问题。

布尔的处理全面而详尽。他这样地来表述这个问题："当已知出现两种情境 x 和 y 时，求事件 z 的概率，——当我们知道仅情境 x 出现时，事件 z 的概率为 p，而当我们知道仅情境 y 出现时，事件 z 的概率为 q。"[4]不过，他的解决方案却被上述§6节中检视的基本错误所破坏。对于他的两个结论，其合理性可能还会有人提到，但这两个结论其实都是无效的结论。

他认为："如果把发挥作用的原因或所得到的证言分开来看，使我们的心智对于正在寻求可能性的事件处于平衡状态，那么，就寻求其概率的事件而言，把它们结合起来，它们也只会产生相同的效果。"也就是

[1] "概率论"词条，《大都会百科全书》(*Encyclopaedia Metropolitana*)，第400页。他以此表明："如果任何断言本身既不是可能的，又不是不可能的，那么任何支持它的逻辑论证，无论其前提如何微弱，都将在某种程度上使它比不可能更有可能——这是一个凭其自身的证据很容易就被接受的定理。"然后，他举了一个例子："行星上的植被存在的先验性既不是可能的，也不是不可能的，假设类比论证得到它的概率是 $\frac{3}{10}$，那么总概率为 $\frac{1}{2}+\frac{1}{2}\cdot\frac{3}{10}$ 或 $\frac{13}{20}$。"德·摩根似乎毫不犹豫地接受了由此得出的结论，即并非不可能的一切都是有可能的。

[2] "论合并同一事件的两个或多个概率，以形成一个确定的概率的可能性。"载于《爱丁堡哲学评论》，1856年，第21卷。

[3]《论概率论在证词或判决结合问题上的应用》，《爱丁堡哲学评论》，1857年，第21卷。

[4] 引用页码：第631页。布尔的原理(第620页)是："建立在不同判断或观察基础上的事件的任何概率，其平均强度应通过所认定的事件先验概率来衡量，而随后的判断或观察不会倾向于改变该概率"，如果它是在说 z/x 和 z/y 的平均强度由 z/xy 来衡量，那么这个原理就是不正确的。

说，如果 $a/h_1=\frac{1}{2}$ 和 $a/h_2=\frac{1}{2}$，则他会得出 $a/h_1h_2=\frac{1}{2}$ 的结论。它的合理性只是表面现象。例如，我们来考虑以下情况：$h_1=A$ 为黑色、B 为黑色或白色；$h_2=B$ 为黑色、A 为黑色或白色；$a=A$ 和 B 均为黑色。布尔也无端得出结论，认为 a/h_1h_2 增加，则 h_1h_2 组合的先验不可能性越大。

§16. "证言"本身的理论，即证人证据相结合的理论，在传统的概率论讨论中占据了相当大的空间，以至于值得对其略加讨论。但是，可以肯定地说，由孔多塞、拉普拉斯、泊松、古诺和布尔提出的关于该主题的主要结论显然是错误的。我们进行讨论的意义所在，就是让我们记住这些了不起的失败。 198

这些以及其他逻辑学家和数学家似乎普遍相信，[1]两个证人讲出真相的概率在彼此之间没有串通这个意义上来说是相互独立的，它总是等于他们每个人讲出真相的概率的乘积。[2]例如，在此基础上，我们可以得出以下结论：

X 和 Y 是两个独立的证人（即他们之间没有串通）。X 所讲为真的概率是 x，Y 所讲为真的概率为 y。X 和 Y 都对某一特定陈述表示同意。这一陈述为真的几率为：

---

[1] 也许伯特兰先生应该被视为一个光荣的例外。至少，在两个气象学家预报天气的例子中，他指出了一个完全类似的谬误，参阅：《概率计算》，第 31 页。

[2] 例如：

Boole, *Laws of Thought*, p.279.

De Morgan, *Formal Logic*, p.195.

Condorcet, *Essai*, p.4.

Lacroix, *Traité*, p.248.

Cournot, *Exposition*, p.354.

Poisson, *Recherches*, p.323.

这个名单还可以拉得更长。

$$\frac{xy}{xy+(1-x)(1-y)}。$$

因为他们俩都讲对了的几率是 xy，而他们俩都讲错了的几率是 $(1-x)(1-y)$。在这种情况下，由于我们的假设是他们彼此一致即为真，所以这两个备选项就已经穷尽了所有取值。由此，我们可以得到上述结果，而这一结果几乎在对该主题的每个讨论中都可以找到。

对这个问题给出更为精确的陈述，会很容易暴露出这种推理的谬误。例如，我们令 a_1 代表"X_1 断言 a"，而令 $a/a_1h=x_1$，其中我们的一般数据 h 本身与 a 不相关，即 x_1 是我们只知道 X_1 断言了一项陈述时该陈述为真的概率。同样，我们可以写出 $b/b_2h=x_2$，其中 b_2 代表"X_2 断言 b"。然后，上述论证假设，如果 X_1 和 X_2 是在彼此之间没有直接或间接串通这个意义上因果独立的证人，那么，我们有 $ab/a_1b_2h=a/a_1h.b/b_2h=x_1x_2$。

199

但是，$ab/a_1b_2h=a/a_1bb_2h.b/a_1b_2h$，而且除非 $a/a_1bb_2h=a/a_1h$ 且 $b/a_1b_2h=b/b_2h$，否则它不等于 x_1x_2。通常来说，似乎应该假定 X_1 和 X_2 是因果关系上彼此独立的见证人，但这还不够充分。同样有必要的是，a 和 b，即证人提出的主张，应该彼此无关，也应与证人提出的另一项主张无关。如果对 a 的了解影响 b 或 b_1 的概率，则显然该公式就失效了。在一个极端的情况下，两者的主张彼此矛盾，则 $ab/a_1b_2h=0$。在另一个极端的情况下，两者在同一主张中达成一致，即 $a\equiv b$ 时，则 $a/a_1bb_2h=1$ 而不是$=a/a_1h$。

§17. 证人的表达彼此一致这个特殊问题，最好通过以下方式加以解决，这里的介绍进行了一定程度的简化。令该问题的一般数据 h 包括这个假设，即 X_1 和 X_2 都被问到并且要回答一个只有一个正确答案的问题。令 a_i =“X_i 断言 a 是对该问题的答案”，而 m_i =“X_i 给出了对该问题的正确答案。”那么有：

$$m_1/a_1h=x_1 \text{ 和 } m_2/a_2h=x_2,$$

用这个问题的惯用的语言表述就是，x_1 和 x_2 就是证人的“可信性”。由于证人彼此一致且由于 a 由 m_ia_i 推出，m_i 由 aa_i 推出，所以我们有：

$$m_1/a_1a_2h=m_1m_2/a_1a_2h=m_2/a_1a_2h;$$

$$a/a_ih=m_i/a_ih;$$

$$a/a_im_ih=1;\ m_i/aa_ih=1。$$

同样，由于证人在通常意义上是“独立”证人，因此有 $a_2/a_1ah=a_2/ah$ 和 $a_2/a_1\bar{a}h=a_2/\bar{a}h$；也就是说，假设我们知道 a 实际上是对还是错，则 X_2 之断言 a 的概率与 X_1 断言了 a 的事实无关。 200

如果证人们彼此一致，那么他们的断言为真的概率是：

$$a/a_1a_2h=m_1/a_1a_2h=\frac{m_1a_2/a_1h}{a_2/a_1h}=\frac{a_2/a_1m_1h.m_1/a_1h}{a_2a/a_1h+a_2\bar{a}/a_1h}$$

$$=\frac{a_2/a_1ah.x_1}{a_2a_1ah.x_1+a_2/a_1\bar{a}h.(1-x_2)}。$$

如果它等于$\frac{x_1x_2}{x_1x_2+(1-x_1)(1-x_2)}$，则我们必有：

$$\frac{a_2/a_1ah}{a_2/a_1\bar{a}h}=\frac{x_2}{1-x_2}。$$

现在已知：

$$\frac{a_2/a_1ah}{a_2/a_1\bar{a}h}=\frac{a_2/ah}{a_2/\bar{a}h},$$

根据“独立性”假设，有：

$$=\frac{aa_2/h}{\bar{a}a_2/h}\cdot\frac{\bar{a}/h}{a/h}=\frac{a/a_2h}{\bar{a}/a_2h}\cdot\frac{\bar{a}/h}{a/h}$$

$$=\frac{x_2}{1-x_2}\cdot\frac{\bar{a}/h}{a/h}。$$

那么，这就是传统公式中默认的假设，即 $a/h=\bar{a}/h=\frac{1}{2}$。就是说，假定随机取的任何命题都有同样的可能是不正确的，因此，对于所给定问题的**任何**答案都先验地给出了其不正确的可能性与其正确的可能性相同。这样一来，仅在“独立的”证人一致同意所给答案的正确性与不正确性是等可能的(这是先验的，而且与他们一致同意无关)情况下，才应使用这个传统公式。

§18. 有一个类似的混淆，导致了关于下述问题的争议，即：关于一项陈述的先验不可能性是否以及以何种方式改变了其在已知可靠程度的证人口中的可信度问题。当然，休谟在《论奇迹》(*Essay on Miracles*)201一文中指出了所断言之物的性质如何，以及对证词给予同等权重所带来的谬误。而且，他的如下论点——即某些断言的极大的先验不可能性压倒了证言可靠性的力量——也取决于对该谬误的规避。拉普拉斯在他的《哲学论文》(*Essai philosophique*)(第98—102页)中也采纳了这一正确的观点，在这篇论文中，他认为当一个证人在主张非同寻常的事实而提出相反的在“常识”面前不可想象的观点[狄德罗(Diderot)在《百科全书》中的“确定性”(Certitude)词条中所采纳的观点]时，该证人不太能取信于人。

影响结果概率的方式取决于我们对“可靠度”(degree of reliability)或“可信系数”(coefficient of credibility)所赋予的确切含义。如果用

x 表示证人的可信度,我们是在说,如果 a 是正确的答案,那么他给出这个答案的概率是 x,还是在说,如果他回答了 a,那么 a 为真的概率是 x 呢? 这两件事并不是等价的。

让 a_1 代表"证人断言 a", h_1 为关于证人诚实性的证据,h_2 为关于 a 的真实性的其他证据。令 a/h_1h_2,即由我们对证人断言了 a 这一事实的知识所部分得出的 a 的先验概率,我们用 p 表示它。

令 $a/a_1h_1=x_1$ 和 $a_1/ah_1=x_2$,所以:

$$x_1=\frac{a/h_1}{a_1/h_1}\cdot x_2。$$

一般而言,$a/h_1\neq a_1/h_1$。我们所谓的证人的可信度是 x_1 还是 x_2 呢?

我们需要知道 $a/a_1h_2h_2$。

令 $a_1/\bar{a}h_1=r$,此即除了有关 a 的特定知识,如果 a 为假,则证人会命中特定错误区域的概率。

对于 $a_1/ah_1h_2=a_1/ah_1$ 和 $a_1/\bar{a}h_1h_2=a_1/\bar{a}h_1$,

$$a/a_1h_1h_2=\frac{a_1/ah_1h_2.a/h_1h_2}{a_1/h_1h_2}=\frac{x_2p}{a_1a/h_1h_2+a_1\bar{a}/h_1h_2}$$

$$=\frac{x_2p}{x_2p+a_1/\bar{a}h_1h_2.(1-p)}=\frac{x_2p}{x_2p+r(1-p)};$$

因为给定有关 a 的某种知识,h_2 与 a_1 的概率无关。 202

§19. 一般而言,所有关于证言组合或从证言中获得的证据与从其他来源中获得的证据进行组合的问题,都可以被视为该论点组合的一般性问题的特例。除了指出上述可能的谬论外,我再没有什么可补充的。但是,W. E. 约翰逊先生提出了一种定义可信度的方法,这种方法有时候也很有价值,因为它不完全考虑证人的可信度,而是参考特定类型的问题，从而使我们能够衡量在特定情况下证人证言的可信度。如果 a 代表 A 关于 x 的证言这一事实，那么我们可以将 A 对 x 的可信度定义为 a，其中 a 由下面这个等式给出：

$$x/ah = x/h + a\sqrt{x/h.\bar{x}/h};$$

所以，$a\sqrt{x/h.\bar{x}/h}$ 测量了 A 关于 x 的断言提高了其概率的大小情况。

§20. 概率上有一个最古老的问题，即过去事件的概率会逐渐减小，因为使该事件得以产生的传统上的背景渐行渐远。对于这一问题，也许最有名的解决方案是克雷格(Craig)在1699年出版的《基督教神学的数学原理》(*Theologiae Christianae Principia Mathematica*)[1]中提出的方案。[2]他证明，对某一历史的怀疑，在从该历史开始的各个时

---

[1] 此书的作者约翰·克雷格(John Craig)是艾萨克·牛顿的朋友，也是早期采用微积分的人之一，他的这本书借用牛顿的著作之名，声称基督教神学中存在数学原理。在克雷格看来，信念和证据是成正比的：任何主张，其可能性越大，信念就越坚定。他提出，“怀疑的速率”(velocity of suspicion)是一种科学原理，根据这一原理，随着时间的推移，关于某一历史事件发生的历史报告的现行可能性越来越小，人们对报告真实性的信任也越来越少。他借助数学论证说：“人们对一段历史发生的可能性之怀疑，随着时间流逝而不断加深，(在其他条件不变的情况下)历史越久远，则怀疑越深，这两者呈矩形比的关系。”因此，在约翰·克雷格的著作中，我们可以找到一种新的启蒙主义观点的神化：信仰是判断的同义词，而非形而上的确定性。——译者注

[2] 参看陶德杭特《概率论数学理论史》(*History*)，第54页。曾有人认为，《自然科学会报》(*Phil. Trans.*)上1699年的一篇题为《论证人证言可信性的计算》(*A Calculation of the Credibility of Human Testimony*)的匿名论文，其作者应该是克雷格。这篇文章认为，如果一组证人的可信性程度分别为 p_1，p_2，…，p_n；如果它们是同时发生的，那么它是：

$$1-(1-p_1)(1-p_2)\cdots(1-p_n)。$$

这最后一个结论是从如下假定中推导出来的：第一个证人留下来的可怀疑的量由 $1-p_1$ 代表；第二个就是减去 p_2，如此等等。还可以参看：Lacroix, *Traité élémentaire*, p.262。上述理论实际上是由比奎利(Bicquilley，即 Pierre Marie de Bicquilley，法国数学家，著有专门研究概率的专著。——译者注)所采纳的。

间段上,其重复率(duplicate ratio)是不同的,这种模式被形容为是对牛顿原理的一种模仿。陶德杭特(Todhunter)说:“克雷格得出结论认为,对福音的信仰,就它所依赖的口头传统而言,在 880 年左右终结,而对它所依赖的书面传统而言,它将在 3150 年终结。通过接受不同的递减法则,彼得森(Peterson)得出结论,认为信仰将在 1789 年终结。”[1]大约在同一时间,洛克在《人类理解研究》中第四编第十六章中提出了这个问题:“传统的证词离得越远,对其的证明就越少……没有任何一个概率能比其最初的概率为高。”显然,这是要与这样的观点作斗争,即:人类对一项公认事实的长期接受,增添了对该事实的新的论据,而且,长期的传统是提高而不是削弱了一项断言的强度。洛克说:“可以肯定的是,在一个世代,由于某些微不足道的理由而被肯定的论点,在未来的世代,不会通过经常重复出现而变得更有效。”在这方面,他提请注意“在英格兰法律中所观察到的一条规则,即:虽然一项记录经受住检验的副本可以作为一个很好的证明,但该副本的副本从未得到如此充分的证明,而且也从未得到过可信的证人给出的证明,那么,这项记录就不会被司法部门视为证据。”如果这仍然是一个良好的法律规则,那么它似乎表明,对证据衰变原理我们有着过度屈从的倾向。 203

但是,尽管洛克肯定了合理的准则,但他没有给出任何可以作为计算基础的理论。不过,克雷格是更具代表性的概率学教授,在尝试给出代数上的公式时,在相当大的一个学术群体中,他是第一个吃螃蟹的人。关于该问题的最后一次大讨论,是在《教育时报》(*Educational*

[1] 在《悖论预算案》(*Budget of Paradoxes*)中,德·摩根引用剑桥东方学家李(Lee)的话说,伊斯兰教的学者在回答《古兰经》没有来自基督教奇迹的证据的论点时,争辩说,由于基督教奇迹的证据每天都在减弱,总有一天它压根也保证不了它们是奇迹:因此这就需要另一位先知和其他奇迹。

204 *Times*)的专栏中进行的。[1]麦克法兰(Macfarlane)[2]提到,数学家针对该问题提出了四种不同的解决方案:"A 称,B 说某个事件发生了;求当 A 和 B 各自说真话的概率为 p_1 和 p_2 时,该事件发生的概率。"在 205 这些解决方案中,只有卡莱(Cayley)给出的方案是正确的。

---

[1] 重印在《教育时报中的数学》(*Mathematics from the Educational Times*), vol.XXVII。

[2] 《逻辑代数》(*Algebra of Logic*),第 151 页。麦克法兰试图给出这个一般问题的解,但没有取得成功。它的解并不困难,只要引入足够多的未知数就可以求出,但是这个解没有什么意思。

第十七章　包括平均值在内的逆概率的一些问题

§1. 本章讨论"问题"——也就是说，讨论第十四章所证明的一些基本定理在特定抽象问题上的应用。它没有哲学上的趣味，大多数读者可能应该忽略它。我在这里介绍它，是为了展示上文发展的方法的分析力，以及其相对于已采用的其他方法的简便性，特别是它在准确性方面的优势。[1] §2 节主要基于布尔讨论的一些问题。§3—7 节讨论将平均值和误差定律联系起来的基本理论。§8—11 节稍显离题地讨论了算术平均值、最小二乘法和加权。

§2. 在下面这一段中，我们给出了布尔在他的《思维定律》第二十章中提出的一些问题的解决方案。布尔自己解决这些问题的方法通常是错误的，[2]而且他的方法如此困难，以至于除了他自己，我不知道还有谁曾尝试使用过它。在这些例子中，"原因"(cause)这个术语经常被使用到，而在那些使用"原因"这个术语的地方，使用"假设"(hypothesis)这个术语可能会更好。因为在这里，一个事件的可能原

[1] 这样的例子有时候可以用来检验学生的才智。通常所给出的关于概率的问题，仅仅是数学组合的问题。另一方面，这些实际上是逻辑的问题。

[2] 这是出于第十六章的§6节中给出的原因。例如，在《思维定律》第二十章中列举的问题1到6的解决方案就都是错误的。

因,此处的含义仅是指先前发生的事件,关于这个先前发生的事件的知识与我们对该事件的预期有关,但这并不意味着,所讨论的这个事件必须从一个先前发生的事件中得出来。

206 (56) 两个原因 A_1 和 A_2 的先验概率分别是 c_1 和 c_2。如果原因 A_1 发生,则事件 E 伴随它(无论是否是 A_1 的结果)发生的概率为 p_1;如果 A_2 出现,则事件 E 与 A_2 伴随出现的概率为 p_2。此外,在没有原因 A_1 和 A_2 的情况下,事件 E 不会出现。求事件 E 的概率。

这个问题具有重大的历史意义,被称为布尔的"挑战性问题"。布尔最初是在 1851 年在《剑桥和都柏林数学杂志》(*Cambridge and Dublin Mathematical Journal*)上提出该问题的,希望数学家能够给出解决方案。卡莱(Cayley)[1]在《哲学杂志》(*Philosophical Magazine*)上给出了一个结果,而布尔认为这是错误的。[2]之后,他拿出了自己的解决方案。[3]"在我之前,已经有多个解决方案对之进行了尝试,"他说,"给出这些方案的数学家们非常杰出,他们都承认进行了具体的验证,但这些验证又彼此不同,而且与事实不符。"[4]经历了相当长时间

[1] 《哲学杂志》,第 4 辑,第 6 卷。

[2] 卡莱的解决方案由戴德金(Dedekind)针对布尔进行了辩护(《理论与应用数学杂志》(*Crelle's Journal*),第 1 卷,第 268 页)。之所以出现差异,是因为对卡莱所使用的术语的含义具有极大的歧义。

[3] 《概率论中一个问题的解决方案》(Solution of a Question in the Theory of Probabilities),《哲学杂志》,第 4 辑,第 7 卷,1854 年。这一解决方案与布尔之后不久在《思维定律》第 321—326 页中给出的解决方案相同。在《哲学杂志》中,威尔布拉罕(Wilbraham)给出的解是 $u=c_1p_1+c_2p_2-z$,其中 z 必然小于 c_1p_1 或 c_2p_2。就目前而言,此一解决方案是正确的,但并不完整。麦克法兰在《逻辑代数》(*Algebra of Logic*)第 154 页也讨论了这个问题。

[4] 布尔提出这个问题时说:"经过深思熟虑后,促使我针对这个问题采取了今天看来颇不寻常的路线,并且不靠任何简单的理由即可使之得到恢复,其动机如下:首先,我提出这个问题,可以测试所接受方法的充分性。其次,我希望对它的讨论在某种程度上会增加我们对纯分析的一个重要分支的知识。"他补充说,在(转下页)

的计算和诸多的困难,他得出的结论是,u 是事件 E 的概率,其中 u 是下述方程的根:

$$\frac{[1-c_1(1-p_1)-u][1-c_2(1-p_2)-u]}{1-u}=\frac{(u-c_1p_1)(u-c_2p_2)}{c_1p_1+c_2p_2-u},$$

它不小于 c_1p_1 和 c_2p_2,不大于 $1-c_1(1-p_1)$, $1-c_2(1-p_2)$,或 $c_1p_1+c_2p_2$。

可以很容易地看出,该解决方案是错误的。因为在不能同时出现 A_1 和 A_2 的情况下,解为 $u=c_1p_1+c_2p_2$;而布尔的方程并没有化简成这种简化形式。布尔犯的这个错误,对于他的体系来说是一个一般性的错误,请参阅第十六章 § 6 节。[1]

207

我们可以通过以下方式得到非常简单的正确解决方案:

令 a_1, a_2, e 分别断言两个原因和事件的出现,令 h 为该问题的数据。

那么,我们有 $a_1/h=c_1$, $a_2/h=c_2$, $e/a_1h=p_1$, $e/a_2h=p_2$:我们需要知道 e/h。令 $e/h=u$,并且令 $a_1a_2/eh=z$。由于该事件不会在两个原因不存在时出现,所以:

$$e/\bar{a}_1\,\bar{a}_2h=0。$$

由此可以推知,除非 $e/h=0$,否则$\bar{a}_1\,\bar{a}_2/eh=0$,即:

$$(a_1+a_2)/eh=1,$$

因此根据(24)有:

(接上页)《思维定律》中给出自己的解决方案时,上述内容“引来了一些有意义的私人通信,但它们并未提出解决方案。”

[1] 布尔的错误得到了指出,在麦考尔先生的《关于等效语句演算的第六篇论文》(《伦敦数学协会会刊》第 28 卷,第 562 页)中给出了正确的解决方案。

$$a_1/eh+a_2/eh=1+a_1a_2/eh。$$

现在已知：

$$a_1/eh=\frac{c_1p_1}{u} \text{ 和 } a_2/eh=\frac{c_2p_2}{u},$$

因此有：

$$u=\frac{c_1p_1+c_2p_2}{1+z},$$

其中 z 是两个原因都出现时该事件发生的概率。

如果我们可以写出 $ea_1a_2/h=y$,那么：

$$y=a_1a_2/eh.e/h=uz,$$

故有：

$$u=(c_1p_1+c_2p_2)-y。$$

布尔的解因试图独立于 y 或 z 而不成立。

(56.1) 假设我们希望找到独立于 y 和 z 的解的极限:那么,由于 $y\geqslant 0$,所以 $u\leqslant c_1p_1+c_2p_2$。

再一次根据(24.2)和(4)可以得到：

$$e/h=e\bar{a}_1/h+ea_1/h\leqslant\bar{a}_1/h+ea_1/h\leqslant 1-c_1+c_1p_1。$$

208 类似地,有 $e/h\leqslant 1-c_2+c_2p_2$。从同样的方程中,我们可以得到 $e/h\geqslant c_1p_1$ 和 $\geqslant c_2p_2$。

所以,u 位于：

$$\begin{cases} c_1p_1 \\ c_2p_2 \end{cases}$$

中的最大值和

$$\begin{cases} c_1 p_1 + c_2 p_2 \\ 1 - c_1(1 - p_1) \\ 1 - c_2(1 - p_2) \end{cases}$$

中的最小值之间。

可以看出，这些数值极限与布尔为其方程的根所取的极限相同。

(56.2) 假定要消去原因的先验概率 c_1 和 c_2。那么，我们取得的唯一极限是 $u < p_1 + p_2$。

(56.3) 假设要消去先验概率之一的 c_2。这样我们就有了极限 $c_1 p_1 \leqslant u \leqslant 1 - c_1 + c_1 p_1$。因此，如果 c_1 较大，则 u 与 $c_1 p_1$ 相差不大。

(56.4) 假设 p_2 要被消去。那么，我们有：

$$\begin{aligned} c_1 p_1 \leqslant u &\leqslant c_1 p_1 + c_2 \\ &\leqslant c_1 p_1 + 1 - c_1 \text{。} \end{aligned}$$

因此，如果 c_1 较大或 c_2 较小，那么，u 不会与 $c_1 p_1$ 有很大差别。

(56.5) 如果 $a_1/a_2 h = a_1/h$，即如果我们关于每一个原因的知识是独立的，那么，我们有一个更近的近似值。因为：

$$y = ea_1 a_2/h = e/a_1 a_2 h . a_1/a_2 h . a_2/h = e/a_1 a_2 h . c_1 c_2,$$

所以：

$$u = c_1 p_1 + c_2 p_2 - c_1 c_2 . e/a_1 a_2 h,$$

故而：

$$u > c_1 p_1 + c_2 p_2 - c_1 c_2 \text{。}$$

(57) 现在我们可以将(56)予以一般化，并讨论 n 个原因的情况。

如果某个事件仅是作为一个或多个确定原因 A_1，A_2，…，A_n 的结果而发生，并且如果 c_1 是原因 A_1 的先验概率，在已知原因 A_1 存在的情况下，事件E将会发生的概率为 p_1：那么，请求出E的概率。

209 这是布尔的问题6。(《思维定律》，第336页)。作为10页数学内容的结果，他发现解是位于他无法求解的 n 次方程的某些极限之间的根。有关该问题的其他讨论，我并不了解。布尔给出的解如下：

$$e/h=e\bar{a}_1/h+ea_1/h=e\bar{a}_1/h+e/\bar{a}_1h.a_1/h=e\bar{a}_1/h+c_1p_1 \quad \text{(i)}$$

$$e\bar{a}_1/h=e\bar{a}_1\bar{a}_2/h+e\bar{a}_1/a_2h.a_2/h=e\bar{a}_1\bar{a}_2/h+c_2.e\bar{a}_1/a_2h,$$

$$e\bar{a}_1/a_2h=e/a_2h-ea_1/a_2h=p_2-1/c_2.ea_1a_2/h,$$

所以：

$$e/h=e\bar{a}_1\bar{a}_2/h+c_1p_1+c_2p_2-ea_1a_2/h,$$

$$e\bar{a}_1\bar{a}_2/h=e\bar{a}_1\bar{a}_2\bar{a}_3/h+e\bar{a}_1\bar{a}_2a_3/h,$$

以及：

$$e\bar{a}_1\bar{a}_2\bar{a}_3/h=e\bar{a}_1\bar{a}_2/a_3h.c_3=c_3\{e/a_3h-e\overline{\bar{a}_1\bar{a}_2}/a_3h\}$$
$$=c_3p_3-e\overline{\bar{a}_1\bar{a}_2}a_3/h,$$

所以：

$$e/h=e\bar{a}_1\bar{a}_2\bar{a}_3/h+c_1p_1+c_2p_2+c_3p_3-e\bar{a}_1a_2/h-e\overline{\bar{a}_1\bar{a}_2}a_3/h。$$

一般来说，

$$e\bar{a}_1\bar{a}_2\cdots\bar{a}_{r-1}/h=e\bar{a}_1\bar{a}_2\cdots\bar{a}_{r-1}\bar{a}_r/h+e\bar{a}_1\bar{a}_2\cdots\bar{a}_{r-1}a_r/h$$
$$=e\bar{a}_1\cdots\bar{a}_r/h+e\bar{a}_1\cdots\bar{a}_{r-1}/a_rh.c_r$$
$$=e\bar{a}_1\cdots\bar{a}_r/h+c_r\{e/a_rh-e\overline{\bar{a}_1\cdots\bar{a}_{r-1}}/a_rh\}$$
$$=e\bar{a}_1\cdots\bar{a}_r/h+c_rp_r-e\overline{\bar{a}_1\cdots\bar{a}_{r-1}}a_r/h,$$

因此,我们最后有:

$$e/h = e\bar{a}_1\cdots\bar{a}_n/h + \sum_1^n c_r p_r - \sum_2^n e\,\overline{\bar{a}\cdots\bar{a}_{r-1}}a_r/h。$$

但是,由于这 n 个原因被假设为是穷举的,所以:

$$e\bar{a}_1\cdots\bar{a}_n/h=0,$$

故而:

$$e/h = \sum_1^n c_r p_r - \sum_2^n e\,\overline{\bar{a}_1\cdots\bar{a}_{r-1}}a_r/h。\qquad \text{(ii)}$$

令:

$$e\,\overline{\bar{a}_1\cdots\bar{a}_{r-1}}a_r/h=n_r;$$

则:

$$e/h = \sum_1^n c_r p_r - \sum_2^n n_r。\qquad \text{(iii)}$$

(57.1) 如果我们对几种原因的知识是独立的,也就是说,如果我们对其中任何一种原因的存在的认识与其他任何原因的存在无关,则 $a_r/a_s h=a_r/h=c_r$,那么: 210

$$\begin{aligned} e\,\overline{\bar{a}_1\cdots\bar{a}_{r-1}}a_r/h &= e\,\overline{\bar{a}_1\cdots\bar{a}_{r-1}}/a_r h.c_r \\ &= c_r.e/\,\overline{\bar{a}_1\cdots\bar{a}_{r-1}}a_r h\{1-\bar{a}_1\cdots\bar{a}_{r-1}/a_r h\} \\ &= c_r\left[1-\prod_1^{r-1}(1-c_1)\cdots(1-c_{r-1})\right]e/\,\overline{\bar{a}_1\cdots\bar{a}_{r-1}}a_r h。\end{aligned}$$

令:

$$e/\overline{\bar{a}_1\cdots\bar{a}_{r-1}}a_r h=m_r,$$

那么:

$$e/h = \sum_{r=1}^{r=n} c_r p_r - \sum_{r=2}^{r=n} c_r\left[1-\prod_{s=1}^{s=r-1}(1-c_s)\right]m_r。$$

这些结果看起来并不理想，但是它们给出了消去 m_r 和 n_r 的一些有用的近似方法，以及一些有意义的特殊情况。

(57.2) 从方程(i)中，我们可得：$e/h \geqslant c_1 p_1$ 和 $e/h \leqslant 1-c_1(1-p_1)$；从方程(ii)中，我们有：$e/h \leqslant \sum_1^n c_r p_r$；所以，$e/h$ 位于下述两者之间：

$$\begin{cases} c_1 p_1 \\ \vdots \\ c_n p_n \end{cases}$$

中的最大值和

$$\begin{cases} \sum_1^n c_r p_r \\ 1-c_1(1-p_1) \\ \qquad\vdots \\ 1-c_n(1-p_n) \end{cases}$$

中的最小值。

(57.3) 此外，如果原因是独立的，则根据(57.1)有：

$$e/h \geqslant \sum_1^n c_r p_r - \sum_2^n c_r\left[1-\prod_1^{r-1}(1-c_s)\right],$$

所以，e/h 位于以下两者之间：

$$\begin{cases} \sum_1^n c_r p_r - \sum_2^n c_r\left[1-\prod_1^{r-1}(1-c_s)\right] \\ c_1 p_1 \\ \vdots \\ c_n p_n \end{cases}$$

中的最大值和

$$\begin{cases} \sum_{1}^{n} c_r p_r \\ 1-c_1(1-p_1) \\ \vdots \\ 1-c_n(1-p_n) \end{cases}$$

中的最小值。

(57.4) 现在考虑 $p_1=p_2=\cdots=p_n=1$ 的情况，即其中任何原因都 211 是充分的，并且原因独立的情况。那么，$m_r=1$；从而有：

$$e/h=\sum_{r=1}^{r=n} c_r-\sum_{r=2}^{r=n} c_r\left[1-\prod_{s=1}^{s=r-1}(1= c_s)\right]$$
$$=1-(1-c_1)(1-c_2)\cdots(1-c_n)。$$

(57.5) 令 c_1，c_2，…，c_n 为较小的量，使得它们的平方和乘积可以被忽略。

那么有：

$$e/h=\sum c_r p_r,$$

即，原因的可能性越小，它们越接近互斥的条件。[1]

(57.6) 在观察到一个事件后，特定原因 a_r 的后验概率为：

$$a_r/eh=\frac{e/a_r h.a_r/h}{e/h}$$

$$=\frac{p_r c_r}{e/h}。$$

(这是布尔的问题 9，原书第 357 页。)

(58) 在给定情境条件下发生某种自然现象的概率为 p。该现象

[1] 布尔在《思维定律》第 345 页得出了这一结果，但我对他的证明表示怀疑。

的一个永久原因也有一个概率为 a，这个概率是在假定的情境条件下总是会导致该事件的原因之概率。那么，被观察到 n 次之后，该现象将在第 $n+1$ 次发生的概率是多少呢？

这是布尔的问题 10(《思维定律》，第 358 页)。布尔通过自己的方法得出的结果与下面给出的结果相同。首先，我们有必要更精确地陈述该假设。如果 x_r 在第 r 次试验中断言了事件的发生，而 t 表示“永久原因”的存在，则我们有：

$$x_r/h=p,\ t/h=a,\ x_r/th=1,$$

而且，我们要求：

$$x_{n+1}/x_1\cdots x_nh=y_{n+1}。$$

212 此外，假设如果没有永久原因，则 x_s 的概率不受观测值 x_r 等的影响，即：

$$x_s/x_r\cdots x_t\,\bar{t}h=x_s/\bar{t}h,\text{[1]}$$

$$x_s/\bar{t}h=\frac{x_s\,\bar{t}/h}{\bar{t}/h}=\frac{x_s/h-x_st/h}{\bar{t}/h}=\frac{p-a}{1-a},$$

$$\begin{aligned}x_r/x_1\cdots x_{r-1}h&=x_rt/x_1\cdots x_{r-1}h+x_r\,\bar{t}/x_1\cdots x_{r-1}h\\&=t/x_1\cdots x_{r-1}h+x_r/\bar{t}x_1\cdots x_{r-1}h.\bar{t}/x_1\cdots x_{r-1}h\\&=\frac{x_1\cdots x_{r-1}t/h}{x_1\cdots x_{r-1}/h}+\frac{p-a}{1-a}.\frac{x_1\cdots x_{r-1}/\bar{t}h.\bar{t}/h}{x_1\cdots x_{r-1}/h}\\&=\frac{a}{y_1y_2\cdots y_{r-1}}+\frac{p-a}{1-a}\frac{\left(\frac{p-a}{1-a}\right)^{r-1}(1-a)}{y_1y_2\cdots y_{r-1}},\end{aligned}$$

---

[1] 这个假设是布尔隐含地提出的，一般来说是不合理的。我在这里使用它，是因为我的主要目的是在说明一种方法。在没有这种假设的情况下，我们将在处理纯归纳法时讨论相同的问题。

即：

$$y_r=\frac{a+(p-a)\left(\frac{p-a}{1-a}\right)^{r-1}}{y_1y_2\cdots y_{r-1}},$$

而且：

$$y_1=p，y_2=\frac{a+(p-a)\frac{p-a}{1-a}}{y_1},$$

故有：

$$y_{n+1}=\frac{a+(p-a)\left(\frac{p-a}{1-a}\right)^{n}}{a+(p-a)\left(\frac{p-a}{1-a}\right)^{n-1}}。$$

(58.1) 如果 $p=a$，$y_n=1$；这是因为，如果一个事件只能由于永久原因而发生，则事件只要发生过一次，在类似条件下即可使该事件将来肯定发生。

(58.2)

$$y_{n+1}-y_n=\frac{a(p-a)\left(\frac{p-a}{1-a}\right)^{n-2}\left(1-\frac{p-a}{1-a}\right)}{\left[a+(p-a)\left(\frac{p-a}{1-a}\right)^{n-1}\right]\left[a+(p-a)\left(\frac{p-a}{1-a}\right)^{n-2}\right]},$$

(根据简单代数知识即可得这一结果；)而且 p 总是大于 a 且小于 1 的。 213

所以：

$$(p-a)\left(\frac{p-a}{1-a}\right)^{r}$$

为正，且随着 r 递减，因此：

$$y_{n+1} > y_n。$$

随着 n 增加，$y_n = 1 - \varepsilon$，其中：

$$\varepsilon = (p-a)\left[1 - \left(\frac{p-a}{1-a}\right)\right] \frac{\left(\frac{p-a}{1-a}\right)^{n-2}}{a + (p-a)\left(\frac{p-a}{1-a}\right)^{n-2}},$$

故而，对于 η 的任一正值，无论多小，都可以找到这样的一个 n 的取值，以满足只要 a 不为零，即有 $\varepsilon < \eta$。

(58.3) 一个永久原因在被 n 次成功观察到后的后验概率 t_n 为：

$$t/x_1 \cdots x_n h = \frac{x_1 \cdots x_n / th.t/h}{x_1 \cdots x_n / h} = \frac{a}{y_1 y_2 \cdots y_n},$$

即：

$$t_n = \frac{a}{a + (p-a)\left(\frac{p-a}{1-a}\right)^n},\ t_n = 1 - \varepsilon',$$

其中，

$$\varepsilon' = \frac{(p-a)\left(\frac{p-a}{1-a}\right)^n}{a + (p-a)\left(\frac{p-a}{1-a}\right)^n}。$$

所以，随着 n 增加，只要 a 不为零，t_n 趋向于极限 1。

§3. 以下这些是常见的统计问题类型。[1]我们取得了一系列测量值，或者观察值，抑或是给定数量真实值的估计值，而且，我们希望根据这些证据来确定这些测量值的哪些函数将为我们提供最可能的数量

[1] §3—7 节的实质内容已付印在《皇家统计学会杂志》(*Journal of the Royal Statistical Society*)第 LXXIV 卷上，第 323 页(1911 年 2 月)。

值。除非我们有一个良好的基础,从而可以假设每种情况下我们产生给定大小的误差的可能性有多大,否则这个问题就不会得到确定。但 214 是,无论有无正当理由,人们都经常做出这种假设来。

为了能够获得最可能值的近似值,我们通常采用的原始测度值的那些函数,是各种均值或平均数——例如算术平均值或中位数。我们所假设的不同量级的误差与我们犯下这些量级误差的概率之间的关系,被称为误差定律(law of error)。对应于我们可能假设的每一个误差定律,都有一个测量值的函数,它代表了该数量的最可能值。以下几段的目的是要去发现,如果我们假设误差定律存在的话,对应于每一种简单的平均值类型是哪些误差定律,以及如何通过一种系统性的方法来发现这一点。

§4. 让我们假设这个数量的实际值是 b_1, …, b_r, …, b_n,并且让 a_r 代表该值实际上是 b_r 的结论。此外,令 x_r 代表已经测量了量值 y_r 的证据。

如果测量值 y_p 已经做出,真实值为 b_s 的概率是多少?应用逆概率定理,可以获得下面的结果:

$$a_s/x_ph=\frac{x_p/a_sh.a_s/h}{\sum_{r=1}^{r=n}x_p/a_rh.a_r/h},$$

(该数量的可能值的数目为 n),其中 h 代表任何其他的我们可能取得的相关证据,这是除了已经得到测量值 x_p 这一事实之外的证据。

接下来,让我们假设已经进行了多次测量 y_1, …, y_m,现在实际值是 b_s 的概率是多少?我们要求知道 a_s/x_1x_2, …, x_mh 的值。和以前一样:

$$a_s/x_1x_2\cdots x_mh=\frac{x_1\cdots x_m/a_sh.a_s/h}{\sum_{r=1}^{r=x}x_1\cdots x_m/a_rh.a_r/h}。$$

215 在这一点上，我们必须引入这样一个简化的假设，即：如果我们知道这个数量的真实值，那么对该数量的不同测量值将是独立的，这意味着对某些测量值中实际发生了哪些错误的知识，不会以任何方式影响我们对其他错误可能造成哪些误差之估计。实际上，我们假设 $x_r/x_p\cdots x_sa_rh=x_r/a_rh$。这个假设非常重要。这等于假设我们的误差定律在所讨论的一系列观测值中都没有改变。也就是说，一般性的证据 h 证明了我们关于特定误差定律的假设是正确的，它具有这样的特征：对在多次测量中所产生的实际误差的知识，并不比对所讨论误差的知识更多，与我们应该采取哪种形式的定律之问题完全无关或大致无关。我们假设的误差定律，大概是基于过去在类似情况下发生不同程度误差的相对频率的经验得到的。如果相对于我们以前的经验，能够提供有关新测量值中误差的知识之外更多的经验，使我们的认识足够全面，从而能够修改我们关于误差定律形式的假设，那么上述假设就不是合理的假设。或者，如果它表明，这些测量得以实施的环境，与最初认定的不那么相像，则上述假设也不是合理的假设。

在这种假设下，即 x_1 等相对于证据 a_rh 等彼此独立，下面这个结果是根据独立概率乘法的一般规则得出的：

$$x_1\cdots x_m/a_sh=\prod_{q=1}^{q=m}x_q/a_sh。$$

因此，

$$\frac{a_s}{x_1x_2\cdots x_mh}=\frac{a_s/h.\prod_{q=1}^{q=m}x_q/a_sh}{\sum_{r=1}^{r=n}\left[\prod_{q=1}^{q=m}x_q/a_rh.a_r/h\right]}。$$

给定 m 个测量值 y_1 等[这是我们的准命题(quaesitum)],被测量 216 的数量的**最可能值**就是使上述表达式最大化的那个值。由于分母对于 b_s 的所有值都相同,因此我们必须找到使分子成为最大值的那个值。让我们假设 $a_1/h=a_2/h=\cdots=a_n/h$。也就是说,我们认为,我们没有先验的(即在进行任何测量之前)理由,认为该数量的可能值中的任何一个比其他的值更有可能。因此,我们需要求出这样的 b_s 的值,从而使表达式 $\prod_{q=1}^{q=m} x_q/a_sh$ 有一个最大值。让我们用 y 表示该值。

没有进一步的假设,我们将无法取得进一步的进展。让我们假设 x_q/a_sh(即假设真实值为 b_s 时测量值 y_q 的概率)是 y_q 和 b_s 的代数函数 f,在该问题的限定范围内,对于 y_q 和 b_s 的所有值其函数都相同。[1]我们假设 $x_q/a_sh=f(y_q,\ b_s)$,我们必须找到 b_s 的值,也就是使

$$\prod_{q=1}^{q=m} f(y_q,\ y)$$

最大的值 y。令该表达式对于 y 的微分系数等于零,我们有:

$$\sum_{q=1}^{q=m} \frac{f'(y_q,\ y)}{f(y_q,\ y)} = 0\ [2],$$

其中 $f'=\dfrac{df}{dy}$。为了简洁起见,可以将以下等式写成这样的形式:

$$\sum \frac{f'_q}{f_q} = 0。$$

[1] 高斯在获得正态误差定律时,实际上做了更特殊的假设,即:x_q/a_sh 仅是 e_q 的函数,其中 e_q 是误差,而 $e_q=b_s-y_q$。我们将在后续篇章中发现,所有对称的误差定律——即具有相同绝对值大小的正误差和负误差是等可能的——都满足此条件,例如正态定律和最简单的中位数定律。但是其他定律,例如那些产生几何平均值的定律,并不满足该条件。

[2] 由于测量值实际上没有一个是不可能的,因此表达式 $f(y_q,\ y)$ 都不可能消去。

如果我们求此方程的解 y，那么，该结果将给出所观察的该数量的值，相对于我们所做的测量而言，这个值是最有可能的。

217

取微分的做法要假设 y 的可能值是如此之多，而且在所讨论的范围内如此均匀地分布，以至于我们可以认为它们是连续的，而不致出现明显的误差。

§5. 这样就完成了这项研究的**绪论部分**。我们现在可以发现，在给定关于该数量的测量值和最可能值之间的代数关系的假设下，其相对应的误差定律是什么，反过来，给定误差定律，我们也可以得到相对应的二者的代数关系。这是因为，误差定律可以确定 $f(y_q, y)$ 的形式。而 $f(y_q, y)$ 的形式决定了测量值与最可能值之间的代数关系

$$\sum \frac{f_q'}{f_q} = 0。$$

最好重复说一遍：$f(y_q, y)$ 对我们来说是一个概率，即观察者在观察一个我们知道其真实值为 y 的数量时将得到测量值 y_q 的概率。误差定律告诉我们，在该问题的限定范围内，对于所有可能的 y_q 和 y 值，这个概率是多少。

(i) 如果该数量的最可能值等于这些测量值的算术平均值，这意味着有什么样的误差定律呢？

由于最可能值 y 必然等于

$$\frac{1}{m}\sum_{q=1}^{q=m} y_q。$$

所以：

$$\sum \frac{f_q'}{f_q} = 0$$

必然等价于

$$\sum(y-y_q)=0。$$

因此有：

$$\frac{f'_q}{f_q}=\phi''(y)(y-y_q),$$

其中 $\phi''(y)$是一个不为零且独立于 y_q 的函数。

积分可得：

$$\log f_q=\int\phi''(y)(y-y_q)dy+\psi(y_q)$$

[其中 $\psi(y_q)$ 是一个独立于 y 的函数]，

$$=\phi'(y)(y-y_q)-\phi(y)+\psi(y_q),$$

故有：

$$f_q=\exp[\phi'(y)(y-y_q)-\phi(y)+\psi(y_q)]。$$ 218

因此，任何此类误差定律都会导致这些测量值的算术平均值能够成为所测数量的最可能值。

如果我们令 $\phi(y)=-k^2y^2$ 以及 $\psi(y_q)=-k^2y^2q+\log A$，我们可以得到：

$$f_q=A\exp[-k^2(y-y_q)^2],$$

这是我们一般所假设的形式。

$$f_q=A\exp[-k^2z_q^2],$$

其中 z_q 是测量值 y_q 中误差的绝对量级。

显然，这只是众多可能的解中的一个。但是通过再新增一个假设，我们可以证明这是带来该算术平均值的唯有的误差定律。让我们假设相同绝对值的负误差和正误差是同等可能的。

这种情况下，f_q 必定取 $Be^{\theta(y-y_q)^2}$ 的形式，故有：

$$\phi'(y)(y-y_q)-\phi(y)+\psi(y_q)=\theta(y-y_q)^2。$$

对 y 取微分：

$$\phi''(y)=2\frac{d}{d(y-y_q)^2}\theta(y-y_q)^2。$$

但根据假设，$\phi''(y)$是独立于 y_q 的。

因此有：

$$\frac{d}{d(y-y_q)^2}\theta(y-y_q)^2=-k^2,$$

其中 k 是常数，对

$$\theta(y-y_q)^2=-k^2(y-y_q)^2+\log C$$

进行积分，我们有：

$$f_q=A\exp[-k^2(y-y_q)^2](其中 A=BC)。$$

(ii) 如果这些测量值的几何平均值给出了该数量的最可能值，那么其误差定律是什么呢？

在这种情况下，

$$\sum\frac{f_q'}{f_q}=0$$

必定与

$$\prod_{q=1}^{q=m}y_q=y^m$$

等价，即与下式等价：

$$\sum\log\frac{y_q}{y}=0。$$

继续以前的办法，我们可以发现，该误差定律是：

$$f_q = A\exp\left[\phi'(y)\log\frac{y_q}{y} + \int\frac{\phi'(y)}{y}dy + \psi(y_q)\right]。$$

没有任何一种解可以满足这样的条件，即绝对值相同的负误差和 219 正误差是同等可能的。因为我们必有：

$$\phi'(y)\log\frac{y_q}{y} + \int\frac{\phi'(y)}{y}dy + \psi(y_q) = \phi(y - y_q)^2,$$

或

$$\phi''(y)\log\frac{y_q}{y} = \frac{d}{dy}\phi(y - y_q)^2,$$

而这是不可能的。

产生几何平均值的最简单的误差定律，似乎是通过令：

$$\phi'(y) = -ky,\ \psi(y_q) = 0$$

来获得的。这就得到了：

$$f_q = A(y/y_q)^{ky}\exp[-ky]。$$

唐纳德·麦卡里斯特爵士(Sir Donald McAlister)曾讨论过一种误差定律，该误差定律会使观测值的几何平均数成为最可能的值[《皇家学会会刊》(*Proceedings of the Royal Society*)，第 39 卷(1879)，第 365 页]。他的研究基于一个显而易见的事实，即：如果观测值的几何平均值给出了被测量的最可能值，那么，观测值对数的算术平均值必定会给出被测数量对数的最可能值。因此，如果我们假设观测值的对数服从正态误差定律(使其算术平均值为被测数量对数的最可能值)，那么，我们就可以通过代换而找到观测值本身的误差定律，该误差定律必定会使它们的几何平均值成为被测数量本身的最可能值。

如果像前面一样，用 y_q 等表示观测值，用 y 表示该数量，它们的对数用 l_q 等以及 l 表示。然后，如果 l_q 等服从正态误差定律，则：

$$f(l_q,\ l)=A\exp\left[-k^2(l_q-l)^2\right]。$$

因此，y_q 等的误差定律由下式决定：

$$\begin{aligned}f(y_q,\ y)&=A\exp\left[-k^2(\log y_q-\log y)^2\right]\\&=A\exp\left[-k^2(\log y_q/y)^2\right]。\end{aligned}$$

220 而 y 的最可能值显然必定为 y_q，等等的几何平均值。

这就是唐纳德·麦卡里斯特爵士提出的误差定律。可以很容易地证明，这是我上面给出的带来几何平均值的所有误差定律一般形式的一个特例。因为如果我们令：

$$\psi(y_q)=-k^2(\log y_q)^2,$$

以及：

$$\phi'(y)=2k^2\log y,$$

则我们有：

$$\begin{aligned}f_q&=A\exp\left[2k^2\log y\log y_q/y+\int 2k^2\log y/y\,dy-k^2(\log y_q)^2\right]\\&=A\exp\left[2k^2\log y\log y_q-2k^2(\log y)^2+k^2(\log y)^2-k^2(\log y_q)^2\right]\\&=A\exp\left[-k^2(\log y_q/y)^2\right]。\end{aligned}$$

J. C. 卡普汀(J. C. Kapteyn)教授也得到过类似的结果。[1]但是他研究的是频率曲线，而不是误差定律，并且该结果只是他的主要讨论所附带得出的。不过，他的方法与唐纳德·麦卡里斯特爵士的更一般形

[1] 《偏斜频率曲线》(*Skew Frequency Curves*)，第 22 页，由格罗宁根天文实验室(1903 年)出版。

式相同。为了发现某些量 y 的频率曲线,他假设存在某些其他量 z,是量 y 的函数,由 $z=F(y)$ 给出,并且这些量 z 的频率曲线是正态的(normal)。通过这一设置,他能够研究一种经常会遇到的偏斜频率曲线,以利用与已被正态曲线计算出的那些统计常数相对应的某些统计常数。

实际上,唐纳德·麦卡里斯特爵士的误差定律和卡普汀教授的频率曲线的主要优点在于,可以很容易地适应非对称现象,而这些非对称现象已经为正态误差定律和频率的正态曲线计算出了许多表达式。[1]　221

这种从算术误差定律推导几何误差定律的方法,显然可以予以一般化。我们已经讨论了可以从正态算术定律导出的几何定律。同样,如果我们从最简单的误差几何定律——即 $f_q=A(y/y_q)^{k^2y}\exp[-k^2y]$——开始,那么,我们可以通过写出 $\log y=l$ 和 $\log y_q=l_q$ 而轻松地找到相应的算术定律,即 $f_q=A\exp[k^2el(l-l_q)-k^2el]$,这是通过令 $\phi(l)=k^2e^l$ 和 $\psi(l_q)=0$ 而从广义算术定律获得的。而且,一般来说,对应于该算术定律:

$$f_q=A\exp[\phi'(y)(y-y_q)-\phi(y)+\psi(y_q)],$$

我们有几何定律:

$$f_q=A\exp\left[\phi_1'(z)\log(z_q/z)+\int(\phi_1(z)/z)dz+\psi_1(z_q)\right],$$

其中:

$$y=\log z,\ y_q=\log z_q,$$

$$\int\frac{\phi_1'(z)}{z}dz=\phi(\log z)\text{ 且 }\psi_1(z_q)=\psi(\log z_q)。$$

---

[1] 需要予以补充的是,卡普汀教授的专著提出了一些需要考虑的因素,这些因素对于确定几何误差定律可能适用的现象类型非常有价值。

(iii) 调和平均值意味着什么误差定律呢？

在这种情况下，$\sum(f_q'/f_q)=0$ 必定等价于：

$$\sum(1/y_q-1/y)=0。$$

继续之前的方法，我们可以发现：

$$f_q=A\exp\left[\phi'(y)\left[\frac{1}{y_q}-\frac{1}{y}\right]-\int\frac{\phi'(y)}{y^2}dy+\psi(y_q)\right]。$$

通过令 $\phi'(y)=-k^2y^2$ 和 $\psi(y_q)=-k^2y_q$，我们可以得到有关于此的简单形式。如此则有：

$$f_q=A\exp\left[\frac{k^2}{y_q}(y-y_q)^2\right]=A\exp\left[-k^2\frac{z_q^2}{y_q}\right]。$$

有了这一定律，相同绝对量的正负误差就不是等可能的了。

(iv) 如果被测数量的最可能值等于测量值的中位数，那么误差定律是什么呢？ 222

中位数通常定义为这样一个测量值：当测量值按量值大小排列时，占据中间位置的测量值就是中位数。如果度量的次数 m 为奇数，则这个量的最可能值是第 $\frac{1}{2}m+1$ 个测量值，如果数量为偶数，则第 $\frac{1}{2}m$ 个测量值和第 $\frac{1}{2}m+1$ 个测量值之间的所有值在它们之间具有同等的概率，比其他任何测量值的概率都要高。但是，对于当前的目的而言，有必要利用费希纳(最早将中位数引入进来加以使用的人)[1]所知道的

[1] 即古斯塔夫·西奥多·费希纳(Gustav Theodor Fechner, 1801—1887年)，德国哲学家、实验心理学家和物理学家，在其1878年发表的一篇论文里，他发展了中位数的概念，被普遍认为是第一位将中位数引入到数据的正式分析中的学者。——译者注

另一种中位数属性,但这种属性很少得到应有的重视。如果 y 是多个量值的中位数,则 y 与每个量值之间的绝对差值之和(即该差总是被认为是正数)就是最小的。要找出 y_1,y_2,…,y_m 的中位数 y,也就是说,就要使 $\sum_1^m |y_q - y|$ 最小,其中 $|y_q - y|$ 是差值绝对值,被认为是总处于 y_q 和 y 之间的正数。

我们现在可以转过去研究对应于中位数的误差定律了。

令 $|y - y_q| = z_q$。那么,由于 $\sum_1^m z_q$ 是最小值,所以,我们必有:

$$\sum_1^m \frac{y - y_q}{z_q} = 0。$$

因此,和以前一样,我们有:

$$f_q = A\exp\left[\int \frac{y - y_q}{z_q} \phi''(y) dy + \psi(y_q)\right]。$$

有关于此的最简单的情况,可以由下面的等式来得到:

$$\phi''(y) = -k^2,$$

$$\psi(y_q) = \frac{y - y_q}{z_q} k^2 q_q,$$

因此:

$$f_q = A\exp[-k^2 | y - y_q |] = A\exp[-k^2 z_q]。$$

这满足了下面这个附加条件,即:同等绝对值的正误差和负误差是同等可能的。因此,在这一重要方面,中位数与算术平均值一样令人满意,导致其误差定律也很简单。它也与那个正态定律类似,因为它仅是误差的函数,而不是测量值的量值的函数。 223

误差中位数定律 $f_q = A\exp[-k^2 z_q]$,其中 z_q 是总被认为为正的误差的绝对量,具有一定的历史意义,因为这是最早给出的误差定律。拉普拉斯于1774年在一份名为《论事件原因的可能性》的备忘录中,发表了使均值学说与概率论以及误差定律有明确联系的第一次尝试。[1]之后,这份备忘录并未纳入到他的《分析理论》中去,不能代表他更成熟的观点。在《分析理论》中,他完全放弃了备忘录中暂时采用的定律,并通过引入正态误差定律,为之后几百年的研究奠定了主线。以算术平均值和最小二乘法为其推论的正态定律的流行,很大程度上是由于与其他所有误差定律相比,它在数学发展和运算方面具有压倒性的优势。除了这些技术上的优势之外,作为第一个近似值,它可能比任何其他单一定律更适用于更大的、更易于管理的一组现象。正态定律在统计学家的头脑中确实占据了极为强大的地位,以致直到最近,也只有少数先驱者认真考虑过在某些情况下采用其他方法代替算术平均值,或采用其他误差定律代替正态定律的可能性。因此,拉普拉斯早期的备忘录就湮没无闻了。但它仍然很有意义,即使仅仅是因为误差定律首次出现这一事实,也已经足够有意义。

拉普拉斯以某种简化的形式提出了自己的问题:"如何确定在相同现象的三个给定观测值之间的中间值?"他首先假设误差定律为 $z=\phi(y)$,其中 z 是误差 y 的概率;最后,借助若干有点武断的假设,他得到结果 $\phi(y)=\frac{1}{2}me^{-my}$。如果从他的论点中推出此公式,则 y 必表示绝对误差,始终取正值。拉普拉斯可能是经过若干考虑,而不是经由那些他试图证明其成立的因素而得到这一结果的。

224

但是,拉普拉斯没有注意到他的误差定律带来了中位数。这是因

[1]《提交给科学院的备忘录》,第6卷。

为，他没有去找那个最可能的值——他原本是可以直接得到它的——而是寻找“误差的均值”，也就是说，真实值可能高于或低于该值，二者的可能性是一样的。对于中位数定律来说，该值很难找到且难以处理。对于观测值不超过三个的情况，拉普拉斯可以正确地计算出来。

§6. 我认为用这种方法是不可能找到导致该模式（mode）的误差定律的。但是，我们可以很容易地得到以下通用的程式：

(v) 如果 $\sum \theta(y_q, y)=0$ 是测量值和被测量最可能值之间的关系定律，那么，误差定律 $f_q(y_q, y)$ 可由

$$f_q = A\exp\left[\int \theta(y_q y)\phi''(y)dy + \psi(y_q)\right]$$

给出。由于 f_q 位于 0 和 1 之间，所以，对于 y_q 所有的值和实际上有可能的 y 来说，$\int \theta(y_q, y)\phi''(y)dy+\psi(y_q)+\log A$ 必定为负；而且，由于 y_q 的值在它们之间是可穷举的，所以：

$$\sum A\exp\left[\int \theta(y_q y)\phi''(y)dy + \psi(y_q)\right] = 1,$$

其中，这一加和是针对所有项的，这些项可以由每一个先验盖然值 y_q 给出。

(vi) 当假设绝对值相等的正误差和负误差具有同等可能时，误差定律的最一般形式为 $A\exp\left[-k^2 f(y-y_q)^2\right]$，其中，被测量的最可能值由下面的等式给出：

225

$$\sum (y-y_q)f'(y-y_q)^2 = 0,$$

其中：

$$f'(y-y_q)^2=\frac{d}{d(y-y_q)^2}f(y-y_q)^2。$$

其算术平均值作为一种特殊情况，是通过将 $f(y-y_q)^2=(y-y_q)^2$ 来取得的；而中位数则是通过令 $f(y-y_q)^2=+\sqrt{(y-y_q)^2}$ 而得到的一种特殊情况。

当误差定律是：

$$A\exp[-k^2(y-y_q)^4],$$

而且最可能值是：

$$my^3-3y^2\sum y_q+3y\sum y_q^2-\sum y_q^3=0$$

的根时，我们可以通过下面这个等式来得到其他的特殊情况：

$$f(y-y_q)^2=(y-y_q)^4,$$

而且，通过令：

$$f(y-y_q)^2=\log(y-y_q)^2$$

当误差定律是 $\frac{A}{(y-y_q)^{2k^2}}$，最可能值是：

$$\sum\frac{1}{y-y_q}=0$$

的根时，上述情况亦然。在所有这些情况中，定律只是误差的函数。

§7. 这样，我们就可以总结一下这些结果了。我们假设：

(a) 在进行测量之前，我们没有理由假设我们测量的量比任何其他量更可能具有其任一可能值。

(b) 误差在下述意义上是独立的，即：关于一种情况下会产生多大的误差的知识，并不影响我们对下一种情况下误差的可能大小的预期。

(c) 当除了先验证据外，被测量的真实值是假定为已知时，对既定量值的测量值的概率是测量值的这一既定量值和被测量真实值的代数函数。

(d) 在没有明显的误差条件下，我们可以把可能值的序列看成是连续的。

(e) 先前证据使我们能够假设(c)中确定的误差定律，即(c)中提到的代数函数是我们先验已知的。 226

在这些假设的前提下，我们可以得出以下结论：

(1) 误差定律的最一般形式是：

$$f_q = A\exp\left[\int\phi''(y)\theta(y_q y)dy + \psi(y_q)\right],$$

这给出了等式 $\sum\theta(y_q y) = 0$，把最可能值和实际测量值联系了起来，其中 y 是最可能值，而 y_q 等是测量值。

(2) 假设相同绝对量值的正误差和负误差同等可能，最一般的形式为：

$$f_q = A\exp\left[-k^2 f(y-y_q)^2\right],$$

这给出了等式：

$$\sum(y-y_q)f'(y-y_q)^2 = 0,$$

其中：

$$f'z = \frac{d}{dz}fz$$

在这种形式所产生的特殊情况中，最有意义的是：

(3) $f_q = A\exp\left[-k^2(y-y_q)^2\right] = A\exp\left[-k^2 z_q^2\right]$，其中 $z_q = |y-y_q|$，上式给出了作为该量最可能值的测量值的算术平均值；以及：

(4) $f_q = A\exp[-k^2 z_q]$,给出了中位数。

(5) 给出算术平均值的最一般形式是:

$$f_q = A\exp[\phi'(y)(y-y_q)-\phi(y)+\psi(y_q)],$$

特殊情况是(3)和:

(6) $f_q = A\exp[k^2 e^y(y-y_q)-k^2 e^y]$。

(7) 给出几何平均值的最一般形式是:

$$f_q = A\exp\left[\phi'(y)\log\frac{y_q}{y}+\int\frac{\phi'(y)}{y}dy+\psi(y_q)\right],$$

特殊情况是:

(8) $f_q = A\left(\frac{y}{y_q}\right)^{k^2 y} e^{-k^2 y}$,

以及:

(9) $f_q = Ae^{-k^2}\left(\log\frac{y_q}{y}\right)^2$。

227 (10) 给出调和平均值的最一般形式是:

$$f_q = Ae^{\phi'(y)}\left[\frac{1}{y_q}-\frac{1}{y}\right]-\int\frac{\phi'(y)}{y^2}+\psi(y_q),$$

特殊情况是:

(11) $f_q = Ae^{-k^2\frac{(y-y_q)^2}{y_q}} = Ae^{-k^2\frac{z_q^2}{y_q}}$。

(12) 给出中位数的最一般形式是:

$$f_q = A\exp\left[\phi'(y)\frac{y-y_q}{z_q}+\psi(y_q)\right],$$

特殊情况是(4)。

在这每一个表达式中，假设真实值为 y，f_q 是测量值 y_q 的概率。

§8. 均值理论和最小二乘的相关理论包含了如此广泛的主题，以致除非有大量专门论述对它们加以讨论，否则就无法充分地处理。但是，由于它们是概率论的重要实际应用之一，因此我不愿完全忽略它们。下面的论述，主要是关于正态误差定律的，与前面几段的论述结合起来，可以说明本书的理论与通常对平均值的处理之关系。

§9. **算术平均值的要求**。按照定义，诸多数量的算术平均值仅是其算术总和除以它们的数目。但是，平均数的功用通常在于我们假定有权利在某些情况下，用这一单一指标代替它作为函数的各种不同的指标。有时，这不需要任何理由；在这些情况下，"平均数"一词是为了简短起见而取的，只是为了概括一组事实：例如，当我们说英国的出生率大于法国的出生率时，就是这样的意思。

但是，在其他情况下，平均数会对我们的知识有实质性的补充。在 228 几位具有同等能力的考官就同一份试卷给考生打了不同的分数后，可以按不同分数的平均值给到考生：一般来说，如果对一个量值进行了几次估计，在我们没有理由再加以区分的精度之间，我们经常认为，把真实的量值当作这几次测量值的平均值来处理是合理的。在 1671 年向联邦政府提交的年金报告中，[1]德·维特(De Witt)也许是第一个科学地使用它的人。但是正如莱布尼兹指出的那样："我们的农民根据他们天然的数学知识，已经使用了它很长时间。例如，当要出售某些遗产或土地时，会有三个评估机构来进行评估。这些机构在低撒克逊语(Low Saxon)中被称为舒尔岑(Schurzen)，每个机构都对相关财产进行

[1] 《按比例计算的保费》(*De vardye van de lif-renten na proportie van de los-renten*)，海牙，1671 年。

估算。然后,假设第一个估计其值为 1 000 克朗,第二个估计为 1 400 克朗,第三个估计为 1 500 克朗;这三个估计值的总和即为 3 900 克朗,由于它们是三个机构,因此 1 300 克朗就是所要求的平均值。这是一个公理:**相同即相等**(*aequalibus aequalia*),即同样的假设必定有着同等的考量。”[1]

但这是一个非常不足的公理。如果三个估计值是相乘而不是相加,则同样的假设必定有着同等的考虑。事实是,在任何时候,算术平均值都有简单性这个优点。但是,简单性却是一个危险的标准“大自然”,菲涅耳(Fresnel)[2]说:“并没有为分析的困难而烦恼,她只是避开了手段的复杂性。”

拉普拉斯和高斯开始了一系列尝试,来证明算术平均值的价值(worth)。他们发现,对算术平均值的使用涉及对给定误差先验概率的特定类型误差定律的假设。他们还发现,该定律的假设产生了一个更复杂的规则,称为最小二乘法,以用于组合包含多个可疑数量的观测结果。尽管人们普遍认为,虽然算术平均值在直觉上是显而易见的,而最小二乘法又依赖于可疑和武断的假设,但我们可以证明这两者是相互依存的。[3]

拉普拉斯和高斯的分析定理很复杂,但是它们所基于的特殊假设

[1] 《新实验》(*Nouveaux Essais*),英译本,第 540 页。

[2] 即奥古斯丁·让·菲涅耳(Augustin-Jean Fresnel, 1788—1827 年),法国物理学家,主要工作是对光的本性的研究,对于波动光学的理论建立做出了杰出的贡献,曾利用自己设计的双镜和双棱镜做光的干涉实验,继托马斯·杨之后再次证实了光的波动性。——译者注

[3] 维恩(《机会逻辑》,第 40 页)认为,正态误差定律和最小二乘法“不仅是完全不同的事物,而且它们之间几乎没有任何必然的联系。误差定律是对一个物理事实的陈述……另一方面,最小二乘法根本不是科学意义上的定律。它只是一个规则或方向……”

是很容易陈述的。[1]高斯假设:(a)给定误差的概率仅是误差的函数,而不是观测值的量值的函数。(b)误差是如此之小,以至于可以忽略它们的立方和更高次幂。假设(a)是任意做出的[2],而且高斯没有明确说明。这两个假设再加上其他某些假设,使我们得出了这个结果。令 $\phi(z)$是误差定律,其中 z 是误差。我们假设,正如在这些证明中始终假设的那样,$\phi(z)$可以用麦克劳林定理展开。则有:

$$\phi(z)=\phi(0)+z\phi'(0)+\frac{z^2}{2!}\phi''(0)+\frac{z^3}{3!}\phi'''(0)+\cdots$$

还假设正误差和负误差相是同等可能的,即 $\phi(z)=\phi(-z)$,因此 $\phi'(0)$和 $\phi'''(0)$就销去了。由于与 z^2 相比我们可以忽略 z^4,所以有 $\phi(z)=\phi(0)+\frac{1}{2}z^2\phi''(0)$。但是(忽略 z^4 和更高次幂)$a+bz^2=ae^{\frac{bz^2}{a}}$,所以 $\phi(z)=ae^{\frac{bz^2}{a}}$。 230

高斯的证明看起来要比这复杂得多,但是他通过忽略 z 的高次幂来取得了 $ae^{\frac{bz^2}{a}}$ 这个形式,因此该表达式实际上等价于 $a+bz^2$。通过这种近似,他将所有可能的定律简化为一种等价形式。[3]因此,对于误差的二次幂,正态误差定律确实是等价于任何误差定律,它只是误差的函数,而且对于它来说,正误差和负误差是同等可能的。拉普拉斯还

---

[1] 关于得出最小二乘法和算术平均值的三种主要方法,请参见:伊利斯,《最小二乘法》(*Least Squares*)。高斯的第一种方法见于:*Theoria Motus*;第二种方法见于:*Theoria Combinations Observationum*。拉普拉斯的研究见于:*Theorie analytique*,第二卷第四章。拉普拉斯的方法在 1827 年和 1832 年的《当代知识》(*Connaissance des temps*)中通过泊松而得到了改进。

[2] 正如 G. 哈根(G. Hagen)所说[见于《概率计算的关键特征》(*Grundzüge der Wahrscheinlichkeilsrechnung*),第 29 页],这并不意味着,由于较大误差的概率小于较小误差的概率,因此给定误差的概率只是其量值的函数。

[3] 这是由伯特兰在《概率计算》第 267 页指出来的。

引入了与这些假设等价的假设。

尽管数学家们努力将正态误差定律和算术平均数确定为逻辑定律,但其他人却声称它是经验上的证明,并认为这是自然定律。[1]

显然,事实并非如此。假设 x_1, x_2, …, x_n 是对未知量 x 的一组观测值。那么,根据这个原理,$x=\frac{1}{n}\sum x_r$ 给出了 x 的最可能值。但是,假设我们希望确定 x^2,还假设我们可以正确相乘,则我们的观察值将为 x_1^2, x_2^2, …, x_n^2,并且其最可能值为 $x^2=\frac{1}{n}\sum x_r^2$。但是 $\left(\frac{1}{n}\sum x_r\right)^2\neq\frac{1}{n}\sum x_r^2$。一般来说,$\frac{1}{n}\sum f(x_r)\neq f\left(\frac{1}{n}\sum x_r\right)$。这一考虑因素在实践中不能放心地被我们忽略。因为我们的"观测值"通常是某种操纵的结果,而且我们所取得的它们的特定形状对我们来说不一定是固定的。我们不能轻易地说出直接观测值是什么。特别是,如果费希纳所阐明的感觉定律是真实的(即感觉随着刺激的对数而变化),则在所有情况下,算术平均值必须作为一种实用规则进行分解,在所有这些情况下,当人的感觉是记录观测值的工具的一部分时,作为一种实用规则,算术平均值必须被打破。[2]

不过,除了理论上的反驳外,统计学家现在认识到算术平均值和正态误差定律只能适用于某些特殊的现象类别。我认为凯特勒[3]是第一个指出这一点的人。在英国,高尔顿(Galton)早在多年前就注意到

---

[1] 当然,这的确是一种非常普遍的观点。参阅前引书,第 183 页:"尽管有上述这些反对意见,高斯公式还是可以为我们所采用。观察结果也证实了这一点:这在应用当中应该已经足够。"

[2] 这曾为高尔顿所注意到。

[3] 例如他的《概率论通信》(*Letters on the Theory of Probabilities*)第 114 页。[朗伯·阿道夫·雅克·凯特勒(Lambert Adolphe Jacques Quetelet, 1796—1874 年)是比利时人,他既是统计学家,又是数学家和天文学家,是身高体重指数(BMI)的发明者。——译者注]

231

了这一事实，皮尔逊(Pearson)教授[1]指出："无论是对观测误差还是对诸如发生在有机种群中的类型偏差的分布，高斯-拉普拉斯正态分布都远不是频率分布的一般定律……例如，在气压变化、生育等级和疾病发生率的分布方面，它甚至都不是近似正确的。"

因此，算术平均数并不具有独特的地位；从概率的角度来看，值得讨论的是其他可能的手段和误差定律的性质，例如，就像在本章早前部分所给出的方向。

§10. **最小二乘方法**。应用此方法所要解决的问题，不仅仅在于把我们刚刚讨论过的相同考虑因素，应用到所观察到的测量值与我们想要知道其最可能值的被测量之间的关系涉及不止一个未知数的情况。

鉴于其结论的特性颇令人惊异，如果这些结论被认为普遍有效而得到接受，而且围绕它所建立的数学结构又颇晦涩难懂，那么这种方法自然就会被一种不必要的神秘气氛所包围。的确，近来怀疑论的增长，即是神秘感的代价。事实上，在过去的60年里，也确实只有个别人持有公允的看法，其中最出名的就是莱斯利·伊利斯(Leslie Ellis)。但是旧的错误并不总能在当前的教科书中得到纠正，甚至在曼斯菲尔德·梅里曼(Mansfield Merriman)教授的著作中，它还被如此熟练而且普遍地使用着，梅里曼教授的著作乃是以一系列极端错误的陈述开篇的。 232

---

[1]《论"判决错误"等》(On 'Errors of Judgement, ect')，《英国皇家学会会刊》，第CXCVIII卷，第235—299页。以下引文摘自他的回忆录《论斜相关和非线性回归的一般性理论》(*On the General Theory of Skew Correlation and Nonlinear Regression*)，并在其中做了进一步的参考。[即卡尔·皮尔逊(Karl Pearson, 1857—1936年)，皮尔逊教授在前文已经出现过多次，他是英国数学家，生物统计学家，数理统计学的创立者，自由思想者，对生物统计学、气象学、社会达尔文主义理论和优生学做出了重大贡献。他被公认是旧派理学派和描述统计学派的代表人物，并被誉为现代统计科学的创立者，是20世纪科学革命和哲学革命的先驱，"批判学派"代表人物之一。——译者注]

最小二乘法有争议的一面是属于纯逻辑的；在后来的发展中，大量精致的数学内容充塞其中，其正确性毋庸置疑。但重要的是要尽可能清晰地陈述数学所基于的精确假设；当这些假设提出后，还需要确定它们在特定情况下的适用性。

在处理平均值时，我们假设自己会遇到某个我们希望确定的数量的直接观测值。但是很明显，在许多情况下直接观测要么是不可行的，要么是不切实际的；我们的自然路线将会是去测量某些其他的已知量，这些量与我们要确定的未知量具有固定和不变的关系。例如，在测绘学或天文学中，我们总是更喜欢对角度或距离进行测量，我们对这些角度或距离本身并不感兴趣，但它们与最终未知量集之间存在已知的几何关系。

如果我们希望确定一组未知数 x_1，x_2，x_3，…，x_r 的最可能值，我们可以得到许多以下类型的观测值方程，而不是得到许多直接观测值的集合：

$$a_1x_1+a_2x_2+\cdots+a_rx_r=V_1,$$

$$b_1x_1+b_2x_2+\cdots+b_rx_r=V_2,$$

$$\cdots\cdots$$

$$k_1x_1+k_2x_2+\cdots+k_rx_r=V_n,$$

其中 V_1 等是可以直接观察到的数量，而 $a's$，$b's$ 等则被假设为已知数 $(n>r)$。

在这种情况下，我们有 n 个方程式来确定 r 个未知数，并且由于观233 测值可能不精确，所以可能没有任何精确的解。在这种情况下，我们希望知道这些观测值所保证的 x 值的最可能集是什么。

这个问题在性质上与平均值所处理的问题完全相似，只是其复杂程度不同。最小二乘法要求解决的问题，是找到这组离散方程的最可能解。

到1750年，天文学家在他们的研究过程中已经取得了这样的观测方程式，问题是如何正确地解出这些方程。意大利的博斯科维奇[1]，德国的迈耶[2]和朗伯[3]，法国的拉普拉斯，俄罗斯的欧拉[4]和英国的辛普森[5]提出了不同的求解方法。1757年，辛普森通过化简，率先引入了正误差和负误差同等可能的假设或公理。[6]最小二乘方法最早是由勒让德[7]在1805年明确提出来的，他认为这是调整观测值的一种有利方法。紧随其后的是拉普拉斯和高斯的"证明"。但是很容易可以看到，这些证明涉及正态误差定律 $y=k\exp[-h^2x^2]$，最小二乘理论只是简单地发展了应用于观测方程的数学结果，这些方程包括不止一个未知数，那个误差定律在单个未知数的情况下可以给出算术平

[1] 鲁杰罗·朱塞佩·博斯科维奇(Ruggero Giuseppe Boscovich, 1711—1787年)，意大利天文学家和数学家。第一个提出用几何学方法，通过三次观测旋转行星表面上的一点，求出行星的赤道，并根据三次观测到的行星位置，算出行星的轨道。——译者注

[2] 迈耶(J. R. Mayer, 1814—1878年)，德国物理学家，曾出版《通俗天体力学》一书。——译者注

[3] 即约翰·海因里希·朗伯(Johann Heinrich Lambert, 1728—1777年)，德国数学家、天文学家和物理学家。——译者注

[4] 莱昂哈德·欧拉(Leonhard Euler, 1707—1783年)，瑞士数学家，常年在俄国圣彼得堡工作，是18世纪数学界最杰出的人物之一。——译者注

[5] 托马斯·辛普森(Thomas Simpson, 1710—1761年)，英国数学家、发明家。——译者注

[6] 梅里曼教授的《最小二乘方法》第181页给出了一个历史的概略图，上面这部分即取自这个地方。1877年，梅里曼在《康涅狄格学院学报》上发表了一份关于最小二乘方法和偶然观测误差理论的著作清单，其中共有文献408项——313篇备忘录、72本书和23篇书中的专章。

[7] 阿德利昂-马里·勒让德(Adrien-Marie Legendre, 1752—1833年)，法国数学家，主要贡献在统计学、数论、抽象代数和数学分析上。——译者注

均值。

§11. **平均值加权**。我们必须回到§9节开始时对平均值或一般社会调查中的指数所属的两种类型而做的区分。平均值或指数可以简单地概括一组事实,并为我们提供一个复合数量的实际值,例如生活成本指数。在这种情况下,我们感兴趣的复合量不必包含与组成它的每个基本量完全相同的单位数量,因此,"权重"表示相应于该复合量的每个基本量的数目,它们是该复合量的一部分,除基本量本身的大小外,权重没有别的内容。在这种情况下,也不允许拒绝不一致的观测值;也就是说,如果某些基本量的变化幅度更大,或者与大多数基本量相比其变化类型不同,那就没有理由拒绝它们。

234

另一方面,组成平均值的每一项可能都是某个**单个**量的**指示量**(indications)或近似估计值;平均值不代表复合量的度量,给定组成平均值的各项的值,平均值可以被挑出来作为单个量的量值的证据,为这个单个量提供最可能值。

如果这就是我们平均数的特征,则加权问题就取决于我们对建立平均数的各个观测值、样本或指示量所了解的情况。所讨论的个体单位与目标的最可能值相关的方面有所差异可能是**已知**的。因此,除了个别观测值或样本的实际结果之外,可能还存在着原因使我们相信其中的一些观测值或样本胜过另外一些观测值和样本。事实上,我们的知识可以告诉我们适用于若干情况的误差定律的常数,即使这种定律的类型能够被假定为恒定的,也应该根据我们所掌握的每种情况的数据而变化。这也可以说明,平均数方法所假定的各例证(instances)之间的**独立性条件**,是不完全满足的,因此,我们组合各例证在平均数中的方式,也必须加以修正。

一些现代统计学家,也许是真受到了实践因素的影响,在理论基础上倾向于贬低加权的重要性，他们并不总是很清楚他们认为自己处理的是哪种平均值。特别是，有关货币价值指数加权问题的讨论就受到 235 了这种混淆的影响。目前尚不清楚这些指数是否真的代表复合量的度量，或者它们是否是对单个数量取值的可能估计值，该估计值是通过组合对该数量值的多个独立近似值而形成的。杰文斯最初关于货币价值指数的概念显然属于后一种类型。关于这个主题的现代著作越来越多地被另一种概念所主导。对真实值何在的讨论，会使我大大偏离到一个与本书不同的主题领域。

反对加权的理论论据有时是基于这样一个事实，即只要权重之间的变化与各项之间的变化相比较小，那么以不相关的方式对平均数的各项进行加权，或者如通常所表达的那样，以随机方式进行加权对结果的影响就不可能很大。但为什么人们会希望"随机"加权平均数呢？这样的观察结论忽略了权重的真正意义和重要性。它们可能受到以下事实的启发，即对统计数据的肤浅处理有时会导致引入不相关的权重。例如，在从各个城镇的人口统计数据中得出结论时，不同城镇的人口数据可能与我们的结论相关，也可能不相关。这取决于论点的性质。如果它们是相关的，那么将它们用作权重可能是正确的。如果它们是不相关的，那么这样做肯定是错误的和不必要的。在某些假设下，小麦是一种比扣针更重要的消费物品，这一事实可能与每种商品的价格变化作为货币价值变化指标的有效性无关。但在其他假设下，它可能非常相关。再或者，我们可能知道使用特定工具所得到的观测值往往太大，因此必须通过加权压下去。但要是假设拥有关于不同统计数据的相对可靠性的信息毫无作用，则这既违反理论，也违反常识。因此，在我看 236 来，没有地方可以就加权平均值的适当性或不适当性进行一般性论证。

应该补充的是，当我们试图通过组合若干可以数值化的数量而建立一个概念的指数指标时,这个概念是定量的,但它本身在任何界定的或明确的意义上都不是数值上可测量的,虽然它们不测量我们的目标量,却表明了它的数量变化,并倾向于在同样的意义上波动,例如,通过有时被称为商业状况或国家繁荣程度的**经济晴雨表**,可能会出现一些非常令人困惑的问题,比如我们最终的指数指标是何种类型的,以及适合于它的编制方式是怎样的。

当我们不是直接测量一个量,而是通过在平均数中把一系列量值的波动组合起来以寻找该数量量值波动的指数指标时,这些令人困惑的问题总是会出现。这些波动中的每一个都以不同的方式,在某种程度上(而且仅在某种程度上)与我们的目标量的波动相关。由于篇幅和主题所限,我不能在这本书中对指数数字问题进行讨论。但我冒昧地认为,如果不同指数数字的性质和目的能更清晰地区分出来——即那些只是对一种复合商品的简单描述,那些试图以一种类似于仪器精密度变化的方式将不同结果组合在一起,以及那些组合的不是目标量本身的结果,而是各种其他的数量,其部分的变化来自目标量的变化,另外我们所熟知部分的变化来自其他可区分的影响——那么,它们会很快得到澄清。第三种类型的指数数字通常由仅适用于第二种类型的方法和参数处理。

§12. **拒绝不一致的观测值**。这与刚才讨论的问题不同,因为到目前为止,我们假设我们的加权体系是由我们掌握的数据决定的,它先验于并脱离于我们关于平均数各项的实际大小的知识。有人认为,如果我们的一个或多个观测值与更大数字的结果有很大差异,那么在得出平均值时应该部分或全部忽略这些观测值,即使除了它们与其他观测值的差异之外,没有理由认为它们的权重低于其他观测值。此时,就要引入拒绝不一致观测值的原则了。有些人认为这种做法是符合常识

237

的;另有些人则甚至指责它带有伪造的味道。[1]

与概率论中的许多其他争议一样,这场争论是由于未能理解"独立性"的含义所造成。如我们所见,关于平均值和最小二乘的正统理论的数学依赖于这样一个假设,即观测值是相互"独立"的;但这有时被解释为**实质上**(physical)的独立。事实上,该理论要求观测值应该是独立的,即关于某些结果的**知识**不会影响其他已知结果出现给定误差的概率。

显然,在某些初始数据中,这种假设是完全准确或近似准确的。但在许多情况下,这种假设是不可接受的。关于某些观测结果的知识,可能会使我们改变对其他观测结果的相对可靠性的看法。

因此,是否应该对不一致的观测值进行特别加权的问题,取决于基础数据的性质,我们在最初采用适合于观测值的特定误差定律时,正是根据这些数据来指导的。如果观测结果与这些数据相关,在概率所需要的意义上是严格"独立的",那么拒绝这些观测结果就是不被允许的。但是,如果这个条件没有得到满足,那么对不一致观测值而有所偏差就可能是有充分理由的。 238

[1] 例如,G. 哈根(G. Hagen)的《概率原理》(*Grundzüge der Wahrscheinlichkeitsrechnung*)在第 63 页这样写道:"刻意隐瞒测量值而犯下的欺骗行为,相比于想要伪造或伪造了测量值的行为,少之又少。"

第三编　归纳与类比

第十八章　导　言

鸡蛋的外形都是非常相似的，但是没有人会只因为这种貌似的相似关系，就期望它们有同样的滋味。只有在长时期中，并且在各种情形下，我们都经过相同的实验以后，我们才可以正确地坚信一件特殊的事情。但是以前的一百个例证既然和现在这一个例证没有任何差异，那么我们又凭什么推论步骤来由这一个例证推得异于我们由那一百个例证所得的一个结论呢？我之所以要提出这个问题来，一则是要启发人们，一则是意在提出一些难题来。我不能发现，也不能想象任何那一类推论。但是如果有任何人肯指教我，那我仍是虚心接受的。

——大卫·休谟[1]

§1. 我把概率描述为逻辑学的一部分，它处理的是合理的论证而非确凿的论证。到目前为止，这类论证中最重要的类型是那些基于归

[1] 《人类理解研究》(*Philosophical Essays Concerning Human Understanding*)(此处疑为凯恩斯的一个笔误，这个英文标题的著作是英国哲学家约翰·洛克的《人类理解论》，休谟的《人类理解研究》的英文标题是"*An Enquiry Concerning Human Understanding*"，而此段引文正是休谟这本书的第四章第二节中的一段。此处的译文参考了商务印书馆关文运先生翻译的《人类理解研究》的相关段落。——译者注)。

纳法和类比法的论证。几乎所有的实证科学(empirical science)都以此为基础。在日常生活中由经验决定的决策,通常也都依靠它们做出。下面各章旨在阐述对这些方法的分析和逻辑论证。

当然,归纳过程在任何时候都构成了思维机制中一个重要的、习惯性的部分。每当我们通过经验学习时,我们就在使用它们。而且在学院派的逻辑学中,它们也已逐渐占据了其应有的位置。遗憾的是,在任何地方,我们都找不到关于它们的清晰或令人满意的阐述。在形式逻辑的范围内外,显然也是在精神哲学和自然哲学之间,归纳法均已经作为科学证明的工具而得到承认,这一切并没有得到逻辑学家的多少帮助,也没有人确切了解它是在什么时候得到承认的。

241 §2. 它的特点是什么呢?在日常语言中为归纳论证提供力量的那些特性又是什么呢?

在继续探讨更基本的问题——即我们凭什么认为这些论证是合理的?——之前,我先尝试着回答一下这些问题。

因此,请读者记住,在这接下来各章的第一章中,我的主要目的不过是用精确的语言说明,哪些因素通常被认为可以增加经验或归纳论证的分量。这需要一定的耐心和大量的定义以及特殊的术语。但我认为这项工作的价值是没有什么争议的。无论如何,我认为第十九章的分析是相当充分的,对此我感到很满意。

接下去在第二十章和第二十一章,我继续完成部分相同的任务,但也试图阐明,在背后我们可以采用什么样的假设(如果可以采用的话),以及所分析的方法需要什么样的假设。在第二十二章中,这些假设的性质得到了进一步讨论,并对它们可能的合理解释进行争辩。

§3. 本章开头引述的休谟的那段话,是对我们主题的一个很好的介绍。鸡蛋的外形都是很相似的,而且经过长期相同的实验过程,我们可以在坚定和可靠的基础上预期所有的鸡蛋都具有相同的口味和风味。鸡蛋必定都是一个样，我们一定已经尝过了很多。这一论证部分地建立在**类比**上，部分地建立在所谓的**纯粹归纳**(pure induction)上。当我们依赖于鸡蛋的**相似性**时，我们就是在从类比中进行论证；当我们相信实验的**数目**时，我们就是在从纯粹归纳中进行论证。

当论证以任一方式依赖于类比和纯粹归纳的方法时，我们把它们称为“**归纳的**”(inductive)将会很有用。但我并不打算通过使用“归纳的”这样的术语来表明，这些方法必然局限于经验现象的对象和有时被称为经验问题的东西，或者从一开始就在抽象和形而上学的研究中排除使用它们的可能性。虽然“**归纳的**”这个术语将会在这个一般意义上使用，但对于由例证(instances)的重复所产生的那部分论证，“纯粹归纳”这个说法必须加以保留。 242

§4. 然而，休谟的阐述并不完整。他的论证本来是可以更为完善的。他的实验不应该太过于相同，应该在所有方面都尽可能有所不同，而只保留鸡蛋的相似性这一点。他应该在一月和六月分别于城里和乡下试吃它们。然后，他可能会发现鸡蛋有好坏之分，无论它们看起来有多相似。

在一般化的条件下，例证的那些我们认为非本质的特征变化的原则，可以被命名为**否定类比**(negative analogy)。

我们以后还会讨论到，实验数量的增加，只有在这样的情况下才有价值，即通过增加实验或可能地增加实验，在例证的非本质特征中出现了变化，它强化了否定类比。如果休谟的实验是**绝对**相同的，那么他对结论提出的质疑就是正确的。没有一个推理的过程，能从一个例证中得出的结论与从一百个例证中得出的结论有所差异，如果已知后者与前者没有任何不同的话。休谟无意中歪曲了典型的归纳论证。

当我们对实验的控制已经相当全面,并且它们发生的条件已经很清楚的时候,从纯粹归纳中所得到的帮助就相当有限了。如果否定类比项是已知的,那么就没有必要去数例证的个数了。但如果我们的控制并不完全,而且我们不能准确地知道例证之间有哪些方面不同,那么仅仅依靠增加例证的数目就可以有助于论证。因为除非我们确切地知道这些例证是完全相同的,否则每一个新的例证都可能会增加否定类比。

243 休谟也可能削弱了他的论证。他只预期他的鸡蛋具有同样的口味和风味。对于他的胃是否总是从它们那里得到同样的营养,他没有做出任何结论。他通过保持其论证范围的狭窄性,而保存了他的概括力量。

§5. 因此,在归纳论证中,我们从在某些方面 AB 相似、在其他方面 C 不相似的多个例证开始。我们挑选出例证相似的一个或多个方面 A,并认为它们也相似的其他方面 B 可能与其他未经检验情况中的特征有关。基本特征 A 越全面,非基本特征 C 之间的变化就越大,我们寻求与 A 相联系的特征 B 就越不全面,我们寻求确立的这种概括的似然性或可能性就越大。

这是一个经验论证的概率所依赖的三个终极的逻辑要素,即肯定类比、否定类比和概括范围。

§6. 在经验论证所产生的概括中,我们可以区分两种不同的类型。第一种可以称为**普遍归纳**(universal induction)。尽管这样的归纳本身容易受到任何程度的概率的影响,但它们确认了**不变的**关系。它们所主张的一般性,也就是说,它们所宣称的普遍性,如果可以找到一个反例,就会被打破。然而,只有在更精确的科学中,我们才致力于建立普遍的归纳。在大多数情况下,我们满足于另一种归纳,这种归纳可以引出我们通常可以依赖的定律,但无论建立得多么充分,它都不声称引出了超过可能联系的定律。[1]这第二种可以被命名为**归纳相关性**(inductive correlation)。例如,如果我们基于数据,看到这只、那只和那些只天鹅都是白色的,然后得出结论认为**所有**白天鹅都是白色的,那么,我们就是在致力于建立一种普遍归纳。但如果我们根据这只和这些天鹅是白的,而那只天鹅是黑的,得出结论认为**大部分**天鹅是白的,或者天鹅是白的概率是如此这般,那么我们就在建立一个归纳相关性。 244

在这两种类型中,前者——普遍归纳——提出了更简单和更基本的问题。在我的这本书的这一编中,我将几乎完全局限于这个方面进行探讨。在关于统计推断基础的第五编,我将尽可能讨论归纳相关性的逻辑基础。

§7. 归纳法和概率之间的基本联系值得我全力加以强调。诚然,许多研究者已经认识到,我们通过归纳论证得出的结论是盖然的和不确定的。例如,杰文斯试图通过逆概率原理来证明归纳过程的合理性。拉普拉斯及其追随者的大部分工作也是针对解决基本的归纳问题的,这也是事实。但是,无论是这些研究者还是其他人,都很少清楚地理解,每一个严格得到解释的归纳的有效性,不是取决于事实,而是取决于概率关系的存在。归纳论证断言,不是某个事实确实如此,而是**相对于某一证据**,存在一种对其有利的可能性。因此,如果作为事实,真相被证明不是这样,那么相对于原初的证据,归纳的有效性并不会被破坏。

对这个真相的清晰理解,深刻地改变了我们对解决归纳问题的态度。归纳法的有效性不取决于其预测的成功与否。当然,它在过去的

[1] 穆勒称它为“近似概括”(approximate generalisations)。

反复失败可能会为我们提供新的证据，纳入这些证据将会改变后续归纳的力度。但是相对于旧的证据，旧的归纳的力量并没有受到影响。我们过去的经验提供给我们的证据可能被证明具有误导性，但这与我们应该从当时摆在我们面前的证据中合理地得出什么结论的问题完全245 无关。因此，归纳概括的有效性和合理性是逻辑问题而不是经验问题，是形式问题而不是物质规律问题。现象总集的实际构成决定了我们证246 据的性质，但它不能确定所**给出**的证据**合理地**支持了哪些结论。

第十九章　类比论证的本质

所有根据原因或结果而进行的推理都建立在两个条件上，即任何两个对象在过去全部经验中的恒常结合，以及一个现前对象和那两个对象中任何一个的类似关系。……离开了结合关系和某种程度的类似关系，便不可能有任何推理。

——大卫·休谟[1]

§1. 休谟正确地认为，在概括(generalisation)所依据的各种例证之间必须始终存在某种程度的相似性。因为它们至少有一个共同点，即它们都是用来概括它们的命题的例证。因此，类比的某些要素必须是每个归纳论证的基础。在本章中，我将尝试准确地解释类比的含义，并分析原因；正是这些原因——无论正确与否——使我们通常认为一项类比是强类比还是弱类比，而不考虑对于相似性会产生对相似性的期望这样的本能原则，目前是否有可能找到一个良好的理由。

§2. 这里有一些技术性术语需要定义。我们所说的**概括**是指一个陈述，即所有某一类可定义的命题都是真的。我们用以下方式指定这

[1] 《人性论》(*A Treatise of Human Nature*)[这段译文参考了商务印书馆关文运译、郑之骧校的《人性论》(上册)的相关译文。——译者注]。

个类会很方便。如果 $f(x)$ 对于所有那些 $\phi(x)$ 为真的 x 值都为真,那么我们就有关于 ϕ 和 f 的概括,我们可以写成 $g(\phi, f)$。例如,如果我们正在讨论的是"所有天鹅都是白色的"这一概括,那么这等价于"'x 是白色'对于所有那些'x 是一只天鹅'为真的 x 值都为真。"命题 $\phi(a)$. 247 $f(a)$ 是概括 $g(\phi, f)$ 的一个**例证**。

通过这样根据命题函数定义一个概括,就有可能以统一的方式处理各种概括,同时也将概括与我们对类比的定义方便地联系起来。

如果某件事对于两个对象都为真,也就是说,如果它们都满足相同的命题函数,那么在这个程度上它们之间存在**类比**。因此,每个概括 $g(\phi, f)$ 都断言一个类比总是伴随着另一个类比,即在所有具有类比 ϕ 的对象之间也存在类比 f。这两个对象都满足的命题函数的集合构成了**肯定类比**(positive analogy)。由完全的知识揭示的类比可以称为**完全肯定类比**(total positve analogy)。那些相对于部分知识的类比,被称为**已知肯定类比**(known positive analogy)。

由于肯定类比衡量的是相似性,所以否定类比衡量的是两个对象之间的差异性。使得每个函数都由一个对象而不是另一个对象来满足的一组函数,构成了**否定类比**(negative analogy)。和前面一样,我们也有**完全否定类比**(total negative analogy)和**已知否定类比**(known negative analogy)之间的区别。

这组定义可以很快扩展到例证数量超过两个的情况。对**所有**例证都为真的函数构成了例证集合的肯定类比,**仅对某些例证**为真而对其他例证为假的函数则构成了否定类比。很明显,一个代表从该集合中取出的一组例证的肯定类比的函数,对于整个集合来说可能是一个否定类比。这种类比对例证的子类(sub-class)是肯定的,但对整个类是否定的,我们可以称为**子类比**(sub-analogies)。这意味着存在某些例证共有的相似之处,但并非所有例证都有相似之处。

根据这些定义,给出一个简单的符号表示将会很有用。如果在一组例证 $a_1 \cdots a_n$ 之间存在肯定类比 ϕ,而无论这是不是它们之间的完全类比,则我们可以把它写作: 248

$$\underset{a_1 \cdots a_n}{A}(\phi)。$$[1]

如果有一个否定类比 ϕ',我们可以把它写作:

$$\underset{a_1 \cdots a_n}{\bar{A}}(\phi')。$$[2]

因此 $\underset{a_1 \cdots a_n}{A}(\phi)$表达了这样一个事实,即存在一组所有例证共有的特征 ϕ;$\underset{a_1 \cdots a_n}{\bar{A}}(\phi')$表达的事实是:存在一组特征 ϕ',该组特征至少对一个例证为真,至少对一个例证为假。

§3. 在典型的类比论证中,我们希望从完全类比的一个部分概括到另一个部分,经验已经表明,在某些选定的例证之间存在着这种完全类比。在发现存在特征 ϕ 的所有情况中,都发现了与之相关联的另一个特征 f。我们据此论证,任何已知共享第一个类比 ϕ 的例证也可能共享第二个类比 f。也就是说,我们发现,在某些情况下,ϕ 和 f 对它们都为真;并且,我们希望断言 f 对我们仅观察到 ϕ 的其他那些情况也为真。我们试图建立概括 $g(\phi, f)$,因为 ϕ 和 f 在它们之间构成了在给定的一组经验中观察到的肯定类比。

但是,尽管这种论证具有这样的性质,但我们对其赋予多大权重的根据,往往是相当复杂的。因此,我们必须系统地讨论它们。

---

[1] 因此,$\underset{a_1 \cdots a_n}{A}(\phi) \equiv \phi(a_1).\phi(a_2)\cdots\phi(a_n) \equiv \prod_{x=a_1}^{x=a_n} \phi(x)$。

[2] 因此,$\underset{a_1 \cdots a_n}{\bar{A}}(\phi') \equiv \sum_{x=a_r}^{x=a_s} \phi'(x).\sum_{x=a'_r}^{x=a'_s} \overline{\phi'(x)}$。

§4. 根据上一章提出的观点，这种论证的价值，部分地取决于我们试图得出的结论的性质，部分地取决于支持它的证据。如果休谟期望所有鸡蛋的营养程度相同，口味和风味也都相同，他会得出一个概率较弱(weaker probability)的结论。那么，让我们考虑概率对概括 $g(\phi, f)$ 范围的依赖——即对条件 ϕ 和结论 f 的全面性(comprehensiveness)的依赖。

249

条件 ϕ 越全面，结论 f 越不全面，我们归到概括 g 上的先验概率就越大。随着 ϕ 的每一次增加，这个概率都会增加；而随着 f 的每一次增加，这个概率都会减少。

如果 ϕ_2 是相对于一般性证据 h 独立于 ϕ_1 的条件，且如果 $g(\phi_1, \phi_2)/h \neq 1$，即如果相对于 h，对 ϕ_2 的满足不能从对 ϕ_1 的满足中推断出来，则 ϕ_2 独立于 ϕ_1，相对于一般证据 h，条件 $\phi(\equiv\phi_1\phi_2)$ 比条件 ϕ_1 更全面。

类似地，如果 f_2 是相对于一般证据 h 独立于 f_1 的结论，即如果 $g(f_1, f_2)/h \neq 1$，则结论 $f(\equiv f_1 f_2)$ 比结论 f_1 相对于 h 更全面。

如果 $\phi = \phi_1\phi_2$ 和 $f \equiv f_1 f_2$，其中 ϕ_1 和 ϕ_2 是独立的，f_1 和 f_2 相对于 h 是独立的，则我们有：

$$g(\phi_1, f)/h = g(\phi_1\phi_2, f).g(\phi_1\bar{\phi}_2, f)/h \leqslant g(\phi, f)/h,$$

以及：

$$\begin{aligned} g(\phi, f)/h &= g(\phi, f_1 f_2)/h \\ &= g(\phi f_1, f_2)/h.g(\phi, f_1)/h \leqslant g(\phi, f_1)/h, \end{aligned}$$

故有：

$$g(\phi, f_1)/h \geqslant g(\phi, f)h \geqslant g(\phi_1, f)/h。$$

这证明了上面的说法。需要注意的是，我们不一定能比较两个概括的先验概率的大小，除非第一个概率的条件包含在第二个概率的条件中，第二个概率的结论包含在第一个概率的结论中。

因此，我们看到，有些概括**最初**处于比其他概括更强的位置。为了达到给定程度的概率，概括根据其范围需要不同数量的有利证据来支持它们。 250

§5. 现在让我们先从概括的先验性质转到我们支持它的证据。因为，只要结论 f 是复合的(complex)，即可以分解为 f_1f_2 的形式，其中 $g(f_1, f_2)/h \neq 1$，我们可以将概括 $g(\phi, f)$ 的概率表示为两个概括 $g(\phi f_1, f_2)$ 和 $g(\phi, f_1)$ 概率的乘积，在不使我们的论证失去一般性的条件下，我们可以在后文假设：结论 f 很简单，不能做进一步分析。

我们将从最简单的情况开始，所谓最简单的情况，即在以下条件下会出现的情况。首先，让我们假设我们对所考察的例证的知识是完全的，因此我们知道关于所考察例证的每一个陈述，而无论其是真还是假。[1]其次，让我们假设所有已知满足条件的例证，对于满足概括的结论 f 也是已知的。最后，让我们假设在所有所考察的例证中没有一个为真，而且也不包含在 ϕ 或 f 中，即例证之间的肯定类比与由概括所覆盖的类比 ϕf 完全同延(coextensive)。

这样的证据构成了我们所谓的完美类比(perfect analogy)。支持概括的论点不能通过有关其他例证的知识来进一步改进。由于例证之间的肯定类比与概括所覆盖的类比恰好是同延的，而且由于我们对所考察例证的知识是完全的，因此我们就不必考虑否定类比了。

---

[1] 如果 $\psi(a)$ 是一个命题并且 $\psi(a)=h.\theta(a)$，其中 h 是一个不涉及 a 的命题，那么我们必须将 $\theta(a)$ 而不是 $\psi(a)$ 视为关于 a 的陈述。

然而,这种类比不太可能有太多实际效用。因为如果概括所覆盖的类比,涵盖了例证之间的**整个的**(whole)肯定类比,那么就很难看出概括可以适用于哪些其他例证。任何例证,如果关于它的一切都为真,也就是一组例证中的所有例证均为真,则这个例证必与这一组例证中的一个相同。事实上,正如稍后将讨论的那样,如果与类比目的**无关**的例证之间存在一些区别,而且,如果在完美类比中,我们必须考虑到的肯定类比只需要涵盖那些相关的区别,那么一个来自完美类比的论证只有在以下情况下才有实际效用:在这种情况下,基于完美类比的概括可能涵盖在数值上与原初集合不同的例证。

251

在我看来,自然齐一律(the law of the uniformity of nature)相当于这样一个断言,即:除了时间和空间上的位置差异被视为无关紧要外,一个完美的类比是概括的有效基础,两个总的原因如果仅仅在时间或空间上的位置不同,则它们就被视为是**相同的**。我认为,这就是这条定律对归纳论证理论的全部重要性。它涉及对不相关性的普遍判断的断言,即仅在时间和空间中的位置与不涉及时间和空间中的特定位置的概括无关。正是在这种时间或空间的位置上,“自然”才被认为是“齐一的”。该定律的意义及其正当性的本质,如果有的话,将在第二十二章中进一步讨论。

§6. 现在让我们转到下一个简单的类型。我们将放宽第一个条件,不再假设例证之间的**整个**肯定类比都被概括所覆盖,尽管还保留我们对所考察例证的知识是完全的这一假设。也就是说,我们知道,在某些方面,被考察的例证都是相似的,但概括却没有涵盖这些方面。如果 ϕ_1 是例证之间的肯定类比的一部分,没有被概括所覆盖,那么这种源于类比的论点的概率可以写成:

$$g(\phi, f) / \underset{a_1 \cdots a_n}{A}(\phi\phi_1 f)。$$ 252

这个概率的值决定了 ϕ_1 的全面性。所有例证都有一些概括认为不重要的共同特征 ϕ_1，但这些特征越不全面越好。ϕ_1 表示所有例证在概括所涵盖的例证之外彼此相似的特征。减少例证之间的这些相似性与增加它们之间的差异性是一回事。因此，否定类比的任何增加都会降低 ϕ_1 的全面性。然而，当我们对例证的知识完全时，就没有必要单独提及上式中的否定类比 $\underset{a_1 \cdots a_n}{\bar{A}}(\phi')$了。因为 ϕ'简单地包含了所有那些关于例证的函数，这些函数没有被包含在 $\phi\phi_1 f$ 中，它们的矛盾对立面也没有包含在其中；因此，在表述 $\underset{a_1 \cdots a_n}{A}(\phi\phi_1 f)$上，我们也通过蕴涵来表述 $\underset{a_1 \cdots a_n}{\bar{A}}(\phi')$。

在我看来，通过积累进一步的经验来加强支持概括 $g(\phi, f)$的论证的整个过程，在于通过不断减少我们的概括忽略的例证之间的相似性 ϕ_1 的全面性，使论证尽可能接近完美类比的条件。因此，来自经验的新添例证的优势不是来自它们本身的数量，而是来自它们限制和降低 ϕ_1 的全面性的倾向，或者换句话说，来自它们增加否定类比 ϕ'的倾向，因为 $\phi_1\phi'$包含它们之间的任何不被 ϕf 涵盖的东西。例证越多，它们多余的相似性就越不全面。但是，一个大大降低 ϕ_1 的新增例证会比影响 ϕ_1 较小的大量例证更多地增加该论点的概率。

§7. 那么，到目前为止我们所研究的论证的性质是，这些例证都有一些共同的特征，而我们在构建我们的概括时忽略了这些特征，但我们 253 仍然假设，我们对所考察例证的知识是完全的。接下来我们将放弃后一种假设，并讨论我们对所考察例证本身特征的知识不完全或可能不完全的情况。

现在有必要明确考虑已知否定类比。因为当已知肯定类比与完全肯定类比不一致时，就不可能从中推断出否定类比。从已知肯定类比中无法推断出的例证之间的差异性，可以是已知的。因此，论点的概率一定可以写成：

$$g(\phi,\ f)/\underset{a_1\cdots n^a}{A}(\phi\phi_1 f)\underset{a_1\cdots a_n}{\bar{A}}(\phi'),$$

其中，$\phi\phi_1 f$ 代表已知所有 n 个例证 $a_1\cdots a_n$ 相似的特征，而 ϕ' 代表已知它们不同的特征。

任何新增的例证或任何关于之前例证的新增知识都会加强这一论点，这会减少已知的多余相似性 ϕ_1 或增加否定类比 ϕ'。进一步积累经验的目的还是和以前一样，就是使论证的形式越来越接近完美类比。然而，既然我们不再假定我们对例证的知识是完全的，我们就必须考虑例证的数量 n 以及我们对它们的具体知识；因为例证越多，完全否定类比超过已知否定类比的机会就越大。但是，我们对例证的知识越完全，我们就越不需要关注它们的数量，而我们的知识越不完善，就越需要强调来自数量的论证。这部分论证将在后面关于纯粹归纳的章节中详细讨论。

§8. 当我们对例证的知识不完全时，可能存在对某些例证为真是254 已知的而对任何例证为假不是已知的类比。这些子类比（见§2节）不像肯定类比 ϕ_1 那样危险，后者已知对所有例证都为真，但它们的存在显然是一个弱点，我们必须努力通过知识的增长和例证的倍增来消除它。例证 $a_r\cdots a_s$ 之间的这种子类比可以写成 $\underset{a_r\cdots a_s}{A}(\psi_k)$；如果要考虑所有相关信息，那么这个公式应该写成：

$$g(\phi,\ f)/\underset{a_1\cdots a_n}{A}(\phi\phi_1 f)\underset{a_1\cdots a_n}{\bar{A}}(\phi')\prod\{\underset{a_r\cdots a_s}{A}(\psi_k)\},$$

其中，$\prod\{\underset{a_r\cdots a_s}{A}(\psi_k)\}$ 的各项代表例证子类之间的各种子类比，它们不

包括在 $\phi\phi_1 f$ 或 ϕ'中。

§9. 现在要引入另一种复杂性。我们必须放弃这样的假设，即概括所涵盖的整个类比已知存在于所有例证中。因为在我们的经验中可能有一些例证，我们关于这些例证的知识是不完全的，但这些例证显示了概括所要求的类比的一部分，而没有任何与之相矛盾的东西；这样的例证为概括提供了某种支持。假设${}_b\phi$ 和${}_bf$ 分别是 ϕ 和 f 的一部分，那么我们可能有一组例证 $b_1 \cdots b_m$，它们给出了以下类比：

$$\underset{b_1\cdots b_m}{A}({}_b\phi_b\phi_{1b}f)\ \underset{b_1\cdots b_m}{\bar{A}}({}_b\phi')\prod\{\underset{b_r\cdots b_s}{A}({}_b\psi_k)\},$$

其中，${}_b\phi_1$ 是不为该概括所涵盖的类比，如此类推，与之前一样。

因此，该公式可以写成下式：

$$g(\phi,\ f)/\prod_{a,\ b\cdots}\{\underset{a_1\cdots a_n}{A}({}_a\phi_a\phi_{1a}f)\ \underset{a_1\cdots a_n}{\bar{A}}({}_a\phi')\}\prod\{\underset{a,b,\cdots}{A}(\psi_k)\}。$$

在这个表达式中，${}_a\phi$、${}_af$ 是 ϕ、f 的全部或部分；乘积 $\prod_{a,\ b\cdots}$ 由每组例证 $a_1\cdots a_n$，$b_1\cdots b_m$，等的肯定类比和否定类比组成；乘积 $\prod$ 包含所有例证 $a_1\cdots a_n$，$b_1\cdots b_m$ 等的不同子类的各种子类比，被视为一个集合。[1]

255

§10. 这完成了我们对支持概括的正面证据的分类；但概率也可能会受到负面证据的影响。到目前为止，我们只考虑了表明我们需要的类比的全部或部分的那部分证据，而我们忽略了概括的条件 ϕ 或其结论 f，或者 ϕ 或 f 的一部分已知为假的例证。倘若存在 ϕ 为真 f 为假的例证，很明显，该概括就被破坏了。但是如果我们知道 ϕ 的一部分为

[1] 即使我们想要区分 a 集合的子类比和 b 集合的子类比，这一信息也可以从乘积 $\prod$ 中得到收集。

真而 f 为假,而对 ϕ 其余部分的真假一无所知,则只是在一定程度上削弱了它。因此,我们必须考虑下面的类比:

$$\underset{a_1'\cdots a_n''}{A}({}_{a'}\phi_{a'}\bar{f}),$$

其中,${}_{a'}\phi$ 是 ϕ 的一部分,它对整个集合为真,${}_{a'}f$ 是 f 的一部分,它对整个集合都为假,而 ϕ 和 f 的某些部分的真假是未知的。然而,负面证据可以加强也可以削弱该证据。我们认为 ϕ 和 f 同时为假的例证是有利地相关的。[1]

因此,我们的最终公式必须包含多项,类似于§9节末尾公式中的那些项,这个最终公式不仅适用于表明类比${}_{a}\phi_{a}f$ 的例证集,其中${}_{a}\phi$ 和${}_{a}f$ 是 ϕ 和 f 的一部分,而且适用于表明类比${}_{a}\bar{\phi}_{a}f$,或类比${}_{a}\phi_{a}f$ 的集合,其中${}_{a}\phi$ 和${}_{a}f$ 是 ϕ 和 f 的全部或部分,$\bar{\phi}\bar{f}$ 是 ϕ 与 f 的矛盾对立面。[2]

或许应该补充的是,由于我们合理地考虑了先前建立的概括,所以

256 我们对日常使用的大多数经验论点的理论分类变得复杂了。因此,我们经常间接考虑在某种程度上支持其他概括的证据,而不是我们目前所关心的建立或反驳的概括,但其概率与我们正在研究的问题有关。

§11. 如果我们讨论的是最一般的情况,那么这个论证将变得不必要地复杂,对其理论意义没有多大好处。因此,接下来的内容将讨论一般性处于第三级的公式,即:

$$g(\phi,\ f)/\underset{a_1\cdots a_n}{A}(\phi\phi_1 f)\underset{a_1\cdots a_n}{\bar{A}}(\phi')\prod\{\underset{a_r\cdots a_s}{\bar{A}}(\psi_k)\}。$$

---

[1] 我倾向于认为,我们不需要注意那些已知 ϕ 的一部分为假、f 的一部分为真的例证。但这个问题有点令人费解。

[2] 如果结论 f 是简单而不复杂的(见§5节),当然,这些复杂性中的有些是不可能出现的。

在这个公式里，没有部分的例证发生，也即，在这种情况下，只有由概括所要求的部分的类比是已知存在的。我们将会记住，在这种第三等级的一般性中，我们关于例证性质的知识是不完全的，例证之间的类比比概括所涵盖的要多，并且有一些子类比是不可忽视的。在上面的公式中，我们的知识的不完全性得到了隐含地承认，因为 $\phi\phi_1 f\phi'$ 在它们之间并不是完全全面的。在没有假设任何知识的情况下，还假设我们拥有的以联结词(conjunctions) ${}_a\bar{\phi}_a f$，${}_a\phi_a\bar{f}$ 或 ${}_a\bar{\phi}_a\bar{f}$ 为特征的例证的所有证据都是肯定的，其中 ${}_a\phi$ 和 ${}_a f$ 是 ϕ 和 f 的一部分。

因此，如果我们将注意力限制在更简单的一类情况上，通过以下方式，我们可以从经验中得出一个论点，在所考察的例证的基础上，我们建立一个适用于这些例证之外的一般化结论：

(1) 通过减少已知对所有例证共有的，但被概括忽略为不必要的相似性 ϕ_1。

(2) 通过增加例证之间已知存在的差异 ϕ'。

(3) 通过减少子类比或不主要的相似性 ψ_k，ψ_k 对某些共同的例证是已知，而对任何为假的例证不是已知的。

257

这些结果通常可以通过两种方式获得，一种是增加我们的例证数量，另一种是增加我们关于现有例证的知识。

从常识角度来看这些方法似乎即会加强论点的原因，是相当明显的。(1)的目的是避免 ϕ_1 和 ϕ 是 f 的必要条件的可能性。(2)的目的是避免可能存在除 ϕ 之外的一些相似之处，这些相似之处对于所有例证都是共同的，而我们未曾注意到它们。(3)的目的是消除 ϕ_1 的总值可能大于已知值的迹象。当 $\phi\phi_1 f$ 是例证之间的**完全肯定类比**时，这就使得 ϕ_1 的已知值是它的总值，(1)是最根本的；只有当我们关于例证的知识是不完全的时候，我们才需要考虑(2)和(3)。但是当我们关于例证的知识不完全，以至于 ϕ_1 达不到它的总值，我们无法从中推断出 ϕ' 时，我们最好将(2)视为基础；在任何情况下，每次对 ϕ_1 的减小都必将增加 ϕ'。

§ 12. 我现在已经尝试了分析各种常见的做法，这些做法似乎认为对类比的思考可以为我们提供支持概括的推定证据（presumptive evidence）。

在对经验论证进行分类时，我的目的与其说是把我的结果放在与科学研究人员通常呈现的概括问题非常相似的形式上，不如说是在探究是否可以在无数表面上彼此各异的模式之下找到方法的最终统一性，事实上，这也是我们争论不休的问题所在。

我还没有试图为这种争论的方式加以辩护。在转向更详细地讨论纯粹归纳法之后，我将会做这个尝试；或者更确切地说，我将试着看看什么样的假设能够证明这种经验推理的合理性。258

第二十章　例证倍增或纯粹归纳的价值

§1. 人们常常认为归纳论证的本质在于例证的倍增。休谟这样发问："但是以前的一百个例证既然和现在这一个例证没有任何差异，那么我们又凭什么推论步骤来由这一个例证推得异于我们由那一百个例证所得的一个结论呢?"我再重复一遍，休谟通过强调例证的数量掩盖了这种方法的真正目的。如果严格来说，这一百个例证与一个例证**没有任何**不同，那么休谟想知道它们以何种方式来加强论证，这是正确的。增加例证数量的目的是我们几乎总是意识到例证之间的**一些**差异，即使已知差异微不足道，尤其是当我们关于例证的知识非常不完全时，我们可能会怀疑还有更多这样的差异。每个新例证都**可能**减少例证之间不必要的相似性，并通过引入新的差异来增加否定类比。出于这个原因，并且仅出于这个原因，新例证才是有价值的。

如果我们的前提包括最初源自直接经验的记忆和传统，而我们寻求建立的结论是牛顿的太阳系理论，只要我们通过指出牛顿理论与经验事实具有共同的大量后果而支持牛顿理论，那么，我们的论证就是一种纯粹归纳法。《航海历书》(*Nautical Almanack*)的预测结果，也是牛顿理论的结果，而这些预测每天都会被验证数千次。但即使在这里，论证的力量在很大程度上也不仅取决于这些预测的数量，而且还取决于 259

实现这些预测的环境在许多重要方面彼此之间存在很大差异的这一知识。牛顿的概括得以实现的那些环境的**多样性**，而不是它们的数量，似乎给我们的理性能力留下了深刻的印象。

§2. 因此，我认为，我们的目标始终是增加否定类比，或者说是减少被考察例证所共有的、但却没有被我们的概括所考虑到的那些特征，这两者是一回事。然而，我们的方法可能是肯定能实现这个目标的一种方法，也可能是一种可能实现这个目标的方法。前一种方法显然更令人满意，它可以包括增加我们关于已考察例证的确定知识，或者寻找关于可获得的确定知识的更多例证。第二种方法是寻找更多的概括例证，然而，我们对这些例证的确定知识可能是微不足道的；如果我们关于这些进一步的例证的知识更完全，那么它们将增加或保持否定类比不变；在前一种情况下，它们会加强论证，而在后一种情况下，它们也不会削弱它。因此，它们必须有一定的权重。这两种方法并不是完全不同的，因为有一些新例证，我们关于它们有一些知识但这种知识又不是很多，这些新例证用第一种方法可以稍微增加一点否定类比，用第二种方法可以怀疑会否进一步增加它。

依靠前者是先进的科学方法的特点，而依靠后者则是对普通经验的粗暴无节制的归纳。当我们关于例证的确定知识有限时，我们才应当注意例证的数量而不是它们之间的具体差异，并且应当采用我所说的纯粹归纳的方法。

在本章中，我将研究仅仅重复例证可以增加论证力量的条件和方式。在我看来，这一章的主要价值是消极的，它本要表明一条可能看起来很有希望的前进路线，结果却是一条死胡同，我们又回到了已知的类比上。纯粹归纳法在解决一般的归纳问题上不会给我们带来任何实质性的帮助。

§3. 由纯粹归纳所得到的概括的问题[1]，可以用下列符号形式来表达：

设 h 代表一项调查的一般先验数据；令 g 代表我们试图建立的概括；令 $x_1x_2\cdots x_n$ 表示 g 的例证。

那么 $x_1/gh=1$，$x_2/gh=1\cdots x_n/gh=1$；给定 g，也就是说，它的每个例证的真实性即可推知。问题是确定概率 $g/hx_1x_2\cdots x_n$，即给出 n 个例证时的概括概率。如果我们引入这样的假设，即在我们的先验数据中没有任何东西能让我们区分不同例证的先验似然性，那么我们的分析就会简化，而且不会丢失任何重要的东西；我们假设，也就是说，没有先验的理由期望任何一个例证的发生比任何其他例证都具有更大的可靠性，即：

$$x_1/h=x_2/h=\cdots=x_n/h。$$

可以写为：

$$g/hx_1x_2\cdots x_n=p_n$$

和

$$x_{n+1}/hx_1x_2\cdots x_n=y_{n+1};$$

那么有：

$$\frac{p_n}{p_{n-1}}=\frac{g/hx_1\cdots x_n}{g/hx_1\cdots x_{n-1}}=\frac{gx_n/hx_1\cdots x_{n-1}}{g/hx_1\cdots x_{n-1}.x_n/hx_1\cdots x_{n-1}}$$

---

[1] 从最一般的意义上说，我们可以把任何命题看作是由它所引出的所有命题的概括。因为，如果 h 是任何命题，我们令 $\phi(x)\equiv$“x 可以从 h 推断出来”以及 $f(x)\equiv x$，那么 $g(\phi, f)\equiv h$。由于纯粹归纳包括了尽可能找得到的那么多的概括例证，所以，在最广泛的意义上，它是通过引证由某一命题引出的已知真理的无数例证来增强其可能性的过程。因此，就结论的概率是基于结论和前提共有的独立结果的数量而言，这一论证是一种纯粹归纳法。

$$=\frac{x_n/ghx_1\cdots x_{n-1}}{x_n/hx_1\cdots x_{n-1}}$$

261

$$=\frac{1}{y_n}。$$

故有：

$$\frac{p_n}{p_{n-1}}=\frac{1}{y_n},$$

而且因此有：

$$p_n=\frac{1}{y_1y_2\cdots y_n}.p_0,$$

其中，$p_0=g/h$，即 p_0 是该概括的先验概率。

因此，我们可以推出结论：只要 $y_n>1$，就有 $p_n>p_{n-1}$。

而且：

$$x_1x_2\cdots x_n/h=x_n/hx_1x_2\cdots x_{n-1}.x_1x_2\cdots x_{n-1}/h$$

$$=y_n.x_1x_2\cdots x_{n-1}/h$$

$$=y_ny_{n-1}\cdots y_1。$$

因此有：

$$p_n=\frac{p_0}{y_1y_2\cdots y_n}=\frac{p_0}{x_1x_2\cdots x_n/h}$$

$$=\frac{p_0}{x_1x_2\cdots x_ng/h+x_1x_2\cdots x_n\bar{g}/h}$$

$$=\frac{p_0}{g/h+x_1x_2\cdots x_n/\bar{g}h.\bar{g}h}$$

$$=\frac{p_0}{p_0+x_1x_2\cdots x_n/\bar{g}h(1-p_0)}。$$

如果当 n 增加时，$x_1x_2\cdots x_n/\bar{g}h.\frac{1}{p_0}$ 趋近于极限 0，则上式趋近于极限 1。

§4. 我们现在可以停下来想一想，这一论证证明了多少东西。我们已经证明，如果每个例证都必然由概括而得来，那么每个新增的例证都会增加概括的概率，只要新例证不能从先前例证的知识中确定地得到预测。[1]这个条件与我们讨论类比时发现的相同。如果新例证与先前的例证相同，则关于后者的知识将使我们能够预测它。如果类比不同或可能不同，则上述所要求的条件即可得到满足。 262

一般的观念认为，对可疑原理的每一次连续验证都是加强了它，因此，这种观念在形式上即得到了证明，而无需诉诸任何定律的概念或因果关系的概念。**但是我们还没有证明**这种概率趋近于作为极限的确定性，甚至还没有证明当验证或例证的数量无限增加时，相对于不可能性，我们的结论是否变得更有可能。

§5. 必须满足哪些条件，才能使概括的概率增加的速率在其独立例证的数量无限增加时接近确定性的极限呢？作为这项研究的基础，我们已经表明，如果随着 n 的增加，$x_1x_2\cdots x_n/\bar{g}h$ 与 p_0 相比变得更小，即如果假设该概括为假，这么多的例证的先验概率与该概括的先验概率相比很小，则 p_n 趋近于概括 g 的确定性极限。因此，当例证数量增加时，归纳的概率趋向于作为极限的确定性，只要对于 r 的所有取值以及 $p_0>\eta$ 有下面的不等式成立：

$$x_r/x_1x_2\cdots x_{r-1}\bar{g}h<1-\varepsilon,$$

其中 ε 和 η 是有限概率，也就是说，它们是通过有限量的取值(无论多

[1] 因为只要 $y_n\neq 1$，即有 $p_n>p_{n-1}$。

么小)与不可能性分开的。这些条件看起来很简单,但“有限概率”的含义需要略加解释。[1]

我在第三章说过,并不是所有的概率都有一个精确的数值,而且在某些情况下,关于它们与确定性和不可能性的关系,人们只能说它们低于前者而超过后者。然而,有一类概率,我称为数值类(numerical 263 class),它的每个成员与确定性的比率可以用一些小于1的数来表示;我们有时可以将关于更多和更少的非数值概率与这些数值概率之一进行比较。这使我们能够给出“有限概率”的定义,该定义既能够应用于非数值概率,也能应用于数值概率。我将“有限概率”定义为超过某个数值概率的概率,其与确定性的比率可以用一个有限的数字来表示。[2]当论证的结论可以被证明是有限数量的备选项(它们之间是穷举的,或者总是具有有限概率,这些备选项适用于无差异原理)之一时,或者(更通常而言),当论证的结论比满足这第一个条件的某个假设更有可能时,这一论证过程能证明概率有限的主要方法才会产生。

§6. 为了使纯粹归纳的概率随着例证数量的增加而趋于确定性,我们现在已经建立的条件是:(1)$x_r/x_1x_2\cdots x_{r-1}\bar{g}h$ 对于 r 的所有取值以一个有限的量低于确定性,以及(2)我们的概括的先验概率 p_0,以一个有限的量超过了不可能性。很容易看出,我们可以通过完全相同的

---

[1] 这些条件的证明是显而易见的,具体如下:

$$x_1x_2\cdots x_n/\bar{g}h=x_n/x_1x_2\cdots x_{n-1}\bar{g}h.x_1x_2\cdots x_{n-1}/\bar{g}h<(1-\varepsilon)^n,$$

其中 ε 是有限的,而且 $p_0>\eta$,而且 η 是有限的。在这些条件下,总有 n 的某个有限取值,使得 $(1-\varepsilon)^n$ 和 $\frac{(1-\varepsilon)^n}{\eta}$ 都小于任何给定的有限量(无论有多小)。

[2] 因此有一系列的概率 $p_1p_2\cdots p_r$ 趋于极限 L,如果给定任何正的有限数 ε,不管它有多小,总能找到一个正整数 n,使得对于所有大于 n 的 r 值 L 和 p_r 之间的差值小于 $\varepsilon.\gamma$,其中 γ 是确定性的度量。

论证证明，以下这些更一般的条件同样满足：

(1) 对于超过指定值 s 的 r 的所有取值，$x_r/x_1x_2\cdots x_{r-1}\bar{g}h$ 以一个有限的量低于确定性。

(2) 相对于关于这些第一批 s 的例证的知识，概括的概率 p_s 以一个有限的量超过了不可能性。

换句话说，如果在考察了一定数量的例证之后，我们从其他来源获得了支持概括的有限概率，并且假设概括为假，那么纯粹归纳可以有效地用于加强论证，关于其结论的有限不确定性由满足其前提的下一个 264 迄今为止未经考察的例证满足。举个例子，纯粹归纳可以用来支持未来一百万年太阳每天早上都会升起的概括，前提是根据我们实际拥有的经验，**从其他来源得出的有限概率**，无论多么小，第一，支持这个概括，第二，如果这个概括为假，那就支持明天太阳**不会**升起。给定这些有限的概率，若以其他方式获得，无论其多么小，那么，这个概率都可以通过例证的简单倍增来加强，并趋于向确定性增加，只要这些例证是如此不同，以至于它们不能相互推断。

§7. 那些对归纳原理所假定的证明，或明白或隐含地建立在逆概率论证上，它们都是由于与先验概率 p_0 的大小有关的不合理假设而不成立的。例如，杰文斯明白地假设，在缺乏特殊信息的情况下，我们可能认为任何未经检验的假设都很可能是不可能的。对于他这样一个具有可靠的实际判断力的人来说，即使一种信念的最直接的含义得到了恰当的理解，也很难理解它怎么可能仍然是可信的。反对杰文斯观点的论点及其导致的矛盾已在第四章中讨论过。依赖于继承规则的拉普拉斯论证，我们将在第三十章中讨论。

§8. 我认为，在大多数普通的情况下都是从类比的考虑中导出的——是什么理由还有待讨论——先验概率，在纯粹归纳法能够有效地用于支持一个实质性的论点之前,必须找到先验概率。但是,正如上面所阐述的,有效归纳的条件是独立于类比的,并且可能适用于其他类型的论证。在某些情况下,我们可以认为直接假设必要条件得到满足是合理的。

例如,我们相信一个逻辑方案的有效性,部分是基于归纳的基础(基于结论的数量,每个可以从公理推导出来的结论就其自身而言似乎都为真),部分是基于公理本身的某种程度的自明(self-evidence)。我们所依赖的最初的假设是,如果一个命题在我们看来为真,那么在没有相反证据的情况下,这本身就是它存在和看起来为真的某种原因。我们不能否认,看起来为真的东西有时是假的,但是,除非我们能够假设真理的表象与实在之间存在某种实质性的概率关系,否则甚至盖然性知识的可能性也都没有了。

我们对某些信念有某种理由(尽管不是确凿的理由)这一概念,源于直接的省察(inspection),它可能证明了对认识论理论的重要性。旧的形而上学由于总是要求证明的确定性而受到很大的阻碍。休谟批评(Hume's criticism)的大部分说服力,来自它所针对的那些体系对确定性方法所采取的假设。早期的实在主义者(realists)之所以受到抑制,是因为他们没有意识到,一开始较少的要求可能最终会产生他们想要的东西。我相信,先验哲学的兴起,部分是由于这样一种信念,即在这些问题上,不存缺乏特定知识的知识,并与这样一种信念相结合,即这种关于形而上学问题的特定知识是普通方法所无法企及的。

然而,当我们承认盖然性知识是真实的时候,一种新的论证方法就可以引入形而上学的讨论中。我们可以把说明性的方法放置一旁,而通过考虑某些情况来推进论证,这些情况似乎给了我们某种理由,使我们选择一种方法而不选择另一种方法。如果知觉对象的性质和实相(reality)[1](例如)可以通过与科学中使用的并非完全不同的方法进行有效的研究,并且有望获得与某些科学结论一样高的确定性,那么我们可能会取得巨大的进步。可以想象的是,对科学结论的信仰,无论以 266 多么合理的方式表达,都包含了对某些形而上学结论的偏爱。

§9. 抛开分析不谈,仔细的沉思很难使我们预期,一个仅基于纯粹归纳的基础上的结论,就像我所定义的那样,仅仅由重复的案例组成,就能以这种形式获得一个高可能性程度。在这一点上,我们都应该同意休谟的观点。我们发现,常识的建议得到了更精确的方法的支持。此外,我们不断区分我们称之为归纳的论证,区分的根据不是它们所基于的例证的数量,而是别的理由;在某些条件下,我们认为少量的实验是至关重要的。纯粹归纳法可能是一种有用的方法,以加强基于其他理由的概率。然而,在大多数通常被称为归纳的科学论证中,当我们根据过去的经验做出预测时,我们是正确的概率在很大程度上并不取决于我们所依赖的过去经验的数量,也不取决于这些经验的环境在多大程度上类似于预测生效的已知环境。事实上,科学方法主要致力于发现提高已知类比的手段,以便我们可以尽可能地不用纯粹归纳的那些方法。

因此,当我们先前的知识是相当可观的,而且有很好的类比时,论证中的纯粹归纳部分可能会占据非常次要的位置。但是,当我们关于例证的知识很少时,我们可能不得不大量依赖纯粹归纳。在一门先进 267

[1] G. E. 摩尔先生一篇题为《知觉对象的性质与实相》(The Nature and Reality of Objects of Perception)[发表在1906年的《亚里士多德学会学报》(*Proceedings of the Aristotelian Society*)上],在我看来,似乎首次应用了一种有点类似于上面描述的方法。

的科学中,这是最后的手段,是最不令人满意的方法。但有时,它必定是我们的第一选择,是我们在知识的开端和基本的探索中必须依靠的方法,在这些探索中,我们必须不以任何东西为先决条件。

268

第二十一章　归纳论证的性质（续）

§1. 在前两章对类比原理和纯粹归纳原理的阐述中，没有提到因果关系或因果律的经验内容。到目前为止，这个论证已经完全形式化了，可能与任何类型的一组命题有关。但这些方法在物理论证中最常用，在物理论证中，物质对象或经验都是概括的各项。因此，我们必须考虑，是否如某些逻辑学家所认为的那样，有充分的根据把它们限制在这种研究上。

我倾向于这样认为，无论是否合理，我们都很自然地将它们应用于各种类似的论证，包括形式论证，例如关于数的论证。当我们知道，费马的素数公式（即对于所有 α 的取值都有 $2^{2^\alpha}+1$ 是素数）已经在验证不太费力的所有情况下（即对于 $\alpha=1, 2, 3$ 和 4 时）都得到了验证时，我们认为这是接受它的某种理由，或者至少认为它提出了一个充分的假设来证明对该公式的进一步检查也是正确的。[1]然而，这里一点也没有参考关于自然齐一性或物理因果关系。如果归纳方法仅限于自然对象，那么认为 $2^{2^\alpha}+1$ 是素数乃是一个正确的公式就没有明显的根据了，

[1] 事实上，这个公式在最近被证伪了，例如 $2^{2^5}+1=4\ 294\ 967\ 297=641\times 6\ 700\ 417$。因此，作为我们这里的说明性例子，它不再像100年前那样好了。

因为经验方法表明它产生的是素数的情况只到 $\alpha=4$，或者即使经验方法表明它对于直到1亿的每个数所得到的都是素数，这样所得到的结果仍然是有限的，此时我们认为它是一个正确的公式，不亚于我可能随 269 机选择写下的任何一个可以被视为素数真正来源的公式。认为在这种情况下没有明显的根据是自相矛盾的。另一方面，如果一个部分的验证确实提出了一些对该公式有利的尚可接受的推定，那么，无论如何，在归纳方法的适当主体中，我们必须包括数以及物质对象。然而，前一章的结论表明，如果这种论证具有效力，那么它只能是因为这些是有限的先验概率，而不是基于归纳性的根据。

杰文斯的《科学原理》(*Principles of Science*)中有一些说明性的例子，[1]与这里的讨论相关。我们发现，对于都以5为个位数，都可以被5除尽这个要求，下面这六个数字是正确的：

5，15，35，45，65，95

这一事实本身是否可以让我们提出任何一种假设，即所有以5结尾的数都能被5整除而没有余数呢？让我们来考虑下面这六个数字：

7，17，37，47，67，97

它们都以7结尾，也都是素数。这是否会引出一种推论，认为以7结尾的所有数字都是素数呢？我们可能会偏向于第一个论点，因为它会引导我们得出一个正确的结论；但我们不应该对第二个论点抱有偏见，就因为它会把我们引向错误的论点，由于作为概率基础的经验论证的有效性不受其结论的实际真假的影响，所以我们不因其结论错误而对第二个论点抱有偏见。如果在证据上，类比是相似和相等的，

[1] 第229—231页(一卷本)。杰文斯使用这些说明性例子，不是为了我在这里使用它们的目的，而是为了证明经验法则的不可靠性。

而且如果概括的范围及其结论是相似的,那么两个论点的值也必须相等。

无论在这些特定的例子中使用经验论证对我们来说是否合理,许多数学定理确实是通过这些方法发现的。在逻辑科学和数学科学中, 270 通过对特定例证的承认,甚至在随后已经有了形式证明的情况下,可能与在物理科学中一样经常地提出概括。然而,如果类比的建议在形式科学中没有明显的可能性,而只在自然科学(material sciences)中才被允许,那么我们追求类比的建议一定是不合理的。如果一个经过经验验证的公式实际上不存在有限概率,那么当牛顿通过经验主义的方法偶然发现二项式定理时,他的行为是幸运的,但并不是合理的。[1]

§2. 因此,我倾向于认为,如果我们相信常识的提示,我们就有同样的理由相信数学中的类比,就像我们在物理学中相信的那样,并且我们应该能够把适合于后一种情况的证明方法,也应用于前一种情况。这并不意味着在这两种类型的探究中,不能以不同的方式寻找和发现由归纳之外的其他来源而来的先验概率,归纳方法是要求把这种其他的来源作为其基础的。人们认为类比应该限于自然规律的一个原因可能是,在大多数情况下,我们可以通过非常强的类比来支持数学定理,形式证明的存在已经完成了不再需要一瘸一拐的经验主义方法;因为在大多数数学研究中,虽然在我们最早的思想中,我们并不以求助于类比为羞耻,但我们后来的工作将更多地用于寻找形式证明,而不是建立充其量也必是相对较弱情况下的类比。现代科学家一般都弃纯粹归纳法于不顾,转而采用实验类比的方法,在这种方法中,如果他考虑到他

[1] 同前引书,第231页。

271 以前的知识,一两个案例就可能证明是非常重要的。因此,现代数学家更喜欢他的分析来源,这可能会给他带来确定性,而不是经验主义的可疑承诺。

§3. 然而,人们常常认为归纳方法只能适用于我们所处的特定物质宇宙的内容,其主要原因很可能是,我们可以很容易地想象一个如此构造的宇宙,在这种宇宙中,归纳方法毫无用处。由此可见,类比和归纳虽然在这个世界上碰巧对我们有用,却不能成为逻辑的普遍原则,例如,不能像三段论那样成为逻辑的普遍原则。

从某种意义上说,这种观点可能是有根据的。我目前并不否认或肯定,把归纳方法限制在关于某些种类的对象或某些种类的经验的争论上可能是有必要的。诚然,在每一个有用的类比论证中,我们的前提必须包含直接而不是由归纳获得的基本假设,而这些基本假设可能会被某些可能的经验所排除。此外,归纳法在过去的成功肯定会影响到它在未来可能的有用性。我们可能会发现一些关于宇宙本质的东西——我们甚至可以通过归纳本身来发现它——对它的了解会破坏归纳的进一步效用。稍后我将争辩说,我们自己使用该方法的信心实际上取决于我们过去经验的性质。

但另一方面,这种对归纳的经验态度或许是由两种可能的混淆引起的。首先,它可能会混淆论证的合理性和它们的实用价值。毫无疑问,归纳法的有效性取决于经验的实际内容。如果宇宙中没有细节的重复,归纳就没有用处。如果宇宙中只有一个物体,加法定律将毫无用处。但是归纳和加法的过程仍然是合理的。其次,它可能会混淆将概272 率归因于论证结论的有效性与结论的实际真实性问题。归纳告诉我们,在某些证据的基础上,某个结论是合理的,而不是正确的。如果明天太阳不升起,如果安妮女王还活着,这并不能证明我们相信相反的观点是愚蠢的或不合理的。

§4. 在这方面,也即并不少见的无法区分合理与正确方面,我们有必要多说一点。这一错误对野蛮和原始民族所谓的非理性行为做出了过度的嘲讽,为之提供了一些很好的例子。"回忆和探索会使我们信服,"弗雷泽博士(Frazer)在《金枝》(*Golden Bough*)一书中说,"原来我们以为是我们自己的东西,有许多都应该归之于我们的祖先,他们的错误并不是有意的夸张或疯狂的呓语,而是一些假说,在提出它们的时候确实是假说,只是后来更充足地验证那些不足以构成假说罢了!(只有不断地检验假说,剔除错误,真理才最后明白了,归根究底,我们称其为真理的也不过是最有成效的假说而已。)所以,检查远古时代人类的观念和做法时,我们最好是宽容一些,把他们的错误看成寻求真理过程中不可避免的失误(把将来某一天我们自己也需要的那种宽容给予他们)。"[1]他在另一篇文章中说,第一次将铁犁头引入波兰,随后一连串的歉收,农民就把收成不好归咎于铁犁头,然后用旧的木制犁头代替铁犁头。农民的推理方法与科学的方法没有什么不同,而且可以肯定,对他们来说这种推理方法就其有利性而言具有某种可感知的可能性。"一位开拓婆罗洲的探险家说:'杜松人把周围发生的任何事情——无论好的坏的,幸运的或不幸的,都归因于进入本国的新奇事物,真是奇怪的迷信。例如我曾经住在金兰,就被说成是造成那些最近出现罕见奇热天气的原因。'"[2]这种奇怪的迷信除了方法的差异之外又是什么呢?

[1] 这一段引自《金枝》一书的第23章的最后一段,括号中的部分是凯恩斯引用时省略的,为补充文意,我也照录了上来。关于此书相关引文的中文译文参考了商务印书馆汪培基、徐育新、张泽石翻译的《金枝》的相关段落。——译者注

[2] 《金枝》,第174页。

杰文斯的《科学原理》中下面一段话很好地说明了一种倾向，他本[273]人也服从于这种倾向，即倾向于贬低一个时代所偏爱的类比，因为他们的后来者的经验会使他们对这类偏爱感到困惑不解。他指出，在数量相同的事物之间，存在一定的相似性，即数量上的相似性；在科学的婴儿期，人们无法相信数字的含义没有更深层次的相似性。“创世记中提到了七天；婴儿在七个月结束时长出牙齿；七岁之后开始换牙；七英尺是人类身高的极限；每七年都是转折或关键的一年，每到这一年，人的性情就会发生变化。在自然科学中，不仅有七颗行星，七种金属，还有七种原始颜色和七种音乐音调。这种学说的影响如此之深，以至于我们在许多习俗中仍然有它的影响，不仅包括一周有七天，而且包括七年的学徒期，十四岁的青春期，此为第二次更年期，二十一岁的法定成年期，此为第三次更年期。”从毕达哥拉斯到孔德(Comte)的宗教体系都试图从“七”的美德中获得力量。“即使在科学问题上，最崇高的智慧有时也会屈服于这种看法，就像牛顿，也曾被音乐的七种音调和光谱的七种颜色之间的类比所误导……即使是惠更斯那样的天才，也没有阻止他推断土星可能只有一颗卫星，因为木星和地球的卫星，已经给出了完美的六这个数字。”但是否能就此确定，牛顿和惠更斯只有在他们的理论为真时才是合乎理性的，而他们的错误则是胡思乱想的结果呢？或者说，我们从他们那里继承了我们知识最根本的归纳法的野蛮人，当他们认为我们现在知道的东西是荒谬的时候，他们总是迷信的吗？

重要的是要理解，这个种族的常识已经被非常弱的类比所深深地烙上了印记，并赋予了它们一个可感知的概率，而且一个证明了常识的逻辑理论不必害怕涵纳这些边缘的案例。即使我们相信其他人的真实[274]存在——这点我们都深信不疑，我们也可能需要将经验与普遍认为的万物有灵论的先验可能性结合起来。[1]如果我们确实掌握了使某一结论变得荒谬的证据，我们就很难理解这个结论与不同且不完全的数据之间的关系；但是，如果我们要不带偏见地走近归纳的逻辑理论，那么我们就应该认识到类比论证是**相对于前提**进行的，这一点是至关重要的。

§5. 虽然我们贬低我们不再持有的信念之前的可能性，但我认为，我们倾向于夸大我们仍然相信的东西目前的确定性程度。上一段并不是要否认，野蛮人经常大大高估他们粗略归纳的价值，并且在这种程度上是非理性的。要区分一种信念是愿意相信的最合理的，还是更可能的，并不容易。同样地，我们也许对下面这些结论过于相信了——例如，其他人的存在，万有引力定律，或者明天的日出——与许多其他信念相比，我们非常确信这些结论。我们有时可能会混淆实际的确定性（即以最大的信心采取行动是合理的那类信念）与逻辑的完全客观的确定性。例如，我们可以轻率地断言，明天的日出对我们来说和连续抛掷一枚无偏倚硬币一百次都是正面朝上而不得的可能性是一样的，即使对毕达哥拉斯来说，"七"这个数字的特殊优点，也不太可能像连续抛掷一枚无偏倚硬币 100 次都是正面朝上的可能性一样。[2]

---

[1] "这是万物有灵论，或者说是自然界中万物对开明或文明的人来说并不存在的感觉，而在文明人的孩子身上，如果承认他有这种感觉，那也不过是原始心灵某一个阶段的微弱残存。我所说的万物有灵论，并不是指自然界中有灵魂的理论，而是指一切神话的起源，使万物有生命的倾向、冲动或本能。它把我们自己投射到了自然中；它是对智慧的感知和理解，如同我们自己的一样，但在所有可见的事物中又更为强大。"[哈德森（Hudson），《遥远和久远》（*Far Away and Long Ago*），第 224—225 页]。如果常识的一些普遍结论，即使是最具有怀疑精神的人也无法摈弃，那么这种经过理性提炼并通过经验扩大的"倾向、冲动或本能"，可能需要以一种直观的先验概率的形式出现，要有理性的基础来支撑。

[2] 然而，如果世界上的每个居民，格里姆瑟尔（Grimsehl）计算过，每秒钟都抛一次硬币，不分昼夜，那么后一种事件平均每 200 亿年才会发生一次。

275

§6. 由于人们经常基于各种理由认为，归纳法和类比法的有效性在某种程度上取决于实际世界的性质，因此逻辑学家们一直在寻找可以作为这些方法基础的物质规律。普遍因果律和自然齐一律，即万事皆有因，同一个总因总是产生同一个结果，是那些普遍起作用的规律。但这些原理只是断言，有一些数据可以从中推断出在时间上晚于它们的事件。它们似乎对我们解决归纳问题没有提供太多帮助，也不能确定我们如何从部分数据中推断出概率。在第十九章中，我们已经提出，自然齐一律等于在断言，当应用于仅在时间或空间位置不同的事件时，来自完美类比（如我所定义的那样）的论证是有效的。[1]也有人指出，普通的归纳论证似乎被任何使它们在性质上更接近完美类比的证据所加强。但是，我认为，这就是这一原理（即使可以假定其为真）对我们有帮助的全部程度。在具体细节上都相同的宇宙的诸种状态，可能永远不会再次出现，即使相同的状态再次出现，我们应该也不知道它是相同的。

在我看来，科学家们似乎经常依据的关于物质规律特性的那种基本假设，远没有单纯的齐一律那么简单。他们所作的假设，似乎更像数学家所说的小效应叠加原理（superposition of small effects），或者，在这方面，我更喜欢称之为自然法则的**原子**特性。如果这种假设是有根据的，那么物质宇宙的系统必须由我们称之为**合乎自然法则的原子**（legal atoms）（其大小姑且不论）的物体组成，这样它们中的每一个都可以发挥其自身单独的、独立的和不变的效应，总状态的变化是由许多单独的变化复合而成的，其中每一个单独的变化都是由于前一个状态的单独

276

[1] 这种对自然齐一律的解释是否受到相对论的影响？

部分造成的。我们在特定物体之间没有一成不变的关系，但是每个物体对其他物体都有自己单独的和不变的影响，这种影响不会随着环境的变化而改变，当然，尽管如此，如果所有其他伴随的原因是不同的，那么总效应几乎可以在任何程度上发生变化。根据这一理论，每个原子都可以被视为一个单独的原因，而不会进入不同的有机组合，在每一种组合中它都受不同的规律调节。

也许人们并不总是意识到，这种原子的统一性绝不是自然齐一律所隐含的内容。然而，对于复杂程度不同的整体，很可能有完全不同的法则，而复杂现象之间的联系法则不能用连接各个部分的法则来表述。在这种情况下，自然法则将是有机的，而不是像人们通常认为的那样是原子的。如果宇宙的每一种结构都服从一个单独而独立的定律，或者如果物体之间非常小的差异——例如在它们的形状或大小上的差异——导致它们遵循完全不同的定律，那么预测将是不可能给出的，归纳法也就毫无用处。然而，自然可能仍然是齐一的，因果关系至高无上，定律是永恒的和绝对的。

事实上，科学家希望假设，作为更复杂现象的一部分出现的一种现象的发生，可能是期望它在另一个场合与同一复杂现象的一部分相关联的某种原因。然而，如果不同的整体受制于作为整体的不同法则，而不是仅仅因为它们各部分的差异并与之成比例，那么对某一个部分的认识，似乎不能导致关于它与其他部分联系的推定的或可能的认识。另一方面，给定许多合乎自然法则的原子单位和连接它们的法则，在不具备关于所有共同环境的完备知识的情况下，我们是可能直接推断它们的效应的。 277

我认为，我们确实习惯性地假设，对于精神事件而言，原子单位的大小是个体意识，对于物质事件而言，原子单位的大小是一个相对于我们的感知来说很小的物体。这些考虑并没有给我们提供一种证明归纳法合理的方法。但它们有助于阐明我们实际上所做的那类假设，并且278 可以作为对接下来内容的介绍。

第二十二章　这些方法的合理性

§1. 本章要遵循的一般思路可以在开头简要地予以说明。

正如我们通常所设想的那样，一个事实或命题系统可能包含不定数量的成员。但是，系统的所有成员所围绕的系统的最终组成部分或无法定义的部分，在数量上比这些成员本身要少。此外，成员之间存在一定的必然联系规律，它的意思是(我不会停下来考虑其意思是否不止于此)每个成员的真假都可以从关于这些必然联系规律以及对某些(但不是全部)成员的真假的知识中推断出来。

最终的组成部分与必然联系的规律一起构成了我将称之为系统的**独立多样性**的东西。最终的组成部分与必然联系的规律越多，系统的独立多样性就越大。我现在的目的，只是向读者介绍我心中的那种概念，所以没有必要对我所说的系统给出一个完整的定义。

一个系统的特点在于，它的前提的数量，或者说，它的独立多样性的数量，应该少于它的成员的数量，这一点区别于一群异质的和独立的事实或命题的集合。但它显然不是一个系统的本质特征，一个系统的前提或独立多样性实际上应该是有限的。因此，我们必须区分可以分别称为有限的系统和无限的系统，**有限**和**无限**这两个术语不是指系统中成员的数量，而是指系统中独立多样性的数量。 279

占据本章大部分内容的讨论,其目的是坚持认为,如果我们论证的前提允许我们假设论证所涉及的事实或命题属于一个有限系统,那么盖然性知识就可以通过归纳论证有效地获得。我现在从一个稍微不同的角度来处理这个问题,不过,控制的思想(controlling idea)则如前所述。

§2. 我们在归纳论证中的实际过程是什么样的呢?让我们假设,我们面前有一组 n 个例证,它们具有 r 个已知的共同性质,$a_1a_2\cdots a_r$,这 r 个性质构成了已知肯定类比。从这些性质中选出(比方说)三个,即 a_1,a_2,a_3,我们要问的是:具有这三个性质的所有对象也具有我们已选出的某些其他性质(即 a_{r-1},a_r)的概率是多少。也就是说,我们希望确定,性质 a_{r-1},a_r 是否与性质 a_1,a_2,a_3 有联系。在这样处理这个问题时,我们似乎假设一个对象的性质在有限数量的群中是联系在一起的,每个群的一个子类也是它的某些其他成员共存的可靠征兆。

有三种可能性,其中任何一种都可能对我们的概括具有破坏性。情况(1)可能是:a_{r-1} 或 a_r 独立于例证的所有其他性质——它们可能不重叠,也就是说,与任何其他群不重叠;或者是情况(2):$a_1a_2a_3$ 与 $a_{r-1}a_r$ 不属于同一个群;或者是情况(3):$a_1a_2a_3$ 虽然与 $a_{r-1}a_r$ 属于同一个群,但不足以唯一地指定该群——也就是说,它们也属于不包括 a_{r-1} 和 a_r 的其他群。我们采取的预防措施旨在尽可能降低每种概率(possibilities)的似然性(likelihood)。如果以 $a_{r-1}a_r$ 为代表的项数量多且全面,那么我们就不相信这种概括,因为这增加了至少其中一些项属于情况(1)的似然性,也因为它,增加了(3)的似然性。如果以 $a_1a_2a_3$ 为代表的项数量多且全面,那么我们就相信它,因为这会降低(2)和(3)的似然性。如果我们找到一个新的例证,它与 $a_1a_2a_3a_{r-1}$ 中的先前例证一致,但与 a_4 中的不一致,那么我们就欢迎它,因为这消除了 a_4(单

280

独地或组合地)与 $a_{r-1}a_r$ 联系的可能性。我们希望增加我们关于这些性质的知识,以免有一些肯定类比从我们手中逃脱,当我们的知识不完全时,我们可以倍增我们所不知道的例证,以确定地增加否定类比,我们希望它们会增加否定类比。

如果我们总结类比的各种方法,我们会发现,我认为,它们都能够产生于一个潜在的假设,即如果我们发现两组共存的性质,那么它们属于同一个群的概率是有限的,而且第一组唯一指定这个群的概率也是有限的。从这个假设出发,这些方法的目标是增加有限概率,使其变大。当我们进行科学推理时,无论这种事情是否明确地呈现在我们的脑海中,我认为,很明显,如果这是我们所由出发的假设,那么我们确实是在按照我们应该采取的行动在行事。

当然,在大多数情况下,通过使用我们已有的知识,这个领域从一开始就大大简化了。对于摆在我们面前的性质,我们通常有充分的理由(该理由是从先前的类比推导出来的),来假设有些属于同一群,而另一些则属于不同的群。但这并不影响我们面临的理论问题。

§3. 什么样的根据可以证明我们假设这些我们似乎需要的有限概率的存在呢? 如果我们不是直接地得到它们,而是通过论证来获得它们,那么我们就必须以某种方式将它们建立在有限数量的详尽备选项之上。

在我看来,以下论点总体上代表了一种隐晦地呈现在我们脑海中的假设。我认为,我们假设任何给定对象的几乎无数表观性质都来自 281 有限数量的生成元(gererator)属性,我们可以称其为 $\phi_1\phi_2\phi_3\cdots$。有些是单独从 ϕ_1 产生的,有些是从 ϕ_1 和 ϕ_2 产生的,依此类推。仅由 ϕ_1 产生的性质形成一个群;那些从 $\phi_1\phi_2$ 产生的组合形成另一个群,依此类推。由于生成元属性的数量是有限的,因此群的数量也是有限的。如果从三个生成元属性 $\phi_1\phi_2\phi_3$ 中出现(比如说)一组表观属性,则可以说这组属性指定了群 $\phi_1\phi_2\phi_3$。由于假定表观性质的总数大于生成元性质的总数,并且由于群的数量是有限的,因此,如果取两组表观性质,则在没有相反证据的情况下,存在一个第二个组属于第一个组指定的群的有限概率。

然而,存在多个生成元的可能性。第一组表观性质可以指定不止一个群,即有不止一群生成元,也就是说,它们都有能力产生这组表观性质;这些群中只有一些可能包含第二组属性。让我们暂时排除这种可能性。

当我们从一个类比进行论证时,例证有两群共同的特征,即 ϕ 和 f,f 要么属于群 ϕ,要么它来自与那些 ϕ 出现的生成元部分不同的生成元。由于已经解释过的原因,ϕ 和 f 属于同一群的概率是有限的。如果是这种情况,即如果概括 $g(\phi f)$ 是有效的,那么 f 对于所有其他 ϕ 为真的情况肯定是真的;如果不是这种情况,那么当 ϕ 为真时 f 并不总是为真。因此,我们就有了应用纯归纳所必需的先决条件。如果 x_r 等等是例证,则有:

$$g/h=p_0,$$

282 其中 p_0 是有限的,

$$x_r/gh=1,\text{等等},$$

并有:

$$x_r/x_1x_2\cdots x_{r-1}\bar{g}h=1-\epsilon,$$

其中 ϵ 是有限的。因此,根据第二十章的论点,基于此类证据的概括概率,在适当的条件下,当例证数量增加时,能够趋向于作为极限的确定性。

如果 ϕ 很复杂并且包含许多并不总是一起出现的特征，则它必须包含许多单独的生成元性质并指定一个较大的群；因此 f 属于该群的初始概率相对较大。另一方面，如果 f 很复杂，则比照相同原因，f 属于任何其他给定群的初始概率相对较小。

当论证以类比为主时，我们力求获得使初始概率 p_0 相对较高的证据；当类比很弱并且论证的强度取决于纯粹归纳时，p_0 很小，而基于大量例证的 p_m 的大小取决于它们的数量。但是来自归纳的论证必定总是包含一些类比元素，而且从另一方面来看，很少有来自类比的论证能够完全忽视纯粹归纳的强化影响。

§4. 让我们考虑类比方法增加两个特征属于同一群的初始似然性的方式。我们所知道的一个对象的众多特征可以用 $a_1a_2\cdots a_n$ 来表示。我们选择其中的两组，a_r 和 a_s，并试图确定 a_s 是否总是属于 a_r 指定的群。一般而言，我们以前的知识将使我们能够排除对象的许多特征，因为它们与 a_r 和 a_s 指定的群无关，尽管这在最基本的研究中是不可能的。我们可能还知道某些特征总是与 a_r 或 a_s 相关联。但是会留下一个剩余，它与 a_r 或 a_s 的联系是我们所不知道的。这些相关性存在疑问的特征，可以用 $a_{r+1}\cdots a_{s-1}$ 表示。如果类比是完美的，则这些特征就被完全消除了。否则，论证就随着这些可疑特征的全面性而比例性地被削弱了。因为可能存在 $a_{r+1}\cdots a_{s-1}$ 中的一些和 a_r 一样是必要的情况，以便指定生成 a_s 所需的所有生成元。 283

§5. 通过对不相关性的直接判断，我们可能有理由忽略某些特征 $a_{r+1}\cdots a_{s-1}$。我们从一开始就排除了对象的某些属性，它们完全或大部分独立，与所有或某些其他属性无关。这类主要的判断，以及我们似乎非常信任的那些主要的判断，都与时间和空间中的绝对位置有关，我曾经说过，这一类不相关性的判断，可以用自然统一性原则来概括。我们判断，仅仅是在时间和空间上的位置，不可能作为决定性的原因影响任何其他特征；这种信念显得如此坚定和确定（虽然很难看出它如何以经验为基础），以至于我们得出它的判断似乎是直接的。一些哲学家似乎相信与这些问题相关的直接判断的另一种例子来自精神和物质之间的关系。他们认为，任何精神事件都不可能成为物质事件发生的**必要**条件。

正如我所解释的那样，自然统一性原则为以下批评提供了答案，如果它是正确的，那么作为概括所依据的例证在过去都是相同的，出于这一原因，任何适用于未来的概括必然建立在不完美的类比之上。我们直接判断，例证之间的相似性（这种相似性只在于它们的过去）本身是无关的，不能提供一个有效的理由来抨击一个概括。

但这些无关性的判断并非没有困难，我们必须对使用它们持怀疑态度。当我说位置无关紧要时，我并不是要否认其前提指定了位置的概括可能是正确的，而没有这种限制的相同概括可能是错误的。但这是因为概括的陈述不完整；碰巧如此指定的对象具有所需的特征，因此它们的位置提供了充分的标准。位置可能作为一个充分条件是相关的，但绝不是一个**必要**条件，并且只有当我们忽略了一些其他必要条件时，包含它才会影响概括的真实性。对一个例证为真的概括必须对另一个**仅**因其在时间或空间中的位置而不同于前者的例证为真。

§6. 因此，排除多个生成元的可能性，我们可以通过假设场域（the field）中的对象（我们的概括所涵盖的范围）并不具有无限数量的独立性质，来证明完美类比方法和其他归纳方法（只要可以使其近似于此）是合理的；换句话说，就是它们的特征，无论多么多，都凝聚在一组不变的联系中，而这些联系在数量上是有限的。这并不限制仅在**数字**上不同的实体的数量。使用本章开头的语言,如果将归纳方法应用于我们有理由认定的有限系统,则可以证明归纳方法的使用是合理的。[1]

§7. 现在让我们考虑可能的多个生成元。我的意思是,一个给定的特征可以以不止一种方式出现,可以属于多个不同的群,并且可以从多个生成元中产生。例如,有时可能是由于生成元 α_1 而 α_1 可能总是产生 f。但是如果 ϕ 在其他情况下可能是由于不同的生成元 α_2(α_2 无法产生 f),那么我们不能从 ϕ 推广到 f。

如果我们正在处理的是归纳相关性,我们不声称我们的结论具有普遍性,那么我们假设给定属性 ϕ 可能归因于的不同生成元的数量总是有限的就足够了。为了获得普遍概括的有效性,似乎有必要做出更全面、更不可信的假设,即在任何给定情况下都不存在多个原因的有限概率总是存在的。有了这个假设,几乎和以前一样,我们就有了一个来自纯粹归纳的有效论证。 285

§8. 因此,我们有两个不同的困难要处理,而且我们需要用一个单独的假设来解决每一个困难。这一点可以通过只存在其中一个困难的例子来说明。从类比来看,几乎没有什么论点比其他人的存在更能让我们确信的了。我们确实对其他人的存在感到非常确信,有时甚至认为我们关于他们的知识一定是直接知识。但在我看来,类比并不等于证明。我们在自己身上有许多与意识状态相关的行为经验,我们推断他人的类似行为可能与类似的意识状态相关。但这种类比论证在某一方面优于几乎所有其他经验论证,这种优越性可能解释了我们对它的巨大信心。在这种情况下,我们似乎确实有直接的知识,在其他情况下

[1] 布罗德(C. D. Broad)先生在两篇《论归纳和概率之间的关系》(On the Relation between Induction and Probability)的文章(《心智》,1918 年,1920 年)中一直遵循类似的思路。

我们没有,我们的意识状态至少有时与我们的某些行为有因果关系。我们并不像在其他情况下那样,仅仅观察到意识和行为之间不变的序列或共存性;我们确实相信,至少我们自己的某些物理行为,如果没有精神行为来支持它们,它们是不可能发生的。因此,我们似乎有了一种特殊的保证,而这种保证通常是无法得到的,因为我们相信结论和概括的条件之间**有时**存在必然的联系;我们只是从多种原因的可能性来怀疑它。

反对这个论点的理由是,类比总是不完美的,因为所有观察到的意识和行为的联系在都是**我的**这个方面都是相似的,在我看来,这个反对理由似乎是无效的,就像我对未来的概括提出了单方面反对意见所基于的理由一样,其中未来的概括基于这样一个事实,即支持它们的例证在**过去**都是相似的。如果允许对不相关性做出直接判断,那么这里似乎就有某种理由承认这一点。

286

§9. 因此,作为类比的逻辑基础,我们似乎需要一些这样的假设,即宇宙中的多样性是有限的,从而没有一个对象如此复杂,以至于它的性质落入无限数量的独立群中(即可能独立存在或联合存在的群);或者更确切地说,我们所概括的所有对象都没有这样复杂;或者至少,尽管有些对象可能是无限复杂的,但我们有时有一个有限的概率,即我们试图概括的对象不是无限复杂的。

为了满足可能的多个原因,有必要给出一些进一步的假设。如果我们满足于归纳相关性,并仅仅试图证明存在有利于所讨论的概括的**任何**例证的概率,而不去问是否存在有利于**每个**例证的概率,那么下面的假设就足够了,即:虽然一个特征的充分原因可能不止一个,但能够产生这种特征的不同原因并不是无限多的。这没有涉及新的假设;因为如果系统的总多样性是有限的,那么可能的多个原因也必定是有限的。然而,如果我们的概括是普遍的,以至于如果它有一个例外,它就会崩溃,那么我们必须通过某种方式获得特征集合(这些特征构成了概括的条件)不是一组不同基本属性的可能效果的有限概率。我不知道我们可以根据什么基础来确定这种效果的有限概率。这个看似武断的假设的必要性强烈地表明,我们的结论应该是归纳相关性的形式,而不是普遍的概括。也许我们的概括应该总是这样:"任何给定的 ϕ 是 f,这是可能的。"而不是"所有的 ϕ 都是 f,这是可能的"。当然,我们通常似乎坚信太阳明天会升起,而不是相信只要我们明确知道的条件得到满足,太阳就会永远升起。这将是第五编进一步讨论的问题,在那里,我们会专门讨论归纳相关性。 287

§ 10. 我们可能会注意到,在上述假设下为确立给定的数值概率度而需要的例证数量上,存在模糊性。这实际上与我们对归纳结论所赋予的概率程度的模糊性相对应。我们假设必要的例证数量是有限的,但我们不知道这个数量是多少。我们知道一个完善的归纳的概率很大,但是要是让我们说出它的程度,我们又做不到。常识告诉我们,有些归纳论证比其他论证更强,而有些则非常强。但是我们无法表达到底有多强。只有当我们能够对起作用的独立等概率影响因素的数量做出明确的假设时,归纳的概率才在数值上是确定的。否则,它就是非数值的,尽管根据我们对这些原因可能数量的假设所得到的近似范围,它与数值概率存在或大或小的关系。

§ 11. 到此为止,为了简单起见,我们有必要对绝对形式的独立多样性的限度做出假设,也就是说,假设我们所讨论系统的有限性是确定的。但事实上,我们不必走到这一步。

如果我们的结论是 C,我们的经验证据是 E,那么,为了证明归纳方法的合理性,我们的前提除了 E 之外还必须包括一个一般性假设

H，使得我们结论的先验概率 C/H 具有有限值。E 的作用是增加 C 高于其初始先验值的概率，C/HE 大于 C/H。但是通过添加证据 E 来加强 C/H 的方法是有效的，这无需考虑 H 的特定内容。因此，如果我们有另一个一般性假设 H' 和其他证据 E'，使得 H/H' 有一个有限值，那么我们可以在不陷入循环论证的情况下，通过与以前相同的方法使用证据 E' 来加强概率 H/H'。如果我们把 H，即所考虑系统有限性的绝对断言，称为**归纳假设**(inductive hypothesis)，而把通过添加 E 来强化 C/H 的过程称为**归纳法**(inductive method)，那么相对于一些更原始且影响较小的假设，用归纳法来强化归纳假设本身就不是循环的。因此，如果我们有任何理由(H')将先验概率归因于归纳假设(H)，则后验经验与基于 H 假设的期望的实际一致性，可以通过归纳方法而用来把增强的值归因到 H 的概率上去。因此，在这个程度上，我们可以通过经验支持归纳假设。在处理任何特定问题时，我们可以在经验通常将其提高到的值上，而不是在其先验值上，采用归纳假设。因此，我们先验地需要的不是归纳假设的确定性，而是对其有利的有限概率。[1]

那么，在其最有限的形式上，我们的假设相当于这样：我们有一个支持归纳假设的有限先验概率，该归纳假设认为在我们所概括的对象中存在某个独立多样性的限制范围(这是对我已经详细解释过的内容的简短表达)。我们的经验可能会减少这种后验概率。事实上，它一直在增加它。正是因为在我们的经验中有如此多的重复和统一性，我们

[1] 在上面的论证中，我已经隐含地假设，如果 H' 支持 H，那么它就加强了 H 会加强的论证。就第 73 和 162 页所述理由而言，情况未必如此。这些段落阐明了上述情况的必要条件。因此，我假设在所讨论的这种情况中，这些条件都得到了满足。

才对它充满信心。从这个意义上说,归纳法的有效性依赖于经验而不涉及循环论证的流行观点还是有道理的。

§12. 我认为这个假设对于它的目的来说是足够的,它将证明我们在归纳论证中的一般程序方法是正确的。前一章提出,如果要证明常识是正确的,我们的类比理论应该适用于数学,就像适用于物理概括一样。上述关于独立多样性限制范围的假设充分满足了这一条件。这些假设中没有任何东西可以使它们对物质对象有特殊的参考意义。事实上,我们相信,数字的所有属性都可以从有限数量的定律中推导出来,而且是同一组定律支配着所有的数字。将经验方法应用到诸如数字之类的事物上,确实有必要对数字的性质做出假设。但这与我们必须对物质对象做出的假设相同,并且具有几乎一样多或一样少的合理性。新的困难并不存在。

同样,自然系统是有限的这一假设,也与科学家在前一章末尾所做的基本假设的分析相一致。我所说的原子统一性假设,虽然在形式上并不等同于独立多样性的限制范围假设,但实际上是相同的东西。如果关于联系的基本定律随着变化而完全改变,例如,在物体的形状或大小上,或者如果支配一个复合体的行为的法则与支配其属于其他复合体的部分行为的法则没有任何关系,在这个定义的意义上,几乎不可能存在对独立多样性的限制。而且,另一方面,对独立多样性的限制似乎必然伴随着某种程度的原子统一性。关于自然系统特性的基本概念在每种情况下都是相同的。 290

§13. 我们现在已经到了讨论的最后阶段,也是最困难的阶段。我们探究的逻辑部分已经完成了,它给我们留下了一个认识论问题,因为它的任务就是要留给我们一个认识论问题。这就是我们的逻辑过程需要处理的前提或假设。我们有什么权利给出这样的前提或假设呢?

如果只是辩称，这个假设毕竟是一个很小的假设，那么，这在哲学上是不够的。

我认为，只要我们对认识论问题的知识还处于目前这样混乱和不发达的状态，就不可能对这个问题给出任何确凿的或完全令人满意的答案。对于我们能够获得哪类事物的直接知识这个问题，我们目前还没有一个恰当的答案。因此，当逻辑学家离开自己的主题，试图解决这个一般问题的特定例证时，他就处于一个弱势的地位。关于我们可以有什么样的理由来做出像归纳论证似乎需要的那样的假设，他需要其他的指导。

一方面，这个假设可能是绝对先验的，因为它同样适用于所有可能的对象。另一方面，它可能被视为仅适用于某些类别的对象。在这种情况下，它只能从关于所讨论对象的性质的某种程度的特定知识中产生，并且在这个程度上依赖于经验。但是，如果在这个意义上是经验使我们能够知道经验对象中的某些假设是真的，那么它必须使我们能够以某种我们可以称之为直接的方式而不是推理的结果来认识它。

所有事实系统都是有限的(在我定义的这个术语的意义上)，这样一个假设似乎极为普通，但在这样的假设不证自明地适用于每一类对象和所有可能的经验这个意义上，它却不能被认为具有绝对的、普遍的有效性。因此，它与一个不证自明的逻辑公理处于完全不同的位置，也不会以同样的方式诉诸心灵。我们最多可以坚持认为的是，这种假设对于某些事实系统是正确的，而还有一些对象，一旦我们理解了它们的性质，心灵就能够直接理解所讨论的假设是真的。

291

在第二章§7节，我曾写道："通过某种很难尽述的心智过程，我们能够从对事物的直接认识，得到关于我们对其拥有感觉或理解其含义的事物之命题的知识。"如此获得的知识，我称其为直接知识。我认为，从对黄色的感觉和对“黄色”和“颜色”含义的理解，我们可以拥有“黄色是一种颜色”这一事实或命题的直接知识；我们也可能知道，没有外延，颜色是不可能存在的，或者说两种颜色不能在同一个地方同一个时间被感知。其他哲学家可能会使用不同的术语，并以其他方式表达自己的意思；但我在那里想说的话，其实质并不是很有争议性的。不过，当我们遇到这样一个问题（即我们可以通过这种方式知道哪些类命题）时，我们就进入了一个未被探索的领域，在这个领域，尚没有发现什么确定的观点。

就逻辑范畴而言，人们似乎普遍认为，如果我们理解了它们的含义，我们就可以直接知道关于它们的命题，这些命题远远超出了对这种含义的单纯表达——这些命题被有些哲学家称为**综合命题**。对于非逻辑或经验实体，有时似乎可以假定，我们的直接知识只能局限于我们所理解的含义或感觉的表达或描述。如果这种观点是正确的，那么归纳假设就不是那种我们可以通过对对象的了解而获得直接知识的东西。

然而，我认为这种观点是不正确的，我们能够直接认识经验实体，而不仅仅是表达我们对它们的理解或感觉。给读者两个比归纳假设更熟悉的例子可能会很有用，在我看来，这些知识通常是假设性的。第一个是纯粹的时空位置的因果无关性，通常称为自然统一性。我们确实相信，但又没有足够的归纳理由去相信，仅仅在时间和空间中的位置不会造成任何差别的。我认为，这种信念直接源于我们对经验对象的了解以及我们对“时间”和“空间”概念的理解。第二个是因果律。我们相信，时间上的每个对象都与前一时间的一组对象具有“必要的”联系。[1]我认为，这种信念也是以同样的方式产生的。值得注意的是，

292

[1] 我不建议对它的含义进行定义。

这些信念都不是从任何一个单一的经验中明显产生的，尽管它们可能被认为是直接性的。以一种类似的方式，对归纳假设做出假设的有效性，适用于特定类别的对象，在我看来是合理的。

当我们理解一个数字的意义时，我们就会直接感知到它具有所要求的特征，因此我们就可以使用归纳方法来论证数字。[1]当我们感知到现象性经验的本质时，我们就能直接确信，在这种情况下，这种假设也是合理的。也就是说，我们能够对我们经验对象的性质有直接的综合知识。另一方面，对于某些对象，我们没有这样的保证，归纳方法不能合理地适用于这些对象。也许有些形而上学的问题可能具有这种性质，而那些拒绝用经验方法来解决这些问题的哲学家是正确的。

§14. 我并没有假装我已经给出了任何完全充分的理由来接受我293所阐述的理论，或任何这样的理论。非演绎假设处于一个特殊的位置，因为它似乎既不是自明的逻辑公理，也不是直接认识的对象。然而，就好像归纳假设是这两种假设中的一种一样，要把归纳方法从思想器官中去除也同样是困难的，因为归纳方法只能建立在这一器官或类似的东西之上。

只要关于知识的理论像现在这样不完全被理解，只要我们对许多最坚定信念的根据还不确定，那么承认对这一信念须持特别的怀疑态度就是荒谬的。我不认为上述论点揭示了这种怀疑的理由。我们不必放弃这样一种信念，即这种信念的不可战胜的确定性，来自我们头脑中294隐约可见的某种有效原则，尽管哲学的眼睛仍然无法观察到它。

[1] 由于数字是逻辑实体，因此在这些情况下做出这样的假设可能被认为是符合正统的。

第二十三章　关于归纳的一些历史注释

§1. 讨论归纳[1]理论的著作数量非常少。人们通常把这个主题与培根、休谟和穆勒的名字联系在一起。尽管当代人倾向于贬低其中的第一个和最后一个，但我认为他们是归纳历史应该与之联系起来的主要人物。紧随其后的是拉普拉斯和杰文斯。当代的逻辑学家几乎完全没有建构性的理论，他们大多满足于要么简单地批评穆勒，要么艰难地追随穆勒。

培根和穆勒的归纳理论充满错误，甚至荒谬不堪，这当然是老生常谈式的批评。但是当我们忽略细节时，就会清楚地发现，他们实际上是在试图厘清基本问题。我们在一定程度上贬低它们，也许是因为我们曾经认为它们有助于科学发现的进步。因为，认为牛顿与培根、达尔文与穆勒有任何关系是不合理的。但是在逻辑问题上，他们的思想确实是占统治地位的，在逻辑理论的历史上，他们总是很重要的。

然而，推动科学的进步，确实是培根本人（尽管不是穆勒）认为的他的哲学会促进的主要目标。《伟大的复兴》（*The Great Instauration*）[2]—

[1] 参见本章末尾关于"'归纳'术语的使用"的注释。

[2] 弗朗西斯·培根（Francis Bacon，1561—1626年），英国文艺复兴时期散文家、哲学家。英国唯物主义哲学家，实验科学的创始人，是近代归纳法的创（转下页）

295 书旨在公布一种完全不同于以前已知的实际发现方法。[1]它没有做到这一点,而麦考利(Macaulay)那篇著名的文章正是针对这种自命不凡而写的,[2]所言并非不公允。然而,穆勒在他的序言中明确否认了除分类和概括"精确的思想家在科学探究中所遵循的"习惯之外,还有任何其他的目标。培根提供了前所未有的规则和证明(rules and demonstrations),有了这些规则和证明,任何人都可以通过努力解决科学的所有问题,而穆勒承认:"在现有的科学教化状态下,如果有人认为他在研究真理的理论方面产生了一场革命,或者在实践过程中增加了任何基本的新过程,那么他就要有一个非常强有力的假设。"

§2. 在我看来,这两种理论都受到了损害,尽管程度不同,因为它们未能清楚地区分以下三个目标:(1)帮助科学家,(2)解释和分析他的

(接上页)始人,又是给科学研究程序进行逻辑组织化的先驱。他曾担任女王特别法律顾问以及朝廷的首席检察官、掌玺大臣等。晚年受宫廷阴谋影响被逐出宫廷,脱离政治生活,专心从事学术研究和著述活动,写成了一批在近代文学思想史上具有重大影响的著作,其中最重要的一部就是《伟大的复兴》。培根雄心勃勃,要做科学中的哥伦布,他的这部《伟大的复兴》就是这种雄心的体现。在这部著作中,他要仿照《圣经》中的上帝七日创世,写下六章关于科学的伟大巨著,最终迎来科学的第七日。这六章分别是:1.科学的分类,2.新科学方法,3.自然历史,4.知识的阶梯,5.迎来新哲学,6.新哲学以及科学。遗憾的是,他的著作至死都没能完成,但是仍然产生了巨大的影响。在他的著作里,他蔑视形而上学的思辨以及演绎方法,而极力推崇建立在观察基础上的归纳法。——译者注

[1] 他自己是这样说的,他"在这件事上显然是开创性的,没有前人的足迹可以依循";在"总序"中,他把他的方法比作水手的罗盘,在发明它之前,人们无法跨越那广阔的海洋(参见:斯派丁和伊利斯,第1卷,第24页)。

[2] 此处应该指的是19世纪的英国著名历史学家托马斯·巴宾顿·麦考利(Thomas Babington Macaulay, 1800—1859年),英国维多利亚时代早期辉格派历史学家、政治家。他曾经写过对培根的著名评论文章,认为培根"有聪颖的天资,能把想法汇集起来,然后赋予其简洁易懂、富于睿智的特性"。但对麦考利来说,培根同时也是一位"完完全全不诚实的人",他用自己智慧的头脑迷惑人们,使人们忘却普遍认同的社会正当行为和道德观念。麦考利的这种批评是针对培根的政治生涯做出的。同时,培根对归纳法的高度推崇也引发了麦考利的不满。——译者注

习惯做法,以及(3)为科学辩护。培根对第二个和第一个都非常感兴趣,他的一些方法是通过反思在实际研究中如何区分好论点和坏论点而得到的。对逻辑学家来说,他的方法就像他所声称的那样新颖,但它们的起源却是科学和日常生活中最常见的推论。但他主要关心的是第一个目标,这对他就第三个目标的处理造成了伤害。随着工作的进行,他自己也意识到,在他急于提供一种正确的发现模式时,他提出的东西比他所能证明的要多。[1]他对自己的思想开始怀疑,而且,他也没有把对这一新方法的描述中最关键的部分写出来。对归纳法进行过大量反思的人都不难理解培根思想的进步和发展。一位哲学家,倘若首先以一种概括的而非具体的形式区分经验证明的某些复杂性,那么,他会认为,将这些方法予以系统化的前景一定非常有希望。第一位研究者不可能预料到,归纳尽管表面上看起来是确定的,却会被证明如此难以分析。 296

穆勒也以同样的方式,尝试了一种过于简单的处理方法,为了寻求轻松和确定性,对于他所声称的问题的合理性,他的处理态度显得过于轻率了。穆勒差不多公开地回避了这些困难,他几乎没有想过向他自己或他的读者掩饰,他把归纳建立在了循环论证的基础上。

§3. 我认为,培根和穆勒的一些最典型的错误,都源于一种误解,而本书的主要目标就是纠正这种误解。两人似乎都毫不犹豫地认为,归纳能够建立一个绝对确定的结论,如果一个论证所支持的概括事实上允许例外,那么它就是一个无效的论证。"绝对确定性,"莱斯利·

[1] 詹姆斯·斯派丁(James Spedding)和莱斯利·伊利斯的书中持这种观点。在我看来,他们对培根哲学著作的介绍要比其他地方的介绍高明得多。他们使一些在其他评论看来似乎是天马行空、毫无意义或理性的东西变得可理解。

伊利斯说：[1]"是培根归纳法的显著特征之一。"在这方面，它主要是改进了旧的简单枚举归纳法。"逻辑学家口中的归纳，"培根在《学问的进步》(*Advancement of Learning*)中论证道："是完全恶毒和无能的……因为如果只列举一些细节，而没有例证上的矛盾，那就不是结论，而是一种猜想。"与旧方法不同，新方法的结论不会因进一步的经验而改变。为了证明这些主张的合理性并获得证明方法，有必要引入一些没有根据的假设。

穆勒也提出了完全相同的主张，尽管他在某些段落中为了他自己的程序规则而减弱了这些主张。[2]在他看来，按照培根的说法，归纳是没有有效性的，除非它是绝对确定的。对他处理该主题时的精神而297言，以下段落[3]意义重大："让我们将一些不正确的归纳案例与其他被认为是合理的案例进行比较。我们知道，有些几个世纪以来被认为是正确的观点，其实是错误的。**所有的天鹅都是白色的，这不是一个好的归纳，因为结论被证明是错误的**。然而，得出结论的经验是真实的。"穆勒没有正确地理解所有归纳论证对证据的相对性，也没有正确理解它们所支持的所有概括中或多或少存在的不确定性因素。[4]如果穆勒的方法是正确的，就会产生确定性，就像培根的方法一样。正是穆勒所接受的获得确定性的必要性，导致了他们罔顾现实。培根和穆勒都假设实验可以以一种实际上不可能的方式和程度来塑造和分析证据。在他们试图解决归纳问题的目标和期望中，在基本点上，他们之间

[1] 参见前引书，第1卷，第23页。

[2] 例如，他讨论了原因的多样性。

[3] 第3编，第3章，第3自然段(着重突出是我后加的)。

[4] 这种误解可能与穆勒没有彻底理解概率论的本质和重要性有关。《逻辑体系》(*System of Logic*)中对这个主题的处理非常糟糕。事实上，他对这个问题的理解明显不如他那个时代最杰出的头脑。

有着出乎意料的相似之处。

§4. 从这些一般性批评转向更详细的观点,我们发现穆勒所追求的思路与培根所追求的思路基本相同,而且,尽管存在一些真正的差异,但前面几章的论点是对相同基本思想的发展,在我看来,这些基本思想是穆勒和培根理论的基础。

我们已经看到,所有的经验论证都需要一个从类比推导出来的初始概率,并且这个初始概率可以通过纯粹的归纳或例证的倍增来提高到确定性的程度。在某些论证中,我们主要依赖于类比,通过类比获得的初始概率(通常是在先前知识的帮助下)是如此之大,以至于不需要大量例证。在其他论证中,纯粹归纳占主导地位。随着科学的进步和 298 已有知识的增加,我们越来越依赖类比;只有在研究的早期阶段,我们才需要依靠例证的增加来取得更多的支持。培根在逻辑理论史上的伟大成就在于,他是第一个认识到系统的类比对科学论证的重要性以及大多数公认结论对它的依赖的逻辑学家。《新工具》(*Novum Organum*)主要关注的是,解释如何系统地增加我所说的肯定类比和否定类比,以及如何避免错误的类比。对排除和拒绝的使用,培根极为重视,他认为这构成了他的方法相对于之前的方法的本质优越性。对二者的使用,完全确定了哪些特征[或他所称的性质(natures)]分别属于肯定和否定的类比。研究始于的前两张表,第一张是表"本质与存在"(*essentiae et praesentiae*),其中包含存在给定性质的所有已知例证,第二张是表"将来存在的偏差与缺位"(*declinationis sive absentiae in proximo*),其中包含每个对应于第一张表中每种情况的例证,但在这张表中,尽管有这种对应,给定的性质却不存在。[1]关于特权例证(prerogative instances)

[1] 参见:伊利斯,第1卷,第33页。

学说同样明显地涉及类比的有系统的确定。他说，阐明偶像主义(doctrine of idols)是为了避免错误的类比，其与对自然的解释的关系，就像谬误主义(doctrine of fallacies)与普通逻辑的关系一样。[1]培根的错误在于，他认为这些方法对逻辑来说是新的，因此它们对实践来说也是新的。他还夸大了它们的精确性和确定性，低估了纯粹归纳的重要性。但归根结底，他的规则并没有什么不切实际、不可思议或者不同寻常的地方。

299 §5. 几乎前一段的全部内容同样适用于穆勒。他同意培根的观点，即贬低纯粹归纳法在科学探究中所起的作用，并强调类比对所有系统研究者的重要性。但他比培根看得更远，他承认原因的多样性，并承认纯粹归纳法是必要的。"原因的多样性，"他说，[2]"是归纳研究中仅凭例证数量就具有重要意义的唯一理由。不科学的探究者倾向于过分依赖数量，而不分析例证……大多数人对他们的结论有一定程度的把握，这与他们所依赖的大量经验相称；他们没有考虑到，如果把所有同类的例证，也就是说，只是在已被确认为非实质的点上，逐个例证地加以补充，那么，就没有任何东西可以作为结论的证据了。一个消除了存在于所有其他事例中某种先例的单一例证，要比仅凭数量取胜的一大堆例证还要有价值。"然而，穆勒并没有看到，我们关于例证的知识很少是完全的，而且，那些不知道是否与之前的例证在实质方面有所差别的新例证，可能会增加否定类比，由于这个原因，这类例证的倍增可能会加强证据。很容易看出，他的方法与培根的方法非常相似，并且与培根的方法一样，旨在确定肯定和否定类比。由于允许存在原因的多样

[1] 参见：伊利斯，第1卷，第89页。
[2] 第4编，第10章，第2自然段。

性,所以穆勒又超越了培根。但他所追求的思想路线与引出培根的规则的思想路线相同,并在本书的各个章节中得到了发展。然而,像培根一样,他夸大了他的研究准则在实践中使用的精确性。

§6. 关于方法和分析就不用多说了。但在两位作者中,对方法的阐述都与对其进行辩护的尝试紧密地交织在一起。培根那里没有任 300 何东西完全符合穆勒对因果关系或自然齐一律的诉求,而且,当他们寻找归纳的根据时,他们二人有很多独特之处。然而,我的目的是在这里考虑双方共有的细节,这些细节在我看来很重要,而且是唯一可能取得成果的研究路线的例证。因此,我就不再赘述他们的许多不同之处了。

我所做的这种尝试,看起来是为了证明,类比所提供的初始概率主要取决于独立多样性的某种限制范围,以及任何给定对象的所有属性都从有限数量的主要特征中推导出来。同样,我也假设能够产生给定属性的主要特征的数量也是有限的。我已经说过,要想知道如何得到一个有限的概率并不容易,除非我们在每种情况下,对最终备选项的数量都有这样的限制。

培根正是以一种与此基本相似的方式努力证明他的方法的说服力。他说,他考虑的是"在数量上很少的事物简单形式或差异,以及造成所有这些多样性的程度和协调"。在《自然历史》(*Valerius Terminus*)一书中,他认为:"每一个产生任何效果的特殊事物都或多或少地由不同的单一性质复合而成,这些单一性质更加明显,也更加难以说清楚,而且这种效果到底归于哪一个单一性质也看不出来。"[1]对于排除法来说,它所适用的事物必须能以某种方式分解为有限数量的元素。

---

[1] 引自伊利斯(Ellis),第1卷,第41页。

但我认为，这个假设对于培根的方法来说并不罕见，它以某种形式存在于每一个类比论证中。在创造它的过程中，培根或许是朦朦胧胧地开创了一种现代概念，即自然法则是有限数量的，从这些法则的组合中最 301 终产生了几乎无限多样的经验。培根的错误是双重的，其错误在于，他认为：第一，这些不同的元素是表面的，是由可见的特征构成的；第二，它们的性质是我们所知道的，或者很容易为我们所知道，尽管《伟大的复兴》中有一部分解释过理解简单性质的方式，但他从未就此写过什么。这些信念错误地简化了他所看到的问题，并导致他夸大了新方法的易用性、确定性和成果。但是，将宇宙的所有现象简化为有限数量的简单元素的组合是可能的这种观点（根据伊利斯的说法，[1]这是培根整个体系的中心点），是对哲学的真正贡献。

§7. 据我所知，穆勒从未明确承认过每个事件都可以被分析为有限数量的终极元素的假设。但他几乎在每一章都是这样做的，并且贯穿始终，是他的方法的基础。如果我们假设无限复杂的现象是由无限数量的独立元素引起的，或者如果我们必须承认有无限多的原因，那么他的方法和论点马上就不成立了。

因此，在将类比与纯粹归纳区分开来，并通过假设我们所研究的问题具有有限的复杂性来证明它的合理性时，我认为，我正在以许多不同的方式追随培根首先曾追随的思想路线，这条路线在穆勒手中实现了普及。虽然处理的方法不同，但在每种情况下，其主题和基本理念都是相同的。

§8. 在培根和穆勒之间，还有一个休谟。休谟的怀疑主义批评通常与因果关系联系在一起。但归纳论证——从过去的细节推断出未来

---

[1] 第1卷，第28页。

的概括——才是他攻击的真正对象。休谟表明,不是归纳法是错误的,而是它们的有效性从未被确立,所有可能的证明路线似乎都同样没有任何希望。穆勒从未意识到休谟的全部攻击力和它所揭示的困难的本质,他也没有尝试充分处理这些问题。休谟关于反对归纳法的陈述从未得到改进。以康德为首的哲学家为了寻找先验的解决方案进行了一系列的尝试,这些尝试阻止了他们在自己的立场上遇到敌对的论点,也无法找到可能使休谟本人满意的解决方案。 302

§9. 伟大的莱布尼茨(Leibniz)的名字不能在这里被完全忽略了,他在通信和零星的表述中体现出来的智慧,比在完整的演讲中还要深邃,他给我们留下了充分的线索,表明他对这个主题的思考远远领先于他的同时代人。他区分了意见中的三种确信度,即逻辑确定性(或者,如我们所说,它是形式上已知为真的命题),物理确定性(它只是逻辑概率,它是已经得到确立的那类归纳,比如“人是两脚动物”),以及物理概率(或者,如我们所说,它是一种归纳相关性,例如“南方是一个多雨的地区”)。[1]他谴责仅基于重复例证的概括,他宣称这些例证没有逻辑价值,而且他坚持**类比**作为有效归纳基础的重要性。[2]他认为一个假说(hypothesis)的可能性,与其**简单性**和**效力**(power)成比例,也就是说,与它所解释的现象的数量之多和它所涉及的假设(assumptions)之少成比例。尤其是,准确预测和解释以前未尝试过的现象或实验的效力,是我们树立牢固信心的合理基础,他把密码的密钥(the key to a cryptogram)作为其一个近乎完美的例子加以引用。[3]

---

[1] 参见:Couturat, *Opuscules ei fragments inédits de Leibinz*,第 232 页。

[2] 参见:Couturat, *La Logique de Leibinz d'après des documents inédits*,第 262 页和第 267 页。

[3] 1678 年 3 月 19 日写给康宁(Conring)的信。

§10. 惠威尔[1]和杰文斯为逻辑学家提供了大量来自科学家实践的例子。杰文斯的工作部分地被拉普拉斯所预期到，他在强调归纳和概率之间的密切关系方面取得了重要进展。他既有洞察力，也犯下了错误，他古怪而粗暴的论证破坏了他那绝妙的研究建议。他将逆概率应用于归纳问题是粗糙和错误的，但其背后的想法是非常好的。他也明确地提出了类比的要素，尽管穆勒经常使用类比，但他很少叫对它的名字。很少有书像杰文斯的《科学原理》那样，论证如此肤浅，却又隐含了如此多的真理。

303

§11. 现代逻辑教科书都包含关于归纳的章节，但对这个主题贡献不大。他们对穆勒不足之处的认识使他们的阐述既缺乏勇气，又令人感到困惑，虽然他们在批评穆勒，但总体上与他的路线是一致的。在穆勒讲述得很清楚并提供了解决方案的地方，他们令人困惑地加以批评，而又一定会保留穆勒的方案。这些教科书中最好的是西格沃特[2]和维恩的，其中包含有意义的批评和讨论，但仍缺乏建构性的理论。迄今为止，休谟一直是仅以第欧根尼[3]或约翰逊博士[4]的方式被反驳过的大师。

304

---

[1] 即威廉·惠威尔(William Whewell, 1794—1866年)，又被译为威廉·休厄尔，英国科学家、哲学家、基督教神学家。——译者注

[2] 即克里斯托夫·冯·西格沃特(Christoph von Sigwart, 1830—1904年)，德国哲学家和逻辑学家。——译者注

[3] 第欧根尼(Diogenes，约公元前412—前324年)，古希腊哲学家，犬儒学派的代表人物。第欧根尼揭露大多数传统的标准和信条的虚伪性，号召人们恢复简朴自然的理想状态生活，此处所说的这种方式似乎指的是这一点。——译者注

[4] 此处当是指萨缪尔·约翰逊(Samuel Johnson, 1709—1784年)，英国作家、文学评论家和诗人，以编纂了《约翰逊辞典》而闻名。本书所说的这种方式，当是指约翰逊年轻时在英国为了谋生发表的那些讽刺诗所体现出来的方式，这些讽刺诗笔端雄健，机智深刻，奠定了他在英国文坛的诗人地位，后来的发展使他成为当时英国文坛的一代盟主。——译者注

对第三编的注释

（i）论术语“归纳法”的使用

§1. 归纳法（Induction）起源于对亚里士多德“ἐπαγωγή”一词的翻译，亚里士多德用这个术语，有两种截然不同的意思：首先，主要是指观察特定例证的过程，其中举例说明了一个抽象概念，使我们能够认识和理解这个抽象概念本身；其次，是指我们在完全枚举和断言一个概括所包含的所有细节之后，进行概括的论证类型。从第二种意义上来说，它有时会扩展到我们在不完全枚举之后进行概括的情况。后亚里士多德主义的学者认为，随着例证数量的增加，通过简单枚举的归纳近似于亚里士多德的第二种意义上的归纳。因此，对培根来说，“逻辑学家所说的归纳法”意味着一种通过倍增例证的论证方法。他本人有意地扩展了这个术语的使用，以涵盖经验概括的所有系统过程。但他也把它用在形成科学概念和正确的“简单本性”概念的过程上，这与亚里士多德的第一次使用该术语的方式非常相似。[1]

§2. 这个术语的现代用法肇端于培根。穆勒将其定义为“发现和

[1] 参见伊利斯版的《培根著作集》，第1卷，第37页。在《新工具》中第一次提到归纳法时，它是在这第二个意义上使用的。

证明一般命题的操作”。他的哲学体系要求他把它定义得这样广泛，但是这个术语实际上已经被他和其他逻辑学家在狭义上使用过，用以涵盖证明一般命题的那些我们称之为经验方法，意在排除那些已被正式证明的概括，例如数学的那些概括。杰文斯之所以把归纳法定义为演绎的反过程，一部分是由于语言上的相似性，一部分是因为在一种情况下，我们从特殊到一般，而在另一种情况下，我们从一般到特殊。在当代逻辑中，穆勒的用法占了上风；但与此同时，也有一个仅仅通过倍增例证来进行论证的建议——这源于早期的用法，而且是因为培根和穆勒从未完全摆脱过它。因此，我认为最好使用术语“纯粹归纳”来描述基于例证数量的论证，并将归纳本身用于所有类型的论证，这些论证以一种或另一种形式将纯粹归纳与类比结合了起来。305

（ii）论术语“原因”（CAUSE）的使用

§1. 在前面的论述，以及在第二编中，我已经能够避免围绕着原因真正含义的那些形而上学的困难。我没有必要追问，我所说的因果联系究竟只是指一种不变的联系，还是指某种更密切的关系。人们还很方便地说，对象之间的因果关系并不是严格意义上的因果关系，甚至在谈论一个可能的原因（a probable cause）时也很方便地说，对象之间的因果关系并没有必然的含义，前因有时会导致特定的结果，有时则不会。在使用该术语时，我遵循了一种在概率研究者中常见的做法，他们经常使用“原因”这个术语，而其假设似乎更合适。[1]

人们几乎不可避免地会把“原因”一词用得比“充分原因”或“必要

[1] 参见：祖伯，《概率计算》，第139页。在处理逆概率时，祖伯解释说，他所说的可能原因是指可能导致该原因的各种条件复合体（*Bedingungskomplexe*）。

原因”更广泛，因为我们很少能看出一个又一个细节的必要原因，所以严格意义上的“原因”一词是没有什么用处的。那些我们通常乐于接受为原因的先前环境，只有在无数其他影响的有利结合下，才会如此地严格。

§2. 由于我们的知识是局部的，所以在我们使用“原因”这个术语时，经常会蕴涵或表达对有限知识体系的某些指称。很明显，无论是否如古诺[1]所主张的那样，在因果顺序上存在独立系列之类的东西，我们通常都会认为某些系列之间的紧密关系比其他系列之间的密切程度更高。我认为，这种紧密感是相对于特定信息而言的，这些信息是我们实际知道的，或者是我们可以接触得到的。因此，对这些更广泛的含义给出精确的定义将是有用的，在这些含义中，使用“原因”一词通常比较方便。

我们必须首先区分对定律的断言和对事实的断言，或者用冯·克里斯的术语，[2]我们要区分规律性(nomologic)知识和本体论(ontologic)知识。在处理某些问题时，结合特殊情况来界定这种区分可能会很方便。但普遍适用是对以下两种命题的区别：不涉及特定时间点的命题与不涉及时间序列中的特定点就不能陈述的存在命题。自然齐一律等于断言自然法则在这个意义上都是永恒的。因此，我们可以将我们的数据分成 k 和 l 两部分，这样 k 表示我们的形式性证据和规律性证据，由其断言不涉及特定时间参考的命题组成，而 l 表示存在性命题或本体论命题。 306

§3. 现在让我们假设我们正在研究两个存在性命题 a 和 b，它们

[1] 参见第二十四章§3节。

[2] 参见：《概率计算原理》，第86页。

将两个事件 A 和 B 指向特定时间的时刻上，而且 A 指向所有在 B 发生的时刻之前的时刻。我们可以给 A 和 B **有因果联系**的断言赋予什么不同的含义呢？

(i) 如果 $b/ak=1$，则 A 是 B 的充分原因。在这种情况下，A 是 B 的最严格意义上的原因，b 可以从 a 中推断出来，并且没有与 k 一致的额外知识可以使其无效。

(ii) 如果 $b/\bar{a}k=0$，则 A 是 B 的必要原因。

(iii) 如果 k 包括现行宇宙的所有定律，那么除非 $b/ak=1$，否则 A 不是 B 的充分原因。因此，因果律可以这样表述，每个存在物与某个其他先前存在物之间的关系具有效果与充分原因之间的关系，它等价于这样一个命题：如果 k 是自然法则的全体，那么，如果 b 为真，则总是存在另一个真命题 a，它断言存在先于 B，从而使得 $b/ak=1$。到目前为止，我们已经使用了我们的存在性知识 l，这与前面的定义无关。

(iv) 如果 $b/akl=1$ 且 $b/kl\neq1$，则在条件 l 下，A 是 B 的充分原因。

(v) 如果 $b/\bar{a}kl=0$ 且 $b/kl\neq0$，则在条件 l 下，A 是 B 的必要原因。

(vi) 如果有任何存在性命题 h 使得 $b/ahk=1$ 且 $b/hk\neq1$，则相对于 k，A 是 B 的可能充分原因。

(vii) 如果有任何存在性命题 h 使得 $b/\bar{a}hk=0$ 且 $b/hk\neq0$，则相对于 k，A 是 B 的可能必要原因。

(viii) 如果 $b/ahkl=1$，$b/hk\neq1$，并且 $h/akl\neq0$，则相对于 k，A 是条件 l 下 B 的可能充分原因。

(ix) 如果 $b/\bar{a}hkl=0$，$b/hkl\neq0$，$h/\bar{a}kl\neq0$ 且 $h/akl\neq0$，那么相对于 k，A 是条件 l 下 B 的可能必要原因。因此，如果与我们的存在性数据不矛盾的环境能够出现，则相对于给定的规律性数据，一个事件是另一个事件的可能必要原因。在这些环境中,如果第二个事件发生,则第一个事件将是必不可少的。

(x) 如果相对于我们的规律性数据,在我们存在性知识的条件下,任何一个事件的任何部分都不是另一个事件的任何部分的可能原因,那么这两个事件就是因果独立的。我们存在性知识的范围越大,我们能够说出因果相关或独立的事件的可能性就越大。 307

§4. 这些定义保留了“因果独立”(causally independent)和“概率独立”(independent for probability)之间的区别,即拉丁文的 *causa essendi* 和 *causa cognoscendi* 之间的区别。当 $b/ahkl \neq b/\bar{a}hkl$ 时,其中 a 和 b 可以是任何命题,由于在因果定义中,所以可以不受限制,我们有“概率相关性”(dependence for probability),并且相对于数据 kl,a 是 b 的概率独立关系。如果 a 和 b 是因果相关的,根据定义(x),b 是相对于数据 kl 的可能原因。

但是,归根结底,本质关系是“概率独立”关系。我们想知道,关于一个事实的知识是否能对另一个事实的可能性产生某一种影响。因果关系理论之所以重要,只是因为人们认为,通过它的假设,可以把一种现象的经验投射到对另一种现象的预期上。 308

第四编　概率的一些哲学应用

第二十四章　客观机会和随机性的含义

§1. 在处理概率时，许多重要的意见分歧，是由于对什么是随机性(randomness)和客观机会(objective chance)的理解含混不清所致，它们与本章所讲的主观概率是不同的。人们一致认为，有一种概率取决于知识和无知，并且在某种程度上是相对于主体者(the subject)的思想而言的。但也有人认为，还有一个更为客观的概率，它并不是这样的，或者不完全是这样的，尽管这个概念所代表的确切含义并不明确。随机性与其他概念的关系也很模糊。如果我们要明智地批评某些学派的意见，以及处理将在第五编要讨论的统计推断的基础，那么澄清这些区别就非常重要。

至少有三个不同的问题需要分别讨论。在知识与无知之间，在我们有理由预期的事件与我们没有理由预期的事件之间，存在着对立，这就产生了主观概率理论和主观机会理论；与此相联系的是"随机"(random)选择和"偏差"(biassed)选择之间的区别。接下去还有客观概率和客观机会的区别，它们仍然是比较模糊的，但通常被认为是从"原因"与"机会"之间的对立，以及从因果联系的事件与没有因果联系的事件之间的对立而产生的。最后，还有机会和设计(design)之间的对立，"盲目的原因"(blind causes)和"最终的原因"(final causes)之间的对立，我们 311

将“机会”事件与一个事件对立起来，其部分原因是出于该事件的有意识愿望(conscious desire)的意志。[1]

§2. 本书的方法是将主观概率视为基础，并将所有其他相关概念视为由此派生而来。至少自18世纪中叶以来，所有明智的哲学家都承认存在这种意义上的概率。[2]但是，许多学者认为，还有其他东西可以恰当地被描述为客观概率。此外，还有一个悠久的传统，赞成这样一种观点，即客观概率(无论它可能是什么)在逻辑和哲学上都很重要，而主观概率是一个模糊的、基本是心理学的概念，关于它我们几乎没有什么要说的。

这种区别在休谟那里已经存在：“概率分为两种：一种是对象本身确实是不确定的，需要由机会决定；一种是虽然对象是确定的，可是我们的判断是不确定的，因为我们在问题的每一个方面都找到了许多证据。”[3]但是这种区别并没有得到阐明，人们只能从其他段落中推断，休谟无意在这段话中暗示客观机会的存在在某种意义上与宇宙决定论相矛盾。在孔多塞那里，一切都是混淆的；在拉普拉斯那里也几乎全部是混淆的。在19世纪，这种区别在古诺的著作中开始变得清晰起来。他在他的著作《机会理论概览》(*Exposition*)的前言中写道：“我给出的解释是……关于概率这个词的双重含义，它有时指的是对我们知识的

312 某种衡量，有时是指对选择可能性的衡量，而与我们拥有的知识无关；在我看来，这些解释似乎适合解决那些迄今使整个数学概率理论遭遇

[1] 第二十五章§4节对此进行了讨论。

[2] 达朗贝尔在《百科全书》中收集了(其内容主要来自休谟，许多段落几乎是逐字翻译过去的)有关这个问题的常见的说法，他觉得这样写很自然：“严格来说，没有偶然性；但有它的等价之物：我们对事件真正原因的无知对我们的思想产生了本应是偶然的影响。”也可以比较一下前文第127页引用的斯宾诺莎的句子。

[3] 《人性论》，第2卷，第3章，第9节。

困难的顽固问题。"我们有必要停下来思考一下古诺的想法。

§3. 古诺虽然承认存在主观机会这种东西,但对机会仅仅是无知的产物这一观点提出质疑,并表示在这种情况下,"机会的计算"只是"想象事物的计算"。"机会的计算"所依据的机会是不同的,在他看来,它取决于隶属独立序列的现象的组合或收敛。他所说的"独立序列"是指以平行或连续序列的形式发展的一系列现象,没有任何因果的相互依赖或一致的联系。[1]他举例说,没有人会真的相信,他用脚撞击地面会使导航器对极点(Antipodes)失灵,或者会干扰木星的卫星系统。可以这么说,单独的事件序列是由不同的初始造物行为设定的。[2]每个事件都与属于它自己序列的先前事件有因果关系,但不能通过与属于它的事件的接触来改变它。"机会"事件是由于隶属因果独立序列的事件在时间或地点上同时发生而形成的复合体。

就目前而言,这个理论显然是不能令人满意的。即使有一系列在古诺意义上是独立的现象,我们也不清楚我们如何知道它们哪些是独立的,或者如何建立一个演算来假设我们已经了解了它们。正如如果追溯足够远的历史,我们很可能都是表亲,所以我们和木星之间也可能存在遥远的关系。遥远的关系或数量上很小的反应只是程度问题,与 313

[1] "机会这个词,"古诺在他《关于我们知识基础的论文》(*Essai sur les fondements de nos connaissances*)中写道:"并不表示一个实质性的原因,而是一个想法:这个想法是几个序列原因或事实之间的组合,每个原因或事实都在其自身发展序列中彼此独立。"这与让·德拉·普拉塞特(Jean de la Placette)在他的《机会游戏论》中给出的定义非常相似,古诺提到:"对我来说,我相信机会包含一些真实而积极的东西,即两个或几个偶然事件的竞合,每一个都有它的原因,但是它们结合的方式是我们所不知道的。"

[2] 《关于我们知识基础的论文》第1部分第134节:"自然不受齐一律支配……她的法则并非全部来自彼此,或者全部来自纯粹逻辑必然性的更高法则……相反,我们必须将它们设想为是单独的法则以无数种方式的结合。"

绝对独立性根本不相同。尽管如此，我还是认为古诺对我们的思想库做出了一些贡献。即使他没有解开疑团，他也提示了我们，机会概念中有一个共同的元素。这个概念似乎存在于他的头脑中，我们也必须在适当的时候对它加以考虑。[1]

§4. 我上面已经说过，在孔多塞的著作中，一切都是混乱的。但是在伯特兰对他的批评中，有一个相关的区别，这个区别虽然没有被阐明，却让人们意识到了它的存在。孔多塞写道："从一千万个白球和一个黑球中，我在第一次尝试时抽出的将不是黑球，相信这件事的动机，与相信明天太阳一定会升起的动机，属于同一类。""这两种情况的同化(assimilation)，"伯特兰在对上述情况的批评中写道，[2]"是不合理的：一种可能性是客观的，另一种是主观的。第一次尝试抽到黑球的概率既不多也不少，是$\frac{1}{10\,000\,000}$。否则，评估它的人就会犯错误。太阳升起的概率则因人而异。一个科学家可能基于一个错误的(尽管不是完全不合理的)理论，认为太阳很快就会熄灭。他可以在他的权利范围内这样认为，就像孔多塞在他的权利范围内那样做一样；两者都可以超出

[1] 古诺关于概率的工作受到了布尔和冯·克里斯等权威人士的高度评价，并且一些法国近代哲学家以此建立了一个学派(参见《精神学评论》，这是一份致力于研究古诺思想的杂志，于1905年出版，本书的最后部分给出了参考书目)。对于古诺的概率论，我所熟悉的最好的解释可以在A. 达尔邦(A. Darbon)的《机会的概念》(*Le Concept du hasard*)中找到。关于这一主题的古诺的哲学，与其说是在他的《机会理论概览》(《概览》)(*Exposition de la théorie des chance*)中，不如说是在后来的作品中，尤其是在他的《关于我们知识基础的论文》中得到了发展。古诺对于所接触到的任何主题都有建树，但总的来说，在我看来，他在概率方面的工作是令人失望的。毫无疑问，他的《概览》一书优于该时期其他种类繁多的法国教科书，而且他的作品，无论是在这里还是在其他地方，都不是没有启发性的思想性著作。但其对概率的哲学处理是如此混乱和不明确，以至于除了上面讨论的一个具体点之外，很难说它做出了多大的贡献。

[2] 《概率计算》，第19页。

他们的权利,指责那些想法不同的人犯了错误。”在对这个区别加以评 314
论之前,让我们先看看庞加莱给出的一些有意思的段落。

§5. 我们当然不会使用“机会”这个词,庞加莱指出,正如古人使用的那样,它与决定论相对立。因此,对我们来说,对“机会”的自然解释是主观的——“机会只是衡量我们无知的标准。偶然现象(fortuitous phenomena),顾名思义,就是那些我们不知道的规律。”但庞加莱立即补充道:“这个定义令人满意吗?当最初的迦勒底牧羊人用眼睛观察星星的运动时,他们还不知道天文学的规律,但他们会梦想说星星的运动是偶然的吗?如果一位现代物理学家正在研究一种新现象,如果他在周二发现了它的规律,他会在周一说这种现象是偶然的吗?”[1]

还有另一种情况,“机会必须不仅仅是我们给我们的无知起的名字。”在我们不知道原因的现象中,有一些原因,比如一家人寿保险公司的经理所处理的那些,概率计算可以提供真实的信息。庞加莱敦促说,我们能够得出有价值的结论当然不能归功于我们的无知。如果是,就必须这样回答追问者:“你要我预测将要产生的现象。如果我有幸知道这些现象的规律,我只能通过千辛万苦的计算才能得出结论,我将不得不放弃回答你的问题;不过我很幸运,我对它们一无所知,所以我马上就可以给你答复。而且,更不寻常的是,我的答案是正确的。”人寿保险公司的经理对其个人投保人的生命前景一无所知,但这并不妨碍他向股东支付股息。 315

这两种区别似乎都是真实的,庞加莱接着进一步考虑了其他的例

[1]《概率计算》(第二版),第2页。这段话也出现在1907年的《每月纪事》(*Revue du mois*)和作者的《科学与方法》(*Science et méthode*)的一篇文章中,我在上面使用了它的英文译本,但代价是这个译本对庞加莱最令人钦佩的风格做出了不完全公正的评价。

证，在这些例证中，我们似乎根据事件是否由于“机会”产生而**客观地**区分事件。他拿了一个锥体，尝试用顶端平衡立住；我们肯定知道它会倒下，但不知道落在哪一边——这将由机会来决定。“我们无法注意到的一个非常小的原因，就决定了我们看到的相当大的结果，然后我们说这种结果是偶然的。”天气和黄道带上小行星的分布，都是类似的例证。而我们称之为“机会游戏”(games of chance)的东西，一直被认为是一个近乎完美的例子。“初始条件的微小差异可能会在最终现象中产生非常大的差异。前者的一个小错误将在后者中产生一个巨大的错误。预测变得不可能，我们遇到了偶然现象。”“伟人的诞生是最大的机运。两个不同性别的生殖细胞相遇纯属偶然，这两个生殖细胞各有各的一面，都含有神秘的元素，它们的相互反应注定会产生天才……让携带它们的精子偏离它的路线只需要非常之少的时间。将它偏转百分之一英寸，拿破仑就不会出生，整个大陆的命运也不会改变。没有任何例子可以比它更好地解释机会的真正特征了。”

庞加莱注意到了另一类事件，我们通常将其归类为“机会”，其显著特征似乎是它们的原因非常众多而复杂——气体分子的运动，雨滴的分布，一盒纸牌的洗牌结果，或观测错误，都是这样的例子。第三种类型通常与前两种类型中的一种有关，正如我们在上面所看到的，古诺特别强调了这一种类型，在这种类型中，某些事情是通过我们认为属于不同因果序列的事件的发生而同时发生的——例如，一个人在街上走着，被掉下来的一块瓷砖砸死了。 316

§6. 当我们将这些事件(如庞加莱所描述的事件)归因于**机运**时，当然不是仅仅表明我们不知道它们是如何产生的，或者我们没有特殊的理由先验地预测它们。除此之外，我们还要对它们产生的方式做出明确的断言，尽管我们要断言它们的确切含义是极其困难的。

现在，仔细研读各种作家声称发现了“客观机会”存在的所有案例，就可以证实这样一种观点，即与知识和无知有关的“主观机会”是根本的，而所谓的“客观机会”，无论从实践或科学的角度来看多么重要，它确实是一种特殊的“主观机会”，是后者的派生类型。因为“客观机会”的拥护者没有一个愿意质疑自然秩序的决定论性质；他们的这种客观机会的可能性，似乎总是取决于某种特定知识是否属于我们，或是否在我们的能力和能力范围之内。我来试着尽量准确地区分客观机会的标准。

§7. 当我们说一个事件是偶然(by chance)发生时，我们并不是说在它发生之前，根据现有的证据，这个事件是极不可能发生的。事实可能是这样，也可能不是这样。例如，我们说，如果一枚硬币正面朝上，那是“偶然的”，而正面朝上则不是不可能的。“偶然”一词指的是我们关于被考虑的事件和以该事件为前提的事件同时发生的信息状态。如果我们对抛掷情况的了解与我们对可能的替代结果的预期**无关**，那么硬币的下落就是一个偶然事件(chance event)。如果备选结果的数量非常多，那么事件的发生不仅是偶然的，而且是极不可能的。一般来说，当对第一个事件的知识与我们对第二个事件的预期无关，并且不会产生更多支持或反对它的假设时，也就是说，当我们断言它们的命题之概率在第十二章§8节定义的意义上是**独立**的时候，则我们可以说两个事件在主观意义上具有偶然的联系。 317

上述定义处理的是最广泛意义上的机会。我们希望应用“**客观**”机会(objective chance)一词来形容更狭义的一组案例时又有什么差异呢？我认为，当一个事件不仅是上述意义上的偶然事件(chance event)，而且当我们也有充分的理由假设进一步增加给定种类的知识时，如果它是可获取的，不会影响它的机会特性，那么我们可以说该事件的发生是受制于客观机会的。也就是说，我们必须考虑的概率，不是与实际知识相关而是与某种知识整体相关的概率。我们或许能够从我们的证据中推断出，即使对我们的知识进行了某些类型的补充，事件之间的联系仍然会受到上面定义的机会的影响，并且我们实际上无需有关的额外信息就可以推断出这一点。如果无论我们对某些事物的知识是多么完全，在我们正在研究其合取式的命题之间仍然存在独立性，那么，我们可以说，在一种**客观**意义上，这些命题的实际合取式(conjunction)是由机会而得来。

§8. 我认为，这是正确的研究路线。为了确定客观机会的存在，哪些类信息必然与这种联系无关，还有待决定。

当我们将巧合归因于客观机会时，我们的意思不仅是说我们实际上不知道联系的定律，而且，粗略地说，也没有什么联系定律可以知道。当我们说一种备选项而不是另一种备选项的发生是由偶然所致时，我们的意思不仅是我们不知道在备选项之间进行选择的原则，而且也没有这样的原则是可知的。这一术语的使用与维恩所说的“偶然”(casual)一词的含义颇为相近：“按照我的理解，当我们的意思是指我们没有关于这两个要素之一的知识(我们假设实际上这些知识是可以获取的)时，它们同时发生的话，我们称其为偶然的巧合，其中一个可以使我们能够预期另一个。”[1]

318

为了使这一点更准确，我们必须重新用到前面我们的区分：[2]规律性知识(nomologic knowledge)和本体论知识(ontologic knowledge)之间的区别，关于定律的知识和关于事实或存在的知识之间的区别。给定关于 a 的某些事实 $f(a)$ 和某些联系定律 L，我们可以肯定推断或可

[1] 《机会逻辑》，第245页。

[2] 参见第三编，编尾注释(ii)，§2节，第306页。

能推断出关于 a 的其他事实 $\phi(a)$。如果关于联系定律的知识与 $f(a)$ 一起不会产生明确的概率，表明偏好胜过 $\phi(a)$ 的其他备选项，那么我认为，特定例证中 ϕ 与 f 之间的实际联系，在我们称其为客观的意义上可以说是由于偶然性所致。事实上，当我们谈到客观机会时，并不总是在如此严格的意义上使用它，但我认为，这是与目前的用法接近的基本概念。目前的用法与这种意义之所以不同，主要有两个原因。如果在上述条件下，我们的偏好理由虽然明显是有的，但又非常之小，那么我们谈的就是客观机会；如果对我们的本体论知识的相对轻微的补充就会使概率或偏好的理由变得可感知，那么我们就不会坚持主张机会规则(rule of chance)了。

综上所述，如果为了预测一个事件，或者在目前的等概情况下，以较高的概率度偏好于它胜过其他备选项，有必要知道比我们实际知道的要多的关于它的存在事实，而且如果增加对一般原理的广泛知识将不会有什么用处，那么该事件就是由客观机会所致。

必须予以补充的是，我们要区分在不同情况下高度可变的存在性事实和在特定观察或经验领域内恒定或几乎恒定的事实。在这个领域之内，我们认为存在的永恒事实，从机会的角度来看，几乎处于与定律相同的位置。因此，如果对关于存在之永恒事实的知识可以带来对它们的预测，那么这种联系就不是偶然的。 319

因此，再次总结一下，如果在给定的观察或经验领域内，对那些在该领域内永恒或恒定的存在性事实的知识，以及对所有相关基本因果律或一般原则的知识，以及关于存在的若干其他事实，不允许我们在给定 $f(a)$ 的情况下将一个可感知的概率归因于 $\phi(a)$［或把一个可感知的概率归因于替代项 $\phi_1(a)$ 而不是 $\phi_2(a)$］，那么，$\phi(a)$ 的合取式［或 $\phi_1(a)$ 而不是具有 $f(a)$ 的 $\phi_2(a)$ 的合取式］是由于客观机会所致。

§9. 如果我们回到庞加莱所举的那些例子，则上面的定义似乎很符合常识的用法。即使是近似的预测，也需要关于事实的确切知识（这不同于原理），此时，“客观机会”这一表达似乎是适用的。但是，对于预测所需要的关于事实的知识量，我们的定义和用法都没有准确地加以说明，因为如果没有这种知识，事件就可以被视为受客观机会所支配。

还可以补充说，“机会”一词既可以用于一般性的陈述，也可以用于特定的事实。例如，我们说，如果一个人在生日那天去世，那是一个偶然的问题，这意味着，作为一般原则，在没有与特定事例有关的特殊信息的情况下，没有任何推定认为，他会在他的生日而不是其他任何一天死去。如果作为一般规律，在这样的日子里会有庆祝活动，这些活动会加速死亡，那么我们就应该说，一个人在他的生日那天死去并不完全是偶然的。如果我们不知道这样的一般规律，但我们对生日了解得不够，又无法确定没有这样的规律，我们就不能称这个机会是“客观的”；只有根据摆在我们面前的证据，有力地推定不存在任何这样的一般规律，我们才能这样说。 320

§10. 在关于统计推断基础的第五编之前，我们是无法清楚地说明上述客观机会在哲学和科学上的重要性的。它将出现在不止一个方面，但主要是与伯努利公式的应用有关。在可以有效使用这个公式的情况下，我们能够得出重要的推论，并且将可表明，当客观机会的条件被近似地满足时，伯努利公式的应用条件也很可能被近似地满足。

§11. 众所周知，“随机”一词已在几个不同的意义上得到了使用。维恩[1]和“频率”理论（frequency theory）的其他追随者已经给它下了

---

[1] 《机会逻辑》，第5章，《随机性概念及其科学处理》（The Conception *Randomness* and its Scientific Treatment）。

一个精确的含义，但它显然与流行的用法几乎没有关系。皮尔士[1]说，随机样本是“根据某种规则或方法获取的，如果无限期地反复应用，从长远来看，抽取任何一组例证的频率与抽取其他组例证的频率是同一个数字”。埃奇沃斯教授在他对误差定律的研究中更准确地表达了同样的基本思想。[2]在我看来，对于这种定义随机性的模式，有一个致命的反对意见，即一般来说，我们只能知道当我们的知识接近完全时，是否有一个随机样本。正如维恩明确指出的那样，如果天空中的恒星以精确和对称的模式排列，那么天空中的恒星分布将是完全随机化的，这一事实很好地说明了它与普通用法的不同。[3]

因此，我不认为这种定义是有用的。该术语的定义必须参考概率，而不是“从长远来看”会发生什么，虽然它可能有两种含义，分别对应于主观概率和客观概率。 321

使用该术语的最重要的短语，是“随机选择”(random selection)或“随机选取”(taken at random)。当我们将该术语应用于一系列对象或对象集合的特定成员时，我们可能指的是两件事之一。可能意味着我们对选择特定成员的方法的知识是这样的，即所选择的成员与其他任

---

[1] 《或然性推断理论》(A Theory of Probable Inference)(发表于约翰·霍普金斯的《逻辑研究》上)，第 152 页[作者查尔斯·皮尔士(Charles Peirce，1839—1914 年)，美国哲学家，早年在哈佛大学接受教育，后任教于约翰·霍普金斯大学，是美国实用主义哲学的奠基人，他自认首先是逻辑学家，创建了作为符号学分支的逻辑学。——译者注]。

[2] 《误差定律》(Law of Error)，《剑桥哲学学会会刊》，1904 年，第 128 页。[作者弗朗西斯·伊西德罗·埃奇沃思(Francis Ysidro Edgeworth，1845—1926 年)，既是英国经济学家，也是统计学家，他是数理统计学的先驱之一。——译者注]。

[3] 但可以补充一点的是，这似乎与维恩关于随机性的概念[即总体秩序(aggregate order)和个体不规则性(*individual irregularity*)的概念]不一致；它也不符合维恩的典型随机图(第 118 页)的概念。因此，他的用法有时比他的定义对流行用法的距离更接近。

何成员一样，在该系列中被选中的先验概率一样大。我们也可能是说，不是我们对所讨论的特定成员不拥有知识，而是我们所拥有的关于特定成员的知识，有别于该系列的其他成员，与该成员是否具有所考察的特征这个问题无关。在第一种情况下，特定成员是所有特征的系列中的随机成员；在第二种情况下，它只是具有某些特征系列的随机成员。由于第二种情况更普遍，我们最好以此来定义“随机选择”。

如果我们讨论该术语的更困难的用法，那么，这一点会被进一步提出来。“任何随机抽取的数字都可能是奇数或偶数”这句话到底是什么意思？根据频率理论，这仅仅意味着奇数与偶数一样多。在对应于主观机会的意义上（以及上面给出的解释），我提出以下定义：如果“x 是a”与概率 $\phi(x)/S(x).h$ 无关，则相对于证据 h，对于命题函数 $S(x).\phi(x)$的目的而言，a 是从类 S 中随机抽取的。因此，相对于我的知识，“法国居民的数量是奇数”是命题函数“x 是奇数”的随机例证，因为“a 是法国居民的数量”与“a 是奇数”的概率无关。[1]因此，如果说随机抽取的数字为偶数与为奇数的可能性是一样的，则意味着被随机抽取到的“所有数都是奇数”这个概括（或相应的概括“所有数都是偶数”）的任何例证都为真；如果我们关于它的知识满足上面定义的条件，则在奇偶性方面的例证是随机抽取的。因此，给定的例证是否是随机抽取的，取决于所讨论的概括。

322

§12. 我们可能有，也可能没有理由相信，如果我们进行一系列随机选择，那么某一特定类型结果的出现比例很可能会在一定范围之内。由于要在第二十九章中解释的原因，与此类信息相关的随机选择可以

[1] 上面的 $S(x)$代表“x 是一个数”，$\phi(x)$代表“x 是奇数”，a 代表“法国的居民数”。

方便地称为"伯努利条件下的随机选择"。这种随机选择在科学和统计上具有重要意义。但是,由于这与"客观机会"相对应,因此我们可以方便地对"随机选择"做一个不符合"主观机会"的宽泛定义;上面给出的就是这个更宽泛的定义。

与普通用法中的"随机选择"相反的术语是"有偏选择"(biassed selection)。当我在没有任何限定的情况下使用这个短语时,我将把它作为"随机选择"的反义词来使用。 323

第二十五章　讨论机会时所产生的一些问题

§1. 有两个经典的天文学问题，人们试图把某些天文现象归因于特定的原因，而不是在前一章所定义的意义上归因于客观机会。

其中第一个与太阳系行星轨道的黄道倾角有关。这个问题由来已久，我们只要采用德·摩根的说法就足够了。[1]如果我们假设每个轨道都可能有倾角，我们就会得到大量的组合，其中只有一小部分是这样的：它们的总和与实际系统的那些组合的总和一样小或更小。但是我们自己和这个世界的存在本身就可以表明，这个小部分中的一个已经被选中，德·摩根由此得出一个大大的推定，即"在太阳系的形成过程中，有一个必然的原因使倾斜变成了现在的样子。"

324 达朗贝尔[2]在批评丹尼尔·伯努利时指出了这个问题的答案。

---

[1] 参见《大都会百科全书》中的"概率"词条，第 412 页，第 46 节。德·摩根在没有提及拉普拉斯[《概率分析理论》(第一版)，第 257、258 页]工作的情况下采用了这一理论。拉普拉斯还考虑到这样一个事实，即所有行星的运动方式都与地球相同。他的结论是："可以看出，有一些共同的原因，把所有这些运动导向了太阳自转的方向，并与赤道平面形成倾角，这种概率远大于其他的概率。这是我们毫不怀疑的历史事实。"拉普拉斯还借用了丹尼尔·伯努利的例子，但也没有提到这是后者的例子。还可以参见达朗贝尔的《数学散论》(*Opuscules mathématiques*)，第 4 卷，1768 年，第 89 页和第 292 页。

[2] 前引书，第 292 页。"对于行星不应该在同一个平面上的情况，(转下页)

无论构型上曾凑巧出现了什么样的情况，德·摩根也能得出类似的结果。任何对天球的任意处置，先验上都是极不可能的，也就是说，没有倾向于特定安排的已知规律。正如德·摩根所言，这并不意味着任何实际的处置都具有后验的特殊意义。

§2. 第二个问题被称为米歇尔(Michell)双星问题。[1]米歇尔的备忘录发表在1767年的《哲学会刊》(*Philosophical Transactions*)上。[2]它处理的问题是，光学双恒星，即在地球上的观察者看来位置如此接近的恒星——在物理上是否也是如此，“这要么是由最初的造物主的行为所致，要么是由某些一般规律(比如或许是重力)的结果所致。”他争辩说，如果恒星“纯由偶然而那样分散……那么很明显……每颗恒星处于任何一种情况下的概率应该是相同的，任何一颗特定的恒星应该碰巧处在任何其他给定恒星一定范围(例如1度)内的概率，将被表示为……一个分数，其分子与其分母的关系，就是半径为1度的圆与半径为一个大圆直径的圆的关系……大约是13 131分之一。”从这儿开始，他得出了关于几个相邻恒星散射的一个很大的假设，该假设认为

(接上页)肯定有无限多种可能。这并不是得出这样的结论的理由，即如果发生这种情况，则必然有其他原因而不是偶然发生的；因为如果有人认为行星不能随意决定某种倾向，那么这甚至也有无限的可能。”达朗贝尔出于自己的目的使用了这个例子，为的是建立一种论证，攻击丹尼尔·伯努利，从而支持自己的理论(另见第317页)。

[1] 双星(binary stars)，两颗彼此有物理联系并在共同引力作用下相互环绕做轨道运行的恒星组成的双星系统。双星在天体物理研究中极为重要，因为对它们轨道的分析提供了直接测定恒星质量的唯一方法。双星问题是1767年才由约翰·米歇尔(John Michell)指出来的。约翰·米歇尔(1724—1793年)是英国牧师兼自然哲学家，地震学和测磁学之父。——译者注

[2] 参见陶德杭特的《历史》，第332—334页；维恩，《机会逻辑》，第260页；福布斯，《从机会学说推断关于星与星之间形成双星或多星群的所谓物理联系的证据》，《哲学杂志》，1850年；布尔，《论概率理论并特别论米歇尔的恒星分布问题》，《哲学杂志》，1851年。

"它们的散射可能纯由偶然发生的"。他继续争辩说，如果存在直接趋向于产生所观察到的近似值的因果律，那么我们可以合理地假设这些近似值是实际值，而不仅仅是光学上的和表面上的值。米歇尔的归纳结论被赫歇尔[1]后来的研究所证明这一事实，增加了这一猜测的意义。但除此之外，这个论点显然比第一个例子更微妙。米歇尔争辩说，在光学上相邻的恒星比没有特殊原因导致这一结果的恒星要多。他还进一步说，如果有这样的原因在起作用，那么它必然是从该原因而来的**真实的**恒星，而不仅仅是光学上的恒星。

325

让我们更仔细地分析一下这个论点。米歇尔所说的"纯由偶然发生的"，意思不可能是"没有原因的"。他正在考虑我在前一章中所定义的意义上的客观机会。我们所说的偶然事件(chance occurrence)是由如此众多和复杂的力量与环境的巧合导致的，以至于能预测它的知识是一种完全超出我们能力范围的知识。米歇尔含混地使用了这个术语，但我认为，他的意思是这样的：一个事件若**纯由偶然**，则只有当大量独立[2]的条件同时满足时才会发生。因此，米歇尔所讨论问题的另外一个备选项是：双星仅仅是由于各种各样的恒星定律和位置的相互作用所带来的结果，还是若干基本趋势所造成的结果？这些基本趋势可能是知识的对象，从而使我们预期有这样相对分散的恒星分布。

大量双星的存在可能提供一个真正的归纳论证，支持它们是由相对较少的独立原因的相互作用产生的。但不可能得出像米歇尔那样精确的结果。如果双星在出现时确实存在以这种方式出现的先验有限概

---

[1] 即弗里德里希·威廉·赫歇尔(Frederick William Herschel，1738—1822年)，出生于德国汉诺威，英国天文学家及音乐家，曾有多项天文发现，包括发现天王星等，被誉为"恒星天文学之父"。——译者注

[2] 参见第三编编尾注释(ii)的§3节。

率,那么,由于一组给定的独立原因的频繁重合比数量相对较少的一组独立原因的频繁重合更有可能,对双星的观察将后验地提高这种概率,其程度取决于此类恒星出现的相对丰富程度。简而言之,如果假设是上面提出的备选方案的第一个,那么则无更大分布的假设;如果假设是备选方案的第二个,则**存在**更大分布的假设。因此,根据逆原理,对出现双星的众多分布的观测**增加了**任何可能存在的有利于第二个假设的先验概率。但除此之外,该论证无法证明更多东西。就目前而言,米歇尔的论证并不比德·摩根的论证更有效,当我们注意到即使只观察到一颗双星他的结论仍然有很高的概率时,这一点就变得很清楚了。这个论证的有价值的部分,显然与对**无数**双星的观测有关。 326

现在让我们来看看米歇尔的第二步。他认为,如果双星是由少数独立力量的相互作用产生的,那么它们一定是物理上的两倍,而不仅仅是光学上的两倍。这个论点的力量似乎取决于我们对主要自然规律的性质的先前知识,以及由此产生的假设,即不太可能存在一种力量,倾向于安排实际上彼此间距离很大的恒星,从而使之与这个特定的星球出现**看起来**是两倍的距离。但是米歇尔在这样争辩的时候,忽略了这样一种可能性,即恒星之间的光学联系可能是由于观测者和他的观测方式造成的。我们应该有一个定律,例如与光的传输有关的定律,它将导致恒星在观测者看来比实际距离更近。这不是不可能的。

因此,虽然相对丰富的双星构成了与米歇尔的结论有利相关的证据,但这个论点似乎比他假设的要复杂得多,也没有那么有说服力。这是适用于许多此类论点的批评。由于缺乏大量相关信息,证据的简单性很容易导致我们进行欺骗性计算和高数值概率的断言,在证据不足且复杂的情况下,我们不该这样冒险,事实上,要得到这样的结论,需要比这强得多的证据。米歇尔的计算得出了这样一个可能性极高的结 327

论,这本身就应该使他怀疑他得出结论的推理是否准确。

§3. 然而,就我所知,最近出现的这类问题似乎可以采用更稳妥的论证方式。最重要的是关于恒星漂移的存在。在我看来,拥有这样的数据并不是不可能的:基于这样的数据,我们可以从对光学上看来的恒星漂移的观测中构建一个有效的论点,即某些恒星组相对于其他恒星组的实际运动统一性的概率。

卡尔·皮尔逊教授最近讨论了另一个与上述问题有些相似的问题。[1]这个标题可能会有点误导,直到对其中使用"随机"一词的含义进行了解释,你才会理解这个标题的含义。但皮尔逊教授对这个术语的使用非常精确。他把随机分布定义为:以太阳为中心的等体积球壳中包含相同数量的恒星。[2]他认为,所观察到的事实可能导致以下析取命题:要么恒星的分布在上述的某种意义上不是随机的,要么它们的距离和亮度之间存在相关性,例如可能通过吸收光在其通过空间的传输中产生这种相关性,或者它们所在的空间在体积上是有限的,而且不是以球形的形式为表现。[3]但在米歇尔的研究中,在这个意义上使用"随机"一词是没有用的。因为没有理由认为非随机分布比随机分布更可能依赖于少数独立力量的相互作用,甚至可能还存在其他方面的假设。这种对随机性的任意解释,无助于我们解决任何有意义的问题。

328

§4. 关于最终原因和从设计出发的论证的讨论,因其与神学的假定联系而受到混淆。但是逻辑问题是很简单的,可以根据形式的和抽

[1] 《论空间中恒星随机分布的不可能性》,《皇家学会学报》(*Proceedings of Royal Society*),系列A,第84卷,第47—70页,1910年。

[2] 因此,它与方向无关,即使恒星聚集在天空的特定区域,分布也是随机的。因此,这个定义是非常武断的。

[3] 我认为,更正确的表述应该为:"以太阳为中心的不是一个球体。"

象的思考来确定。在所有情况下,论证都是这样的——一个事件已经发生并且被观察到,如果我们不知道它确实发生过,那么它在先验上是非常不可能的;另一方面,如果我们假设存在一个有意识的能动者,他的动机是某种类型的,他的力量是足够的,那么该事件的性质就可以得到合理的预测。

用符号表述就是:设 h 是我们的原始数据,a 是事件的发生,b 是假定的有意识能动者的存在。然后假设 a/h 与 a/bh 相比非常小,我们已知 b/ah,也就是 b 在 a 之后的概率是已知的。我们已经证明的概率逆原理表明,$b/ah=a/bh.\frac{b/h}{a/h}$,因此 b/ah 不能仅根据 a/bh 和 a/h 确定。所以,我们无法测量有意识的能动者在事件之后存在的概率,除非我们可以在事件之前测量有意识的能动者存在的概率。一般来说,正是我们对这一点的无知,才使我们努力对此进行补救。这个论证告诉我们,这个假设的能动者的存在,更有可能在事件发生之后而不是在事件发生之前;但是,就像在第三编中讨论的一般归纳问题的情况一样,除非先有一个可感知的概率,否则后续就不可能有一个可感知的概率。因此,任何值得拥有的结论都不能仅以从设计出发的论证为基础。与归纳法一样,这类论证只能加强得出结论的概率,对于这些结论,还有其他的理由可以说。例如,我们不能说人类的眼睛多半是设计出来的,除非除了它的构造的性质之外我们还有一些理由,来怀疑它是有意识的手艺活计。但是,从其他来源得出的必要的先验概率有时可能是现成 329 的。在荒岛上捡到一块手表的人,或者看到约翰·史密斯[1]在沙滩上画的符号的人,可以合理地使用来自设计的论证。因为他有其他理

[1] 约翰·史密斯(John Smith, 1580—1631 年),大英帝国士兵、探险家,他在北美洲建立了第一座永久性英属殖民地詹姆斯镇。——译者注

由假设能够设计这种物体的生物确实存在,并且他们现在或以前在岛上的存在是明显可能的。

§5. 当今使用这类论证的最重要的问题,是那些与心理研究有关的问题。[1]对在最近的讨论中发挥如此重要作用的"交叉对应"(cross-correspondences)的分析,提出了许多点,这些困难点与其他非常复杂的科学研究中出现的困难点没有什么不同,在这些科学研究中,我们最初的知识很少。因此,逻辑问题的一个重要部分是区分心理问题的特殊性,并发现除了我们处理其他问题所需的证据之外,它们还需要哪些特殊证据。我认为,由于相信心理问题在某种程度上是特殊的,所以产生了一种对心理问题的怀疑倾向,这种怀疑对所有的科学证据同样有效。在不涉及任何细节问题的情况下,让我们努力将那些似乎是心理研究所特有的困难,与那些尽管很大,但与(例如)遗传学者所面临的困难没有什么不同的困难分离开来,而这些困难与那些困难在最终要屈服于研究人员的耐心和洞察力方面的可能性上并无不同。

为此目的,有必要简要回顾第三编的分析。在第三编,我们认为,330 当我们将经验证明的方法用于加强结论的概率时,当我们将它们应用于形式真理的发现时,以及当我们将它们应用于发现将物质对象联系起来的规律的时候,它们并没有特别不同,而且我们认为,即使在形而上学的情况下,它们也可能被证明是有用的;但是我们通过这些方法加

[1] 在《米制》(*Metretike*)一书中,埃奇沃斯教授曾讨论过在扑克牌游戏中取得成功是由于精神力的作用的概率。我认为,这是首次将概率应用于这些问题上。另见《心理研究学会会刊》(*Proceedings of the Society for Psychical Research*),第八编和第十编。埃奇沃斯教授关于《心理研究和统计方法》(*Psychical Research and Statistical Method*)的文章,见于《统计学杂志》,第 LXXII 卷(1919),第 222 页;以及《利兰·斯坦福初等大学心理研究实验》(*Experiments in Psychical Research at Leland Stanford Junior University*),作者是 J. 库弗(J. Coover)。

强的初始概率在每一类问题中是不同的。在逻辑上,它源于这样一个假设,即明显的不证自明赋予看似不证自明的事物以某种程度的概率;在物理科学中,我们假设物质对象的性质中独立多样性的数量是有限的。但是在逻辑和物理科学中,我们可能希望考虑一些假设,这些假设是不可能以任何先验概率来表示的,我们仅仅是由于假设的许多结果的正确性而接受这些假设的。这类公理中有一种公理,它不是不证自明的,但似乎必须把它与其他不证自明的公理结合起来,才能推论出普遍接受的形式真理。一个科学实体,例如以太[1]或电子,其性质从未被观察到,但我们为了解释的目的而假设其存在,也是这个意思。如果第三编的分析是正确的,那么我们永远不能将有限概率[2]归因于此类公理的真实性或此类科学实体的存在,无论我们发现它们的多少结果是正确的,都不能这样做。它们可能是方便的假设,因为如果我们将自己局限于它们的某些类后果中,我们就不太可能犯下错误。但是,尽管如此,它们所处的位置与我们有理由赋予初始概率的这种概括也是完全不同的。

现在让我们将这些区别应用到心理研究的问题上。我认为,对于其中的一些,我们可以通过与物理科学中相同的假设来获得初始概率,

---

[1] 以太是古希腊哲学家亚里士多德所设想的一种物质。是物理学史上一种假想的物质观念,其内涵随物理学发展而演变。“以太”一词是英文 Ether 或 Aether 的音译。古希腊人以其泛指青天或上层大气。在亚里士多德看来,物质元素除了水、火、气、土之外,还有一种居于天空上层的以太。在科学史上,它起初带有一种神秘色彩。后来人们逐渐增加其内涵,使它成为某些历史时期物理学家赖以思考的假想物质。19 世纪的物理学家曾认为它是一种电磁波的传播媒质。但后来的实验和理论表明,如果假定“以太”不存在,很多物理现象可以有更为简单的解释。——译者注

[2] 我假设,除了来自其结果的真实性的论证之外,没有任何来自不证自明或类比的论证,支持此类公理的真实性或此类对象的存在。但我敢说,情况不一定如此。可能还要提醒读者的是,当我否认有限概率时,这并不等于肯定概率是无限小的。很简单,我的意思是它不大于某个数值上可测量的概率。

331 并且我们的结论不必比这些假设更容易受到怀疑。在其他的情况下，我们不能这样做；除非有某种专门用于心理研究的方法我们可以取得，否则这些必须作为试探性的未经证实的假设，与以太属于同一范畴。

第一类最好的例子是心灵感应。我们知道，如果我们的假设是正确的，那些相互作用的意识确实存在。我认为建立心灵感应定律的问题和建立万有引力定律的问题之间没有**逻辑**上的区别。就心灵感应而言，由于我们对同源事物的知识范围要狭窄得多，所以目前存在着一种**实际**的差异。因此，我们可以确定的要少得多。但是，在积累了更多证据之后，我们似乎没有理由再不那么确定了。重要的是要记住，在心灵感应的情况下，我们只是发现了一种**我们已经知道其存在的**物体之间的关系。

另一类最好的例子是，人们试图将精神现象归因于人类以外的“精神”(spirits)能动者。就我所知，目前还没有一种无法以其他方式解释(尽管在某些情况中不可能得到解释)的现象是已知的，这一事实削弱了这样的论点。但是，即使要观察一些现象，而这些现象已知的能动者都无法提供甚至不可能解释，“精神”的假设仍然与“以太”的假设一样，处于逻辑上的两难境地，在以太中，人们可能会认为它们不会不适当地移动。

只有当某种特殊的知识方法在我们的能力范围之内，从而为我们提供所需的初始概率时，诸如“精神”存在这样的假设才能成为实质性的假设。这种方法并不罕见。如果我们能够直接感知这些“精神”，正如詹姆士的《宗教体验之种种》(*Varieties of Religious Experience*)[1]

[1] 即威廉·詹姆士(William James, 1842—1910 年)，美国本土第一位哲学家、心理学家，他是 19 世纪后半期的顶尖思想家，也是美国历史上最富影响力的哲学家之一。《宗教经验之种种》是一部打破传统研究方式，主要从个人经验角度，或者说从心理学的角度，通过生动翔实的事例对个体的种种宗教经验(如皈依、悔改等)及其本质进行探讨的著作，认为宗教经验在根本上是个体与更高的神秘力量进行交流而产生的情感体验。本书出版后引起了巨大的轰动。——译者注

中描述的许多人所认为的那样，那么从逻辑上讲，问题就完全改变了。事实上，尽管可能性要小上一些，但我们有非常相似的理由相信其他人的存在。上一段仅适用于从心理研究协会讨论的证据中证明“精神”存在的尝试。 332

在这两个极端之间出现了一类情况，关于这类情况，我们很难做出决定——试图将心理现象归因于死去之人的有意识的能动性。我想在这里讨论的不是现有证据的性质，而是证据是否有可能令人信服的问题。在这种情况下，我们所力图证明其存在的对象，在**许多方面**类似于我们所知道存在的对象。摆在我们面前的认识论问题是这样的：为了可能有一个初始概率，我们假设的对象是必须在每个相关的特质中都类似于我们知道其存在的某个对象，还是我们应该知道它所有假定性质（尽管从来没有组合在一起）的例证就足够了？很明显，**某些性质**可能是不相关的——例如在时间和空间中的位置——并且“每个相关的特质”不需要包括这些。但是，如果我们的假说假设在**新的**组合中具有某种程度的相关性，那么初始概率是否存在呢？如果我们不知道意识是脱离于活体（living body）而存在的，那么任何性质的**间接**证据都可以为我们提供这种事情的任一概率吗？例如，是否有任何证据可以让我们相信一棵树能够感受到快乐的情绪，如果我们讲个笑话，它会不断地笑吗？然而，我们所要求的类比似乎只是一个程度的问题，因为认为狗具有意识似乎也不是没有道理的，尽管这是由许多不同于我们所**知道**的任何存在的性质组成的组合。

不过，这个讨论正在从概率主题转向认识论主题，直到我们对后一个主题拥有比我们目前拥有的更全面的知识，才能解决这个问题。我只想区分我们以与物理科学相同的方式获得初始概率的那些情况和我们必须以其他方式获得它的那些情况。我所做的区分通过这些比较充 333

分做了总结：我们将心灵感应的证明与万有引力的证明进行了比较，将非人类“精神”的证明与以太的证明进行了比较，我们还更进一步，从对死去之人意识的证明到对树木或狗的意识的证明进行了比较。

在转到本章的下一个相当复杂的主题之前，可能有必要补充的一点是，我们应该非常谨慎地将概率**演算**应用于心理研究问题。心理研究中备选项很少满足无差异原理的应用条件，而且初始概率也不能用数值方法测量。因此，如果我们努力**计算**某种现象由“异常”原因引起的概率，我们的数学很容易使我们得出不合理的结论。

§6. 在处理所谓的“显著事件”(remarkable occurrences)时，未经训练的常识似乎特别不可靠。除非“显著事件”只是对我们产生一种特殊的心理影响，即令人惊讶的影响，否则我们只能将其定义为这样的事件：在它发生**之前**，根据现有的证据它的发生是非常不可能的。但这种情况经常会发生——事实上，只要我们的数据对大量备选项的可能性敞开大门，并且没有显示出对其中任何一个的偏好，那么——**每一种**概率先验上都是极不可能的。由此可见，实际发生的事情，并不仅仅从它在上述意义上的“显著”这一事实中获得任何特殊的意义。在我们能够成功构造理论之前，还需要一些进一步的东西。然而，米歇尔的论证和来自设计的论证，我认为，从无论是天堂还是宇宙的实际构造的“显著”特征中，我都得到了很多合理的解释，因为它们忘记了不可能提出**任何**结构(如果它存在，那么它就不是“显著的”)的事实。[334] 人们认为，一个显著的事件特别需要解释，并且任何**充分的**解释都极有可能对它有利。特别需要一种解释，这是真理的标度，因为很可能我们的原始**数据**非常缺乏完整性，而异常事件的发生则暴露了这一缺陷。但是，我们没有理由满怀信心地采用任何充分的解释，这一点已经得到证明。

然而，这些论点的合理性部分来自完全不同的来源。有一个普遍的假设是，某些类型的事件比其他事件**更容易被我们**解释，因此，任何处理这种情况的解释都是不成熟的。根据我们自己的判断，有意识的能动者可能产生的结果就属于这一类。假设在其伴随的元素之间存在直接和主要的因果相关性，那么可能的结果也属于它。事实上，有一种来自类比的论证，即某些类型的现象是否可能是由于“偶然”造成的。这也许可以解释（例如）为什么构成人眼的原子会同时出现在人眼中，为什么在玩扑克牌时会出现一系列正确的猜测，为什么恒星之间会出现特殊的对称或特殊的不对称，这些问题似乎都需要在不寻常的程度上进行解释。在解释**之前**，这些特定的并发（concurrences）或序列或分布并不比任何其他情况更不可能。但是，人类的头脑更容易发现这些结合而不是其他结合形成之原因，因此，解释它们的尝试值得我们更仔细地加以思考。这种假设，是通过类比或归纳，从那些我们相信我们已经知道原因的案例中得出的，也许有一定的分量。但是，在这些情况下，直接应用概率演算，除了提出可供研究的问题之外，没有其他的作用。一个人在切断普通沟通渠道的联系时还能做出一连串正确猜测的事实，是一个值得研究的事实，因为它更容易受到**简单的**因果解释的影响（这可能有很多应用），而不是正确和错误的猜测彼此之间没有明显的规律性。 335

§7. 就经验定律而言，例如波德定律（Bode's Law），[1]它与一般科学知识只有非常微小的联系，有时人们认为，如果在检验部分或全部可以取得的例证**之前**而不是之后提出该定律，则它就是盖然率较大的概括而已。例如，假设波德定律对七颗行星是准确的，那么如果在对

[1] 即提丢斯-波德定律（Titius-Bode Law），是关于太阳系中行星轨道半径的一个简单的几何学规则，是在1766年由德国的一位大学教授约翰·丹尼尔·提丢斯提出，后来被柏林天文台的台长约翰·波德归纳成了一个经验公式。——译者注

六颗行星的检查后提出该定律并在随后发现第七颗行星时得到证实，而不是直到所有七个都被观察到之后才被提出时，则认为该定律更有可能成立。皮尔士很好地给出了支持这种结论的论证：[1]“事物的性质可以被认为是由许多连续变量的变化而产生的；因此，任何许多物体都具有某种共同的特征，而其他物体却不具有。”所以，如果共同特征不是预先指定的，我们就无法得出任何结论。案例不得用于证明仅由案例本身提出的概括。他从一本传记词典中提取了前五位诗人的死亡年龄：

Aagard， 48岁 Abeille， 76岁 Abulola， 84岁

Abunowas， 48岁 Accords，45岁

“这五个年龄有以下几个共同特征：

1. 组成该数值的两位数字之差除以3，余数是1。

336 2. 第一位数字的平方除以3，余数是1。

3. 每个年龄的质因数之和，包括1作为质因数，都能被3整除。”

他将基于这一证据的关于诗人年龄的概括与里昂·普莱费尔(Lyon Playfair)[2]博士关于碳的三种同素异形体形式的比重的论点进行了比较：

钻石，$3.48=\sqrt[2]{12}$

石墨，$2.29=\sqrt[3]{12}$

木炭，$1.88=\sqrt[4]{12}$

---

[1] C. S. 皮尔士，《盖然推断理论》(*A Theory of Probable Inference*)，第162—167页，发表于1883年的《约翰·霍普金斯逻辑研究》上。

[2] 里昂·波莱费尔，又被译作莱昂·波雷费(1818—1898年)，英国科学家、政治家，曾于1843年被任命为皇家曼彻斯特学院化学教授，1848年入选英国皇家学会。——译者注

碳的相对原子量约为12。普莱费尔博士认为,如果我们知道其他元素的同素异形体,那么它们的比重很可能等于它们原子量的不同根。

然而,这些论点的弱点可以有不同的解释。这些归纳结论是非常不可能的,因为它们与我们其余的知识无关,并且只基于极少数的例证。此外,诗人年龄的归纳法则显然更荒谬,因为考虑到我们实际拥有的知识,会发现诗人的年龄实际上并没有与任何这样的法则联系起来。如果我们除了上述之外对诗人的年龄一无所知,那么这一归纳结论将与任何其他基于非常弱的类比和极少数例证并且没有间接证据支持的归纳结论一样有效。

预测或预先设计的特殊优点完全是想象出来的。所考察例证的数量和它们之间的类比是最重要的,而一个特定的假设是在研究之前提出的还是之后提出的这个问题是完全无关紧要的。如果所有的归纳在考察我们运用它们的案例之前都必须先考虑到,那么毫无疑问,我们应该减少归纳;但是,我们没有理由认为,我们应该选定的少数会比应该排除在外的多数更好。这一论点的合理性来自不同的来源。如果一个假设是先验地提出的,这通常意味着除了纯粹的归纳根据之外,这种假设还有一些根据源于我们先前的知识,如果是这种情况,则该假设显然比仅基于归纳根据的假设更强。但是,如果它只是一个猜测,那么它被之前的一些或所有的情况所证实的这一幸运的事实,并没有增加它的价值。只有先验知识与从直接例证中产生的归纳根据相结合,才会赋予一种假设以分量,而不是先验知识与最初提出这一假设的场合相结合才会赋予它分量。再举一个例子,有时人们会说,《航海年鉴》中的预测每天都在实现,这构成了对动力学定律的最有力的证明。但这一验证的本质在于可以通过年鉴准确地引起我们注意的各种各样的案例,并且它们都是在一个齐一律上获得的,而不是在验证之前的预测。 337

在统计调查中，同样的问题并不少见。如果一个理论首先被提出，然后通过统计检验得到证实，那么我们就会倾向于赋予它更多的权重，而不是倾向于为适应统计而构建的理论。但是，先于统计数据的理论比其他理论更有可能得到一般考虑因素的支持——因为它并不是毫无缘由地加以采用的——这一事实构成了这种偏好的唯一有效依据。如果从一般的考虑因素来看，它**没有**得到比其他理论更多的支持，那么它起源的环境就不是有利于它的论据。由于一些统计学家的不可靠性而产生了相反的观点，即基于一般理由**不带偏见地**处理统计证据是一个积极的优势，因为“伪造”(cook)证据的诱惑将被证明是不可抗拒的，即这样的数据没有**逻辑**依据，只有在调查者的公正性受到怀疑时才会被加以考虑。338

第二十六章　行为的概率应用

§1. 我已经说过，给定我们实际拥有的知识作为我们的基础，盖然性知识是，我们认为相信它是合理的知识。这不是一个定义。因为我们相信盖然性为真是不合理的；对它有一个盖然的信念或相信它偏好于相信其他的信念，只是合理的。相信一件事偏好于相信另一件事，与相信第一个为真或更可能和第二个为假或不太可能是不同的，前者必须参考行动，而且必须是以一种松散的方式来表达根据一个假设而不是根据其他假设来行事的合宜性。因此，我们可以说，盖然性是一种假设，根据这种假设，我们的行为是合理的。然而，事情并没有这么简单，原因很明显，在两个假设中，如果盖然性较小的那个假设能带来更大的好处，那么按照它来行事就可能是合理的。我们目前只能说，一个假设的概率是根据它行事之前要确定和考虑的事情之一。

§2. 我不知道古代哲学家中有谁曾明确指出过，追求利益的责任依赖于获得这些利益的合理或可能的期望，而这些期望与行为人的知识有关。这仅仅表明，分析并没有解开理性行动中的各种要素，而不意味着常识忽略了它们。希罗多德非常清楚地说明了这一点。他说："对一个人来说，没有什么比给自己一个好的忠告更有益的了。因为即使事情的结果与一个人的愿望背道而驰，即使命运使他的决策没有起到339任何作用，它也仍然是正确的：而如果一个人的行为违背了良好的忠告，尽管他幸运地得到了他无权期望的东西，他的决策同样是愚蠢的。”[1]

§3. 概率理论与现代伦理学的第一次接触出现在耶稣会的概率学说中。根据这一学说，一个人有理由去做一件事，只要它有**任何的**可能性（无论多么小）能得到最好的结果。因此，如果任何一位牧师愿意允许一种行为，那么这个事实就有一定的可能性对它有利，不管有多少其他的牧师谴责它，他都不会因为实施这种行为而受到谴责。[2]然而，人们可能会怀疑，这种学说的目的与其说是责任，不如说是安全。允许你这样做的牧师因此承担了责任。将概率正确地应用于行为，自然地避开了法律伦理学的作者，他们更感兴趣的是确定特定行为的责任，以及可能处理责任的各种特定方式，而不是所带来的善的最大可能的总和。

---

[1] 希罗多德，卷7，第10页。[希罗多德(Herodotus)，公元前5世纪(约公元前480年—前425年)的古希腊作家、历史学家，他把旅行中的所闻所见，以及第一波斯帝国的历史记录下来，著成《历史》一书，成为西方文学史上第一部完整流传下来的散文作品，希罗多德也因此被尊称为“历史之父”。这里凯恩斯直接省略了所引书的名字，实际引述的就是《历史》一书。——译者注]

[2] 我们应该将杰里米·泰勒[Jeremy Taylor，(1613—1667年)，英国教会的一名神职人员，他被称为“神学家中的莎士比亚”，他表达的诗意风格，使他常常被视为英语世界最伟大的散文作家之一。——译者注]的以下这段奇特的话与这一学说进行比较：“我们是可以被说服的人，我们必须确保我们被合理地说服。当提出更大、更清楚的证据时，赞同一个较不明显的证据是不合理的：但每个人都应该承认，如果他能够做出判断的话，他就应该自己认识到这一点；如果他不能做出判断，他就不受有关于它必须知道的任何事物的束缚。必须知道的事物一定会传达给他：全能的上帝，肯定会照顾到这一点，因为如果他不这样做，那它就不是必然的事物；或者，如果它仍是必然的事物，而且他因为不知道它而受到诅咒，但还是知道它不在他的能力范围内，那么谁能帮助得了它呢！这件事也就不能再管了。”

皇港的哲学家们努力揭露概率论的谬误，从而揭示了一种更正确的学说。“为了判断，”他们说，“为了获得善而避免恶，我们应该做什么，不仅要考虑善恶本身，还要考虑它们发生和不发生的概率，并以几何方式考虑所有这些事物的比例，综合在一起进行思考。”[1]洛克意识到了同一点，尽管不是那么清晰。[2]莱布尼茨更明确地提出了这一理论。在这类判断中，他说，“正如在其他不同的和异质的以及不止一个维度的估计值中，所讨论的事物的伟大，在理论上是由两种估计值（即善和概率）组成的，它就像一个矩形，其中有两个考虑因素，即长和宽……因此，除了知道善恶的价值之外，我们还需要思考的艺术和估计概率的艺术，这样才能正确运用关于后果的艺术。”[3] 340

巴特勒[4]在他的《类比》一书序言中，坚持“绝对的和形式的义务”，在这样的义务下，即使是很小的概率（如果它是最大的），也可以让我们明白：“对我们来说，概率就是生活的指南。”

§4. 随着主要关注加总后果的功利主义伦理学的发展，概率在伦理学理论中的地位变得更加明确。但是，虽然问题的大致轮廓现在很清楚，但仍有一些混乱因素尚未消除。本书我将会讨论其中的一些。

在他的《伦理学原理》中（第152页），摩尔博士认为，“一种行为能比另外一种行为带来更好的总结果，确定这样的可能性所遇到的第一

---

[1] 《皇港逻辑学》(1662年)，英译本，第367页。

[2] 《人类理解研究》，第2卷，第21章第66节。

[3] 《人类理解新论》(*Nouveaux Essais*)，第2卷，第21章。

[4] 即乔瑟夫·巴特勒(Joseph Butler, 1692—1752年)，英国圣公会主教、神学家以及哲学家。1736年发表《宗教、自然以及外显之类比》，这是教会史上的一部对抗自然神论观点的重要著作。——译者注

个困难就在于,事实上,我们必须考虑两种行为在整个无限的未来的可能后果……我们确实只能考虑不同行为在'最近的'未来时间内的后果……如果指导这种考量的选择是理性的,我们必定有理由相信,我们的行为在更远将来的后果,一般不会颠倒善在我们可预见的将来可能的盈余(banlance of good)。我们要想断定一种行为的后果可能要比另外一种行为的后果更好,就必须做这样一个大的设定。我们完全不知道更为遥远的未来的后果这一点,并不足以使我们有理由说,在可预见的范围内选择更大善的行为可能是正当的。"[1]

341 在我看来,这个论证是无效的,并且它取决于对概率的错误哲学解释。摩尔先生的推理试图通过说明不存在**确定性**,来表明甚至不存在**概率**。当然,我们绝没有理由相信,遥远未来的后果**通常**会颠倒善在我们可预见的将来的盈余。但我们不必确定情况是否相反。如果善是可相加的,如果我们有理由认为在不久的将来,在这两种行为中,一种会比另一种产生更多的善,并且如果我们在遥远的将来无法区分它们的结果,那么,通过看似合理地运用无差异原理,我们可以假定,存在有利于前一种行为的可能性。摩尔先生的论证必然来源于概率的经验或频率理论,根据该理论,我们必须确定一般会发生什么(无论这意味着什么),然后才能断言概率。

我们努力的结果是非常不确定的,但我们有一个真正的概率,即使它所依据的证据微不足道。巴特勒主教说得很对:"从我们的短期视角来看,这种努力是否会在特定情况下产生总体幸福的超额盈余,这是非常不确定的,因为有这么多遥远的事情都必须考虑进来。我们的责任

[1] 此段话摘录自乔治·摩尔的《伦理学原理》第5章第93小节,本处的译文主要参考了商务印书馆陈德中先生的译本,并对照了上海人民出版社长河先生的译本的相关译文。——译者注

在于，在相反的一面，确定它会有某种表象，又没有积极的表象来平衡这一点……”[1]

我认为，这其中存在的困难主要不是由于我们对遥远的未来的无知。我们的责任是某一件事而不是另一件事，我们知道这一点的概率取决于这样一种假设，即在没有相反证据的情况下，任何部分中较大的善(goodness)比部分中较小的善，更有可能产生整体的较大的善。我们假设部分的善与整体的善是有利地相关的。如果没有这个假设，我们就没有理由，甚至没有或然的理由，在整体上更偏爱一个行为而不是任何其他行为。如果我们假设无论整体是由同时存在的部分还是由连续存在的部分组成，善总是有机的(organic)，这样的假设都不容易被证明是正确的。这个情况与第二十一章§6节讨论的物理定律是有机的还是原子的问题相似。

342

尽管如此，我们还是可以承认，善在一定程度上是有机的，并且仍然允许自己得出盖然的结论。因为，要么整个宇宙的善在所有时间上都是有机的，要么宇宙的善是无限多和无限分割部分的善的算术和，这些部分都不是可穷举的。我们可以假设，有意识的人的善是有机的，是每一个独特的个体人格的有机产物。或者我们可以假设，当意识单位处于意识关系中时，我们必须将其视为有机的整体，就包括这两个单位。这些只是例子。一般来说，我们必须假设，那些我们必定认为是有机的、不可分割的善的单位，并不总是大于那些我们可以直接感知和判断的善的单位。

§5. 然而，从概率学者的角度来看，最根本的困难是另外一种困

[1] 这段话出自《类比》一书。巴特勒主教补充道：“……而且这种仁慈的努力是对所有美德原则中最优秀的原则的培养，是积极的仁爱原则。”

难。当今一般的伦理理论(如果可以这样说的话)是有两个假设的:首先,善的程度是可以用数字测量的,在算术上是可相加的。其次,概率的程度也是可以用数字测量的。该理论接着认为,当我们要在两个行动方案之间做出决定,把每一种方案的结果加起来时,我们应该把这些结果加在一起,就是对这些结果求"数学期望"(mathematical expectation)。"数学期望"是一种技术表达,最初源自对赌博和机会游戏的343 科学研究,表示可能的收益与获得它的概率的乘积。[1]因此,为了衡量我们对各种替代行动方案的偏好,我们必须为每个行动方案把一系列的项加总起来,这些项由每一种可能的后果带来的善的数量组成,每一种可能的结果乘以相应的概率。

第一个假设,即善的数量应受算术定律支配,在我看来,这是有一定的疑问的。但是如果在这里讨论这个问题,我就会离开我的主题太远,为了进一步的讨论,我将允许这个假设在某种意义上和某种程度上是合理的。然而,第二个假设,即概率程度完全服从算术定律,与本书第一编所主张的观点完全相反。最后,如果放弃这两个假设,那么,认为替代行动方案的"数学期望"是我们偏好程度的适当衡量标准的学说,就有两点值得怀疑:首先,因为它忽略了我在第一编中所说的论点的"权重",即每个概率所依据的证据数量;其次,因为它忽略了"风险"的因素,认为上天堂或下地狱的均等机会,恰恰与达到某种平庸的状态

---

[1] 我认为,数学期望的概念优先发明权应该归于莱布尼茨的《估计不确定性》[(*De incerti aestimatione*),1678 年][Couturat,《莱布尼茨的逻辑学》(*Logique de Leibniz*),第 248 页]。在 1687 年他写给普拉西乌斯[即 Vincent Placcius(1642—1699 年),德国法学家、作家。——译者注]的一封信(Dutens, VI, I, 36;以及 Couturat,前引书第 246 页)中,莱布尼茨提议将同样的原则应用于法理学,据此原则,如果两个诉讼人都声称对一笔钱拥有要求权,而且如果一个人的要求是另一个人的两倍,那么这笔钱应该按这个比例在他们之间分配。这个学说似乎是很明智的,但我不知道是否它曾经被付诸实施过。

一样令人向往。先把这第一个怀疑理由放在一边，我将依次讨论其他的理由。

§6. 在第一编的第三章，我已经论证了只有在严格限定的一类情况下，概率程度才是可以用数字来测量的。由此可见，善或优势(advantages)的"数学期望"并不总是可以用数字来衡量的。因此，即使可以为一系列非数字"数学期望"的总和赋予含义，也不是每一对这样的总和在数量上都具有可比性。因此，即使我们知道可以从一系列备选行动方案的每一个过程中获得的优势程度，并且还知道在每种情况下获得所讨论的优势的概率，但光靠算术过程并不总能确定应该选择哪些替代方案。因此，如果正当行为的问题在任何环境下都是一个确定的问题，那么它必须依靠针对整个情况的直觉判断，而不是依靠从一系列针对分别处理的个体备选方案的判断中得出的算术演绎。 344

我们必须接受这样的结论：如果一种善大于另一种善，但获得第一种善的可能性小于获得第二种善的可能性，那么我们有责任寻求的问题可能是不确定的，除非假设它是在我们的能力范围内，可以对概率和善做出直接的联合定量判断。我们还可以进一步指出，问题在于，概率的数值不确定性是本质上固有的，还是像根据频率理论和大多数其他理论所认为的那样，只是它的数值是未知的。

§7. 上面提到的第二个困难，是在"数学期望"的概念中忽略了论点的"权重"。在第一编的第六章，"权重"的含义我们已经讨论过。在目前的情况中，问题归结为：如果两个概率在程度上相等，那么我们是否应该在选择行动方案时更喜欢基于更多知识的那个呢？

在我看来，这个问题非常令人费解，很难说出太多有用的东西。但是，概率所依据的信息的完备性程度，以及概率的实际大小，在做出实际决策时似乎确实是相关的。伯努利的格言[1](即在计算概率时我们必须考虑我们拥有的所有信息)即使被洛克的格言(即我们必须获得345 我们所能获得的所有信息)强化了之后,[2]似乎也不完全符合这种情况。如果就一种选择而言,可获得的信息必定很少,那么这似乎不应该是一个可以被完全忽略的考虑因素。

§8. 最后一个困难是,抛开前面的难点,对不同行动方案的"数学期望"是否能够准确地衡量我们的偏好——也就是说,既定行动方案的不可取性是否与它达到目标的不确定性的增加成正比,或者是否应该考虑到"风险",即它的不可取性的增加大于其不确定性的增加。

事实上,判断的含义,即我们应该以一种最可能产生最大数量的善的方式来行为,并不是完全清楚的。这是否意味着,我们应该这样做,使我们行为的每个可能后果的善的总和乘以它的概率最大呢?那些依赖"数学期望"概念的人,必定认为这是一个无可争辩的命题。这种观点最常见的理由,类似于孔多塞的"对一般规则的反思,需要将事件本身作为价值",[3]他从伯努利定理中论证说,如果进行大量试验,这样的规则将导致令人满意的结果。然而,正如将在第五编第二十九章中显示的那样,伯努利定理并不是在任何情况下都适用,这一论证作为一般性论证是不充分的。

然而,在这门学科的历史上,"数学期望"理论很少有争议。由于达

[1] 《猜度术》(*Ars Conjectandi*)(这是雅克·伯努利的一本关于组合数学和数学概率的书,于他去世八年后由其侄子尼古拉斯·伯努利于1713年出版。——译者注),第215页:"仅考虑其中一个论点是不够的,我们必须找出所有具有知识的事物。对于证明这一论点,它们似乎在以某种方式起作用。"

[2] 《人类理解论》,第2卷,第21章§67节:"一个人在没有充分证明自己有能力的情况下进行判断,他就不能使自己免于判断错误。"

[3] *Hist. de l'Acad.*,巴黎,1781年。

朗贝尔几乎是唯一一个对此提出严重怀疑的人(尽管他这样做只是让自己名声扫地),因此值得引用他在其中宣布怀疑的主要段落:"在我看来,"(在阅读伯努利的《猜度术》)"需要以更清晰的方式处理这件事;我清楚地看到,期望越来越大,1°期望的总和更大,2°获胜的概率也更大。但是我没有看到相同的证据,而且我还没有看到,概率是用1°所使用的方法精确估计的;在2°这种情况下,期望必须与这种简单的概率成正比,而不是与这个概率的幂甚至函数成正比;3°当有几种组合产生不同的优势或不同的风险(被认为是消极优势)时,我们必须满足于简单地把所有期望相加以得到总期望。"[1] 346

在极端情况下,似乎很难否认达朗贝尔的反对有一定的分量。而他本人正是针对极端情况提出这个问题的。一个极其不可能的较大的善,是否可以肯定在伦理上恰好等同于一个较小的、按比例来说更可能的善呢?我们可能会怀疑,是否可以用简单的算术方法来衡量投机行为和谨慎行为的道德价值,就像我们曾怀疑,一种善的概率仅凭微弱的证据就能确定,而另一种善的概率则建立在更完备的知识基础上,这两种善是否可以仅凭这种概率的大小来进行比较?

无论如何,对于这样一个结论,我们似乎有很多话可说:在其他条件相同的情况下,采取风险最小、我们对它的结果有最完备知识的行动方案是可取的。因此,在边际情况(marginal cases)下,权重和风险系数以及概率系数与我们的结论都是相关的。人们似乎很自然地认为,它们也应该在其他情况下施加一些影响,唯一的困难是缺乏任何原则来计算它们的影响程度。高权重和无风险增加了它们所指向的行为的 347

[1]《数学散论》,卷4,1768年(通信摘录),第284、285页。也可以参看同卷第88页。

可取性(pro tanto),但我们无法衡量增加的数量。

"风险"可以这样定义如下。如果 A 是可能产生的善的数量,p 是它的概率($p+q=1$),E 是"数学期望"值,因此 $E=pA$,那么"风险"是 R,其中 $R=p(A-E)=p(1-p)A=pqA=qE$。这可以换一种说法:E 衡量的是为获得 A 而应该做出的净直接牺牲,q 是这种牺牲白费的概率,因此 qE 就是"风险"。[1]一般理论认为期望的伦理价值仅是 E 的函数,并且完全独立于 R。

如果我们愿意,我们可以定义一个传统的权重和风险系数 c,例如,

$$c=\frac{2pw}{(1+q)(1+w)},$$

其中 w 衡量的是"权重",当 $p=1$ 且 $w=1$ 时它等于 1,当 $p=0$ 或$w=0$ 时它等于 0,在其他情况下取中间值。[2]但如果对"数学期望"概念的充分性存在怀疑,那么解决问题的办法不太可能像达朗贝尔所指出的那样,也不可能像上面所举的例子那样,在于发现某种更复杂的概率函数,用它来复合所提出的善。对善的判断和对概率的判断在某种程度上都涉及直接的理解,而且都是定量的。我们曾提出过一个这样的疑问,即在所有情况下,是否可以通过简单地将两个直接判断中获得的量值相乘,来直接确定一个行为"应然性"的大小?在一定的情况下,对于

348

[1] 祖伯在《概率计算》(卷 1,第 219 页及以后的部分)对风险理论做了简单的讨论。如果 R 衡量的是第一次保险,这就给出了一个二阶风险 $R_1=qR=q^2E$。我们可以对之进行再次投保,通过足够数量的此类再保险,风险可以被完全转移掉:

$$E+R_1+R_2+\cdots=E(1+q+q^2+\cdots)=\frac{E}{1-q}=\frac{E}{p}=A。$$

[2] 若 $pA=p'A'$, $w>w'$,且 $q=q'$,则 $cA>c'A'$;若 $pA=p'A'$, $w=w'$,且 $q<q'$,则 $cA>c'A'$;若 $pA=p'A'$, $w>w'$ 且 $q<q'$,那么 $cA>c'A'$;但是如果 $pA=p'A'$, $w=w'$,且 $q>q'$,则我们一般不能比较 cA 和 $c'A'$。

一个行为“应然性”的大小,可能需要新的直接判断,因为这种判断与前两者没有任何简单和必然的关系。

在19世纪,许多研究者一直希望逐渐将道德科学置于数学推理的支配之下,但这种希望逐渐破灭了——如果我们的意思是像他们所说的,数学指的是引入精确的数值方法的话。所有数量都是数字的,所有数量特征都是可加的,这种陈旧的假设已经不能再继续下去了。现在,数学推理在其符号而非数字性质上似乎起到的是一种辅助的作用。无论如何,我与孔多塞,甚至也与埃奇沃斯不一样,我不抱着“用代数的火炬启迪道德和政治科学”的热烈期盼。在目前的情况下,即使我们能够按量值大小排列善,也可以按量值大小排列它们的概率,那也不意味着我们可以按这个顺序排列由每种善及其对应的概率所组成的乘积。

§9. 对数学期望理论的讨论,除了其直接的伦理意义外,主要集中在经典的彼得堡悖论上,[1]几乎所有更为著名的学者都讨论过这个悖论,他们也曾以各种方式对它进行了解释。彼得堡悖论源于这样一种游戏:如果在第一次掷硬币时出现正面,则彼得付给保罗1先令,如果第二次才出现正面,则付给保罗2先令,如果直到第r次才出现正面,则付给保罗2^{r-1}先令。如果掷硬币的条件是公平的,那么保罗的期望值是多少?他必须在游戏开始前付给彼得多少钱?

349

如果抛掷次数在任何情况下都不会超过n,数学上的答案是$\sum_{1}^{n}\left(\frac{1}{2}\right)^{r}2^{r-1}$,而如果取消这个限制条件,则有$\sum_{1}^{\infty}\left(\frac{1}{2}\right)^{r}2^{r-1}$。也就是说,保罗在第一种情况下应该支付$\frac{n}{2}$先令,在第二种情况下应该支付

[1] 要了解这一悖论的历史,可以参看陶德杭特的叙述。陶德杭特认为,这个名字源于丹尼尔·伯努利在《彼得堡学院评论》上的备忘录。

无限的金额。据说,没有什么比这更自相矛盾的了,即使是彼得诚实无欺,理智的保罗也不会参与这样的游戏。

许多曾经给出过的解决方案,读者一眼就能看出来。泊松和孔多塞说,这个游戏的条件蕴涵着矛盾;彼得承担了他无法完成的任务;如果正面的出现甚至推迟到第 100 次抛掷,他将欠下一块比太阳还大的银子。但这不是答案。彼得承诺可以支付许多钱,相信他的偿付能力会让我们觉得难以想象。但这其实是可以想象的。正如伯特兰指出的那样,我们可以假设赌注不是先令,而是沙粒或氢分子,这就可以解决偿付能力的问题。

达朗贝尔的主要解释是:首先,真正的期望不一定是概率和收益的乘积(上面已经讨论过这个观点);其次,抛掷很多很多次不仅可能性极低,甚至根本就不会出现。

下一类解决方案首先要归之于丹尼尔·伯努利,它基于这样一个事实,即除了守财奴之外,没有人认为不同数量的货币的受欢迎程度与其数量成正比。正如布丰[1]所说,"守财奴就像数学家:两者都通过数量来估价货币。"丹尼尔·伯努利从一个假设推导出了一个公式,即增量的重要性与它所增加的财富大小成反比。因此,如果 x 是"物质"财富,y 是"道德"财富,则:

$$dy=k\frac{dx}{x} \text{ 或 } y=k\log\frac{x}{a},$$

350 其中 k 和 a 是常数。

---

[1] 即乔治-路易·勒克莱尔,布丰伯爵(Georges-Louis Leclerc, Comte de Buffon, 1707—1788 年),法国博物学家、数学家、生物学家,启蒙时代著名作家。——译者注

在伯努利的这个公式的基础上,伯努利本人[1]和拉普拉斯[2]都建立了一个相当重要的理论。它很容易推导出下面这个进一步的公式:

$$x=(a+x_1)p_1(a+x_2)p_2\cdots,$$

其中 a 是最初的“物质”财富,p_1 等是获得对于 a 的增量 x_1 等的概率,而 x 是“物质”财富,拥有这一财富将产生与各种增量 x_1 等的期望值相同的“道德”财富。通过这个公式,伯努利表明,一个财富为 1 000 英镑的人可以合理地支付 6 英镑的本金,以便以 1 英镑为单位玩彼得堡游戏。伯努利还提到了克莱姆[3]提出的两种解决方案。首先,所有大于 2^{24}(16 777 116)的总和都被视为“道德上”相等的;这会带来 13 英镑的公平赌注。根据另一个公式,从一笔钱中获得的快乐随着金额的平方根而变化。这给出的公平赌注是 2 英镑 9 先令。但是,遵循这些武断的假设几乎没有什么用处。

作为彼得堡问题的解决方案,下面这种思路只取得了部分成功:如果“物质”财富的增加超过某个有限限度可以被视为在“道德”上微不足道,那么彼得从保罗那里获得无限的初始赌注的主张是,即使是真实的,也不再是公平的,但在连续增量的任何合理的递减定律下,保罗的赌注仍将很大,这是矛盾的。不过,丹尼尔·伯努利的建议具有相当大的历史意义,因为它是第一次明确尝试考虑现代经济学家所熟知的

[1] 《风险度量新理论阐述》(*Specimen Theoriae Novae de Mensura Sortis*),《帝国科学院评论》(*Comm. Acad. Petrop.*),第 5 卷,1730 年、1731 年,第 175—192 页(出版于 1738 年)。参见陶德杭特,第 213 页及以后。

[2] 《分析理论》,第 10 章,《论道德期望》,第 432—445 页。

[3] 即加布里尔·克莱姆(Gabriel Cramer, 1704—1752 年),瑞士数学家,他曾与伯努利家族交往甚密,也是数学家欧拉的挚友。——译者注

货币的边际效用递减这一重要概念——许多与税收和财富的理想分配有关的重要论证都基于这一概念。

上述每个解决方案都可能包含一部分心理解释。我们不愿意成为保罗，部分原因是我们不相信如果我们在抛掷硬币中有好运，彼得真会付那么多钱给我们，部分原因是我们不知道如果我们赢了这么多钱、沙粒或氢原子该怎么办，部分原因是我们不相信我们会赢得这个游戏，还有部分原因是我们不认为冒一个无限大的金额甚至是非常大的有限金额来换取一个无限大金额的风险是一种理性的行为，而后者实现的可能性又是无限小的。

351

当我们做出了正确的假设，并消除了这些心理怀疑的因素时，我认为，通过风险理论的发展，必然会从理论上消除那些仍然存在的矛盾因素。阻止我们的主要是赌注的巨大风险。即使在抛掷硬币次数绝不超过有限次数的情况下，如已经定义的那样，风险 R 也可能非常大，并且相对风险 R/E 几乎就是 1。如果抛掷硬币次数没有限制，则风险是无限大的。已经有人提出，接近于 1 的相对风险可能是伦理计算中必须考虑的一个因素。

§10. 在确立所有私人赌博肯定是一场损失的游戏这一学说时，与那些在彼得堡问题上有所斩获的人所采用的论点完全相反。“只要你坚持得够久，你就一定会输。”这一说法众所周知。洛朗(Laurent)简洁地这样表述道：[1]两个玩家 A 和 B 分别拥有 a 和 b 法郎。$f(a)$是 A 输掉的机会。因此 $f(a)=\frac{b}{a+b}$，[2]所以，一个赌徒越穷，相对于他的

[1] 《概率计算》，第 129 页。

[2] 这可能来自丹尼尔·伯努利的定理。洛朗得到它的推理过程似乎是错误的结果。

对手而言，他就越有可能赌输掉。但进一步而言，如果 $b=\infty$，则 $f(a)=1$，即输掉是肯定的。公众是无限富有的赌徒。职业赌徒玩的是对抗公众的游戏，因此他输掉是肯定的。

泊松和孔多塞可能不会回答说，游戏的条件蕴涵矛盾，就因为没有 352 赌徒会像这个论证所假设的那样永远玩这个游戏？[1] 在任何有限数量的游戏结束时，玩家，即使他不是公众，也可以以任何有限数量的奖金结束。如果赌徒的资本小于对手的资本——例如在扑克游戏中或在证券交易所中，则赌徒的处境会更糟。这是很明确的。但是，如果我们告诉他他一定会输，那么我们对道德改善的渴望就超出了我们的逻辑。此外，说每个人作为个人一定会输，而每个人作为集体一定会赢，这是自相矛盾的。对于每一个赌输了的赌徒，都有一个赌赢了的赌徒或赌徒集团。真正的道德是这样的，穷人不应该赌博，百万富翁不应该做任何其他事情。但是百万富翁们在彼此赌博中并没有得到什么，除非穷人离开审慎的道路，百万富翁才会找到机会。如果有人回答说，事实上大多数百万富翁都是脱离了审慎之道的穷人，那么必须承认，穷人并不是注定要输掉的。因此，哲学家必须从他的理论所提供给他的结论中得到尽可能多的安慰，即百万富翁往往是幸运的傻瓜，他们靠不幸的人发财。[2]

§11. 最后，我们可以进一步讨论 §8 节和 §9 节末尾提出的“道德”风险的概念。伯努利公式明确了一个不容置疑的事实，即一笔钱对一个人的价值随他所拥有的财富的多少而变化。但是，一定数量的善

[1] 也可以参见：布拉德雷，《逻辑学》，第 217 页。

[2] 然而，从社会的角度来看，这种反对赌博的道德理由可能会这样得出来——那些以最大的初始财富开始的人最有可能获胜，而且假设货币的边际效用递减，对这些财富的一定增量会使他们收到的利益小于它对被取走者的伤害。

的价值也会以这种方式变化吗？给一个已经享有很多善的人再增加一定的善，难道不比把它给予一个一无所有的人更好吗？如果是这样的话，那么较小但相对确定的善就优于较大但相对不确定的善。

为了断言这一点，我们只需要接受一种特定的有机善(organic 353 goodness)理论，其应用在政治哲学家的口中已经是司空见惯了。它是所有平等原则的根源，这些原则并非源于假定的货币边际效用递减。在众多争论的背后，是平等分配利益优于极不平等的分配。如果是这种情况，那么，就可以得出这样的结论：如果一个社会所有部分的善加在一起是固定的，那么个体之间的善的分配越平等，整体的有机善就越大。如果接受了这个学说，除非道德风险就像财务风险一样，必须保证在精算上存在收益，否则我们就不能去承担道德风险。

关于这一学说，我们有许多话可说，但它与概率论研究的相关内容相去甚远。不过，我们可以从概率论文献中找到一两个关于它的例子。在达朗贝尔的文章《概率计算在天花接种中的应用》[1]中，达朗贝尔指出，如果牺牲五分之一的公民的生命，如此可确保其他人的健康，那么我们的社会平均而言将会有所收益，但他认为，任何立法者都无权下令做出这样的牺牲。高尔顿在他的《概率，优生学的基础》(*Probability, the Foundation of Eugenics*)一文中，采用了一种基本依赖同一观点的论点。假设某个阶级的成员对社会造成了平均损害 M，并且若干个人所做的恶行与 M 或多或少地相差平均值为 D 的数量，因此 D 是个人偏离于 M 的平均数量，所有这些个人偏差都被认为是正的；然后，高尔顿认为，D 越小，如果知道每个成员都对 M 有所贡献，那么采取与我们的情感相一致的严厉措施反对这个阶级扩大的理由就越充分。

[1] 《数学散论》，第 2 卷。

这样的论证似乎涉及一个简单伦理原则的限定条件，即正确的行为应该使若干个别后果的利益之和(每一个后果乘以它的概率)达到最大值。

354

另一方面，《皇港逻辑学》和巴特勒则持相反的观点，他们认为，应该为天堂的希望牺牲一切，即使天堂的希望被认为是无限不可能实现的，因为“为了得救而获得的最小程度的便利，比世界上所有的祝福加起来的价值都要高。”[1]他们的论点是，我们应该遵循一种可能行为方式，这种行为方式有微小的可能性会带来无限的善，直到从逻辑上证明我们的行为不可能产生这样的结果。信奉罗马天主教的皇帝，不是因为他相信它，而是因为它为未来发生的灾难提供了保险，无论这种灾难多么不可能发生，他也无法肯定地否证它，但他可能没有考虑过，无穷小概率和无穷大善的乘积是否会产生有限或无穷小的结果。在任何情况下，这种论证都不能让我们在不同的行为方式之间做出选择，除非我们有理由假设，一条道路比另一条道路更有可能通向无限的善。

§12. 在估计“道德”风险或“物质”风险时，必须记住，我们不能把从一长串从某些特定方面类似于它们的观测中得出的结论应用于个别案例。我想到了布丰在把 1/10 000 作为极限时的论点，他认为，超过这个极限，概率可以忽略不计，他的理由是，考虑到**随机抽取**一个 56 岁的人在一天内死亡的几率，这实际上是一个 56 岁**知道自己健康状况良好的人**所忽略的概率。“如果公众抽签，”吉本真切地指出，“让人们选择一个直接的受害者，而如果我们的名字被写在 1 万张彩票中的 1 张上，

[1] 《皇港逻辑学》(英译本)第 369 页：“作为永恒和救赎，它只属于无限的事物，它们不能以任何暂时的优势而相等。因此，我们永远不应该将它们与世界上的任何事物置于平衡之中。这就是为什么为了得救而获得的最小程度的便利，比世界上所有的祝福加起来的价值都要高……”

我们还会感到与己无关吗?”

355 伯努利的第二条公理[1]是,在计算概率时必须考虑所有因素。在这些统计概率的情况下,这条公理很容易被遗忘。统计结果的确定性是如此吸引人,以至于它使我们忘记了在我们所知的特定情况下可能存在的更模糊但更重要的考虑因素。对一个陌生人来说,我不贴邮票就把信件寄到邮局的概率可以从邮局的统计数据中得出,但对我来说,这些数字与这个问题没有丝毫关系。

§13. 我们已经指出,关于概率(程度上小于确定性)的知识,不能帮助我们认识到哪些结论为真,在命题的真理性及其概率之间没有直接的关系。概率以概率始,以概率终。基于其可能性进行的科学调查通常会导致真理,而不是谬误,这充其量只是盖然性的。有一种观点认为,由最可能的考虑因素所指导的行动通常会取得成功,这一命题不一定是正确的,除了它的盖然性之外,它没有什么别的可取之处。

概率的重要性只能从这样的判断中得出:在行动中以它为指导是合理的;只有这样一种判断才能证明对它的实际依赖是合理的,即在行动中,我们应该在一定程度上考虑到它。正是由于这个原因,概率对我们来说是“生活的指南”,因为正如洛克所说,对我们来说,“在我们最关心的部分中,上帝只提供了概率的黄昏(Twilight of Probability),我可以这么说,我想,它很适合于那种庸常、和缓的状态,而上帝也乐意把我们

356 安置其中。”

---

[1] 参见(原书)第83页。

第五编　统计推断基础

第二十七章　统计推断的本质

§1. 我们现在所理解的统计学理论[1]可以分为两个部分，出于许多目的，我们最好对这两个部分加以区分。该理论的第一个功能是**纯描述性的**。它设计了数值和图解方法，通过这些方法可以简要描述大量现象的某些显著特征；它提供了一些公式，借助这些公式，我们可以测量或概括我们在一系列事件或例证中观察到的某些特定特征的变化。该理论的第二个功能是**归纳**。它试图将其对观察到的事件的某些特征的描述扩展到其他尚未被观察到的事件的相应特征上去。这部分的主题可以称为统计推断理论；正是这部分与概率论密切相关。

§2. 这两种不同的理论在一门科学中的结合是很自然的。一般来说，如果我们的最终目的是要提出一种超越实际观察到的例证的归纳结论，那么，当在进行初步研究时，我们自然会选择那些最能超越它们所主要描述的具体例证的描述方式。但这种结合也引起了极大的混乱。统计学家主要对其科学的技术方法感兴趣，不太关心发现精确的条件，在这些条件下，一种描述可以通过归纳法合理地加以推广。他很

[1] 参见尤尔，《统计学导论》(*Introduction to Statistics*)，第1—5页。这里对“统计学”这个术语的演变过程给出了非常有趣的描述。

容易从一个地方滑到另一个地方,并且在找到了一种完整而令人满意359的描述方式后,他可能会在过渡性论证上花费更少的精力,这就允许他为了概括的目的而使用这种描述方式。

一两个例子就可以说明从描述滑向概括是多么容易。假设我们有一系列相似的对象,其中一个特征正在观察中,例如,记录下一个人的死亡年龄。我们注意到每个年龄的死亡比例,并绘制了一张图表,以图形的方式显示这些事实。然后,我们用曲线拟合的方法确定数学频率曲线,该曲线非常近似地通过我们图表的点。如果我们给出这条曲线的方程,统计序列中所包含的人数,以及记录实际年龄的近似值(无论是最近的年份还是月份),我们就可以对可能构成大量个人记录的某一特定特征,做出非常完整且简明的说明。在提供这种全面的描述时,统计学家完成了他的第一个职能。但是,在确定使用这条频率曲线来确定整个人口中给定年龄的死亡概率的准确性时,他必须注意到一种新的考虑因素,并且必须表现出一种不同的能力。他必须考虑到关于所观察的总体样本的任何外来知识,以及观察本身的模式和条件。其中很多可能是模糊的,大部分必然无法进行精确的、数字的或统计的处理。事实上,他面对的是归纳科学的一般问题,对于通过描述性统计方法以方便且易于管理的形式给出的数据之一,须加以考虑。

或者再假设,在一系列年份中,我们得到了某个人口区域的结婚率和收成量的数据。我们希望确定在这一观察领域内两者的变化之间是360否存在明显的对应程度。在技术上很难衡量两个系列的变化之间可能存在的这种对应程度,这两个系列的各项以某种方式成对关联——在这种情况下,是时间和地点之间的关联。通过关联表和相关系数方法,描述性统计学家能够实现这一目标,并以简洁和富有启发性的形式向归纳科学家呈现其数据的重要部分。但是统计学家在计算这些观察到的相关系数时,并没有涵盖归纳科学家必须认识到的全部领域。他记录了没有技术手段的帮助就无法清晰记录的观测结果。但是,这些观测值发生条件的确切性质以及我们希望加以概括时必须考虑的各种各样的其他因素,通常是不易用数字或统计表达出来的。

这个道理是显而易见的,然而,很自然的是,初步统计调查变得越复杂和技术性越强,调查者就越容易将统计描述误认为是归纳概括。[1]我认为,从十八世纪到现在,这个学科的整个历史表明,这种趋势在某种程度上已经存在,而且在日常使用的术语中又进一步助长了这种趋势。因为当它们用于纯粹的描述目的时,例如当相应的系数用于测量一项归纳的力量和精度时,它们被赋予了相同的名字。例如,术语"盖然性错误"(probable error)既用于补充和改进统计描述,也用于表示某些概括的精确度。术语"相关性"本身既用于描述观察到的特定现象的特征,也用于阐明与一般现象相关的归纳法则。 361

§3. 我一直在努力强调统计描述和统计归纳之间的这种对比,因为接下来的章节将完全是关于后者的讨论,而几乎所有的统计学论文都主要关注前者。我的目标是,尽我所能地分析统计论证模式的逻辑基础。这涉及一个双重任务。在有权威支持的论点中剔除无效的论点,是相对容易的。我们研究的另一个分支,也就是分析我们所有人都承认的那些论点的有效性的根据,与归纳法遇到的基本困难是相同的。

§4. 我们要讨论的论点分为三大类:

(i) 给定一系列事件中每个事件相对于某些证据的概率,那么,相对于相同的证据,在整个系列中事件的不同比例发生频率的概率是多

---

[1] 参见怀特海,《数学导论》(*Introduction to Mathematics*),第 27 页:"最常见的错误莫过于想当然地认为,由于经过了长期而精确的数学计算,其结果就一定适用于某些自然事实。"

少？或者更简单地说，考虑到每个事件的概率，我们可以预期一个事件在一系列事件中发生的频率是多少？

(ii) 给定一个事件在一系列场合发生的频率，我们可以预期它在接下去的场合发生的概率是多少？

(iii) 给定一个事件在一系列场合发生的频率，我们可能预期它在接下去的一系列场合发生的频率是多少？

在第一种类型的论证中，我们试图从先验概率中推断出未知的统计频率。在第二种类型中，我们进行逆运算，并试图根据观察到的统计频率计算概率。在第三种类型中，我们寻求从观察到的统计频率，不仅仅计算出单个发生的概率，还要计算出其他未知统计频率的盖然值。362

这些类型论证中的每一种，都可以通过不仅应用于简单事件的发生，而且应用于两个或多个事件在给定条件下的同时发生而进一步复杂化。当这种二维或更多维分类取代一维分类时，该理论就变成了有时所谓的相关性的东西，以区别于简单的统计频率。

§5. 在第二十八章，我简要地介绍了一些导致了所谓大数定律的已观察到的现象，对大数定律的发现是统计学研究的第一步。在第二十九章，我们分析了上述分类的第一种论证，并说明了其有效性所需的条件。对第二种和第三种论证做出攻击的关键问题，是本书最后几章的主题。363

第二十八章　大数定律

大自然确有其规律，这是由因果律所产生的。新的疾病不时在人类身上泛滥，但是，如果你对由这些疾病而致死的情况进行了任意多次试验，在没有对事物的本质施加限制的情况下，这些疾病的发病率在未来也不会改变。

——莱布尼茨于 1703 年 12 月 3 日致伯努利的一封信

§1. 人们一直都知道，虽然某些组事件**总是**(invariably)一起发生，但其他组事件则是**通常**(generally)一起发生的。这种经验表明，一件事并不总是另一件事的标志，但前一件事情是后一件事情通常或盖然的标志，这一定是一种最早和最原始的知识形式。如果一只狗**通常**在餐桌上得到残羹剩饭，那么这就足以让它判断到那里去是合理的。但是这种知识要变得精确需要一个缓慢的过程。在我们完全准确地知道这种关联有**多么**普遍之前，必须仔细记录大量的实验。一只狗需要很长时间才能发现除了斋戒日之外它总会得到一些残羹剩饭，而且每年的残羹剩饭数量都是一样的。

在 17、18 世纪，早期的统计学家开始积累这类必要的知识。哈雷[1]

[1] 即爱德蒙・哈雷(Edmond Halley, 1656—1742 年)，英国天文学(转下页)

和其他人开始构建死亡率表;各性别的出生比例已经制成表格;如此等等。这些调查揭示了一个以前没有被怀疑过的新事实——即在某些部分关联的情况下,关联程度,也就是存在关联的事例[1]比例,表现出了非常惊人的规律性,而且所考虑的事例越多,这种规律性就越明显。364 例如,人们发现,不仅男孩和女孩在出生时的总体比例大致相等,而且当所记录的事例数量变大时,这个比例(不是完全相等的比例)在任何地方都趋于接近某个确定的数字。

在18世纪,人们只是认识到,在某些情况下,虽然对这些情况所知相对不多,却也存在这种惊人的规律性,而且随着事例越来越多,这种规律性越来越强。然而,伯努利[2]迈出了为其提供理论基础的第一步,他表明,如果先验概率自始至终都是已知的,那么(在他自己没有明确说明的某些条件下),从长远来看,以某种确定的频率发生是可以预料到的。塞斯米尔希[3][《人类性别变化中的神圣秩序》(*Die göttliche Ordnung in den Veränderungen des menschlichen Geschlechts*),1741年]发现了这些规律性的神学意义。这些思想吉本(Gibbon)早已通晓,他将概率的结果描述为“一般来说是正确的,特殊情况下是错误的”。

(接上页)家、地理学家、数学家和物理学家,以计算出哈雷彗星的公转轨道并预测该天体将再度回归而著名,另外,他还是第一位运用科学绘制地磁偏角的制图家。1793年,哈雷发表了一篇关于人寿保险的文章,基于一个德国小城的完整数据记录,来分析死亡年龄。这篇文章为英国政府出售人寿保险提供了坚实的基础,对保险统计科学有深刻的影响。——译者注

[1] “事例”的英文为“instances”,前面我们主要讨论逻辑学部分时往往翻译成“例证”,此处讨论统计学部分时有时翻译成“事例”,不过这两者可以互换使用。遵循关文运等前辈译者的惯例,本书大多把它译为“例证”。——译者注

[2] 这个伯努利是雅克·伯努利(1654—1705年),瑞士数学家,是公认的概率论的先驱之一,提出了概率论中著名的伯努利试验和大数定律。——译者注

[3] 即约翰·彼得·塞斯米尔希(Johann Peter Süssmilch,1707—1767年),德国新教牧师,统计学家。——译者注

康德在其中发现(正如许多之后的学者所做的那样)这与自由意志问题有关。[1]

但到了19世纪,出现了更大胆的理论方法和更广泛的事实知识。在证明了他对伯努利定理的扩展后,[2]泊松将其应用于所观察到的事实,并将这些规律背后的原理称为大数定律(*law of great numbers*)。"各种各样的选择,"他写道,[3]"都服从于一个可以称为大数定律的宇宙法则……从这些各种各样的例证可以看出,大数定律作为宇宙法则,从我们的经验来看,对我们来说已经是一个普遍而无可争辩的事实。"这是夸张的语言,它也非常模糊。但这很令人兴奋;它似乎为科学研究开辟了一个全新的领域,并对后来的思想产生了很大的影响。泊松似乎声称,在整个偶然性和可变性事件的领域中,在表面上的无序中,确实存在一个可发现的体系。从长远来看,永恒的原因总是在发挥作用,因此,每一类事件最终确实都会在一定比例的情况下发生。目前尚不清楚泊松的结果在多大程度上是出于先验推理,在多大程度上是

365

[1] 《具有世界主义目的的普遍历史的理念》(*Idee zu einer allgemeinen Geschichte in weltbürgerlicher Absicht*),1784年。对于这一段的讨论以及康德和塞斯米尔希之间的联系,参见洛亭(Lottin)的《凯特勒:统计学家和社会学家》一书,第367、368页。

[2] 参见第345页。

[3] 《研究》,第7—12页。冯·博特基威茨[(Von Bortkiewicz,1868—1931年),俄罗斯裔统计学家和经济学家,有波兰血统,长期在德国的大学任教。——译者注][《统计理论的批判性思考》(*Kritische Betrachtungen*),第一部分,第655—660页]坚持认为,泊松打算以一种比通常采用的方式更不具一般性的方式陈述他的原理,而且他被凯特勒和其他人误解了。如果我们只关注泊松在1835年和1836年《法国科学院院刊》(*Comptes Rendus*)发表的文章以及他在此文中给出的例子,就有可能提出一个很好的理由来认为他的定律只适用于满足某些严格条件的情况。但这不是他更受欢迎的著作或上面引用的段落的精神。无论如何,泊松影响了他同时代人的思考习惯,这是具有历史意义的。冯·博特基威茨的解释当然不能代表这种思考习惯。

基于经验的自然法则,但它表现为自然法则和先验概率推理之间的某种和谐。

泊松的概念主要是通过凯特勒[1]的著作普及的。1823年,凯特勒为了完成一项天文学任务访问了巴黎,在那里他被介绍给了拉普拉斯,并与“伟大的法国学界”有了接触。“我的青春和热情,”他晚年写道,“很快就让我接触到了那个时代最杰出的人;傅立叶、泊松、拉克鲁瓦,尤其是著名的拉普拉斯,他们在概率数学理论方面的出色著作深深吸引了我……因此,我在当时的学者、统计学家和经济学家的指导下开始了我的工作。”[2]不久之后,他开始撰写一系列关于概率在社会统计中的应用的长篇论文,一直延续到1873年。他以书信的形式写了一本关于概率的教科书,以指导公爵夫人读书。

1815年,19岁的凯特勒为了谋生,接受了数学教授的职位,在此之前,凯特勒曾是一名艺术学生,创作过诗歌。一年后,他参与创作的一部歌剧在根特上演。他的科学工作的特点与这些人生初始阶段的工作相当一致。几乎没有任何永久性的、精确的知识贡献可以与他的名字联系起来。但他构思和表达了许多的建议、项目和深远的想法,平心而论,我认为他确实称得起现代统计方法的奠基人。

366

凯特勒极大地增加了大数定律的例证数量,并且还重点突出了该定律的一个稍微不同的类型,这其中一个典型的例子是身高定律(law of height),根据该定律,从任一人口群体中抽取的大量样本,其身高都倾向于根据某个众所周知的曲线而对自己的分组。他的例证主要来自

[1] 即阿道夫·凯特勒(Adolphe Quetelet, 1796—1874年),19世纪比利时的通才,既是统计学家,也是数学家和天文学家。——译者注

[2] 关于凯特勒的生活细节,以及关于他的著作的详细讨论,尤其是关于概率方面的讨论,请参见洛亭(Lottin)的《凯特勒:统计学家和社会学家》一书。

社会统计数据，其中许多都是经过精心计算的，足以激发人们的想象——如自杀人数的规律性，“再次犯罪的惊人精确性”等。凯特勒对这些神秘的定律怀着一种近乎宗教般的敬畏来写作，当然也犯了一个错误，认为它们本身就像物理定律一样充分和完整，不需要任何进一步的分析或解释。[1]凯特勒哗众取宠般的语言可能对社会统计数据的收集产生了相当大的推动作用，而且这样的语言也涉及了像孔德这类人心中存在些许怀疑的统计学，他们将概率的数学演算在社会科学中的应用视为“纯属空想，而且非常恶毒”。没有洗脱骗子的嫌疑。必须承认，凯特勒属于杰出的作家之列，这样的作家至今不绝如缕，他们阻止了概率在科学沙龙中变成高不可攀之物。而对于科学家来说，概率仍然有一点占星术和炼金术的味道。

自凯特勒时代以来，这一概念的进展是平稳向前的，我们已经朝着这种高不可攀之物迈进了一大步。例证成倍增加，统计稳定性存在的必要条件也得到了一定程度的分析。虽然这些方法在社会统计和误差观测方面最富有成果的应用也许还像最初一样，但最近它们在其他科学领域中也发现了一些用途。孟德尔主义的原理为它们在整个生物学领域开辟了广阔的应用前景。 367

§2. 大数定律或类似事物的大量例证的存在，对于统计归纳的重要性来说是绝对必要的。除此之外，统计学中更精确的部分，即为预测未来的频率和关联而收集的事实，几乎没有什么用处。但是“大数定

---

[1] 例如，比较一下《犯罪倾向研究》(*Recherches sur le penchant au crime*)中的以下段落：“在我看来，与人类物种有关的东西，从整体来看，是属于物理事实的秩序。个人的数量越多，个人的意志就越会被抹杀，并让依赖于产生原因的一系列一般性事实占据主导地位……我们必须掌握这些原因，一旦我们知道了它们，就会确定它们对社会的影响，就像我们在物理科学中通过原因确定影响一样。”

律"对于作为统计归纳基础的原理来说,根本不是一个好名字。"统计频率的稳定性"会是一个更好的名称。前者暗示,每一类事件只要有足够多的例证,就会显示出其发生的统计规律性,这也许是泊松的本意,但这肯定是错误的。它还鼓励采用一种程序方法(method of procedure),通过这种方法,可以合理地取一组相当多的统计数据中所显示的任何观察到的频率或关联程度,并在不充分调查的情况下假设,因为统计数据很多,所以所观察到的频率程度是稳定的。观察表明,在更窄或更宽的范围内某些统计频率是稳定的。但稳定的频率不是非常常见,不能轻易假设。

人们逐渐发现,有一些特定的现象,虽然不可能预测在每个单独的情况下会发生什么,但如果将这些现象放在一起考虑,那么它们的发生就是有规律性的,还为我们即将开始的抽象探究提供了线索。

368

第二十九章　使用先验概率预测统计频率——伯努利、泊松和切比雪夫定理

因此，这就是问题所在，在将近一个世纪之前，这个问题就已经提出来了，我经过二十多年的努力，把它变成了一个新的问题，结果证明，这个学说可以为本书的所有其他章节增加分量和价值。

——伯努利[1]

§1. 伯努利定理通常被认为是统计概率的中心定理。它体现了从个别概率的测量值中推导出统计频率测量值的第一次尝试，而且它是伯努利声称花费了二十年时间才得到的结论，尽管每种特定的情况都存在不确定性，但大量现象之中会呈现出一般性的规律，这样的概念也首次由这一定理提出来。但是，正如我们将要看到的，这个定理只有在比以往更严格的限定条件下才有效，而且只有在例外的而非通常的条件下才有效。

本章要讨论的问题如下：给定一系列场合(occasions)，相对于某一初始数据 h，在每一个场合，某个事件发生的概率[2]是已知的，那么我们可以在这些场合中合理预期事件发生的比例是多少？也就是说，

[1] 《猜度术》，第 227 页。

[2] 在伯努利讨论的最简单的情况下，这些概率都是相等的。

给定先验事件系列中的每一个的个别概率，在整个系列中预期这些事件发生的统计频率是多少？从伯努利定理开始，我们将考虑对这个问题提出的各种解决方案，并努力确定每一种方法的有效范围。

369

§2. 伯努利定理的最简单形式如下：如果某个事件在特定条件下发生的概率为 p，那么，如果这些条件出现在 m 个场合，则该事件发生的最可能的次数是 mp（或最接近于此的整数），即它的发生与事件总数的最可能比例是 p；此外，该事件发生的比例与最可能比例 p 的偏差小于给定量 b 的概率，随着 m 的增加而增加，这个概率的值可以通过一个近似过程来计算。

在 m 个场合中，事件发生 n 次和失败 $m-n$ 次的概率是（取决于稍后说明的某些条件）$p^n q^{m-n}$ 乘以该表达式在 $(p+q)^m$ 的展开式中的系数，其中 $p+q=1$。如果我们写成 $n=mp-h$，则此项为 $\frac{m!}{(mp-h)!\ (mq+h)!}\times p^n q^{m-n}$。很容易证明，当 $h=0$ 时，即 $n=mp$（或 mp 不是整数时取最接近于此的整数）时，这是一个最大值。这个结论构成了伯努利定理的第一部分。

对于定理的第二部分，需要某种近似方法。假设 m 很大，我们可以利用斯特林定理（Stirling's theorem）简化表达式 $\frac{m!}{(mp-h)!\ (mq+h)!}\cdot p^n q^{m-n}$，并得到它的近似值：

$$\frac{1}{\sqrt{(2\pi mpq)}}\exp\left[-\frac{h^2}{2mpq}\right]。$$

和以前一样，这是当 $h=0$ 时（即当 $n=mp$ 时）的最大值。

370

当然，通过更复杂的公式获得比这更接近的近似值是有可能的。[1]

---

[1] 例如可参见鲍利（Bowley），《统计学要义》（*Elements of Statistics*），第 298 页。下面提出的反对意见不适用于这些更接近的近似值的情况。

但是对这个近似值,有一个反对意见,这与它不能给出一个精确到许多位小数的正确结果这一事实完全不同。也就是说,近似值与 h 的符号无关,而最初的表达式并不是独立的。也就是说,该近似值意味着不同的 h 值关于 $h=0$ 的值对称分布;而近似值的表达式是不对称的。很容易看出,除非 mpq 很大,否则这种对称性的缺失是明显的。因此,我们应该把它作为我们近似值的条件,不仅 m 必须很大,而且 mpq 也必须很大。与我的大多数批评意见不同,这是一个数学问题,而不是逻辑问题。我在§15节中还会再次提到它。

"虚构的故事会让计算更容易"(引用伯特兰的话),我们现在用连续变量 z 替换整数 h,并论证与最可能值 mp 的差异量将位于 z 和 $z+dz$ 之间的概率是:

$$\frac{1}{\sqrt{(2\pi mpq)}}\exp\left[-\frac{z^2}{2mpq}\right]dz。$$

只要记住我们现在正在处理一种特殊的近似值,那么这种"虚构"就不会造成任何损害。因此,与最可能值 mp 的偏差 h 将小于某个给定数量 a 的概率为:

$$\frac{1}{\sqrt{(2\pi mpq)}}\int_{-a}^{+a}\exp\left[-\frac{z^2}{2mpq}\right]dz。$$

如果我们令 $\frac{z}{\sqrt{(2mpq)}}=t$,则这等于:

$$\frac{2}{\sqrt{\pi}}\int_0^{\frac{a}{\sqrt{(2mpq)}}}\exp\left[-t^2\right]dt。$$

因此,如果我们有 $a=\sqrt{(2mpq)}\gamma$,那么事件发生的数目位于 $mp+\sqrt{(2mpq)}\gamma$ 和 $mp-\sqrt{(2mpq)}\gamma$ 之间的概率[1]将由 $\frac{2}{\sqrt{\pi}}\int_0^{\gamma}\exp[-t^2]dt$

[1] 用连续变量 z 替换整数 h 可能会使公式具有相当的欺骗性。例如,可以肯定的是,误差不在 h 和 $h+1$ 之间。

371 来测度。[1]这同一个表达式测度了事件发生比例将位于 $p+\sqrt{\frac{2pq}{m}}\gamma$ 和 $p-\sqrt{\frac{2pq}{m}}\gamma$ 之间的概率。积分 $\frac{2}{\sqrt{\pi}}\int_0^t \exp[-t^2]dt=\Theta(t)$ 的不同值在表格里给了出来。[2]

事件出现的比例将位于给定限值之间的概率随 $\sqrt{\frac{2pq}{m}}$ 的大小而变化,因此有时会使用此表达式来衡量序列的“精度”。给定先验概率,精度与例证数目的平方根成反比。因此,虽然**绝对**偏差小于给定数量 a 的概率降低,但相应的**比例**偏差(即绝对偏差除以例证数)将小于给定数量 b 的概率增加,因为例证数量在增加。这就完成了伯努利定理的第二部分。

§3. 伯努利本人并不熟悉斯特林定理,他的证明与§2节中概述的证明大相径庭。他对该定理的最终阐述如下:如果在给定的一系列实验的每一个中,都有 r 个偶然事件(contingencies)有利于给定事件的偶然事件总数为 t,因此 r/t 是每个实验中该事件的概率,那么,给定任

372 何概率程度 c,做大量实验以使该事件发生的比例数目位于和之间的

[1] 上述证明遵循的是伯特兰的总体路线(《概率计算》,第4章)。有些学者使用了更加精确的方法,给出了下面这样的结果:

$$\frac{2}{\sqrt{\pi}}\int_0^{\gamma}\exp\left[-t^2\right]dt+\frac{\exp\left[-\gamma^2\right]}{\sqrt{(2\pi mpq)}}$$

(例如,拉普拉斯使用欧拉定理所给出的结果,还有最近祖伯在《概率演算》第1卷第121页中给出的结果,都是其例)。由于整个公式是近似公式,所以正文中给出的较为简单的表达式在实践中可能还是令人满意的。也可以参见祖伯的《新理论进展》(*Entwicklung*)第76、77页,以及艾根伯格(Eggenberger)的《对伯努利定理贡献的介绍》(*Beiträge zur Darstellung des Bernoullischen Theorems*)。

[2] 祖伯的《概率演算》第1卷第122页给出了主要表格的清单。

概率大于 c,是可能的。[1]

§4. 因此,我们似乎已经证明,如果某个事件在特定条件下的先验概率是 p,那么在一系列满足条件的情况下,事件发生次数的最可能先验比例也是 p,并且如果该系列是一个长系列,则该比例不太可能与 p 相差很大。这相当于伊利斯[2]和维恩用的概率定义公理,只不过按照他们的说法,如果序列"足够长",比例肯定是 p。拉普拉斯[3]相信该定理提供了对一般自然规律的证明,在他 1814 年出版的第二版中,他解释说,伯努利定理总是会导致一个大国的最终垮台,而这个大国醉心于征服的渴望,渴望统治全世界,他用这个解释替换掉了[4] 1812 年版中的那篇雄辩的献词《伟大的拿破仑》——"它仍然是概率计算的结果,已被无数灾难性的实验所证实"。

§5. 这就是著名的伯努利定理,有些人认为[5]它具有普遍有效性,适用于所有"正确计算"的概率。然而,该定理展示的是代数的而非

---

[1] 《猜度术》,第 236 页(我自己翻译的)。伯努利的证明在陶德杭特的《历史》一书的第 71、72 页有一个简短的描述。这个问题是由拉普拉斯在《分析理论》一书的第三章讨论的。有关拉普拉斯证明的阐述,请参阅陶德杭特的《历史》,第 548—553 页。

[2] 《论概率论基础》(*On the Foundation of the Theory of Probabilities*):"如果给定事件的概率被正确确定,那么在长期的试验中,该事件将倾向于以与该概率成比例的频率再次发生。这通常可以在数学上得到证明。对我来说,这似乎是先验的……我无法将一个事件比另一个事件更可能发生的判断与从长远来看它会更频繁地发生的信念分开。"

[3] 《哲学论文集》,第 53 页:"我们可以从前面的定理得出这个必须被视为一般规律的结论,即当考虑大量自然效应时,自然效应的比率几乎是恒定的。"

[4] 导论,第 liii、liv 页。

[5] 甚至布拉德雷先生的《逻辑原理》第 214 页也这样认为。在批评了维恩的观点后,他补充道:"偶然性(chances)必定会在一个系列中实现这样的观点是错误的。然而,它们很可能会在序列中出现倒是正确的,而且这个概率将随着我们系列的长度增加而增加,这也是正确的。"

373 逻辑的洞察力。而且,由于即将给出的理由,我们必须承认它只适用于特殊的一类情况,并且需要条件才能合理地应用,在这些条件下,它的实现是例外而不是通则。考虑一枚硬币的情况,它的两个面要么都是正面要么都是反面:在每次抛掷时,假设其他抛掷的结果未知,正面的概率是$\frac{1}{2}$,反面的概率也是$\frac{1}{2}$;然而,在 $2m$ 次抛掷中出现 m 次正面和 m 次反面的概率为零,而且可以先验地确定要么有 $2m$ 个正面,要么一个正面也没有。显然,伯努利定理不适用于这种情况。这只是正常条件下的一个极端情况。

对于定理证明的第一阶段假设,如果 p 是事件发生 1 次的概率,则 p^r 是事件出现 r 次的概率。我们对乘法定理的讨论将表明,这涉及多么重要的假设。它假设对事件在前 $r-1$ 次中的每一次都发生的事实的知识,不会在任何程度上影响它在第 r 次发生的概率。因此,伯努利定理只有在我们的初始数据具有这样一种特征时才有效,即关于一系列案例中某一部分失败和成功的比例的额外知识与我们对另一部分的比例的预期完全无关时才有效。例如,如果某个事件在某些情况下发生的初始概率是百万分之一,那么我们只能应用伯努利定理来评估我们对 100 万次试验的期望,如果我们的原始数据具有这样的特征,甚至在前 100 万次试验(trials)中的每一次事件发生之后也还是具有这样的特征,那么,鉴于这种额外的知识,该事件将在下一次发生的概率仍然不超过百万分之一。

这样的条件很少能满足。如果我们的初始概率部分地建立在经验之上,那么很明显,它很容易根据进一步的经验进行修正。事实上,很374 难给出一个完全满足应用伯努利定理的条件的具体例子。在实践中,我们充其量是在处理一个好的近似值,并且可以断言,没有得到实现的适中长度的序列会对我们的初始概率产生很大影响。如果我们想使用 $\frac{2}{\sqrt{\pi}}\int_0^r \exp[-t^2]dt$ 这种表达方式,那么我们的处境就会更糟。因为这是一个近似公式,它的有效性要求系列应该很长才行;而正是在这种情况下,正如我们在上面所看到的,伯努利定理的使用通常更不可能是合理的。

§6. 上面描述的条件可以精确地表示如下:

令 ${}_mx_n$ 表示该事件在 n 次场合中的发生 m 次,并且在其他次中未发生的陈述;并令 ${}_1x_1/h=p$,其中 h 代表我们的先验数据,因此 p 是所讨论事件的先验概率。然后,伯努利定理需要一系列条件,其中典型的条件如下:${}_{m+1}x_{n+1}/{}_mx_n.h={}_1x_1/h$,即第 $n+1$ 次场合中该事件的概率必然不受我们对前 n 次场合中频率比例知识的影响,并且必然完全等于它在第一次发生之前的先验概率。

让我们选择这些条件之一进行仔细考虑。如果 y_r 表示事件已在 r 个连续场合中的每一个事件上发生,则 $y_r/h=y_r/y_{r-1}h.y_{r-1}/h$,依此类推,$y_r/h=\prod_{s=1}^{s=r} y_s/y_{s-1}h$。因此如果我们要让 $y_r/h=p^r$,对于从 1 到 r 的所有 s 值,我们必有 $y_s/y_{s-1}h=p$。但在许多特定示例中,$y_s/y_{s-1}h$ 随 s 增加,因此 $y_r/h>p^r$。也就是说,如果应用不慎,伯努利定理倾向于夸大对最大盖然性的给定偏差的概率随着这一偏差的增加而减小的速率。如果给我们一枚 1 便士的硬币,我们没有理由认为它不是一枚常规的硬币,那么第一次抛正面的概率是就 $\frac{1}{2}$;但是,如果前 999 次抛掷中的每一次都出现正面,那么估计在第 1 000 次抛掷中正面朝上的概率将远大于 $\frac{1}{2}$。因为它是一枚魔术师的道具便士的先验概 375 率,或者是一枚存在偏差从而总是正面朝上的概率,通常不像 $\left(\frac{1}{2}\right)^{1\,000}$

那样小。我们只能严格应用伯努利定理来预测这枚便士在1 000次抛掷的系列中的表现,如果我们先验地认识到该枚便士的构成和该问题的其他条件,那么999次正面朝上并不会导致我们在任何方面修改我们的先验预测。

§7. 因此,我们很少能将伯努利定理应用于一个长序列的自然事件。因为在这种情况下,我们很少拥有必要的详尽知识。即使该系列很短,该定理的完美严格应用也不可能是合理的,在利用其结果时,总会涉及某种程度的近似值。

不过,人为设计出一些序列,使伯努利定理的假设相对合理,这倒是可以的。[1]也就是说,给定一个命题 a_1,我们可以找到满足以下条件的某个序列 $a_1a_2\cdots$:

$$\text{(i)}\ a_1/h=a_2/h\cdots a_r/h。$$

$$\text{(ii)}\ a_r/a_s\cdots\bar{a}_t\cdots h=a_r/h。$$

概率频率理论的拥护者使用伯努利定理的主要结论作为所有概率的定义属性,这有时似乎仅仅意味着,相对于给定的证据,每个命题都属于某个系列,伯努利定理是严格适用于其成员的。但是自然序列,例如,我们最感兴趣的序列,其中 a 与某些特定条件 c 相伴随,通常并不严格服从该定理。因此,"在某些条件 c 下 a 的概率是$\frac{1}{2}$"通常不等同于人们有时认为的"在出现 c 的40 000个场合中 a 出现的次数不会超过20 200次的比率是500比1,而 a 出现的次数不少于19 800次的比率也是500比1"。

376

§8. 伯努利定理提供了一个最简单的公式,我们可以通过它尝试

[1] 在(原书)第16章第170页对抛硬币中正面和反面相等的偏离概率的讨论中,我们已经给出了一个人为构建的序列的例子,其中伯努利定理的应用比在自然序列中更合理。

从一系列事件中每个事件的先验概率得出对它们在整个系列中发生的统计频率的预测。我们已经看到，伯努利定理涉及两个假设，一个(以它通常被阐明的形式)是隐含的，另一个是明确的。首先，假设关于在某些试验中会发生什么事件的知识不会影响在任何其他试验中可能发生的事件的概率；其次，假设这些概率都是**先验相**等的。也就是说，假设事件在第 r 次试验时发生的概率先验地等于它在第 n 次试验时的概率，而且，它不受关于在第 n 次试验中实际发生事件的知识的影响。

泊松提出了一个公式，该公式无需明确假设每次试验的先验概率相等，[1]这个公式通常以他的名字来命名。然而，它并没有放弃另一个不明确的假设。泊松定理和伯努利定理之间的区别，最好通过参考从瓮中取出球的理想情况来说明。有效应用伯努利定理的典型例子是从单个瓮中抽出球，其中包含已知比例的黑白球，并在每次抽出后放回，或者从一系列瓮中抽出球，每个瓮中均包含黑球和白球，已知两种颜色的球的比例**相同**。泊松定理的典型例子是从一系列瓮中抽出球，每个瓮中包含已知**不同**比例的黑白球。

泊松定理可表述如下[2]：进行 s 次试验，在第 λ 次试验($\lambda=1, 2\cdots s$)时，令事件发生和不发生的概率分别为 p_λ 和 q_λ。然后，如果 $\frac{\sum p_\lambda}{s}=p$，则在 s 次试验中该事件发生的 m 次位于 $sp\pm l$ 之间的概率由下式给出： 377

$$P=\frac{2}{k\sqrt{(\pi s)}}\int_0^l \exp\left[-\frac{x^2}{k^2 s}\right]dx+\frac{\exp\left[-\frac{l^2}{k^2 s}\right]}{k\sqrt{(\pi s)}},$$

[1] 《刑事和民事案件的判决概率研究》，第 246 页及以后。

[2] 证明可以参见：泊松的《刑事和民事案件的判决概率研究》，或祖伯的《概率演算》，第 1 卷，第 153—159 页。

其中：

$$k=\sqrt{\frac{(2\sum p_\lambda q_\lambda)}{s}},$$

通过代入

$$\frac{x}{k\sqrt{s}}=t \text{ 和 } \frac{l}{k\sqrt{s}}=\gamma,$$

这可以写成对应于伯努利定理[1]的形式，即事件发生次数介于 $sp\pm\gamma k\sqrt{s}$ 两者之间的概率由下式给出：

$$P=\frac{2}{\sqrt{\pi}}\int_0^\gamma \exp\left[-t^2\right]dt+\frac{\exp\left[-\gamma^2\right]}{k\sqrt{(\pi s)}}。$$

§9. 这是一个非常巧妙的定理，将伯努利的结果拓展到了一些重要类型的案例中。例如，它包括这样一种情况：其中一个系列的连续项来自不同的总体，这些总体已知具有不同的统计频率；除了计算这些频率的两个简单函数和级数中的项数之外，无需进一步复杂化。但重要的是不要夸大泊松方法扩展伯努利结果的应用程度。泊松定理没有涉及下面这所有的情况，在这些情况下，一系列事件中某些项的概率可能会受到对系列中其他一些项结果的知识的影响。

在这些情况中，可以区分两种类型。在第一种类型中，这种知识将378 引导我们区分不同例证所受的条件。例如，如果从一个装有已知比例的黑球和白球的袋子中抽出球，并且没有放回，那么第一个抽出的球是否为黑球的知识会影响第二个球为黑球的概率，因为它告诉了我们抽出第二个球的条件与抽出第一个球的条件如何不同。在第二种类型

[1] 有关伯努利定理的类似形式，请参见第 372 页(原书脚注)。

中，这种知识不会给出我们区分不同例证所受的条件，但它会导致我们修改我们对适用于所有类似项的条件性质的看法。例如，如果从一个袋子中抽出一个球，袋子里有许多不同比例的黑白球，但我们不确定的是从哪个袋子里抽出来的，那么，对第一个球颜色的知识会影响第二次抽到球颜色的概率，因为这一知识能让我们弄清楚到底是从哪个袋子抽出的球。

最后一种类型是从现实世界中提取的大多数例证所遵循的类型。关于总体中某些成员特征的知识可以为我们提供有关总体一般特征的线索。然而，最常被忽略的就是这种类型，即知识发生了变化，但**物质条件从一个例证到另一个例证没有变化**。[1]对这两种类型，我们有必要进一步说明。[2]

379

§10. 对于第一类问题，在连续的试验之间存在物理或物质依赖关系，我认为不可能提出任何通用的解决方案，因为连续试验的概率可以

[1] 可以引用的例证有很多。举一个最近的英文著作的例子，可以参考尤尔，《统计理论导论》(*Introduction to the Theory of Statistics*)第251页。尤尔先生认为，如果“任何一次抛掷或抛掷的结果不影响前后抛掷的结果，且不被前后抛掷的结果所影响”，则满足独立性条件，而且不用理会除了物理条件的变化之外关于其结果的知识是相关的那些情况。

[2] 我所区分的类型提到四种分类(伯努利的分类、泊松的分类和上面描述的两个)，路易斯·巴施里耶[(Louis Bachelier, 1870—1946年)，法国数学家，他在其博士论文《推测理论》中首先对现在称为布朗运动的随机过程进行建模，以此闻名。——译者注][《概率计算》(*Calcul des probabilités*)第155页]的分类如下：

(i) 当条件始终相同时，问题具有统一性；

(ii) 当它们因阶段而异，但根据从一开始就给定的法则，并且以不依赖于早期阶段发生事件的方式，它具有独立性；

(iii) 当它们以依赖于早期阶段发生事件的方式变化时，它具有关联性。

巴施里耶假设试验次数非常多，并且把成功或失败的次数可视为连续变量，他为每种类型给出了解决方案。这与在§2节中给出的伯努利定理证明中所做的假设相同，并且有着相同的反对意见，或者更确切地说，这些结论的值以相同的方式受到限制。

用各种不同的方式修改。但是对于特定的问题,如果条件足够精确,就可以设计出解决方案来。例如,有一个瓮,里面装有已知比例的黑球和白球,从其中连续抽出球而不放回,[1]这个问题由祖伯[2]在斯特林定理的帮助下巧妙地解决了。如果 σ 是球的数量,s 是抽取的数量,他就得出了一个有意思的结论(假设 σ、s 和 $\sigma-s$ 都很大),即黑球的数量在给定范围内的概率等于如果球在每次抽取后放回,而且抽取的数量是 $\frac{\sigma-s}{\sigma}s$ 而不是 s 时的情况。

除了已经表述的假设之外,祖伯教授的解决方案仅适用于那些我们希望确定概率的范围与黑球总数 $p\sigma$ 相比较窄的情况。皮尔逊教授[3]以更一般的方式解决了相同的问题,以便处理整个范围,即黑球所有可能比率的频率或概率,也包括 $s>p\sigma$ 的情况。根据 p,s 和 σ 之间存在的不同关系,所产生的各种曲线形式提供了根据下面的标准进行分类而产生的每种不同类型频率曲线的例子:(i)偏度或对称性,(ii)在一个方向、两个方向的限制范围,或不做限制;因此,他将由此获得的曲线指定为**广义概率曲线**(generalised probability curves)。不过,他对这些曲线特性的讨论,对于描述统计学的学者而不是概率论的学者来说,是有意义的。我所熟悉的对这个问题的最一般化和数学上迄今为止最优雅的处理要归功于楚普罗夫教授。[4]

380

[1] 球是连续抽取而不放回,还是同时抽取,都无关紧要。

[2] 前引书,第1卷,第163、164页。

[3] 《均质材料的偏斜变化》(Skew Variation in Homogeneous Material),《自然科学会报》(1895年),第360页。

[4] 参见:《关于统计序列稳定性的理论》,第126页,发表于1919年的《斯堪的纳维亚精算杂志》(*Skandinavisk Aktuarietidskrift*)[亚历山德罗维奇·楚普罗夫(Alexandrovich Tschuprow,或 Chuprov, 1874—1926年),俄国统计学家和经济学家。——译者注]。

泊松在尝试一个有点类似的问题时，[1]由于对概率中“独立性”的含义有一种奇怪但特有的误解，得出了一个显然与常识相反的结果。他的问题如下：如果从一个瓮中抽取 l 个球，其中包含已知比例的黑白球，黑球有 c 个，而且是不放回的，如果再抽取更多个球 μ，则这 μ 个球中黑球为某个给定比例 $\frac{m}{m+n}$ 的概率，**与最初抽出的 l 球的数量和颜色无关**。因为，他认为，如果抽出 $l+\mu$ 个球，则由 l 个球中黑白球的给定比例和随后的 μ 个球（其中 m 个白球和 n 个黑球）组成的组合的概率，必定与先抽取 μ 球，再抽取 l 球的类似组合的概率相同。因此，在已经抽出 l 个球的情况下，在 μ 次抽取中出现 m 个白球的概率必定等于先前没有球被抽出时相同结果的概率。读者会发现，泊松只考虑物理上的依赖性，由于未能区分最初抽出的 l 个球中黑白球的比例是已知还是**未知**的情况，导致他得出了自相矛盾的结论。如果只知道抽出的总数并且比例未知，则它们以特定比例抽取的事实不会影响概率。泊松在他的结论中指出，概率与最初抽取的 l 个球的数量和颜色无关。如果他再加上一句——正如他应该加上的那样——“假设每种颜色的球的数量是**未知**的”，矛盾就会消失。这是一个非常好的例子，它没有认识到概率不受**发生**重大事件（material event）的影响，而只受我们可能拥有的关于该事件发生的**知识**的影响。[2]

381

---

[1] 前引书，第 231、232 页。

[2] 有关解决此类问题的尝试，请参见巴施里耶，《概率计算》，第九章[《概率联系》(*Probabilités connexes*)]。然而，我认为，这一章的解决方案被他在过程中假设的某些量非常大，而在稍后的阶段相同的量又被假设为无穷小所破坏。例如，基于这个原因，他对以下难题的解决方案是不成功的：给定一个包含 m 个白色与 n 个黑色球的瓮 A 和一个包含 m' 个白球与 n' 个黑球的瓮 B，如果每次从 A 中取出一个球放入 B，同时从 B 中取出一球放入 A，那么在 x 次后，瓮 A 和瓮 B 具有给定组成的概率是多少？

§11. 对于第二类问题,除了物质条件的任何变化之外,关于一次试验的结果的知识能够影响下一次试验的概率,同样没有通用的解决方案。然而,下面的人为示例将能说明所涉及的各种考虑因素。

在将伯努利定理应用于实际问题的情况下,先验概率一般是根据经验得出的,参考过去经验中每个选项在明显相似的条件下的统计频率来获得的。因此,男性出生的先验概率是通过参考过去记录的男性出生比例来估计的。[1]以这种方式估计概率的有效性,我们将在后文讨论。但为了这个例子的目的,让我们假设先验概率是在这个基础上计算的。因此,事件的先验概率 $p\left(=\frac{r}{s}\right)$ 是基于在给定条件存在 s 种情况中观察到它发生了 r 次所得到的。现在,直接应用伯努利定理,事件发生 n 次的概率为 p^n 或 $\left(\frac{r}{s}\right)^n$。但是,如果事件发生在第一次尝试中,那么第二次尝试的概率就变为$\frac{r+1}{s+1}$,依此类推。因此,经过适当计算,该事件 n 次连续发生的概率 P 为:

382

$$\frac{r}{s}\cdot\frac{r+1}{s+1}\cdot\frac{r+2}{s+2}\cdots\frac{r+n-1}{s+n-1},$$

因此,

$$P=\frac{(r+n-1)!(s-1)!}{(s+n-1)!(r-1)!}$$

$$=\frac{(r+n-1)^{r+n-\frac{1}{2}}\exp\left[-(r+n-1)\right]s^{s-\frac{1}{2}}\exp\left[-(s-1)\right]}{(s+n-1)^{s+n-\frac{1}{2}}\exp\left[-(s+n-1)\right]r^{r-\frac{1}{2}}\exp\left[-(r-1)\right]}$$

---

[1] 参见尤尔(Yule),《统计学理论》(*Theory of Statistics*),第258页:“我们无法像掷骰子的情况那样为概率 p(即男性出生的概率)指定先验值,但如果实际观察到的男性出生比例是基于适度大量的观察结果,那么使用实际观察到的男性出生的比例就足够准确了。”

根据斯特林定理,只要 r 和 s 足够大,则有:

$$=\left(\frac{r}{s}\right)^{n}\frac{\left(1+\frac{n-1}{r}\right)^{r+n-\frac{1}{2}}}{\left(1+\frac{n-1}{s}\right)^{s+n-\frac{1}{2}}}$$

$$=p^{n}Q^{n},$$

其中:

$$Q=\frac{\left(1+\frac{n-1}{r}\right)^{\frac{r-\frac{1}{2}}{n}+1}}{\left(1+\frac{n-1}{s}\right)^{\frac{s-\frac{1}{2}}{n}+1}}。$$

因此,在这种情况下,只有当 Q 接近于 1 时,伯努利定理的假设才是近似正确的。除非 n 与 r 和 s 相比都比较小,否则不满足此条件。注意到这涉及两个条件是非常重要的。与我们应用预测的例证数量相比,先验概率所基于的经验不仅要更为广泛,而且先前例证的数量乘以基于它们的概率,即 $sp(=r)$,这些例证的数量与新例证的数量相比必须很大。因此,即使在我们发现初始概率 P 的先验经验非常广泛的情况下,如果 P 非常小,我们也不能说事件 n 次连续发生的概率大概是 p^{n},除非 n 也很小。类似地,如果我们希望通过伯努利的方法确定在 $m+n$ 次试验中事件发生 n 次和失败 m 次的概率,则有必要使 m 和 n 与 s 相比都较小,n 与 r 相比较小,并且 m 与 $s-r$ 相比较小。[1] 383

上面所解决的情况是最简单的。一般性问题如下:如果一个事件

[1] 这一段所关注的观点与皮尔逊教授的文章《关于过去经验对未来预期的影响》中所涉及的观点不同,它与后者有表面的相似之处。皮尔逊教授的文章涉及的不是伯努利定理,而是拉普拉斯的“继承规则”,本章 § 16 节和下一章 § 12 节将述及于此。

在前 y 次试验中发生了 x 次，那么它在第 $y+1$ 次发生的概率是$\frac{r+x}{s+y}$，这确定了该事件在 q 次试验中发生 p 次的先验概率。如果所讨论的先验概率由 $\phi(p, q)$表示，我们有：

$$\phi(p, q)=\frac{r+p-1}{s+q-1}\phi(p-1, q-1)+\frac{s+q-1-r-p}{s+q-1}\phi(p, q-1),$$

我知道即使是近似值，它也是没有解的。但我们可以说，与伯努利条件相比，这些条件是超常规发散(supernormal dispersion)的条件。也就是说，比例与$\frac{r}{s}$相差很大的概率大于伯努利条件下的概率。因为当比例开始发散时，它更有可能继续朝同一方向发散。另一方面，如果问题的条件是这样的，那么当比例开始发散时，它更有可能自行恢复并趋向回到$\frac{r}{s}$(例如，当我们从已知球比例的袋子中抽出球而不放回时)，我们应该有次常规发散(subnormal dispersion)。[1]

§12. 上一段中阐明的情况经常被统计学家所忽视。祖伯的著作中[2]给出的以下示例足以说明问题。祖伯的论证如下：

在 1866 年至 1877 年期间，在奥地利登记在册的出生记录为：

m=4 311 076 名男性出生

n=4 052 193 名女性出生

---

384 s=8 363 269；

在之后的 1877—1899 年，我们只有男性出生的记录：m'=6 533 961 名

---

[1] 巴施里耶(《概率计算》，第 201 页)把这两类条件分类为加速条件(conditions accélératrices)和延迟条件(conditions retardatrices)。

[2] 前引书，第 2 卷，第 15 页。我之所以从祖伯的著作中选择我的示例，是因为他是理论统计学的谨慎的倡导者。

男性出生。

关于此一时期的女性出生人数 n'，我们可以得出什么结论呢？根据祖伯的观点，我们可以得到最大盖然值为：

$$n'_0=\frac{nm'}{m}=6\ 141\ 587,$$

概率为 $P=0.999\ 977\ 9$，n'位于 6 118 361 和 6 164 813 之间。

在这样的证据下，我们应该能够以实际的确定性

$$P=0.999\ 977\ 9=1-\frac{1}{45\ 250}$$

来估计在如此狭窄的范围内的女性出生人数，这似乎与理智完全相反。我们看到§11 节中规定的条件被公然忽视了。基于伯努利定理的预测所要扩展的案例数量实际上超过了先验概率所基于的案例数量。可以补充的是，在 1877—1894 年期间，n'的实际值确实在所估计的限度之间，但对于 1895—1905 年期间的情况，它超出了同样的方法赋予实际确定性的限度。

我想，祖伯教授应该认为他自己的论证是合理的，这可以解释为他在自己的头脑中默认地考虑了在该问题中没有说明的证据。他依赖于这样一个事实，即有大量证据表明男性与女性的出生比例特别稳定。但是他没有将这一点带入论证，他也没有把所有这些证据导致他采用的值作为他的先验概率和离散系数。如果 m 是被称为"乔治"的男性人数，而 n 是被称为"玛丽"的女性人数，这个论点会不会显得非常荒谬？如果 m 是合法出生的人数而 n 是非法出生的人数，这会不会也显得相当荒谬？显然，在估计我们的先验概率时，除了 m 和 n 的单纯数值之外，我们还必须考虑其他因素。但是这个问题属于后面章节的主题，而且，与先验概率的计算方式完全无关；在没有确凿的证据证明其 385

非统计性特征的情况下,这个论证被事实而非基于 8 363 269 个例证的先验概率证明是无效的,该先验概率不能通过超过 12 700 000 个例证的计算来假定它是稳定的。

§13. 在我们离开伯努利和泊松定理之前,有必要提请大家注意切比雪夫(Tchebycheff)的一个非常了不起的定理,从这个定理可以把上述两个定理作为其特例推导出来。这个结果是通过简单的代数得出来的,不需要微积分的帮助,严格而且无需取近似值。除了证明的优美和简洁之外,该定理非常富有价值,但鲜为人知,因此值得全文引用如下:[1]

令 x, y, z…表示一定的量值,其中 x 可以取值 $x_1 x_2 \cdots x_k$,概率分别为 $p_1 p_2 \cdots p_k$, y 取值 $y_1 y_2 \cdots y_l$,概率为 $q_1 q_2 \cdots q_l$, z 取值 $z_1 z_2 \cdots z_m$,概率为 $r_1 r_2 \cdots r_m$,依此类推,满足:$\sum_1^k p = 1$, $\sum_1 q = 1$, $\sum_1^m r = 1$,等等。

我们可以写出来:

$$\sum_1^k p_\kappa x_\kappa = a, \quad \sum_1^l q_\lambda y_\lambda = b, \quad \sum_1^m r_\mu r_\mu = c$$

等等,以及:

$$\sum_1^k p_\kappa k_\kappa^2 = a_1, \quad \sum_1^l q_\lambda y_\lambda^2 = b_1, \quad \sum_1^m r_\mu z_\mu^2 = c$$

[1] 摘录自《刘维尔期刊》(2),第 12 章,1867 年,“平均值”[约瑟夫·刘维尔(Joseph Liouville, 1809—1882 年),法国数学家。——译者注]。这是一篇翻译自切比雪夫的俄文原文的文章。祖伯也引用了这个证明,见前引书第 212 页,我是通过祖伯的著作第一次了解到它的。切比雪夫的大部分工作成果都是在 1870 年之前出版的,最初以俄语面世。因此,直到 1907 年在彼得格勒出版了他的法文作品集,才被广为人知。所以,尽管他最重要的定理不时在欧拉和刘维尔的期刊上被转载,但他的定理并没有像定理本来受到的重视那样广为流传。有关完整的参考资料,请参阅本书参考书目部分。

等等,从而我们可以把 a 描述为 x 的数学期望或均值,把 a_1 描写为 x^2 386 的数学期望或均值,等等。

考虑下面这个表达式:

$$\sum(x_\kappa+y_\lambda+z_\mu+\cdots-a-b-c-\cdots)^2 p_\kappa q_\lambda r_\mu\cdots$$

现在有:

$$\sum_1^k(x_\kappa^2-2ax_\kappa+a^2)p_\kappa=\sum p_\kappa x_\kappa^2-2a\sum p_\kappa x_\kappa+a^2\sum p_\kappa$$

$$=a_1-2a^2+a^2=a_1-a^2。$$

在 λ, μ …的所有值上加总可得:

$$\sum q_\lambda r_\mu\cdots=1$$

以及:

$$\sum_1^k 2(x_\kappa-a)(y_\lambda-b)p_\kappa=\sum_1^k 2(x_\kappa y_\lambda-bx_\kappa-ay_\lambda+ab)p_\kappa$$

$$=2(y_\lambda\sum p_\kappa x_\kappa-b\sum p_\kappa x_\kappa-ay_\lambda\sum p_\kappa$$

$$+ab\sum p_\kappa)$$

$$=2(ay_\lambda-ab-ay_\lambda+ab)=0。$$

因此有:

$$\sum(x_\kappa+y_\lambda+z_\mu+\cdots-a-b-c-\cdots)^2 p_\kappa q_\lambda r_\mu\cdots$$

$$=a_1+b_1+c_1\cdots-a^2-b^2-c^2-\cdots,$$

由此可得:

$$\frac{\sum(x_\kappa+y_\lambda+z_\mu+\cdots-a-b-c\cdots)^2 p_\kappa x_\lambda r_\mu\cdots}{a^2(a_1+b_1+c_1+\cdots-a^2-b^2-c^2-\cdots)}=\frac{1}{a^2},$$

其中求和扩展到了κ，λ，μ…的所有值上，而且α是一个大于1的任意数。

如果我们略掉上述等式左边的求和各项，则有：

$$\frac{(x_{\kappa}+y_{\lambda}+z_{\mu}+\cdots-a-b-c-\cdots)^2}{a^2(a_1+b_1+c_1+\cdots-a^2-b^2-c^2-\cdots)}<1,$$

在余下的各项中把这个表达式写作1，这两个过程都减小了左边的量值。因此$\sum p_{\kappa}q_{\lambda}r_{\mu}\cdots<1/a^2$，其中在这些值的集合上的加和有下式：

387

$$\frac{(x_{\kappa}+y_{\lambda}+z_{\mu}+\cdots-a-b-c\cdots)^2}{a^2(a_1+b_1+c_1+\cdots-a^2-b^2-c^2\cdots)}\geqq 1。$$

如果P是：

$$\frac{(x_{\kappa}+y_{\lambda}+z_{\mu}+\cdots-a-b-c\cdots)^2}{a^2(a_1+b_1+c_1+\cdots-a^2-b^2-c^2-\cdots)}$$

小于或等于1的概率，则由此可得：

$$1-P<\frac{1}{a^2},$$

即：

$$P>1-\frac{1}{a^2}。$$

因此，和$x_{\kappa}+y_{\lambda}+z_{\mu}+\cdots$位于：

$$a+b+c+\cdots-a\sqrt{(a_1+b_1+c_1+\cdots-a^2-b^2-c^2-\cdots)}$$

和

$$a+b+c+\cdots+a\sqrt{(a_1+b_1+c_1+\cdots-a^2-b^2-c^2-\cdots)}$$

之间的概率大于$1-1/a^2$，其中α是大于1的某个数。

这个结果构成了切比雪夫定理。也可以写成以下形式:令 n 为量值 $x, y, z, \cdots$ 的数目,并给出 $a=\sqrt{n/t}$;则算术平均值

$$\frac{x_\kappa+y_\lambda+z_\mu+\cdots}{n}$$

位于

$$\frac{a+b+c+\cdots}{n}\pm\frac{1}{t}\sqrt{\left(\frac{a_1+b_1+c_1+\cdots}{n}-\frac{a^2+b^2+c^2+\cdots}{n}\right)}$$

之间的概率大于 $1-t^2/n$。

很容易可以证明下面这个切比雪夫定理的推论:[1]如果当概率为 $p[p=1-q]$ 的事件发生则赢得 A 数量,否则损失 B 数量,那么在 s 次试验中总赢得(或损失)的数量位于

$$s(pA-qB)\pm a(A+B)\sqrt{(spq)}$$

之间的概率大于 $1-1/a^2$。 388

§14. 从这个由多个独立变化的量值组成的和所位于的可能范围的非常一般的结果,我们可以很容易推导出伯努利定理。假设有 s 次观测或试验,s 的相应量值为 $x_1 x_2 \cdots x_s$,这样当所考虑的事件发生时 $x=1$,当事件没有发生时 $x=0$。如果事件发生的概率是 p,则我们有 $a=p$, $b=p$,等等,而且有 $a_1=p$, $b_1=p$,等等。因此,事件发生的次数将位于 $sp \pm a\sqrt{(sp-sp^2)}$ 之间的概率 P,即位于 $sp \pm a\sqrt{(spq)}$ 之间(其中 $q=1-p$)的概率,大于 $1-1/a^2$。如果我们将这个公式给出的 $P>1-1/a^2$ 与伯努利定理给出的 $P=\Theta(a/\sqrt{2})$ 进行比较,就会发现,伯努利定理给出的精度更高。伯努利定理在精度方面的优越程度可以用

[1] 证明可以参阅祖伯,前引书,第1卷,第216页。

下表来说明：

表 1

a^2	$\Theta\ (a/\sqrt{2})$	$1-1/a^2$
1.5	0.778 8	0.333
2	0.842 7	0.5
4.5	0.966 1	0.777 8
8	0.995 3	0.875
12.5	0.999 6	0.92
18	0.999 98	0.944 5

因此，当范围很窄且 a 较小时，伯努利公式给出的 P 值大大超过 $1-1/a^2$，但伯努利公式涉及一个近似过程，该过程仅在 s 较大时有效。切比雪夫的公式不涉及这样的过程，并且对所有 s 值同样有效。我们在§11 节中已经看到，在许多情况下，由于不同的原因，伯努利公式夸大了结果，因此，切比雪夫更谨慎的限制范围有时可能证明是有用的。

从切比雪夫的一般公式中推导出相应形式的泊松定理，显然遵循

389 着类似的路线。因为我们令[1] $a=p_1$，$b=p_2$ 等等，以及 $a_1=p_1$，$b=p_2$，等等，并找到事件发生次数在

$$\sum_1^\lambda p_\lambda \pm a\sqrt{(\sum_1^\lambda p_\lambda - \sum_1^\lambda p_\lambda^2)}$$

之间的概率，即位于

$$sp \pm a\sqrt{(\sum^\lambda p_\lambda q_\lambda)}$$

之间的概率，也即位于 $sp \pm \sqrt{2ak\sqrt{s}}$ 之间的概率，是大于 $t-1/a^2$ 的。

[1] 我使用的符号与§8 节中用于泊松定理的符号相同。

在《理论与应用数学杂志》上，[1]切比雪夫用一种与他的一般性方法相类似的方法直接证明了泊松定理，并得到了如下几个补充结果：

I. 如果一个事件 E 在 μ 次连续试验中的几率(chances)分别为 $p_1 p_2 \cdots p_\mu$，并且它们的总和为 s，则只要 $m>s+1$。

II. E 至少发生 m 次的概率就小于：

$$\frac{1}{2(m-s)}\sqrt{\left(\frac{m(\mu-m)}{\mu}\right)\left(\frac{s}{\mu}\right)^{m}\left(\frac{\mu-s}{\mu-m}\right)^{\mu-m+1}}。$$

III. 只要 $n<s-1$，则 E 不会发生超过 n 次的概率小于：

$$\frac{1}{2(s-n)}\sqrt{\left(\frac{\mu(\mu-n)}{\mu}\right)\left(\frac{\mu-s}{\mu-n}\right)^{\mu-n}\left(\frac{s}{n}\right)^{n+1}}。$$

IV. 因此，只要 $m>s+1$，$n<s-1$，E 出现少于 m 次且多于 n 的概率大于：

$$1-\frac{1}{2(m-s)}\sqrt{\left(\frac{m(\mu-m)}{\mu}\right)\left(\frac{s}{m}\right)^{m}\left(\frac{\mu-s}{\mu-m}\right)^{\mu-m+1}}$$
$$-\frac{1}{2(s-n)}\sqrt{\left(\frac{n(\mu-n)}{\mu}\right)\left(\frac{s}{n}\right)^{n+1}\left(\frac{\mu-s}{\mu-n}\right)^{n-\mu}}$$

§ 15. 马尔可夫(A. A. Markoff)阐明了切比雪夫的方法，并且把他的结果做了令人钦佩地扩展。[2]楚普罗夫也沿着同样的思路给出了一些发展(《论统计序列的稳定性理论》，《斯堪的纳维亚精算杂志》，1919 年)，这些发展让我相信，切比雪夫的发现远远不止是一种解决特殊问题的技术性方法，它为从数学角度解决这些问题的基本方法指明 390

[1] 第 33 卷(1846 年)，《概率论一般命题的初步证明》。

[2] 读者可以参考马尔可夫的《概率计算》(*Wahrscheinlichkeitsrechnung*)，尤其是第 67 页，沿着数学路线，对切比雪夫的主要思想进行了惊人的发展。在参考书目中给出了可以进一步参考的回忆录，但这些回忆录是俄语的，我读不了俄语。

了道路。拉普拉斯的数学虽然在大多数教科书中仍然占有一席之地，但实在已经过时了，应该由我们要衷心感谢的这三位俄罗斯人的非常优美的成果所取代。

§16. 还有另一项与伯努利定理有关的研究值得一提。我在§2节中已经指出，即使严格满足伯努利定理的非近似形式的适用条件，关于最可能值的发散也是不对称的。事实上，从最可能事件发生的次数（符号是上面§2节的符号）中偏离 h 的概率通常近似采用的是下面这个形式：

$$\frac{1}{\sqrt{(2\pi mpq)}}\exp-\left[\frac{h^2}{2mpq}\right],$$

它对于 $+h$ 和 $-h$ 是相同的，这导致了这种对称性的缺乏被普遍忽视了；我们通常假设小于 pm 的给定发散度的概率等于超过 pm 的相同发散度的概率，一般来说，在一组 m 次试验中频率超过 pm 的概率，等于它不超过 pm 的概率。

这并不是严格意义上的情况，这一点是显而易见的。如果一个骰子掷了60次，最小的点(ace)出现的最可能次数是10次；但它出现9次的可能性高于出现11次的可能性；而且，与恰好出现20次相比，根本不出现的可能性（大约出现5次的可能性）要更大。读者（不必费心使用代数知识就）一定会明白这一点，当他想到最小点出现的次数不能少到根本不出现，而它很可能出现超过20次时，所以与最可能值10次的可能偏差相比，不足10次的可能偏差比超过10次的可能偏差要小，这就必须通过与相应超过次数相比任何给定不足次数的更高频率来弥补。因此，一个事件$\left(\text{该事件在每次试验中的概率小于}\frac{1}{2}\right)$的一系列试验中的实际频率，可能低于其最可能的值，而不是超过它的次数。事实

391

上，不足次数的数学期望等于超过次数的数学期望，即每个可能的不足次数的总和乘以它的概率等于每个可能的超过次数的总和乘以它的概率。

对这种对称性的缺乏进行实际测量以及对可以安全地忽略它的条件的确定，涉及繁琐的数学运算，有关于此，我只知道 T. C. 西蒙斯(T. C. Simmons)先生发表在《伦敦数学学会学报》(*Proceedings of the London Mathematical Society*)上的一项直接调查。[1]

有关证明的详细信息，我必须请读者参看西蒙斯先生的文章。他的主要定理[2]如下：如果$\frac{1}{a+1}$是每次试验中事件的概率，$n(a+1)$是试验次数，n 和 a 是整数，[3]事件发生频率低于 n 次的概率总是大于它超过 n 次的概率；当 $n=1$ 时，两个概率之间的差异最大，然后随着 n 的增加而不断减小，始终位于$\frac{1}{3}(a-1)/(a+1)$乘以$[a/(a+1)+1/(a+1)]^{n(a+1)}$的最大项和$\frac{1}{3}(a-1)/(a+1)$乘以$[a/(a+1)+1/(a+1)]^{(n+1)(a+1)}$的最大项之间，并且在 n 非常大时近似相等于： 392

---

[1] 《一个新的概率定理》。西蒙斯先生声称他的研究具有新颖性，就我的涉猎所及，这种说法是合理的；但是最近通过矩法(method of moments)获得更接近伯努利定理的研究，基本上是针对同样的问题开展的。

然而，皮尔逊教授在他关于“过去经验对未来预期的影响”的文章(《哲学杂志》，1907年)中提出了一个有点类似的观点。他指出，当计算不是像西蒙斯的研究那样基于伯努利定理，而是基于拉普拉斯的继承规则(参见下一章)时，最可能频率的各种可能频率的概率也完全缺乏对称性。列克西斯教授[即威廉·列克西斯(Wilhilm Lexis, 1837—1914年)，又被译为莱克西斯，德国统计学家、经济学家，是人口统计时间序列分析的先驱。——译者注]也指出了这种对称性的缺乏[《论文》(*Ahhandluvgen*)，第120页]。

[2] 我没有给出他自己的解释。

[3] 西蒙斯先生似乎无法去除对他定理一般性的这种限制，但似乎没有太多理由怀疑它可以被去除。

$$\frac{1}{3}\{a-1/\sqrt{[2\pi na(a+1)]}\}。$$

对于 p 的概率和 m 的各种值：

$$[p=1/(a+1),\ m=n(a+1)],$$

下表给出了频率小于 pm 的概率超过频率大于 pm 的概率的超出值 Δ 的值，由西蒙斯先生计算给出：

表 2

p	m	Δ
$\frac{1}{3}$	3	0.037 037
$\frac{1}{3}$	15	0.022 436 62
$\frac{1}{3}$	24	0.018 270 6
$\frac{1}{4}$	4	0.056 87
$\frac{1}{4}$	20	0.032 014 13
$\frac{1}{10}$	10	0.084 777
$\frac{1}{10}$	20	0.068 673 713
$\frac{1}{100}$	100	0.101 813
$\frac{1}{100}$	200	0.081 324 387
$\frac{1}{1\,000}$	1 000	0.103 454

因此，除非不仅 m 而且 mp 也很大，否则对称性的缺失可能是明显的。由此不难发现，在 100 组每组 4 次的试验中，其中 $p=\frac{1}{4}$，实际出现的频率很可能超过最可能值 26 次，低于最可能值 31 次；在 100 组每组 10 次的试验中，其中 $p=\frac{1}{10}$，超过最可能值 26 次，低于最可能值 34 次。

西蒙斯先生首次进行这项研究，是因为他在检查随机数字集时注意到,“每个数字以意想不到的频率呈现出的频率低于该次数的$\frac{1}{10}$。例如,在 100 组每组 150 个数字中,我发现一个数字在一组中出现的频率低于 15 次而不是超过 15 次;在每组 250 个数字的 80 组中,情况与此类似,在其他组合中也是如此。”正如本章末尾所描述的,它与骰子和轮盘赌这种实验的可能关系是很清楚的。但除了这些人为的实验之外,统计学家有时也应该牢记,即使在许多严格满足伯努利条件的情况下,这种关于模式(the mode)或最可能值的分布也明显缺乏对称性。

§17. 我将通过表述一些尝试来结束本章,这些尝试被用来验证伯努利定理的后验结论。这些尝试几乎没什么用,首先,因为我们很少能先验地确定伯努利定理中假设的条件是否得到满足。其次,因为该定理预测的不是会发生什么,而是根据某些证据可能发生的事情。因此,即使我们的结果没有验证伯努利定理,该定理也不会因此而受到质疑。结果与实验发生的条件有关,而不是与定理的真实性有关。因此,尽管这些尝试在概率史上占有重要的地位,但它们的科学价值却很小。我把它们记录下来,是因为它们具有很大的历史和心理学意义,也因为它们满足了某种闲散的好奇心,很少有概率学者能完全摆脱这种好奇心。[1]

§18. 这些研究的数据主要有四个来源——抛硬币、掷骰子、中彩票和轮盘赌;因为在这些情况下,伯努利定理的条件似乎都得到了满足。最早记录的实验是由布丰开展的,[2]他在一个孩子的帮助下将

394

[1] 尤尔先生(《统计学导论》,第 254 页)的建议不妨一试:“强烈建议学生亲自进行一些这样的实验,以获得使用统计理论的信心。”尤尔先生本人就是在这样适度地做着这类实验的。

[2] 《论道德算术》(*Essai d'arithmétique morale*)(参见本书参考书目),该书出版于 1777 年,但据说成书于 1760 年。

一枚硬币抛向空中,在彼得堡游戏中共玩了 2 048 局,在这个游戏中连续抛掷一枚硬币,直到正面朝上一局才算结束。德·摩根的一个年轻学生"为了让自己满意"也重复了同样的实验。[1]在布丰的试验中,到 2 048 个正面前有1 992个反面;在 H 先生(德·摩根的学生)的试验里,到 2 048 个正面前有 2 044 个反面。鉴于布丰的试验先例,1837 年凯特勒[2]进行了进一步的实验。他从一个瓮中抽出 4 096 个球,每次放回,并记录下不同阶段的结果,以表明结果的精度随着实验次数的增加而提高。他一共抽取了2 066个白球和 2 030 个黑球。遵循同样做法的是杰文斯的实验,[3]他一次抛掷 10 枚硬币,共抛掷 2 048 次,记录每次抛掷正面的比例和最后正面的总比例。在总共 20 480 次单次抛掷中,他获得正面 10 353 次。最近,韦尔登(Weldon)[4]抛掷 12 点的骰子,一共抛掷 4 096 次,记录了每次抛掷中骰子上的数字大于 3 的次数比例。

然而,所有这些实验,在瑞士天文学家沃尔夫(Wolf)的大量广泛的研究面前都相形见绌。他最早的研究发表于 1850 年,最新的研究发表于 1893 年。[5]在他的第一组实验中,沃尔夫用两个人完成了 1 000 组

[1] 《形式逻辑》,第 185 页,发表于 1847 年。德·摩根给出了布丰及其学生的全部结果。泊松也研究了布丰的结果,参见《刑事和民事案件的判决概率研究》,第 132—135 页。

[2] 《关于概率论的通信》(*Letters on the Theory of Probabilities*)(英文版),第 37 页。

[3] 《科学原理》(第二版),第 208 页。

[4] 转引自埃奇沃斯,"误差定律"(《不列颠百科全书》,第 10 版),以及尤尔,《统计学导论》,第 254 页。

[5] 参见本书的参考书目。在这些最早的研究中,我并没有第一手的知识,只能依赖于祖伯的论述,参见祖伯,前引书,第 1 卷,第 149 页。关于伯努利定理的经验验证的说明,可以参见:祖伯,《概率论》,第 1 卷,第 139—152 页;以及祖伯,《概率理论的发展》(*Entwicklung der Wahrscheinlichkeitstheorie*),第 88—91 页。

抛掷骰子,每组持续到 21 种可能的组合中的每一种都至少出现一次为395止。这涉及总共 97 899 次抛掷,然后他总共完成了 100 000 次抛掷。这些数据使他能够进行大量计算,祖伯引用了以下内容,即:相对于理论值的 0.833 33,即$\frac{5}{6}$,不同对(unlike pairs)的比例是 0.835 33。在他的第二组实验中,沃尔夫使用了两个骰子,一个白色和一个红色(在第一组中骰子是不做区分的),并完成了 20 000 次掷骰,每个结果的详细信息都记录在苏黎世的《自然科学法典》(*Vierteljahrsschrift der Naturforschenden Gesellschaft in Zürich*)中。他特别研究了每个骰子的序列数,以及两个骰子的 36 种可能组合中的每一种的相对频率。这些序列比它们应该有的要少一些,而且不同组合的相对频率确实与理论预测的非常不同。[1]对此的解释很容易可以给出来;对于每个面的相对频率的记录表明,骰子一定非常不规则,例如,白色骰子的六个面比同一骰子的四个面下落的频率多 38%。那么,这就是这些极其费力的实验得出的唯一结论——沃尔夫的骰子做得很差。事实上,除了他的骰子的准确性之外,这些实验可能没有任何影响。但十年后,沃尔夫又开始了一系列实验,使用四个可区分的骰子——白色、黄色、红色和蓝色——并将这四个骰子掷出 10 000 次。因此,沃尔夫一生中总共记录了 280 000 次掷骰子的结果。尚不清楚沃尔夫在制作这些记录时是否考虑了任何明确的目标,这些记录与各种天文结果一起出版,它们提供了一个纯粹热爱实验和观察的绝妙例子。[2]396

---

[1] 祖伯引用了主要结果(前引书,第 1 卷,第 149—151 页)。在 36 个组合中,只有 4 种而不是 18 种的频率在可能的范围之内,标准离差是 76.8 而不是 23.2。

[2] 据我所知,最新的此类实验是奥托·迈斯纳(Otto Meissner)的实验["抛掷骰子的实验",《数学和物理杂志》第 62 卷(1913 年),第 149—156 页],他记录了 24 个系列、每个系列 180 每次抛掷四个可区分的骰子。

§19. 另一系列的计算是基于彩票和轮盘赌的公布结果所提供的现成数据。[1]

祖伯[2]根据1754年至1886年间布拉格市(2 854次抽奖)和布尔诺市(2 703次抽奖)的彩票进行了计算,实际结果与理论预测非常吻合。费希纳[3]使用了1843年至1852年间萨克森州的10个州的彩票名单。卡尔·皮尔逊教授对摩纳哥蒙特卡洛轮盘赌的结果进行了为期8周的调查,这是一个相当有趣的研究。[4]皮尔逊教授应用伯努利定理,在整个调查过程中所有隔间(compartments)的等概率假设上,他发现实际记录的红和黑的比例并没有出乎意料,但交替和长期运行是如此之多,以至于根据这些表格的准确度假设,与所记录的一些偏差相

---

[1] 对于这类回报的公布,赌徒一直有很强的需求。1830年在巴黎出版了一本《法国皇家彩票年鉴》,里面记载了从1758年到1830年法国彩票(每月两到三张)的所有抽奖。蒙特卡洛的玩家可以拿到卡片和别针,用于记录连续玩轮盘赌的结果,轮盘赌的结果定期在《摩纳哥报》公布。赌徒们研究这些回报是因为他们通常认为,随着案例数量的增加,与最可能比例的绝对偏差会变小,而伯努利定理表明,当绝对离差增加时,比例离差(proportionate deviation)减小。请参阅霍丁(Houdin)的《揭开希腊人的骗术》(*Les Trickeries des Grecs dévoilées*):"在机会游戏中,相同的组合连续发生的次数越多,我们就越能确定它不会在下一次抛掷或展现时再次出现。这是关于概率的最基本的理论;它被称为**机会的成长**(maturity of the chance)。"拉普拉斯(《概率论》,第142页)引用了一个有趣的例子来说明同样的理念,这个例子并不是从赌博年鉴中得到的:"我看到,人们普遍渴望要一个儿子,但很难知道他们将成为父亲的那个月份中男孩的出生比例,设想每个月底前男孩与女孩出生的比例都是一样的,他们根据已经出生的女孩比例,判断男孩更有可能在下次出生的概率。"

有关赌博的文献非常广泛,但据我所知,它过于缺乏多样性,机会的成长和各种手法(martingale)不断以一种或另一种形式出现。好奇的读者会在普罗克特(Proctor)的《机会与幸运》(*Chance and Luck*)和希拉穆·马克西姆爵士(Sir Hiram Maxim)的《蒙特卡洛的事实与谬误》(*Monte Carlo Facts and Fallacies*)中找到对此类主题的适当描述。

[2] 关于大数定律,结论总结在他的《概率论》第1卷第139页上。

[3] 《测量》(*Kollektivmasslehre*),第229页。这些结果页被祖伯(前引书)所总结。

[4] 《死亡的几率》(*The Chances of Death*),第1卷。

比，先验赔率至少是1亿比1。因此，皮尔逊教授得出结论，蒙特卡洛轮 397
盘赌在客观上并不是一种机会游戏，因为玩轮盘赌的赌桌绝对没有偏差。在这里，与沃尔夫骰子的情况一样，结论仅与实验工具的物质形状有关，而与关于机运的理论或哲学无关。

皮尔森教授对33 000次蒙特卡洛轮盘赌结果的研究，也因被其他的研究所超越而黯然失色，就像沃尔夫博士所做的所有其他掷硬币和骰子的游戏一样。卡尔·马尔贝博士(Dr Karl Marbe)[1]考察了蒙特卡洛和其他地方的80 000次轮盘赌的结果。马尔贝博士得出了完全相反的结论；因为他声称，他已经表明，长时间运行不仅没有过量，而且是严重不足。马尔贝博士介绍了这个实验结果来支持他的论点，即世界是如此构成的，以至于长期运行事实上并不会在其中发生。[2]长期运行不止是非常不可能。按照他的说法，这种情况根本不会发生。但我们可能会怀疑轮盘赌是否能告诉我们逻辑法则或宇宙的构成。

正如他自己所承认的那样，马尔贝博士的主要论点与达朗贝尔的一个异端论点是相同的。[3]但是，这种多样性原则，与通常的归纳原 398

[1] 《概率论的自然哲学研究》(*Naturphilosophische Untersuchungen zur Wahrschein-lichkeitstheorie*)。

[2] 马尔贝博士的专著在德国引起了很多讨论，并不表明这是一种证明自然规律的荒谬方法，而是表明实验结果本身并没有真正从数据中得出以及马尔贝推理的微妙错误这些原因，导致他对各种序列的先验可能比例进行了错误的计算。Von Bortkiewicz、Brömse、Bruns、Grimsehl和Grünbaum讨论了这个问题(有关这些内容的具体参考文献，请参阅本书的参考书目)，以及列克西斯[《论文》(*Abhandlungen*)，第222—226页]和祖伯(《概率论》，第1卷，第144—149页)。很大程度上由于这场争论，博特基威茨最近发表了一篇完整的专著《骰子迭代》(*Die Iterationcn*)来讨论"旋转次数和时间"的数学问题。马尔贝博士在德国的同事对他的关注远远超过他应该得到的关注。

[3] 达朗贝尔对概率的主要贡献在他的《数学散论》(1761年)一书中最为容易理解。关于概率的著作通常包含一些达朗贝尔的参考文献，但他的怀疑观点则被拉普拉斯的正统学派拒之门外，而不是对之做出回答，因而未得到充分公平(转下页)

则正好相反,它不能被认作是先验的,而且作为一个一般性原则,也没有足够的经验证据来支持它。它的起源也许可以从这样一个事实中找到:在某些类别的情况下,尤其是在有意识的人类能动性出现的情况下,它可能包含一些真理的成分。一个行为曾经以特定方式完成的事实可能可以作为一个特殊的理由,认为它不会在下一个场合以完全相同的方式进行。因此,在许多所谓的随机事件中,连续发生的事件之间可能存在着某种轻微程度的因果关系和物质依赖关系。在这些情况下,如果假设完全没有这种依赖性,则"旋转次数和时间"(runs)可能会比我们应该预测的更少和更短。例如,如果一副纸牌在玩家手中发牌、收牌和洗牌中采用了通常的做法,那么我们可能会有一个更大的推定,即第二手牌与第一手牌具有相同的分布,而不是任何其他特定的分布。就赌台管理员情况而言,长期的经验可能会使他给出一些心理上的概括(它们非常机械),该概括表明,轮盘特定部分的数字会更多出现,或者另一方面,当赌台管理员看到轮盘运行开始时,他倾向于比平时更多地改变他对轮盘的旋转,因此使轮盘比他平时所做的更快停下来。[1]无论如何,值得再次强调的是,从这些实验中,这是我们可以希望获得的唯一一类知识,就是关于骰子的物质结构或赌台管理员心理的知识。399

(接上页)的对待。达朗贝尔在他的各种论文中不断重复下面三个主要论点:

(1) 数学上非常小的概率实际上为零;

(2) 连续两次抛掷骰子的概率不是独立的;

(3) "数学期望"并不能通过概率和奖金额的乘积来恰当地予以衡量。

其中的第一个和第三个在解释彼得堡悖论时得到了部分推进(参见原书第349页)。第二个与第一个有关,也被用来支持他对两次正面朝上概率的错误评估。但是,尽管达朗贝尔的许多结果是错误的,但他完全不应当受到那些毫不怀疑地接受当时正统理论中同样错误结论的学者们那样的嘲笑。

[1] 然而,一个好的轮盘赌桌是一种非常精细的工具,即使转盘手的习惯有一定程度的规律性,也不足以产生结果上的规律性。

第三十章　确定后验概率的统计频率之数学应用——拉普拉斯方法

概率的估计是非常有用的，尽管在法律和政治的例子中，通常不需要准确列举所有情况这样精妙的计算。

——莱布尼茨[1]

§1. 在前一章中，我们假设一系列试验中每个事件的概率都是已知的，并考虑了如何从中推断出事件在整个系列中各种可能频率的概率，但没有详细讨论通过什么方法确定初始概率。在统计调查中，这种初始概率通常不是基于无差异原理，而是基于先前观察到的类似事件的统计频率。因此，在本章中，我们必须开始我们研究的补充部分，即从观察到的统计频率推导出概率度量的方法。

我本人不相信有任何直接和简单的方法可以使我们从观察到的数值频率转变为对概率的数值测量。在我看来，这个问题是根据经验建立概率判断的一般问题的一部分，只能通过第三编中阐述的一般归纳方法来处理。该问题的性质排除了任何其他方法，并且可以证明直接的数学手段都依赖于不可支持的假设。在接下来的章节中，我们将考 400

[1]《猜度术》，第227页。

虑一般归纳方法对这个问题的适用性,在这方面,我们将努力揭穿过去一百年来大大破坏理论统计学基础的数学骗术。

§2. 人们通常采用两种直接方法,它们在理论上彼此并不一致,但在实践中并非每种情况下都有明显的差异。其中第一个方法,也是最简单的直接方法,可以称为伯努利定理的反演(inversion of Bernoulli's theorem),另一个是拉普拉斯的继承规则(rule of succession)。

关于这个问题的最早讨论,可以在莱布尼茨和雅克·伯努利的通信中找到,[1]其真正的本质最好以它呈现给这些极为杰出的哲学家的方式来加以说明。这个问题是伯努利在1703年写给莱布尼茨的一封信中初步提出的。他指出,我们可以从先验的考虑因素来确定,我们用两个骰子掷出7而不是8的可能性有多大,但是我们不能用这种方法来确定一个二十岁的年轻人比六十岁的老人活得更久的概率。然而,难道我们不能通过观察大量相似的夫妇(每一对都由一个老人和一个年轻人组成),从而获得这种后验知识吗?假设年轻人是1 000例中的幸存者,老人是500例中的幸存者,我们是否可以得出结论,认为年轻人成为幸存者的可能性是老人的两倍?因为最无知的人似乎认为,这种推理方式乃是出于一种自然的本能,并认为随着观察次数的增加,犯错的风险就会降低。随着观测值的增加,其解会不会逐渐趋向于某个确定程度的概率呢?"我不知道,最伟大的人,你是否认为这些猜测可有任何依据?"[2]

莱布尼茨的回答直指问题的根源。他说,概率的计算具有最大的价值,但在统计研究中,并不需要穷究数学上的精微之处,而应更多考

[1] 确切的参考文献,请参阅本书参考书目。

[2] 这句话原文是拉丁语,应该是伯努利在给莱布尼茨信中所写的原文。——译者注

虑对所有情况的准确陈述。可能的意外事件太多了,无法通过有限数量的实验来涵盖,因此,精确计算是不可能的。大自然虽有其习性,但因为缘起反复,这些习性尽管普遍存在,但非一成不变。饶是如此,经验计算虽然不精确,但在实践中可能也已经足够了。[1] 401

伯努利在他的回答中回到了从瓮中抽取球的类比上,他坚持认为,在不估计每个单独的偶然性(contingency)的情况下,我们可以在狭窄的范围内确定有利于每一备选项的比例。如果真正的比例是 2∶1,我们可以用后验可辨别的确定性(moral certainty *àposteriori*)来估计它在 201∶100 和 199∶100 之间。"我敢肯定,"他总结道,"我公布这一发现,你会感到高兴的。"但是,无论他是否对莱布尼茨恰当的谨慎印象深刻,或者他的去世是否打断了他这样做,他都没有在《猜度术》中取得进一步的推进。在讨论了莱布尼茨的一些反对意见,[2]并似乎承诺通过对他的定理的反演来估计后验概率的某种模式之后,他只证明了直接定理,这本书就戛然而止了。

§3. 在讨论莱布尼茨和伯努利的通信时,我基本没有受到它的历史意义的影响。莱布尼茨的观点主要集中在类比的考虑上,并要求"不需要穷究数学上的精微之处,而应更多考虑对所有情况的准确陈述",这一观点将在接下来的章节中得到切实的支持。伯努利希望从实验结 402

[1] 莱布尼茨的实际表述如下(在 1703 年 12 月 3 日给伯努利的一封信中),他写道:"概率的估计是最有用的,尽管在法律和政治的例子中,通常不需要像准确列举所有情况这样的精妙计算。当你通过实验得出凭经验估计得来的概率时,你在问是否可以通过这种方式获得完美的估计。你写给我的是你发现的结果。在我看来,这其中存在一个困难,即偶然性或依赖于无数环境的偶然性,不能通过有限的实验来确定。大自然虽有其习性,但因为缘起反复,这些习性虽然普遍存在,但非一成不变。饶是如此,即使无法获得经验上的完整估计,它们在实践中也已经足够有用和充分了。"

[2] 相关段落在《猜度术》的第 224—227 页。

果的数值频率中推导出一个精确的公式，作为实验结果概率的数值度量，这预示着后来的和不那么谨慎的数学家所给出的精确公式，我们很快就会来审视这些公式。

§4. 我认为，在18世纪的大部分时间里，没有任何迹象表明，伯努利定理的反演得到了明确的应用。达朗贝尔、丹尼尔·伯努利和其他人进行的研究，都依赖于第二十五章中考察的论证类型。也就是说，如果我们假设某两个因素彼此是独立的，或者假设某一事件发生的可能性极小，那么所观察到的一系列事件是非常不可能发生的。他们由此推断，事实上存在某种程度的相关性，或者该事件具有对其有利的概率。但是他们并没有努力从观察到的发生频率转变到对概率的精确测量。随着拉普拉斯的出现，更多雄心勃勃的方法进入了这个领域。

拉普拉斯是在没有证明的情况下通过假设伯努利定理的直接反演开始的。以拉普拉斯证明的那种形式的伯努利定理指出，如果 p 是先验概率，则有在 μ（$=m+n$）次试验中时间发生（$m/m+n$）次的比例的概率 P，介于

$$p \pm \gamma\sqrt{\frac{2pq}{\mu}}$$

之间，其中：

$$P=\frac{2}{\sqrt{\pi}}\int_{0}^{\gamma}\exp\left[-t^{2}\right]dt+\frac{1}{\sqrt{(2\pi\mu pq)}}\exp\left[-\gamma^{2}\right]。$$

他在没有证明的情况下所假设的该定理的反演表明，如果在 μ 次试验中观察到事件发生 m 次，则该事件的概率 p 将介于

$$\frac{m}{\mu}\pm\gamma\sqrt{\frac{2mn}{\mu^{3}}}$$

之间的概率为 P，其中：

$$P=\frac{2}{\sqrt{\pi}}\int_{0}^{\gamma}\exp\left[-t^{2}\right]dt+\frac{1}{\sqrt{\left(2\pi\mu\frac{m}{\mu^{2}}\right)}}\exp\left[-\gamma^{2}\right]。$$ 403

泊松也给出了相同的结果。[1]因此，给定 μ 次试验中事件出现的频率，这些学者推断后续试验中该事件发生的概率在一定范围之内，正如给定先验概率，伯努利定理使他们能够预测 μ 次试验中该事件发生的频率将处于相应的范围之内。

如果试验的次数非常多，那么这些范围就会很窄，因此可以将伯努利定理的反演的要旨简要介绍如下。根据直接定理，如果 p 测量了概率，那么 p 也就测量了频率的最可能值；根据定理的反演，如果 $(m/m+n)$ 测量了频率，那么 $(m/m+n)$ 也就测量概率的最可能值。自拉普拉斯时代以来，该过程的简洁性倾倒了大量学者。本(原)书第384页批评了祖伯关于奥地利男性和女性出生比例的论点，是基于对这一比率的不合格的使用。但是在这个主题的文献中，例子比比皆是，在这些例子中，该定理所得以应用的那些情况，有的很有效，有的不是那么有效。

该定理最初是在没有证明的情况下给出的，而且实际上也是不能证明的，除非引入了一些不合理的假设。但是，除此之外，还有一些明

---

[1] 有关拉普拉斯和泊松对该主题的处理方法的说明，请参见陶德杭特的《历史》，第554—557页。他们还通过类似于拉普拉斯继承法则证明第一部分的方法，得到了一个与上面给出的公式略有不同的公式，即通过将概率的逆原理应用于概率位于任何区间内的盖然性与区间的长度成比例的假设。这种差异引起了一些讨论，参见：陶德杭特，前引书；德·摩根，《论概率论中的一个问题》；蒙若(Monro)，《论概率中伯努利定理的反演》；以及祖伯，《发展》，第83、84页。但这不是解决这个问题的两种数学方法之间的重要区别，而这个就其历史意义而言基本上是一个次要的问题，我不会加以讨论。

显的反对意见。我们在前一章中已经看到,伯努利定理本身不能无差异地应用于各种数据,只有在满足某些相当严格的条件时才能适用。该定理的反演同样需要相应的条件,仅仅从试验次数和发生频率的陈述中不可能推断出这些条件已经得到了满足。例如,我们必须知道,所考察的例证在主要相关细节上是相似的,无论是彼此相似,还是与我们打算应用我们结论的未经考察的例证相似。一个未经分析的关于频率的陈述,无法告诉我们这一点。

404

然而,这种从统计频率过渡到概率的方法,并不像马上要讨论的方法那样是完全错误的。它在解决这一问题方面有其应有的地位。使伯努利定理的反演合理的条件,我们将在第三十一章中阐明。同时,我们将继续介绍拉普拉斯的第二种方法,它比第一种方法更强大,并且获得了更广泛的应用。对它的更极端的应用已不再是冒险行为,它所依据的理论仍然被广泛地采用,尤其得到了法国在概率方面的学者采用,很少受到否定。

§5. 所讨论的这个公式,被维恩[1]称为**继承规则**(rule of succession),它宣称,如果我们只知道一个事件在给定条件下发生了 m 次并且失败了 n 次,那么当这些条件再次满足时,它发生的概率是$(m+1)/(m+n+2)$。不过,在我们检查这个公式的证明之前,有必要详细讨论一下它的推理过程。

这个初步推理涉及"未知概率"(unknow probabilities)的拉普拉斯理论。它所依赖的假设,是为了补充无差异原理而引入的,实际上是把这个原理从我们对之一无所知时的论点的概率,扩展到我们对之一无所知时论点概率具有特定值的概率。拉普拉斯的表述如下:"当单个事

[1] 《机会逻辑》,第190页。

件的概率未知时，我们也可以假设它可以是从 0 到 1 之间的所有值。从所观察到的事件中得出的每个假设的概率是……一个分数，其分子 405 是该假设中事件发生的概率，其分母是与所有相关假设相似的概率的总和……”[1]

因此，当一个事件的概率未知时，我们可以假设在 0 和 1 之间的概率的所有可能值都是先验等可能的。在事件发生之后，先验概率是(比如说) $1/r$ 的概率是通过这样一个分数来衡量的：$1/r$ 是分子，所有可能的先验值的总和是分母。这条规则的由来是显而易见的。如果我们考虑从一个袋子里抽出一个球的问题，这个袋子里有无限数量的未知比例的黑白球，我们有一个假设，对应于袋子的每个可能的黑白球构成，假设依次产生介于 0 和 1 之间的值作为抽到白球的先验概率。如果我们可以假设这些构成在先验上是等可能的，那么我们应该根据拉普拉斯规则得到它们中每一个的后验概率。

在这个类比上，拉普拉斯一般假设，在一切都是未知的情况下，我们可以假设无限种可能性，每一种可能性都是相等的，并且每一种可能性都以不同程度的概率导致所讨论的事件发生，所以对于 0 到 1 之间的每一个值，都只有一种且只有一种假设的事物构成，该种假设赋予事件以该值的概率。

§6. 指出这些假设完全没有根据，这几乎已经足够批评上述情况了。但这一理论在概率论的发展中占有如此重要的地位，因此值得详细讨论。

首先，拉普拉斯所说的未知概率是什么意思？他指的不是一种概率，其值实际上对我们来说是未知的，因为我们无法从数据中得出结

[1] 《关于概率的哲学论文》，第 16 页。

406 论;他似乎把这个术语应用于到了任何概率上,根据第三章的论点,这些概率值在数值上是不定的。因此,他假设每个概率都有一个数值,并且在那些看起来没有数值的情况下,这个值不是不存在而是未知的;他继续争辩说,在数值未知的情况下,或者我应该说在没有这样的值的情况下,0 和 1 之间的每个值都是等可能的。有了"未知概率"这个术语的可能解释,以及每个概率都可以用 0 到 1 之间的一个实数来衡量的理论,我在第三章中已经尽可能仔细地讨论过了。如果那里的观点是正确的,拉普拉斯的理论就会立即失效。但是,即使我们要回答这些问题,而不是像在第三章中所回答的那样,而是以有利于拉普拉斯理论的方式来回答,我们仍然怀疑是否可以合理地为未知概率赋予这样和那样的值。如果一个概率是未知的,那么相对于相同的证据,这个概率具有给定值的概率肯定也是未知的;这就使我们陷入了无限的倒溯论证之中。

§7. 这一点引出了第二个反对意见。拉普拉斯的理论需要使用两种不一致的方法。让我们考虑一些备选项 a_1, a_2,等等,其概率为 p_1, p_2,等等;如果我们对 a_1 一无所知,我们就不知道它的概率 p_1 的值,我们必须考虑 p_1 的各种可能值,即 b_1, b_2,等等,这些可能值的概率分别是 q_1, q_2,等等。这个过程没有理由会停止下来。因为我们对 b_1 一无所知,所以我们不知道它的概率 q_1 的值,我们必须考虑 q_1 的各种可能值,即 c_1, c_2,等等,这些可能值的概率分别是 r_1, r_2,等等;如此等等。这种方法是这样的:当我们对备选项一无所知时,我们必须考虑备选项概率的所有可能值;这些可能的值可以依次形成一组备选项,依此类推。但这种方法本身并不能得出最终结论。因此,拉普拉斯在其上附407 加了他的另一种确定我们一无所知的备选项概率的方法,即无差异原理。根据这种方法,当我们对一组备选项一无所知时,我们假设它们中每一个的概率相等。在他著作的某些部分——他的大多数追随者也是如此——中,他从一开始就采用了这种方法。也就是说,如果我们对 a_1 一无所知,因为 a_1 和它的矛盾对立项构成了一对穷举的备选项,这些备选项的概率是相等的,并且每个都是$\frac{1}{2}$。但是在给出继承法则的推理中,他选择在第二阶段应用这种方法,而在第一阶段则使用了另一种方法。也就是说,如果我们对 a_1 一无所知,则它的概率 p_1 可能具有 b_1, b_2 等中的任何值。其中 b_1 是 0 和 1 之间的任何分数;而且,由于我们对这些备选项 b_1, b_2 等的概率 q_1, q_2 等一无所知,所以我们可以根据无差异原理假设它们相等。这个叙述看起来可能相当混乱,但是要对如此混乱的学说做出清晰的解释并不容易。

§8. 抛开这些考虑因素,让我们暂时从另一个角度审视一下这个理论。当我们谈到继承规则时,我们就会看到,假设的先验概率被视为事件的可能原因来处理。也就是说,假设可能的前提条件集的数量与 0 到 1 之间的实数的数量成比例;它们被分成相等的组,每组对应于 0 和 1 之间的一个实数,这个数字衡量的是我们可以预测事件的概率程度,如果我们知道属于该组的先行条件得到满足的话。然后,假设所有这些可能的先验条件都是先验等可能的。这个论证是由一个错误的类比引起的,这个问题是,一个球从一个装有无限数量的黑白球的瓮中抽取。但是对于我们一般总是具有关于可能的前因所必需的知识的假设,并没有给出合理的基础。 408

德·摩根在以下段落中试图以几乎相同的方式处理这个困难:[1]"在确定(在已知情况下)某一事件在一定范围内多次发生的

---

[1]《大主教百科全书》,第 87 页。

可能性时,我们要考虑到一种困难,即一个概率的概率,或如我们所说的,一个概率的推定(presumption of a probability)。为了更清楚地说明这个概念,请记住,任何概率状态都可以被用来表示为一组情况的结果,一旦引入到我们的问题中,困难就消失了。推定这个词,明确是指一种心智的行为或一种心智状态,而概率这个词,我们更倾向于考虑我们推定的强度应该依赖于知识的外部安排,而不是推定本身。”这种解释的要点在于这样一个假设:“任何概率状态都可以立即被用来表达一组情况的结果。”我们不能认为这是普遍正确的;[1]甚至在那些确实如此的情况下,我们也被抛回到各种情况的先验概率上,正如德·摩根所假设的那样,这些情况不一定是相等的或穷举的备选项。

§9. 基于这种未知概率理论的继承规则的证明,可以简述如下:

如果 x 代表事件在给定条件下的先验概率,则事件在这些条件下发生 m 次、失败 n 次的概率为 $x^m(1-x)^n$。然而,如果 x 是未知的,那么它在 0 和 1 之间的所有值都是先验等可能的。从这两组考虑因素可以得出,如果观察到事件在 $m+n$ 中发生 m 次,则 x 位于 x 和 $x+dx$ 之间的后验概率与 $x^m(1-x)^n dx$ 成比例,因此等于

409

$$Ax^m(1-x)^n dx,$$

其中 A 是一个常数。由于事件实际上已经发生,并且 x 必须具有其可能值之一,因此 A 由下面这个等式确定:

$$\int_0^1 Ax^m(1-x)^n dx = 1,$$

[1] 例如,即使在从一个含有未知比例的黑白球的瓮中抽出球的标准例子中,这也是不正确的,除非球的数量是无限的。

因此，

$$A=\frac{\Gamma(m+n+2)}{\Gamma(m+1)\Gamma(n+1)}。$$

所以，当我们知道该事件在 $m+n$ 次试验中已发生 m 次时，该事件将在第$(m+n+1)$次试验中发生的概率为：

$$A\int_0^1 x^{m+1}(1-x)^n dx。$$

如果我们代入上面给出的 A 的值，则上式等于$(m+1/m+n+2)$。[1]

该定理适用的一类问题如下：有一些特定的条件，使我们先验地不知道它们是否会导致特定事件的发生；然而，在 $m+n$ 个观察到这些条件的场合中，有 m 个这个事件发生了；根据这一经验，该事件在下一个场合发生的概率是多少？所有此类问题的答案是$(m+1/m+n+2)$。在$n=0$的情况下，即当事件总是发生时，这个公式给出的结果是$(m+1/m+2)$。在这些条件仅被观察到一次，并且事件在那个场合下发生了的情况下，这个结果是$\frac{2}{3}$。如果这些条件根本不满足，则事件发生的 410

[1] 当代学者有时会以更加保守的形式阐述该定理，例如：Czuber, *Wahrscheinlich-keitsrechnung*, vol.1, p197; Bachelier, *Calcul des probabilités*, p.487。巴施里耶不是假设事件概率的所有可能值的先验概率相等，而是将$\hat{\omega}(y)dy$ 写为概率为 y 的先验概率，因此在为 $m+n$ 次试验事件发生 m 次后，概率位于 y 和 $y+dy$ 之间的概率为：

$$\frac{y^m(1-y)^n\hat{\omega}(y)dy}{\int y^m(1-y)^n\hat{\omega}(y)dy}。$$

如果不知道先验的$\hat{\omega}$，他建议最简单的假设是令$\hat{\omega}=1$，如上所述，这给出了拉普拉斯继承法则。他还提出了假设$\hat{\omega}(y)=a+a_1y+a^2y^2+\cdots$，在这种情况下，分母是一系列欧拉积分。惠特克[E. T. Whittaker(1873—1956 年)，英国数学家、物理学家和科学史学家。——译者注]和其他人在《苏格兰精算师学会会刊》第 6 编第 8 卷(1920 年)讨论了继承法则及其导致的矛盾和悖论。

概率为$\frac{1}{2}$。即使在条件被观察到的唯一场合中事件没有发生的情况下,这概率也是$\frac{1}{3}$。

这个证明中的一些缺陷已经解释过了。另外,还可以指出一个次要的反对意见。假设如果 x 是事件发生一次的先验概率,则 x^n 是它连续发生 n 次的先验概率,而根据定理本身表明,事件发生过一次的知识修正了它第二次发生的概率;因此,它的连续发生并不是独立的。如果事件的先验概率是$\frac{1}{2}$,并且如果在它被观察到一次之后,它第二次发生的概率是$\frac{2}{3}$,那么它发生两次的先验概率不是$\frac{1}{2}\times\frac{1}{2}$而是$\frac{1}{2}\times\frac{2}{3}$,即$\frac{1}{3}$;一般来说,它连续发生 n 次的先验概率不是$\left(\frac{1}{2}\right)^n$而是$\frac{1}{n+1}$。

§10. 但几乎不需要对反证(disproof)进行改进。该原理的结论与其前提不一致。我们首先假设一个事件的先验概率是未知的,我们没有关于该事件的信息和经验,并且 0 和 1 之间的所有值都是同样可能的。我们最终可以得出结论:这样一个事件的先验概率为$\frac{1}{2}$。在§7 节中已经指出,一旦将无差异原理叠加在未知概率原理上,这种矛盾就隐藏其中了。

此外,该定理的结论是对它所依据的推理的一种归谬法(reductio ad absurdum)。谁能认定一个纯粹出于假设的无论多么复杂的事件概率不小于$\frac{1}{3}$呢?这个事件是这样的:对于该事件的发生没有任何积极的论据支持,类似的事件从未被观察到过,并且在假设条件成立的那一

411

次该事件没有发生。或者，如果我们确实认定它的概率不小于$\frac{1}{3}$，我们就会陷入矛盾之中——因为很容易想象满足这些条件的不相容事件不止三个。

§11. 该定理最初是由含有未知比例的黑白球的瓮问题提出的：m个白球和n个黑球先后被抽取并放回，下一次抽取之前抽中的白球的概率是多少？假设瓮的所有黑白球构成都是等可能的，然后证明就像在更一般的继承规则的情况下一样准确地进行。有时，继承规则可以直接从瓮的情况中推导出来，将事件的发生等同于抽中白球，将其不发生等同于抽中黑球。

假设所有的瓮的构成都是等可能的，这个假设通常没有任何对应的东西，并进一步假设球的数量是无限的，则这个解是正确的。[1]但是继承规则并不适用，因为很容易证明，即使是在球的数量有限的情况下，从瓮中抽取球的情况也不适用。[2] 412

§12. 如果频率概率论的拥护者要采用继承规则，[3]他们有必要对它所依据的初步推理进行一些修改。然而，维恩博士以不符合经验

[1] 第二个条件经常被忽略(例如：伯特兰，《概率计算》，第172页)。

[2] 对于有限数量的球的情况，假设每个可能的比率都是等可能的，则正确的解如下：在黑球被连续抽取并放回p次之后，在进一步的试验中出现黑球的概率是

$$\frac{1}{n}\frac{s_{p+1}}{s_p},$$

其中，有n个球，s_r表示前n个自然数的r次方之和。当n为无穷大时，这简化为$(p+1)/(p+2)$——这是通常给出的解——更一般地说，如果p个黑球和q个白球被抽取并放回，则下一个球是黑球的机会是

$$\frac{1}{n}\frac{\sum_{r=0}^{r=n} r^{p+1}(n-r)^q}{\sum_{r=0}^{r=n} r^p(n-r)^q}。$$

[3] 参见第8章。

为由明确拒绝了该规则。[1]但接受该规则的卡尔·皮尔逊教授进行了必要的重新表述，[2]值得研究一下以这种形式所作的推理。皮尔逊教授对继承规则的证明如下：

> 正如大多数数学作家所做的那样，我从“无知的平均分布”(the equal distribution of ignorance)开始，或者我假设贝叶斯定理是正确的。我认为这个定理没有被严格证明，但我与埃奇沃斯[3]一样认为，在实际生活的范围内，无知平均分布的假设是由我们先验未知的统计比率的经验所证明的，也就是说，这样的比率确实不倾向于明显围绕任何特定值聚集。“概率”介于0和1之间，但我们的经验并未表明，任何实际概率都倾向于围绕该范围内的任何特定值聚集。因此，统计理论的最终基础不是数学的，而是观测性的。那些不接受无知平均分布的假设及其在观测中的正当性的人，不得不拿出确凿的证据来证明这种概率的聚集，或者放弃运用过去的经验来判断可能的未来统计比率……
>
> 假设给定事件发生的机会介于 x 和 $x+dx$ 之间，那么如果在 $n=p+q$ 次试验中观察到一个事件发生 p 次、失败 q 次，那么在我们无知的平均分布上，真正的机会位于 x 和 $x+dx$ 之间的概率是：

413

[1] 《机会逻辑》，第197页。

[2] 《论过去经验对未来预期的影响》，载《哲学杂志》，1907年，第365—378页。以下引文即摘自这篇文章。

[3] 毫无疑问，这是指埃奇沃斯的“机会哲学”(《心智》，1884年，第230页)，在那里他写道：“任何我们不知道的概率常数是这个值还是那个值是等可能的假设，是建立在粗略但坚实的经验之上的，事实上，这些常数往往有一个值，也有另一个值。”另见本书前文第7章§6节。

$$P_x = \frac{x^p(1-x)^q dx}{\int_0^1 x^p(1-x)^q dx}。$$

这就是贝叶斯定理……[1]

现在假设对 $m=r+s$ 实例进行第二次试验，那么给定事件将发生 r 次、失败 s 次的概率，是处于 x 和 $x+dx$ 之间的先验机会

$$= P_x \frac{\Gamma m}{\Gamma r \Gamma s} n^r (1-x)^s$$

因此，无论 x 是多少，事件在第二个轮试验中发生 r 次的总概率 C_r 是：

$$C_r = \frac{\Gamma m}{\Gamma r \Gamma s} \frac{\int_0^1 x^{p+r}(1-x)^{q+s} dx}{\int_0^1 x^p(1-x)^q dx}。$$

这是拉普拉斯稍作修正后对贝叶斯定理的扩展。[2]

§13. 这个论证可以重述如下。在所有满足 $\phi(x)$ 的对象中，让我们假设比例 p 也满足 $f(x)$。在这种情况下，p 测量任何对象（我们只知道它是 ϕ）实际上也是 f 的概率。现在，如果我们不知道 p 的值并且没有与之相关的相关信息，那么我们可以先验地假设 p 在 0 和 1 之间的所有值都是等可能的。这一假设被称为“无知的平均分布”，我们的 414

[1] 我认为，皮尔逊教授对上述公式使用这个标题在历史上是不正确的。贝叶斯定理就是逆概率原理本身，而不是它的扩展。

[2] 本文其余部分讨论的是，当拉普拉斯的继承法则不仅用于计算单个额外事件发生的概率，而且用于预测在相当多的额外试验中频率可能处于的范围时，如何确定可能的误差。皮尔逊教授的方法对上面给出的基本公式应用了比以往更严格的近似方法。由于我在这一章的主要目的是讨论基本公式的一般有效性，所以不必在这里考虑这些进一步的发展。如果基本公式是正确的，我认为皮尔逊教授的近似方法是令人满意的。

统计比率经验表明了这一假设是正确的。也就是说，我们的经验使我们假设，在所有可以被提出的理论中，总是正确的理论和总是错误的理论一样多，50 次中有 1 次是正确的和 3 次中有 1 次是正确的也一样多，依此类推。皮尔逊教授挑战了那些不接受这一假设的人，提出了相反的明确证据。

这个挑战很容易应对。我们不难得出 10 000 个总是错误的正面理论(positive theories)，它们每一个都对应有一个总是正确的理论，也不难得出 10 000 个这样的相关关系，这种相关关系发生在其频率低于三次中出现一次的正面属性和其频率高于三次中出现一次的正面属性之间。负面理论和负面属性之间的相关性则相反；因为对应于每一个正确的正面理论，都有一个错误的负面理论，依此类推。因此，经验(如果它能说明什么的话)表明，在 0 和 1 的邻域中存在非常显著的统计比率集聚(clustering)——即在 0 的邻域内有正面理论的统计比率以及正面属性之间的相关性，在 1 的邻域内有负面理论的统计比率以及负面属性之间的相关性。此外，我们很少对所研究的理论或相关性的本质完全无知，以至于不知道它是正面的理论还是正面属性之间的相关性。因此，一般而言，每当我们的研究是一项实际的研究时，如果经验能告诉我们些什么的话，那么它不仅能告诉我们统计比率聚集在 0 和 1 的邻域，而且还能告诉我们在这个特定情况下该比率更可能在两个邻域中的哪一个中找到。如果我们试图发现有多少人口因某种疾病而死亡，有多少人长着红头发，或者有多少人被称为“琼斯”，那么假设该比例可能先验地超过或低于(例如)50%是很荒谬的。皮尔逊教授将这种方法应用于那些显然是正面属性的调查中，他似乎坚持认为，经验表明，在任何人群中，超过一半的人所共有的正面属性与不足一半的人所共有的正面属性是一样多的。

415

同样值得指出的是，从形式上来说，不管是简单的还是复杂的特征，它们不可能彼此同等可能地具有某一个频率。让我们取一个特征 c，它由两个特征 a 和 b 的组合而成，a 和 b 之间没有关联，让我们假设 a 在所讨论的总体中的频率为 x，而 b 的频率为 y，因此，在没有关联的情况下，c 的频率 z 就等于 xy。那么很容易证明，如果 x 和 y 在 0 和 1 之间的所有值都是等概率的，那么 z 在 0 和 1 之间的所有值都不是等概率的。因为 $\frac{1}{2}$ 这个值比其他任何值都更有可能，并且随着它们与 $\frac{1}{2}$ 的差距越来越大，z 的可能值变得越来越不可能。

可以补充的是，皮尔逊教授本人从这种方法中得出的结论，为他们所依据的论点提供了一种归谬法。例如，他考虑了以下问题：100 人的样本显示 10%的人患有某种疾病。在第二个 100 人的样本中合理预期患有该种疾病的人所占的百分比是多少？通过近似，他得出的结论是，第二个样本中该特征的百分比既可能落在 7.85 到 13.71 的范围内，也可能落在该范围以外。除了前面对它所依赖的推理的批评之外，从一般的理由来看，我们在如此少的证据上得出如此确定的结论似乎是不合理的。例如，该论点不需要我们对样本的选取方式，个体之间的肯定和否定类比，或者实际上任何超出上述陈述的知识有任何了解。事实上，这个方法太强大了。它以极高的概率度投入在了它用来支撑的任何正面结论上。事实上，这是一个如此愚蠢的定理，谁接受它就有损谁的声誉。 416

§ 14. 继承规则在概率论的发展中发挥了非常重要的作用。确实，布尔[1]以它所基于的假设是任意的为由拒绝它，维恩[2]以它不符

[1] 《思维定律》，第 369 页。

[2] 《机会逻辑》，第 197 页。

合经验为由拒绝它，伯特兰[1]以它是荒谬的为由拒绝它，而且其他人无疑也拒绝了它。但是，德·摩根[2]、杰文斯[3]、洛茨(Lotze)[4]、祖伯[5]和皮尔逊教授[6]还有一些各类流派和时代的学者，却广泛地接受了。而且，无论如何，它是拉普拉斯引入的概率思维方式中最具特色的结果之一，并且至今从未被彻底抛弃。即使在那些拒绝或回避它的学者中，这种拒绝更多是由于对该定律易受影响的特定应用的不信任，而不是对其证据所依赖的几乎每一步和每一个假设的根本反对。

其中一些特定的应用无疑是令人惊讶的。很明显，该定律提供了任何简单归纳概率的数值度量，只要我们对其条件的无知是足够充分的；而且，尽管当处理的案例数量很少时，它的结果令人难以置信，但当处理的数字很大时，它给出的结果有一定的合理性。但即使在这些情况下，也还是会出现矛盾的结论。当拉普拉斯证明，考虑到人类的经417 验，明天太阳升起的概率是 1 826 214 比 1，这个庞大的数字似乎在某种程度上代表了我们对此事的心智状态。但是一位颇具独创性的德国人伯贝克(Bobek)教授[7]将这一论点推得更远，并通过同样的原理证明，在接下来的 4 000 年中，太阳每天升起的概率不超过三分之二——418 这是一个与我们自然的偏见不那么接近的结果。

---

[1]《概率计算》，第 174 页。

[2]《大主教百科全书》中的词条，第 64 页。

[3]《科学原理》，第 297 页。

[4]《逻辑》，第 373、374 页；洛茨提出了一种"简单的演绎法"，对他来说是令人信服的，因为它"通常是通过这种更模糊的分析来获得的"。该证明是有史以来最糟糕的证明之一，它给出了一个甚至是有影响力的深刻思想家也会轻信的例证。

[5]《概率演算》，第 1 卷，第 199 页——尽管比上面讨论的形式更谨慎，也更多限定条件。

[6] 同前引书。

[7]《概率计算教程》(Lehrbuch der Wahrscheinlichkeitsrechnung)，第 208 页。

第三十一章　伯努利定理的反演

§1. 因此，我的结论是，将上一章讨论的数学方法应用于统计推断的一般问题是无效的。我们关于我们资料（material）的知识状态必须是正面而非负面的，然后我们才能得出它们声称要证明的明确结论。如果不考虑资料的来源情况，不参考我们的一般知识体系，而仅以算术和描述性统计方法所能处理的资料的特性为基础，那将只会带来错误和错觉。

但我对它们的反对不止于此。它们不仅是思想松散的产物，还造就了一批江湖骗子。即使是聪明能干的人使用它们，我也怀疑，除了有限的特殊情况以外，它们是否代表了将技术和数学方法应用于统计问题的最有效的形式。与列克西斯、冯·博特基威茨（Von Bortkiewicz）和楚普罗夫的名字相关联的方法（其中楚普罗夫在一定程度上形成了两个学派之间的联系），将在下一章中简要描述，在我看来，这些方法似乎明显与那些正确的归纳原理更相一致。

§2. 然而，我们很自然地认为，产生这些方法的基本思想并没有**被充分重视**。我们可以合理地假设，在适当的条件和限定下，伯努利定理的反演必然有效。如果我们**知道**我们的资料可以被比作一场机会游戏，那么我们可能会期望，从频率推断机会就像我们从机会推断频率一　419

样有信心。因此,在我们努力阐明伯努利定理反演的有效性的条件之前,我们的这部分研究还有待完成。

§3. 这个问题通常是根据事件在特定条件下的发生来讨论的,也就是说,根据影响特定事件、与该事件共存的条件来讨论的。研究两个特征 $A(x)$和 $B(x)$之间的相关性,可以更普遍、更方便地讨论相同的问题,正如在第三编中一样,这两个特征可以说是当它们对于同一论点 x 都为真时一致或共存的命题函数。鉴于在我们的知识领域内,$B(x)$对一定比例的使 $A(x)$为真的 x 的值为真,如果 $A(a)$成立,$B(a)$也成立,那么 x 的进一步的 a 值的概率又是什么呢?

让我们假设 $A(x)$的一个例证的发生是事件 $e_1(x)$, $e_2(x)$…或 $e_m(x)$之一发生的标志,这些事件是穷举的、排他的和最终的备选项。**穷举**意味着,只要有 $A(x)$的例证,就存在其中的一个 e;根据**排他性**,其中一个 e 的存在并不表示任何其他 e 的存在,而是两个或多个 e 的同时出现实际上是可能的;根据最终性,没有一个 e 与两个或多个本身可能是 e 的成员的备选项相分离。让我们假设这些备选项在最初和**整个论证中**都是同样可能的,在上述条件下,它们是由无差异原理所证明的。也就是说,我们没有任何理由认为 $A(a)$比任何其他 e 更可能是其中一个 e 的标志,或者甚至认为某个 e(虽然我们不知道是哪一个)比其他的 e 更容易发生。我们还假设,来自 $e_1(x)$, $e_2(x)$…$e_m(x)$中的集合 420 $e_1(x)$, $e_2(x)$…$e_l(x)$,而且只有这些,是 $B(x)$的标志或出现的场合;此外,我们没有证据表明整数 l 和 m 的实际大小是多少,因此比率 l/m 是随着证据积累概率随之不同的唯一因素。最后,让我们假设,我们对 $B(x)$的几个例证的知识足以在它们之间建立一个完美的类比;也就是说,除了 B 之外,$B(x)$的例证 a 等一定没有任何其他共同点,除非我们有理由知道额外的相似性是无关紧要的。即使通过这些相当大的简化，也不能避免所有的困难。但是，在伯努利定理的帮助下，现在沿着通常的路线发展还是可能的。

令 $l/m=q$。知道 q 的值，问题就解决了。因为这个数字比率表示 A 在任何随机例证中是 B 的标志的概率，而且，任何满足前述假设条件的进一步证据都不可能修改它。但在这个逆问题中，q 是未知的；我们的问题是要确定是否可以出现这样一种证据，即随着这种证据数量的增加，A 在任何情况下都是 B 的标志的概率趋于一个介于两个确定比率之间的极限，正如当证据以满足给定条件的方式增加时，归纳概括的概率可能趋于确定一样。

令 $f(q)$表示 q 是 l/m 的真值的命题。设 q'表示实际出现在我们面前的 A 有 B 伴随的例证数与 A 没有 B 伴随的例证数之比；令 $f'(q')$为断言这一点的命题。现在，如果比率 q 已知，那么，根据已经陈述的假设，数 q 还必须代表任何如果 A 发生则它将伴随着 B 出现的例证下的先验概率，无论是在其他例证的结果已知之前还是之后。事实上，我们有第二十九章中所述的条件，可以有效地应用伯努利定理，因此对于所有数值 q 和 q'，该定理使我们能够给概率 $f'(q')/h.f(q)$一个数值——在给定 q 的情况下，$f'(q')/h.f(q)$这个表达式表示频率 q' 的先验似然性。 421

逆公式的应用允许我们从上面推断出 q 的后验概率，给定 q'，即：

$$\frac{f(q)/h.f(q')/h.f(q)}{\sum f(q)/h.f(q')/h.f(q)},$$

其中分母中的求和涵盖了 q 的所有可能值。在伯努利定理的这个对逆定理的粗略应用中，通常假设 $f(q)/h$ 对于 q 的所有值都是恒定的——换句话说，比率 q 的所有可能值都是先验等可能的。如果这个

假设是合理的,那么该公式就可以简化为代数表达式:

$$\frac{f(q')/h.f(q)}{\sum f(q')/h.f(q)},$$

其所有项都可以由伯努利定理在数值上确定。很容易证明当 $q=q'$ 时它是最大值,即 q' 是 l/m 的最可能值,而且当例证非常多时,l/m 与 q' 相差较大的可能性很小。因此,如果例证的数量以这种方式增加,使得比率在 q' 的邻域内连续,则 l/m 的真实值接近 q' 的概率趋于确定。因此,A 在任何情况下都是 B 的标志的概率也趋向于一个由 q' 测度的量值。

但是,我认为没有理由假设比率 q 的所有可能值都是先验等可能的。它甚至不等同于假设 l 和 m 的所有整数值分别是等可能的。我既不认为 q 的不同值,也不认为 m 的不同值,会满足第一编中为无差异原理面前相同的备选项所规定的条件。例如,A 可以恰好以两种方式出现的陈述与 A 可以恰好以一千种方式出现的陈述之间似乎存在相关差异。因此,对于我们的最终结论,我们必须满足于一些较少的假设和不太精确的形式。

422

§4. 因为,根据我们的假设,m 不能超过某个有限数,并且由于 l 必小于 m,所以 m 的可能值、q 的可能值在数量上是有限的。因此,也许我们可以假设,作为我们的基本假设之一,存在有利于这每一个可能值的先验有限概率。令 μ 为 m 不能超过的有限数。那么对于这些区间的每一个都有 q 在这个区间内的一个有限概率:[1]

$$\frac{1}{\mu}\text{到}\frac{2}{\mu},\ \frac{2}{\mu}\text{到}\frac{3}{\mu},\ \cdots\cdots,\ \frac{\mu-1}{\mu}\text{到}1$$

[1] 这些区间应包括它们的下限而不是上限。

但我们不能假设每个区间的概率相等。

现在我们回到下面这个公式：

$$\frac{f(q)/h.f(q')/hf(q)}{\sum f(q)/h.f(q')/hf(q)},$$

它表示给定 q'时 q 的后验概率。由于通过充分增加例证的数量，所以可以使在 q'的邻域内某个有限区间内 q 的可能值的项 $f(q')/hf(q)$的总和，超过其他项某一所要求的量，并且由于在这个区间内 q 的可能值的 $f(q)/h$ 值的总和是有限的，所以很明显，有限数量的例证就可以使 q 位于 q'领域内幅度为 $1/\mu$ 的区间的概率与确定性之差小于任何有限量(无论多么小)。

§5. 所以，我们已经得出结论的主要部分，然后我们开始着手——即，随着例证数量的增加，q 在 q'的邻域内的概率趋于确定；因此，在某些特定条件下，如果在大量例证中发现 B 伴随 A 出现的频率为 q'，那么在任何进一步的例证中 A 将伴随 B 出现的概率也近似为 q'。但正如在概括的情况中一样，关于 μ 的值和我们需要的例证数，我们仍然处于同样的模糊状态。我们知道我们可以通过有限数量的例证来尽可能接近于确定性，但我们不知道这个数字是多少。这不是很令人满意，但我认为，它非常符合常识告诉给我们的内容。事实上，如果逻辑能够准确地告诉我们，我们想要多少例证，从而在经验论证中为我们提供给定程度的确定性，那将是非常令人惊讶的。 423

没有人认为我们可以准确地测度一项归纳的概率。然而，许多人似乎相信，在更弱的、难度更大的论证类型中，在我们的经验中，我们所考察的这种联系不是一成不变的，而只是在一定的比例中，我们可以把一个明确的测量指标归于我们对未来的期望，并可以声称在相对狭窄的范围内的预测结果具有实际确定性。冷静地思考一下,这是一个荒谬的主张,如果那些提出它的人不是在数学迷宫中如此成功地将自己隐藏在常识的眼睛之外,它早就被普遍拒绝了。

§6. 与此同时,我们有可能忘记,为了得出我们修改后的结论,已经引入了实质性假设。首先,我们面临的困难与第三编中处理的普遍归纳的情况完全相同,我们最初的起点肯定是相同的。对于如何获得初始概率,我们也有同样的困难:在这一点上,我没有比前一种情况所提出的更好的建议了——即所提出来的经验的独立多样性有限的原则。我们必须假设,如果 A 和 B 同时出现(即对同一个对象为真),这 424 是假设在这一例证下它们有一个共同原因的某种恰当的理由;并且,如果 A 再次出现,这是一个正当的理由,可以假设它是由于与前一次相同的原因造成的。但是除了通常的归纳假设之外,这个论证还建立在两个特别重要的假设之上。首先,我们没有理由假设某些以 A 为标志的事件在某些特定情况中比其他情况更有可能得到举例。其次,所考察的 B 之间的类比是完美的。用统计学的语言来说,第一个假设相当于从 A 中**随机抽样**的假设。第二个假设正好对应于我们在归纳概括中充分讨论过的类似条件。$A(x)$的例证可能是随机抽样的结果,不过,仍可能存在对所有考察过的 $B(x)$的例证共有但未包含在陈述 $A(x)B(x)$中的重大情况。只要这两个假设没有得到证明,那么,一种难以衡量的怀疑和模糊因素就会攻击这个论点。这是一种怀疑的因素,与概括情况中存在的怀疑因素完全相同。但我们更有可能会忘记它。由于克服了相关性所特有的困难,[1]统计学家感觉好像他已经

[1] 我在这里使用这个术语来区分概括(generalisation),也就是说,我把 $A(x)$ 总是伴随着 $B(x)$的陈述称为一个概括,把 $A(x)$在一定比例的情况中伴随着 $B(x)$ 的陈述称为相关性(correlation)。这与现代统计学家的用法并不完全相同。

克服了所有的困难，这可能是很自然的感觉。

然而，在实践中，我们的知识，无论是在相关情况下还是在概括情况下，都很少能表明 B 之间完美类比的假设是正确的。在分析和改进我们对例证的知识方面，我们将面临完全相同的问题，就像在已经研究过的一般归纳情况中一样。如果 B 在 100 次情况中总是伴随着 A 出现，那么在我们能够根据这一经验找到有效的概括之前，我们对证据的 425 确切性质会遇到各种困难。如果 B 并非总是伴随 A 出现，而是在 100 次情况中只有 50 次出现，那么在我们宣布存在有效的相关性之前，显然我们将面临同样多甚至更多的困难。仅凭未经分析的陈述，即 B 在 100 次情况中没有经常伴随 A 出现，但缺乏这些情况的确切细节，或者即使有 1 000 000 次情况而不是 100 次情况，我们也不能得出什么结论。 426

第三十二章　统计频率在后验概率确定中的归纳应用——列克西斯的方法

§1. 没有人认为仅仅通过数案例数目就可以得出一项好的归纳结论。加强论证的工作主要在于确定当伴随的条件变化时，所谓的关联是否**稳定**。这种改进类比的过程，正如我在第三编中所说的那样，在逻辑上和实践上都是论证的本质。

现在，在统计推理（或归纳相关性）中，对应于在归纳概括中数案例数目的那部分论证，可能会出现相当大的技术难度。在下一章（§9节）我称之为**定量相关性**（quantitative correlation）的特别复杂的情况下尤其如此，近年来这已极大地引起了英国统计学家的注意。如果我们认为，当我们成功地克服了数学或其他技术上的困难时，在确立我们的结论方面取得了更大的进展，而在归纳概括的情况下，我们只是数了案例的数目，但未去分析或比较描述性和非数值的差异性与相似性，这显然是错误的。为了得到一个好的科学论证，我们仍然必须追求与建立任何科学概括所必需的实验、分析、比较和区分的科学方法。出于本书第三编中讨论的原因，这些方法不能被简化为精确的数学形式。但这不是忽略它们的理由，也不是把只考虑例证数目而不考虑任何事情的概率计算当作是合理过程的理由。我们引用过的莱布尼茨的这段话

427

（在司法和政治的例子中，通常不需要彻底的计算，而只需要准确地列举所有情况即可）既适用于政治研究，也适用于科学研究。

因此，一般而言，我认为统计技术的工作应该被严格限制在以可理解的形式准备我们资料的数字方面，以便为应用通常的归纳方法做好准备。当我们面对复杂的资料时，统计技术告诉我们如何“数案例数目”。除非我们的证据从一开始就为我们提供了某种特定类型的数据，否则它也不能继续将其结果转化为概率；无论如何，如果我们用概率来表示对合理信念的度量，那么它就不是在把结果转化成概率。

§2. 然而，还有一种技术性的统计调查尚未得到讨论，在我看来，它对归纳相关性似乎是一个有价值的帮助。该方法包括根据适当的原则将一个统计序列分解为多个子序列，目的不仅是分析和测量某一个给定特征在总序列中的频率，而且还要分析和测量该频率在子序列中的**稳定性**；也就是说，通过某种分类原则将整个序列划分为一组子序列，然后考察各个子序列之间所考察的统计频率的**波动**情况。事实上，这是一种增加例证之间类比的技术方法，它是在第三编中给出的这个过程的意义上而言的。

§3. 与拉普拉斯方法或数学方法相反，这种分析统计序列的方法，可以称为归纳方法。独立于伯努利或拉普拉斯的研究，从事实践的统计学家早在至少17世纪末[1]就开始关注以这种方式分析的统计序列的**稳定性**。在整个18世纪，研究死亡率统计数据和男女出生比例的学者（包括拉普拉斯本人），都注意到他们一系列例证的不同部分的比率恒定程度以及它们在整个序列中的平均值。正如我们已经注意到的 428

[1] 葛兰特[即约翰·葛兰特（John Graunt，1620—1674年），英国经济学家，第一位从事人口统计学调查的研究者。——译者注]的《对死亡案例的自然和政治观察》，他被视为最早关注这些问题的统计学家之一。

那样，在19世纪初期，凯特勒年复一年地广泛普及着各种社会统计数据稳定性的概念。然而，凯特勒有时在证据不足的情况下就断言了稳定性的存在，并由于过度模仿拉普拉斯的方法而使自己陷入理论的错误之中。直到19世纪下半叶，才成立了一个统计理论学派，为这种解决问题的方法提供了迄今为止所缺乏的体系和技术，同时使这种分析或归纳法与当时流行的数学理论有了明确的对比。该学派的唯一创始人是德国经济学家韦尔赫姆·列克西斯（Wilhelm Lexis），他的理论在1875年至1879年间发表的一系列文章和专著中得到了阐述。多年来，列克西斯的基本思想并没有引起太多关注，而他本人似乎也已经把注意力转向了其他方向。但最近在德国出现了大量围绕其工作的文献，这些文献比列克西斯更清楚地表达了他的全部主旨——尽管除了冯·博特基威茨[1]之外，没有人能够对它们做出重要意义的补充。[2]列克西斯在设计他的理论时，即着眼于将其实际应用到性别比和死亡率问题上来。他的一般理论与这些特殊应用如此紧密地交织在一起，这可能是对在他的思想的一般理论重要性被广泛发现之前经历了如此漫长的时间的一个部分解释。我不禁怀疑列克西斯本人是否一开始就完

429

[1] 即拉迪斯劳斯·冯·博特基威茨（Ladislaus von Bortkiewicz，1868—1931年），是出生在俄国圣彼得堡的波兰人。他曾在德国哥廷根大学得到学位（1893年），并曾在斯特拉斯堡做过研究。在斯特拉斯堡时，他写了一本小册子《小数定律》（*Das Gesetz der Kleinen Zahlen*），专门研究泊松分布。他不但在理论方面推演了泊松分布的许多性质，并且在应用方面，也比较了一些实际发生的、有关于自杀或意外伤害的数据。泊松分布虽然出于泊松之手，但真正使它为人重视，使它成为统计学一部分的，可要算是博特基威茨了。著名经济学家、诺贝尔经济学奖得主瓦西里·列昂惕夫是他的学生。——译者注

[2] 列克西斯关于这些主题的主要著作列表可以在本书参考书目中找到。《人类社会大众现象理论》或《人口与道德统计理论论文集》中几乎没有什么头等重要的内容。在后面这本书中，重印了最初发表在康拉德（Conrad）的《年鉴》上的关于“统计序列稳定性理论”和“出生性别比与概率论”的两篇重要文章。

全意识到了这一点。只是阅读他对这个问题的早期贡献,而不去理解其普遍的意义,当然很容易。1879 年之后,列克西斯没有为他的早期著作再增添任何实质性内容,后来的发展主要归功于冯・博特基威茨。后者的著作对概率与统计之间的关系有重要影响,这些著作参见本书的参考书目部分。[1]

关于概率的逻辑和哲学,列克西斯学派的学者与冯・克里斯的观点大体一致,但这似乎是由于他和他们对拉普拉斯传统的共同反应,而不是由于冯・克里斯对概率的主要贡献与列克西斯的贡献之间存在任何非常密切的理论联系所致,尽管两者确实都显示出一种倾向,即从物理而不是逻辑上的考虑中寻找概率的最终基础。我对德语以外的其他语言写出的明显受列克西斯影响的著作(包括那些通常用德语写作的俄罗斯人、奥地利人和荷兰人的著作,他们与德国科学界一贯过从甚密)不太熟悉。在法国,多莫瓦(Dormoy)[2]独立出版了一些与列克西斯几乎同时的理论, 430 但后来的法国学者很少关注他们二人的工作。诸如伯特兰或最近的博雷尔[3]等为代表的作者的法文论文就没有提到过它们。[4]在意大利,

[1] 读者可以特别参考《统计理论的批判性思考》(第一部分——后面的部分概率学者不太有意思)、《概率在统计中的应用》以及《统计中的同质性和稳定性》。对于其他德国和俄罗斯学者,在这里提到楚普罗夫就足够了,他在《统计理论的任务》[施穆勒(Schmoller)的《年鉴》,1905 年]和《统计序列的稳定性理论》(*Skandinavisk Aktuarietidskrift*)中给出了迄今为止该学派学说的最佳和最清晰的一般说明,在这些作者中,只有他以一种外国读者可以从中获得乐趣的风格在写作。祖伯在他的《概率计算》(第 2 卷,第 4 编,第 1 节)中提供了有用的数学评论。

[2] 《法国精算师杂志》(1874 年),以及《人寿保险的数学理论》(1878 年);关于优先权的问题,参见:Lexis, *Abhandlungen*, p.130。

[3] 即埃米尔・博雷尔(Emile Borel, 1871—1956 年),法国数学家、政治家。——译者注

[4] 尽管这两位作者都触及了密切相关的问题,但列克西斯的研究与这些问题均高度相关。参见:伯特兰,《概率计算》,第 312—314 页;博雷尔,《概率理论要义》,第 160 页。

最近对冯·博特基威茨的工作进行了一些讨论。在英国人中,埃奇沃斯教授对德国学派的工作表现出了密切的了解,[1]在过去近40年的时间里,他在这个问题以及在统计和概率领域重叠的其他问题上,提供了几乎是英国人和欧洲大陆人思想之间唯一的联系纽带。

尽管如此,这一学派的主要学说仍然缺乏英文的表述。在这里尝试进行这样的表述,超出了本书的计划范围。但对列克西斯的基本思想进行简短总结,可能会有所帮助。在给出这个说明之后,我会发现,在继续我自己对这个问题的不完全的观察时,从一个与列克西斯或博特基威茨完全不同的观点来处理它是很方便的,尽管不是因为这个原因使他们对这个问题的杰出贡献影响较小。

§4. 从冯·博特基威茨的一些分析开始,[2]然后继续介绍列克西斯自己的方法,会更清楚一些,尽管后者在时间上是排在前面的。

一群观测值可以由多个子群组成,所要研究的特征的不同频率可以适当地应用于这些子群。也就是说,比例为$\frac{z_1}{z}$的观测值可能属于这样一个群,对于该群,给定频率,在特定例证中被观察特征的先验概率将为p_1,比例为$\frac{z_2}{z}$的观测值属于第二个群,对于该群,概率是p_2,依此类推。在这种情况下,给定子群的频率,整个群的概率p将由下式

431 组成:

$$p=\frac{z_1}{z}p_1+\frac{z_2}{z}p_2+\cdots$$

---

[1] 尤其参见他在《统计学杂志年刊》(1885年)中的《统计方法》一文,以及《概率微积分在统计中的应用》一文(《国际统计研究所公报》,1910年)。

[2] 以下是他的《批评性思考》一书中某些段落的自由解读。

我们可以将 p 称为一般概率，将 p_1 等称为特殊概率。但是特殊概率又可能是一般概率，因此将一般概率分解为特殊概率的方法可能不止一种。

如果 $p_1=p_2=\cdots=p$，那么，对于将整个群分解为部分群的特定方式，用博特基威茨的术语来说，p 是**无差异的**（indifferent）。如果对于所有部分群中可以想到的解决方案 p 都是无差异的，[1]那么借用冯·克里斯使用的术语，博特基威茨说它有一个**明确的解释**（definitive interpretation）。在讨论先验概率时，我们可以求解总概率，直到达到每个个案的特殊概率；如果我们发现所有这些特殊概率都是相等的，那么很明显，一般概率即满足明确解释的条件。

到目前为止，我们一直在讨论先验概率。但分析的目的是阐明相反的问题。我们想要发现，在什么条件下，我们可以把一个观测到的频率视为对一个确定的一般概率的充分近似。

如果 p' 是 p 的经验值（或者，我更愿意称它为频率），由一系列 n 次观测值给出，我们可能会得到：

$$p'=\frac{n_1}{n}p'_1+\frac{n_2}{n}p'_2+\cdots$$

即使这种解决一系列观测值的特殊方法是无差异的，**实际观察到**的频率 p'_1，p'_2，等等仍然可能是不相等的，因为它们可能通过“机会”影响的操作围绕范数（norm）p' 波动。然而，如果 n_1，n_2，等等很大，那么我们可以应用通常的伯努利公式来发现，**如果存在范数** p'，则 p'_1，p'_2，等等与它的分离是否在可以合理归因于“机会”影响的伯努利假设的范围之内。然而，我们只能通过用各种各样的方法把我们的例证总

432

[1] 这显然是对博特基威茨真正含义的非常松散的表述。

体分解成子序列，并每次都应用上述的计算方法，来建立一个可靠的论证，以支持“确定的”概率 p' 存在。即便如此，就像在其他归纳论证的情况下一样，一定程度的怀疑仍然会存在。

博特基威茨继续说，具有明确解释(*definitive Bedeutung*)的概率可以被指定为基本概率(*Elementarwahrscheinlichkeiten*)。但是统计调查中通常出现的概率不属于这种类型，我们可以称其为**平均概率**(*Durchschnittswahrscheinlichkeiten*)。也就是说，一系列观察到的频率(或者，如他所称的经验概率)通常不会像该系列实际上服从于基本概率那样自行分群。

§5. 这一阐述建立在与我不同的概率哲学基础上；但其隐含的想法是可以转译过来的。假设一个人正在努力建立一种归纳相关性，例如男性出生的机会是 m。我们试图建立的结论，没有考虑出生地点、日期或父母的种族，并假设这些影响是无关的。现在，如果我们对整个19世纪世界各地的出生率进行统计，并将它们全部加起来，会发现男性出生的平均频率是 m，那么我们不应该据此论证明年英格兰的男性出生率不太可能与 m 大相径庭。因为这将涉及一个毫无根据的假设，用博特基威茨的术语来说，经验概率 m 对于任何取决于时间或地点的解决方案都是基本概率，而不是平均概率复合在一系列与不同时间或地点有关的群中，每个群都有不同的特殊概率适用。用我的术语来说就是，它会假设时间和地点的变化与相关性无关，而没有任何尝试使用肯定和否定类比的方法来确定这一点。

433

因此，我们必须按日期、地点和任何其他我们的概括提出来的应视为不相关的特征，把我们的统计资料分成几组。通过这种方式，我们将获得多个频率 m'_1，m'_2，m'_3，…，m''_1，m''_2，m''_3，…，等等，它们分布在平均频率 m 周围。为简单起见，让我们考虑一系列频率 m'_1，m'_2，

m'_3，…，这一系列频率是根据出生日期分解我们的材料而获得的。如果所观察到的这些频率与其平均值的差异不显著，那么我们就可以开始一项认为日期在这方面不相关的归纳论证。

§6. 在这一点上，我们必须得介绍列克西斯对该问题的根本贡献了。他将注意力集中在围绕其平均值 m 的频率 m'_1，m'_2，m'_3，…的分散性质上；他试图设计一种技术方法来测量一系列子频率（sub-frequencies）所显示的稳定性程度，这些子频率是由各种可能的标准产生的，这些标准将总的统计资料分解成许多一致的群组。

为此，他对可能发生的各种分散类型进行了分类。情况可能是这样：一些子频率与平均值的差异如此之大且不一致，以至于显示出某些重要的类比被忽略了。在这种情况下，刻画振荡特征的对称性的缺乏，可以被视为表明某些子群受到了相关影响，我们在概括时必须考虑到这一影响，而其他一些子群则不受其影响。

但在分散的各种类型中，列克西斯发现有一类明显区别于所有其他类型，其特点是个体的值以“纯粹偶然”的方式围绕恒定的基本值波动。这种类型他称其为典型（*typische*）分散。他的意思是，该分散大致符合某种正常的误差定律给出的分布。 434

列克西斯论证的下一个阶段[1]是指出，一系列具有典型特征的频率可能有一个恒定概率作为其基础，[2]或者有一个其本身受制于平均值偶然变化的概率作为其基础。第一种情况的典型例子是一系列球类抽取组，每组都是从一个相似的瓮中抽出来的；第二种情况的例子

[1] 我在这里相当密切地关注了他的论文《统计序列的稳定性理论》，该论文重印于他的《人口与道德统计理论论文集》，第170—212页。

[2] 这种表达方式与我的概率哲学并不完全一致，它是列克西斯的表达方式，不是我的。他的意思是可以理解的。

也是一系列的抽取组，但每组从中抽取的瓮并不相似，其构成在均值上以偶然的方式变化。

列克西斯引入了一个公式作为他的分散性的度量，该公式显然有一部分是传统给出的（就像许多其他统计公式的情况一样，其特定形状通常由数学便利性而非任何更基本的标准决定）。他是这样表达自己的。在基本概率不变的情况下，特定频率的先验概率误差是 $r=\rho\sqrt{\left(\frac{2v(1-v)}{g}\right)}$，其中 $\rho=0.476\,9$，v 是基本概率，g 是该频率所指的例证数。这是从通常的伯努利假设得出的。现在令 R 是通过参考一系列观察到的频率与其平均值的实际偏差后推导出的相应表达式，因此 $R=\rho\sqrt{\frac{2[\delta^2]}{n-1}}$，其中$[\delta^2]$是各个频率与其平均值的偏差的平方和，$n$ 是其数目。现在，如果观察到的事实仅仅是由于关于常数 v 的偶然变化而来，则我们必近似地有 $R=r$，但是，如果 g 很小，R 和 r 之间相对较大的偏差将不会显著。另一方面，如果它本身不是恒定的，而是受偶然变化的影响，那么情况就不同了。因为现在观察到的频率的波动是由两个分量引起的。即使潜在概率是恒定的，列克西斯也将呈现的那个称为普通或非必要分量（ordinary or unessential component）；另一个他称为物理分量（physical component）。如果 p 是 v 的各种值与其均值的可能离差，那么，在相同的假设下，作为与以前相同的理论的推论，R 将趋向于不等于 r，而等于 $\sqrt{r^2+p^2}$。在这种情况下，R 不能比 r 小。因此，如果 $R<r$，则必须假设每个系列的各个例证都基于每个频率不是彼此独立的。这样的系列，列克西斯将其称为有机或依赖（*gebundene*）系列，并解释说它不能通过纯粹的统计方法处理。

因此，由于我们有三种类型的系列，根据 $R=r$，$>r$，或$<r$ 而根本

上彼此不同,列克西斯令 $R/r=Q$,并把 Q 作为它的离散度量。[1]如果 $Q=1$,那么我们有正常离散度;如果 $Q>1$,我们有超常离散度;如果 $Q<1$,我们有次正常离散度,这种离散度表明该系列是"有机的"(organic)。

如果频率所基于的例证的数量非常多,则 r 与 p(物理分量)相比变得可以忽略不计,因此 $R=\sqrt{(r^2+p^2)}$ 近似变为 $R=p$。另一方面,如果 p 不是很大并且例证的基数很小,则 p 与 r 相比变得可以忽略不计,并且我们有正常离散度的错觉。[2]列克西斯通过示例很好地说明了前一点,这个例子是:1859 年至 1871 年间英国 45 个登记区的男性与女性出生率的统计数据大致满足关系 $R=r$。但是,如果我们将这 13 年中全英国的数字拿来,尽管关于其平均值 1.042 的比率波动的两端范围是 1.035 和 1.047,但 $R=2.6$ 和 $r=1.6$,所以 $Q=1.625$;他的解释是,例证的基数(即 730 000)非常大,以至于 r 非常小,其结果是它被物理分量 p 所吞没了。他通过以下断言来说明后一点:如果在 20 或 30 个系列中,从一个装有相等的黑色和白色球的瓮中抽取 100 次,每次抽取的黑球数量仅在 49 和 51 之间变化,他会相信这个游戏在某种程度

436

[1] 在楚普罗夫的符号(《统计理论的任务》,第 45 页)中,$Q=P/C$,其中 P[物理模量(Physical modulus)]

$$=\sqrt{\left(\frac{2\sum_{k=1}^{k=n}(p_k-p)^2}{n}\right)}$$

和 C[组合模量(Combinatorial modulus)]

$$=\sqrt{\left(\frac{2p(1-p)}{M}\right)},$$

M 是每个集合中的例证数,n 是集合数,p_k 是集合 k 的频率,p 是 n 个频率的平均值。

[2] 这是对博特基威茨《小数定律》的部分解释。另见第 439 页。

上是伪造的，而且抽取不是独立的。也就是说，过度的规律性对于伯努利条件的假设与过度的分散性一样致命。

§7. 在一篇颇有特色的文章中，[1]埃奇沃思教授将这些理论应用于《埃涅阿斯纪》(*Aeneid*)[2]连续选段中抑扬格[3]出现的频率上。它的行的平均值是1.6，不包括第五音步，因此将维吉尔的行与奥维德的行区分开来，[4]后者对应的数字是2.2。但也有明显的稳定性。“任何五行的平均值应该与一般平均值相差一个完整的抑扬格，这被证明是一种特殊现象，与测量到5英尺或6英尺3英寸的英国人一样罕见。五行的平均值中多出两个抑扬格，就像一个身高6英尺10英寸的英国人一样异常。”但不仅如此——它的稳定性是过度的，而且波动性比“比纯分选(pure sortition)假设所得到的结果要小。如果我们可以假设，在诗人的头脑中，抑扬格和扬扬格[5]以16比24的比例混合，并随机从他的头脑中流淌出来，则抑扬格的数量模数为1.38，而我们不断会得到一个比平均值1.2更小的数字(平均波动的平方根)。”根据列克西斯的原理，这些统计结果将支持这样一个假设，即所研究的系列是“有机的”，而且不受伯努利条件的约束，这是一个符合我们诗歌思想的假设。埃奇沃斯应该提出这个例子来批评列克西斯的结论，列克西

437

[1] 《论统计方法》，《统计学杂志年刊》，第211页。

[2] 《埃涅阿斯纪》是诗人维吉尔于公元前29年到公元前19年创作的史诗，叙述了特洛伊王子、爱神阿佛洛狄忒之子埃涅阿斯在特洛伊陷落之后辗转来到意大利，最终成为罗马人祖先的故事。该史诗一共9 896行，共分12卷。——译者注

[3] 抑扬格是诗意的音符，在希腊语或拉丁语中经常使用的定量韵文中，抑扬格是一个长音节。如果一个音步中有两个音节，前者为轻，后者为重，则这种音步叫抑扬格音步。——译者注

[4] 维吉尔和奥维德都是古罗马著名诗人。——译者注

[5] 扬扬格又称长短格，也是一种音步，它是西方诗歌里的一种韵脚形式，由一个重读音节后面加上一个轻读音节组成，与抑扬格相反。——译者注

斯[1]应该反驳说，解释是在埃奇沃斯的系列中找到的，它不是由足够数量的单独观察组成的。如果我没有误解他们，那么，这就说明，这些权威如果不是在概率的原理上出错了，就是在诗歌的原理方面出了错。

维吉尔的六音步(hexameter)[2]的抑扬格实际上是被称为联系(*connexité*)的一个很好的例子，它产生了次正常离散度。连续音步的数量不是独立的，一个音步中出现一个抑扬格，会**降低**该行中出现另一个抑扬格的概率。这就像从瓮中抽取黑白球，其中所抽取的球没有被放回一样。但是，如果列克西斯认为**超常离散度**不能也来自联系或连续项之间的有机联系，那么他就错了。情况可能是这样的：一个音步中出现的抑扬格，**增加了**该行中出现另一个抑扬格的可能性。我认为，他应该考虑到结果 $R>r$ 可能表明了一个非典型的有机序列，而不应该假设当 R 大于 r 时，它的形式为 $\sqrt{(r^2+p^2)}$。

简而言之，列克西斯没有将他的分析推得足够远，他还没有完全理解潜在条件的特征。但这并不影响这样一个事实，即他在以给定条件下的频率而不是单一的观察为单位方面取得了重大进展，并将统计归纳的性质设想为考察(如果可能的话)条件变化时频率的稳定性。 438

§8. 冯·博特基威茨有一部很特别的著作，对上述方法进行了说明，这一工作不容忽视，而且在这里介绍它也很方便——那就是所谓的**小数定律**(law of small number)。[3]

---

[1] 《关于概率的微积分》，第444页(参见本书参考书目)。

[2] 六音步是指古希腊、罗马诗歌中常用的一种音长音节格式，古典时期六音步体广泛用于抒情诗、格言诗、哀歌、哲理诗等，但主要用于史诗中。——译者注

[3] 期刊文献中多次提到这种现象。不过，我只给读者推荐博特基威茨的《小数定律》就足够了。

正如我们在第二十八章中看到的那样，凯特勒提醒人们注意相对罕见的事件的显著规律性。博特基威茨用德国官方统计记录中的现代例证扩大了凯特勒的所观察的事件范围。最典型的例子，或许是每年被马踢死的普鲁士骑兵人数了。从统计学的角度来看，该表值得一看。(时间为 1875 年至 1894 年；G 代表近卫军，I—XV 代表第 15 军团。)

表 1

	1875	1876	1877	1878	1879	1880	1881	1882	1883	1884	1885	1886	1887	1888	1889	1890	1891	1892	1893	1894
G	·	2	2	1	·	·	1	1	·	3	·	2	1	·	·	1	·	1	·	1
I	·	·	·	2	·	3	·	2	·	·	·	1	1	1	·	2	·	3	1	·
II	·	·	·	2	·	2	·	·	1	1	·	·	2	1	1	·	·	2	·	·
III	·	·	·	1	1	1	2	·	2	·	·	·	1	·	1	2	1	·	·	·
IV	·	1	·	1	1	1	1	·	·	·	·	1	·	·	·	·	1	1	·	·
V	·	·	·	·	2	1	·	·	1	·	·	1	·	1	1	1	1	1	1	·
VI	·	·	1	·	2	·	·	1	2	·	1	1	3	1	1	1	·	3	·	·
VII	1	·	1	·	·	·	1	·	1	1	·	·	2	·	·	2	1	·	2	·
VIII	1	·	·	·	1	·	·	1	·	·	·	·	1	·	·	·	1	1	·	1
IX	·	·	·	·	·	2	1	1	1	·	2	1	1	·	1	2	·	1	·	·
X	·	·	1	1	·	1	·	2	·	2	·	·	·	·	2	1	3	·	1	1
XI	·	·	·	·	2	4	·	1	3	·	1	1	1	1	2	1	3	1	3	1
XIV	1	1	2	1	1	3	·	4	·	1	·	3	2	1	·	2	1	1	·	·
XV	·	1	·	·	·	·	·	1	·	1	1	·	·	·	2	2	·	·	·	·

该表与伤亡总数随机分布的理论结果非常接近[参见(原书)第 440 页]。[1]

其他的例子还有普鲁士的儿童自杀人数等。

博特基威茨的论点是，这些观察到的规律背后有一个很好的理论解释，他将其命名为小数定律。

439

[1] 博特基威茨，前引书，第 24 页。

表 2

一年内的伤亡人数	兵团每年伤亡人数达到第一列中数字的情况数	
	实际值	理论值
0	144	143.1
1	91	92.1
2	32	33.3
3	11	8.9
4	2	2.0
5 个及以上		0.6

读者会记得，根据列克西斯的理论，在更一般的情况下，他的稳定性指标 Q 由两个分量 r 和 p 组成，组合在表达式 $\sqrt{(r^2+p^2)}$ 中，其中一个是由支配一个系列所有成员的条件的平均值的波动而来，它为我们提供了我们观察到的一个频率，而另一个是由该系列的各个成员在该系列真实范数附近的波动而来。博特基威茨进一步给出了同样的分析，并表明列克西斯的 Q 具有以下形式 $\sqrt{(1+(n-1)c^2)}$，其中 n 是事件在每个系列中发生的次数。[1]也就是说，Q 随 n 增加，并且当 n 较小时，Q 超过 1 的程度可能比 n 较大时的程度更小。假设 n 很小，当我们处理来自广泛领域的观察值时，就等于说我们正在寻找的事件是一个相对罕见的事件。简而言之，这就是小数定律的数学基础。

在他最近发表的关于这些主题的著作中，[2]博特基威茨将他的数学结构建得更高，但没有进一步给出其逻辑基础支撑。他在那些著作中，进一步计算出了统计常数，这些常数源于列克西斯的 Q 所基于 440

[1] 我请读者参考原文，前引书，第 29—31 页，可以查到关于 c 的解释（它是研究过程中出现的均方误差的函数）以及证明上述结果的数学论证。

[2] 《统计的同质性和稳定性》，1918 年发表在《斯堪的纳维亚精算杂志》上。我想，那些阅读了我的参考文献的读者会同意我的观点的，即博特基威茨在写下去的过程中变得晦涩难懂起来。他的数学论证是正确的，而且往往很精彩。但它到底是什么，它到底意味着什么，以及其前提又是什么，判断起来越发地令人困惑。

的概念[他称它们为**征群系数**(coefficients of syndromy),这并没有更清楚地说明它们的确切意义],这些常数明确依赖于 n 的值;他精心地将系数的理论值与某些实际统计资料中的观测值进行了比较。他总结说,同质性(homogeneity)和稳定性(按照他给出的定义)是相反的概念,并且认为较大的统计质量通常比较小的更稳定,这样的假设是不正确的,除非我们还假设较大的质量不那么同质。在这一点上,如果博特基威茨从他的词汇表中排除同质性、征兆(paradromy)γ'_M等,停下来用通俗易懂的语言说明一下他的数学理论的发展方向和起点,若是那样就好了。但像许多其他概率学者一样,他颇为古怪,更喜欢代数的世界而不是凡俗的世界。

§9. 那么,虽然我是一个仰慕者,但我该在哪里批评这一切呢? 我认为这个论证偏离前提太远了,以至于忽略了前提。如果牢记前提规定的限制,我不会质疑结果的数学准确性。但是已经引入了许多技术术语,如果允许论证的结论脱离前提并独立存在,那么这些术语的确切含义和真正的局限性就会被误解。我将通过博特基威茨上述工作中的两个例子来说明我的意思。

博特基威茨阐述了一个看似矛盾的观点,即统计量越大,一般来说,只有在它不那么同质的情况下才会更稳定。但是他自己给出的一个例子表明,他的信条是多么误导人。他说,从事实践的人的判断证实了稳定性和同质性之间的对立。因为精算师一直坚持认为,如果他们的案例来自受**可变**(variable)风险条件影响的广泛领域,他们的平均结果会更好,而他们却不愿接受来自单一同质领域的过多保险,因为这意味着风险过于集中。但这实际上是博特基威茨自己区分一般概率 p 和特殊概率 p_1 等的一个例子,其中:

441

$$p=\frac{z_1}{z}p_1+\frac{z_2}{z}p_2+\cdots$$

如果我们基于 p 进行计算并且不知道 p_1，p_2 等，那么如果通过将例证分布到所有群组 1，2，等等的方法选择例证，而不是通过将它们集中在第 1 群组的方法来选择它们，则这些计算更有可能被该结果所证实。换句话说，精算师不喜欢从可能受到共同相关影响的案例群组中抽取不适当的比例，那样的共同相关影响**是精算师所不允许的**。如果先验计算是基于一个在所有部分都不同质的领域上的平均值，那么如果从非同质全领域的所有部分中抽取例证，将比从一个同质子领域、再从另一个同质子领域抽取的例证更稳定。不过，尽管有些犹豫，我还是相信，这就是博特基威茨精心支持的数学结论的真正含义。

我的第二个例子是小数定律。在这里，我们也看到了一个明显的悖论，即罕见事件的发生规律比普通事件的发生规律更稳定。在这里，我怀疑，自相矛盾的结果实际上隐藏在已选择的特定稳定性度量中。如果我们回顾一下我上面引用的普鲁士骑兵被马踢死的数据，很明显可以选择一种稳定性的衡量标准，根据这种特殊资料，数据会显示出异常的不稳定性。因为频率从 0 到 4 不等，平均值略小于 1，这是一个非常大的百分比波动。事实上，博特基威茨从列克西斯那里采用的特定稳定性衡量标准就与此有关，无论它多么有用和方便——特别是对于数学运算而言，它们很多都是任意的和常规的标准。它只是可用于对稳定性概念进行数值测量的众多可能公式中的一个，至少在数量上，稳定性概念还不是一个完全精确的公式。因此，所谓的小数定律只不过是证明，在涉及罕见事件的情况下，列克西斯的稳定性度量不会导致令人满意的结果。像其他一些涉及以近似形式使用伯努利方法的公式一样，它不会在所有情况下都产生可靠的结果。我要补充的是，还有另一

442

个因素可能有助于读者产生对小数定律的总的心理反应，也就是为支持它而引用的令人惊讶和兴奋的例子。马踢死骑兵的规律与降雨的规律是一样的。但是，对这个特殊例子满足大数定律所带给我们的惊讶，443 与小数定律声称的异常稳定性几乎没有关系。

第三十三章　建构性理论大纲

§1. 命题“很可能这个概括的**每个**(every)例证都是真的”和命题“这个概括的**任何**(any)例证很可能是真的”之间有很大的区别。即使某些概括的例证肯定是错误的,后一个命题可能仍然有效。例如,某一数字可以被 2 或 3 整除的可能性比不能被它们所整除的可能性更大,但并非所有数字可以被 2 或 3 整除的可能性都比不能被它们所整除的可能性更大。

第三种类型的命题已在第三编讨论过,当时是在**普遍归纳法**(universal induction)的名义下讨论的。后者属于**归纳相关**(inductive correlation)或**统计归纳**(statistical induction),尝试对其进行逻辑分析,是我的最终任务。

§2. 概率频率理论的拥护者错误地认为频率是**所有**概率的特征,也就是说,他们本质上关注的不是单个例证而是一系列例证,我认为这是统计归纳的真正特征。统计归纳要么断言(assert)从一系列命题中**随机选择的**例证的概率,要么指定(assign)该断言的概率,即一系列命题的真值频率(即该系列中真命题的比例)是在给定值的邻域内。在任何一种情况下,它都在断言一**系列**命题的特征,而不是在断言特定命题的特征。

因此,在普遍归纳的情况下,我们的单位是单个例证,它同时满足我们概括的条件和结论,但在统计归纳的情况下,我们的单位不是单个 444 例证,而是一组或一系列例证,所有这些都满足我们概括的条件,但仅在一定比例的情况下才满足结论。虽然在普遍归纳中,我们通过检查一系列单个例证中显示的已知肯定和否定类比来确立我们的论点,但在统计归纳中,相应任务则是考察一**系列**例证**系列**中所显示的类比。

§3. 在统计归纳问题中,我们看到了一组例证,这些例证都满足我们的概括条件,其中一定比例 f 的例证满足其结论;我们试图概括满足结论的更多例证以达到可能的比例。

现在只关注在例证总体中发现的比例(或频率)f 是没有用的。对于任何集合,只要包含一定数量的对象,如果这些对象是根据任何特定特征的存在或不存在进行分类的,则必定会显示出某种确定的比例或统计上出现的频率。因此,仅仅知道这个频率是多少,对其他一些对象集合的相应频率或在不属于原来集合的对象中找到该特征的概率没有明显的影响。我们应该以同类的方式进行争论,就好像我们要基于对这种同时性(concurrence)的单一观察来对两个特征的同时性进行普遍归纳,而不需要对伴随的情况进行任何分析。

读者可以很清楚这一点。仅仅从一个给定的事件在所观察的 1 000 个例证中总是发生的事实,而不去分析个别例证所伴随的情况,就认为它很可能在未来的例证中总是发生,这是一个软弱无力的归纳论证,因为它没有考虑类比。然而,正如我们在第三编中看到的那样,这种论证并非完全没有价值。但是,在不分析例证的情况下,仅仅从一个给定事件在所观察的 1 000 个例证,甚至在 100 万个例证中的发生频率为 10%的事实,即认为它在下一个例证中的发生概率也是 1/10,或 445 者在进一步的观察中它可能具有接近 1/10 的频率,这是一个更软弱无力的论证;事实上,这根本不是一项论证。然而,大量的统计论证都不能免于这种指责;尽管具有常识的人往往得出的结论比他们论证的要好,也就是说,他们从形式相似的论证中选择那些实际上有其他他们默会的,但在所述前提中没有明确的证据来支持的论证。

§4. 统计归纳的分析与第三编中已经尝试过的普遍归纳的分析,没有根本的不同。但它要复杂得多。正如读者在接下来的几页中将会发现的那样,我既要理清自己的想法,又要准确而易懂地解释我的结论,在这方面我遇到了很大的困难。我建议从几个例子开始,以说明在这个领域中通常给我们留下深刻印象的好的论据,并说明所有伴随的情况(如果已知它们是存在的话),这样就可以给出这种推理模式的合理性;这样,读者就可以了解到事物的性质,进而进行抽象的分析。

例 1:让我们研究一下男性与女性出生的比例为 m 的概括。19 世纪英国的总体统计数据得出的比例为 m,这一事实根本无法证明明年剑桥男性出生比例可能接近 m 的说法是正确的。如果我们的统计数据不涉及 19 世纪的英格兰,而是涵盖了亚当的所有后裔,我们的论点也不会更好。但是,如果我们能够将这一系列的例证分解为一系列子系列,这些子系列根据各种各样的原则分类,例如按日期、按季节、按地点、按父母的阶级、按以前孩子的性别等等,如果在这些子系列中男性出生的比例在 m 的邻域内显示出显著的稳定性,那么我们确实会得到一个有价值的论点。否则,我们就必须要么放弃我们的概括,扩大其条件,要么修改其结论。 446

例 2:让我们取一系列在某些特定方面都相似的对象,这种相似性构成了类(class)F 的成员;让我们确定某个性质 ϕ 为真的系列中有多少成员,其频率将成为我们概括的主题;如果序列 s 的一部分 f 具有性质 ϕ,我们可以说序列 s 对于性质 ϕ 具有频率 f。

现在,如果整个域 F 具有有限数量的组成成分,那么它必有某个确定的频率 p,因此,如果我们增加 s 的全面性直到它最终包含整个域,那么 f 必然最终等于 p。这是显而易见的,它没有什么意义,不是我们所说的大数定律和统计频率的稳定性。

现在让我们根据某种划分原则 D 将域 F 划分为子域 F_1, F_2,等等;让系列 s_1 取自 F_1, s_2 取自 F_2,依此类推。其中具有有限数量的组成成分 s_1, s_2,等等的 F_1, F_2,等等,可能与它们重合;如果 s_1, s_2,等等不与 F_1, F_2,等等重合,而是从它们中选择出来的,假设它们是根据随机或无偏选择的某种原则选取的——也就是说,s_1 将是一个从 F_1 选择的随机样本。现在可能发生的情况是,系列 s_1, s_2,等等的频率 f_1, f_2,等等,因此选择了围绕某个平均频率 f 的聚类。如果频率显示出这种特征(我现在不考虑测量和精确确定性),那么系列 s_1, s_2,等等系列具有分类 D 的稳定频率。"大数"(great numbers)之所以出现,是因为很难确定稳定频率的存在,除非系列 s_1, s_2,等等本身是众多的,而且除非这些系列中的每一个都包含许多单独的例证。

447

接下来,让我们应用一个不同的划分原理 D',它可以产生系列 s_1', s_2',等等,以及频率 f_1', f_2',等等;然后再根据第三个划分原理 D'',产生频率 f_1'', f_2'',等等;依此类推,只要我们对各个例证之间差异的知识允许我们这样做即可。如果频率 f_1, f_2,等等,f_1', f_2',等等,f_1'', f_2'',等等关于 f 都是稳定的,那么我们就有一个具有某一权重的归纳基础来断言一个统计概括了。

例如,令域 F 包含所有 60 岁的英国人,令关于我们所概括的频率的属性 ϕ 是他们在那一年死亡。现在,根据无数不同的原则,可以将域 F 分为子域 F_1, F_2,等等。F_1 可能代表 1901 年 60 岁的英国人,F_2 代表 1902 年 60 岁的英国人,依此类推;或者我们可以根据他们居住的地区对他们进行分类;或根据他们缴纳的所得税数额进行分类;或根据他们在济贫院、医院、收容所、监狱或在逃情况进行分类。让我们采用这些分类中的第二种,并让子域 F_1, F_2,等等由他们居住的地区构成。如果我们分别从 F_1, F_2,等等中随机选择 s_1, s_2,等等,发现频率 f_1, f_2,等等围绕平均值 f 波动,这可以表示为在英国不同地区 60 岁时的死亡频率 f 是稳定的。我们可能还会发现所有其他分类的类似稳定性。另一方面,对于第三类和第四类,我们可能会发现根本没有稳定性,而第一类的稳定性比第二类更大或更小。在后一种情况下,我们的统计概括的形式必须修改,否则就须削弱对其有利的论点。

例 3:让我们回到第二十七章所举的狗的例子。它有时是用餐桌上的残羹剩饭喂的,因此它判断食物在餐桌上是合理的。让我们假设,每一年狗会在差不多稳定的一定比例的日子里得到残羹剩饭。对此可能有什么样的解释呢? 首先,它可能是在教会的宗教节日上吃饱的;每年发生的次数都是一样的,但对于任何一个没有任何线索的人来说,要发现这些事件发生的规律性是不容易的。其次可能是这样的情况,当它看起来瘦的时候就给它残羹剩饭吃,而当它看起来胖的时候就不给它,这样如果它在某一天吃了残羹剩饭,这就会降低它第二天吃到残羹剩饭的可能性。而如果不给它吃残羹剩饭,这将增加它第二天吃到残羹剩饭的可能性。如果狗的体质保持不变,吃到残羹剩饭的天数就会每一年在一个稳定的值上下波动。第三,餐桌上的人可能每天都有很大的变化,有些时候会有人给狗吃残羹剩饭,有些时候则不会;如果从同餐者中抽取的那批人每年都差不多保持不变,那么他们中是哪些人到餐桌就餐就是一个偶然的问题(在上文第二十四章 §8 节中定义的客观意义上),那么,吃到残羹剩饭的天数将再次显示出某种程度的逐年稳定性。最后,第一种和第三种情况的组合产生了一个值得单独提

448

及的变体。可能的情况是,这只狗只由它的主人给吃一些残羹剩饭,而它的主人通常会在周六和周日离开,在这周剩下的时间都在家里,除非发生相反的事情,出现“偶然”的原因有时会使他周末待在家里,其他时间出门;在这种情况下,吃到残羹剩饭的天数可能会在七分之五左右波动。然而,在第三种情况下,稳定性的程度可能低于前两种情况;而且,为了获得真正稳定的频率,可能需要花费比一年更长的时间作为每个系列观察的基础,或者甚至要对置于类似情况下的许多只狗取平均值

449 而不是只取一只狗的平均值。

到目前为止,我们一直假设我们有机会观察一年中的每一天发生的事情。如果情况不是这样,而是我们只知道每年天数中的一个随机样本,那么稳定性虽然在程度上会降低,但仍然可以观察到,并且会随着每个样本天数的增加而提高。这同样适用于这三种类型中的每一种。

§5. 这种推理的正确逻辑分析是什么呢? 如果一项归纳概括为真,那么它所断言的关于所研究例证的结论,就其本身而言就是确定的和最终的,并且不能通过获得关于特定例证的更详细的知识来修改。但是,当统计归纳应用于特定例证时,就不是这样的了。因为获得进一步的知识可能导致统计归纳**不适用**于那个特定的例子,虽然统计归纳本身的盖然性并不比以前小。

这是因为统计归纳并不真是关于特定例证的,而是关于它所概括的对象的一**系列**的;它仅适用于特定的例证,只要该例证与我们的知识相关,即它是该系列的**随机成员**。如果新知识的获得为我们提供了关于特定例证的额外相关信息,因此它不再是系列的随机成员,那么统计归纳就不再适用;但是统计归纳并没有因此变得比以前更不可能——只是我们的数据不再表明它是适合于所研究的那个例证的统计概括。

这一点可以用我们熟悉的例子来说明：一个不知姓名的人寄出一封未写地址的信的概率，可以基于邮局的统计数据得到，但对我会这样做的我的预期则不能如此确定。

因此，统计概括总是采用以下形式："从序列 S 中随机抽取的例证具有特征的概率是 p。"或者更准确地说，如果 a 是 $S(x)$ 的随机成员，那么 $\phi(a)$ 的概率为 p。

450

回顾一下第二十四章 §11 节"随机抽取的例证"的定义将会很方便：设 $\phi(x)$ 表示"x 具有特征 ϕ"，$S(x)$ 表示"x 是类 S 的成员"；然后，如果"x 是 a"与 $\phi(x)/S(x).h$ 无关，[1]即如果我们除了 $S(a)$ 之外没有关于 a 相关于 $\phi(a)$ 的信息，那么基于证据 h，a 是特征 ϕ 的类 S 的随机成员。

或者，我们可以将我们的定义表达如下：考虑一个特定的例证 a，其中我们研究的对象是 $\phi(a)$ 相对于证据 h 的概率。让我们抛弃与 $\phi(a)$ 无关的知识 $h(a)$ 部分，留下相关知识 $h'(a)$ 部分。让满足 $h'(x)$ 的例证类 a_1，a_2，等等由 S 指定。那么，相对于证据 h，a 是特征 ϕ 的类或系列 S 的随机成员。

让我们用 $R(x, S, \phi, h)$ 来表示命题"基于证据 h，x 是特征 ϕ 的 S 的随机成员"；那么我们的统计概括形式为 $\phi(x)/R(x, S, \phi, h).h=p$。

如果 $R(a, S, \phi, h)$ 成立，则在证据 h 上，S 是为特征 ϕ 指涉 a 的适当统计序列。

证据并不总是表明任何系列在上述意义上都是"适当的"。特别

[1] 在概率中使用变量，正如(原书)第 62 页所指出的那样，是非常危险的。因此，上述内容更好的表述如下：如果 $\phi(a)/S(a).h=\phi(b)/S(b).h$，则 a 是特征 ϕ 的 S 的随机成员，其中 $S(b).h$ 不包含关于 b 的信息，除了 b 是 S 的成员这一点之外。

是,如果证据 h 表明 S 是适当的系列,并且证据 h' 表明 S' 是适当的系列,那么相对于证据 hh'(假设这些不是不相容的),可能没有确定的系列是合适的。在这种情况下,统计归纳的方法就不能作为确定所研究的概率的方法。

451 §6. 我们现在可以将注意力从单个例证 a 转移到序列 S 的属性上。什么样的证据能证明,p 是序列 S 的随机成员将具有特征 ϕ 的概率这一结论是正确的呢?

在最简单的情况下,S 是一个有限序列,我们知道特征 ϕ 的真值频率为 f。[1]然后通过直接应用无差异原理,我们有 $p=f$,因此 $\phi(x)/R(x, S, \phi, h).h=f$。

在另一个重要的类型中,S 是一个系列,具有无限数量的成员,然而,它们以这样一种方式组合自己,即对于其中 $\phi(x)$ 为真的每个成员,都对应着 $\phi(x)$ 为假的确定数量的成员。也就是说,该系列包含不定数量的原子,但每个原子由一组分子组成,其中 $\phi(x)$ 分别以固定和确定的比例为真和假。如果这个确定的比例已知为 f,我们和以前一样有 $p=f$。这种类型的典型例子是机会游戏。可能导致朝一个方向背离的每一种可能的事态,都被另一个导致相反方向的概率所平衡;这些相替代的概率是适用于无差异原理的一类概率。因此,对于骰子盒中每一个导致六面骰子下落的姿势,都有一个相应的姿势导致其他每个面的下落。因此,如果 S 是一系列可能的骰子面,那么我们可以将 p 等于 $\frac{1}{6}$,其中 ϕ 是六个面的下落。为了得到这个结果,没有必要断言 S 是一个有限序列,每个面的下落都有一个实际确定的频率 f。

---

[1] 即如果 f 是 $\phi(x)$ 为真的系列成员的比例。

到目前为止，还没有归纳元素进来。但一般来说，我们不能确定 S 的构成，只能从它与我们知道其构成的其他系列的相似性中归纳地推断它。这提出了一个正常的归纳问题——通过分析肯定和否定类比来确定 S 与其他系列不同或可能不同的方面在特定情况 ϕ 中是否相关；452 它涉及与第三编中讨论的相同类型的考虑因素。

然而，在我们解决典型的统计问题之前，还有一个困难要介绍。在现在要考虑的情况下，我们的实际数据不包括对 S 本身或其他或多或少类似于 S 的其他系列的构成的肯定知识(positive knowledge)，而仅包括实际观察到的选择集合中特征的频率，无论是大还是小，这些选择集合要么来自 S 本身，要么来自其他或多或少类似于 S 的系列。

因此，在最一般的情况下，我们的研究分为两个部分。我们分别在从 S_1，S_2，等等中选取的统计集中给出了观察到的频率。我们研究的第一部分是从这些观察到的频率论证 S_1，S_2，等等的可能构成的问题，即确定 $\phi(x)/R(x, S_1, \varphi, h).h$，等等的值。我们可以称这部分为统计问题。我们探究的第二部分是从 S_1，S_2，等等的可能构成到 S 的可能构成，其中 S，S_1，S_2 或多或少彼此相似，我们必须确定这些差异是否与我们的研究相关；我们可以称这部分为归纳问题。

现在，如果观察到的统计集由 S_1，S_2，等等的随机例证组成，我们可以在某些条件下，通过伯努利定理在第三十一章解释的线路上的相反应用，从观察到的频率，讨论产生随机选择的序列的可能构成。此外，如果序列 S_1，S_2，等等是有限序列，并且观察到的选择覆盖了它们的大部分成员，那么，我们至少可以在不增加所有的理论困难或满足第三十一章的所有条件的情况下，得出至少近似的结论。关于随机样本中观察到的频率与从中抽取样本的总集构成的关系，人们普遍接受的意见，虽然一般来说陈述得过于精确，对它们所涉及的假设也没有足够 453

的坚持,但一般来说不能确保出现不止一个近似结果的我们的实际证据,我认为,从根本上来说并不是错误的。现代方法中最常见的错误在于,对我上面所说的归纳问题处理得过于轻率,即从我们观察到的样本的系列 S_1, S_2,等等过渡到我们还没观察到的系列 S 的问题。

那么,让我们假设,我们已经通过检查系列 S_1, S_2,等等的所有例证,或通过检查从它们中的随机选择 $\phi(x)/R(x, S_1, \phi, h).h=p_1$,等等,以一定的精确性确定了 p_1, p_2,等等。这可以简而言之,即对于特征 ϕ,序列 S_1, S_2,等等服从可能频率 p_1, p_2,等等。我们的问题是由此推断,未被检查的系列 S 的可能频率 p。系列 S_1, S_2,等等的类特征将部分相同,部分不同。使用第三编的术语,我们可以将它们共同的类特征称为肯定类比,将它们不是共同的类特征称为否定类比。

现在,如果序列 S_1, S_2 的观察到的或推断得来的可能频率要构成统计归纳的基础,那么它们必须表现出一个**稳定值**;也就是说,要么我们必有 $p_1=p_2=$等等,要么至少 p_1, p_2,等等必围绕它们的平均值进行稳定分组。因此,我们的下一个任务必然是发现可能频率 p_1, p_2,等等是否显示出显著的稳定性。列克西斯的一大值得称赞之处就是,他是第一个研究稳定性问题并尝试对其进行测量的人。因为,在没有初步证据证明存在一个稳定的可能频率之前,我们对任何统计归纳都只有一个脆弱的基础。实际上,我们只限于这样一种情况,即所考察的例证是与我们的样本相同的系列的成员,即 $S=S_1$,这在社会和科学研究中是很少出现的情况。

p_1, p_2,等等关于它们的平均值进行**稳定**分组,这一断言是什么意思呢?答案并不简单,也不完全准确。我们可以分别提出用于测量稳定性和分散性的各种公式,而将数量上并不精确的稳定性概念转换为数值公式的问题,牵涉到一个任意的或近似的要素。然而,就实践而

454

言，我怀疑是否有可能改进列克西斯的稳定性测量指标 Q，其数学定义已在(原文)第 436 页给出。列克西斯根据 Q 小于、等于或大于 1 而将稳定性描述为次正常、正常或超正常。这太精确了，如果我们假设 S_1，S_2，等等的成员是通过从单个总集 U 中随机选择获得的，那么这种离散性就是先验不可能的，如果离散度小于 1，那么我们在相同的假设上预期它是次正常的；如果离散度大于 1，那么我们就会预期它是超正常的。

让我们假设我们发现在这个定义上 p_1，p_2，等等关于 p 是稳定的，让我们稍后再考虑次正常或超正常离散度的情况。这相当于是在说，如果对于我们所研究的特征，我们知道它们的成员是从频率为 p 的总集 U 中随机选择的，S_1，S_2，等等的频率在我们应该先验地预期的范围内。接下来，我们试图将这个结果扩展到未经检查的系列 S，并根据 S 的成员也是从总集 U 中随机选择来证明对它的预期的合理性。这将把我们引向我们研究的严格归纳部分。

几个系列 S_1，S_2，等等的类特征部分相同，部分不同。如前所述，相同的部分构成肯定类比，不同的部分构成否定类比。系列 S 将共同享有部分肯定类比。将 S 的属性与所研究的特征相关的属性同化为与此特征相关的 S_1，S_2，等等的属性的论证，取决于 S，S_1，S_2，等等之间的差异，这些差异与这种特殊的联系无关。在我看来，加强这一论证的方法与第三编讨论的一般归纳法相同，它提出了相同的而不是更大的困难。 455

一般来说，我们探究的这个归纳部分，最好是通过对我们所面对的例证的一系列进行分类，以便最清楚地分析有意义的肯定和否定类比，从而将它们分组，也就是说，分成子系列 S_1，S_2，等等，这些子系列表现出最显著和明确的类特征。我们对构成初始数据的所观察到的特定例证之间差异的知识，将向我们提出一个或多个分类原则，这样，每个子系列的成员都具有一些共同的肯定或否定特征，而不是所有这些特征都由任何其他子系列的所有成员所共有。这就是说，对所研究的特征，我们把我们的整个例证集分类为一系列序列 S_1，S_2，等等，它们的频率为 f_1，f_2，等等；然后，我们再次根据另一个分类原则或标准将它们分类为具有频率 f_1'，f_2'，等等的第二系列序列 S_1'，S_2'，等等；如此等等，只要我们对例证之间可能的相关差异的知识有所扩展；然后，我们将整个结果总结为一系列序列的肯定和否定类比的陈述。如果我们之后发现所有频率 f_1，f_2，等等，f_1'，f_2'，等等在值 p 附近是稳定的，并且如果基于上述肯定和否定类比，我们有一个正常的归纳论证，就所研究的特征而言，把未经检验的系列 S 同化为已检验的系列 S_1，S_2，等等，S_1'，S_2'，等等。在这种情况下，我们就没有确凿的理由，而是以具有一定权重的理由来断言概率 p，它是从 S 中随机抽取的一个例证将具有所讨论的特征的概率。

让我概括一下论证的两个基本阶段。我们首先发现，如果相对于我们的知识，这些系列都由同一个总集 U 的随机成员组成，那么在一组系列中观察到的频率就不是先验不可能的，我们接下来论证这组系列的肯定和否定类比提供了一个具有一定权重的归纳论证，该论证假设进一步的未经检验的系列 S 与前一个具有这类研究特征的频率的系列相似，这相对于我们的知识并不是先验不可能的，S 也是由假设总集 U 的随机成员组成的。

456

§7. 判定这种特征的论证，在多大程度上涉及新的和理论上不同的困难或假设，超出了那些已经被承认为普遍归纳所固有的困难或假设，这是非常令人困惑的。我相信前面的分析是正确的，并且它比迄今为止的研究更进一步。但这不是结论性的解释，我必须把更准确的解释留给其他人去做。

然而,根据我的判断,关于这些半知半解的理由还有一点要说,这些理由至少向常识推荐了一些符合上述思路的科学(或准科学)论证。在表达这些理由时,我将满足于使用并不总是像应有的那样精确的语言。

我在第二十四章§7—9节中给出了对“客观机会”含义的解释,也就是说,像轮盘赌等这类游戏,其结果可以说是受“客观机会”支配的。这种解释是这样的:“如果要预测一个事件的发生,或者要让它比其他目前是等可能的事件以更高的概率度受到偏好,那么我们就必须知道比我们实际知道的多得多的关于它存在的事实,如果再添上对一般原理的广泛了解也没什么用,那么这就是由于客观机会所致。”最理想的例子是机会游戏。但是科学还提供了其他例子,在这些例子中,这些条件或多或少得到了完美的满足。现在,统计归纳领域是这样一类现象, 457 它是由于两组影响的组合而来,其中一组是恒定的,另一组可能会根据客观机会的期望而变化,即根据凯特勒的受“偶然原因”修正的“永久原因”而变化。在社会和物理统计中,最终的选择通常并不像在理想的机会游戏中那样完全固定,也不像在理想的机会游戏中那样完全随机。但是,举例来说,如果我们在犯罪统计数据中发现了稳定性,我们就可以这样解释:假设人口本身是稳定构成的,不同性情的人每年的比例大致相同,犯罪动机也是相似的,受这些动机影响的人都是从一般人口中以同样的方式挑选出来的。因此,我们有稳定的原因在起作用,从而产生几个固定比例,而且这些固定比例受到了随机影响的修正。一般来说,对于大量的社会统计数据,我们有一个或多或少稳定的人口总体,它包括一定比例的不同类型的人,另一方面则是环境的集合;不同种类的人的比例,不同种类的环境的比例,以及将环境分配给人的方式每年

(或者,可能是在不同的地区)都在随机变化。然而,在所有这些情况下,超出已观察到的预测显然会很容易出现错误的来源,例如在考虑机会游戏时就可以忽略这些错误来源——我们所谓的“永久”原因,总是会有一点变化,而且随时可能发生根本性的改变。

因此,我们越是发现科学例子中的条件与机会游戏中的条件相似,常识就越有信心推荐这种方法。因此,如果孟德尔主义的生物学理论能够建立起来,那么我们在人类统计数据中发现明显稳定性的相当惊人的频率,就有可能得到解释。根据这一理论,一个特定物种的任何一代所表现出来的品质,都是由非常类似于机会游戏的方法所决定的。举一个具体的例子(我给出的不是正确的性别理论,而是一种人为简化的形式),假设有两个精子和两个卵子,有四种可能的结合产生两个男性和两个女性,如果精子和卵子的种类数量相等,并且它们的结合是由随机因素决定的,这与轮盘赌等机会游戏依赖于随机因素的意义完全相同,正如它们实际所做的那样,我们应该期望观察到的比例是不同的,就像轮盘赌中出现红黑不等一样。[1]如果孟德尔所考虑的因素影响范围很广,那么我们不仅可以解释我们观察到的部分内容,而且在未来使用统计分析方法也很有前景和机会。

这一切都很熟悉。事实上,这就是我们思考和争论的方式。关于前面段落的抽象分析所涵盖的范围,以及根据什么逻辑原则使用这种分析才能被证明是合理的,我已经尽我可能地加以推进。它值得我们对之做出比以往的逻辑学家更深入的研究。

§8. 还有两个附属问题需要提及。其中第一个与系列的特征有

[1] 众所周知,两性比例的波动实际上并不是相等的,正如列克西斯所表明的那样,它与人们在一场机会游戏中所期望的结果一致,而且精确度惊人。但是很难在自然或社会现象中找到任何其他例子,使其稳定性标准也同样得到很好的满足。

关，用列克西斯的术语来说就是，它显示出次正常或超正常的稳定性；因为我一直是在稳定性是正常的假设下推进论证的结论的。次正常的稳定性隐藏了两种类型：一种是根本没有稳定性，结果实际上是混乱的；还有一种情况则是这种连续的例证之间存在相互依赖关系，以至于它们往往彼此相似，因此任何与正常情况的差异都趋于突显。超常稳定性在另一个方向上对应于这两种类型中的第二种；也就是说，在连续的例证之间存在一种调节性类型（regulative kind）的相互依赖，这往往会阻止频率偏离其平均值。那只狗在看起来很瘦时被喂食残羹剩饭，而在它看起来很胖时却没有被喂食，就说明了这一点。这种类型的典型例子是从瓮中取抽球，这个瓮包含一定比例的黑色和白色球，这种抽取是不放回的；因此，每次抽出一个黑球时，下一个球比以前更有可能是白色球，并且有一种趋势是纠正任何超出适当比例的颜色球。也许，年总降雨量的例子可以提供进一步的说明。

459

在根本没有稳定性且频率是混乱的情况下，所得序列可以描述为"非统计序列"。在"统计序列"中，我们可以将例证独立且稳定性正常的序列称为"独立序列"；而"有机系列"是指其中例证（无论是过量还是不足）相互依赖且稳定性异常的那些序列。"有机系列"在本书的其他地方偶然讨论过。我现在不打算进一步探讨这些问题，因为我认为它们不会给统计推断的一般问题带来任何新的理论困难；尽管将它们纳入一般理论方案中的问题，并不总是那么容易解决。[1]

460

---

[1] 以下更精确的定义使这些想法与之前的想法保持了一致：考虑系列 $s(x)$ 中的各项 a_1，$a_2\cdots$，a_n；令"a_r 是 g"$\equiv g_r$，令 $g_r/h=p_r$，其中 h 是我们的数据。那么，如果对于所有 r，s，…，t … 的值有 $g_r/g_s\cdots g_t\cdots h=p_r$，则系列的各项相对于 h 是独立的。如果 $p_1=p_2=\cdots=p$，则各项是一致的（uniform）。如果各项既独立又一致，则该系列可称为独立伯努利系列，其伯努利概率为 p。如果各项独立但不一致，则该系列可称为独立复合系列，其复合概率为 $1/n\sum p_r$。如果各项不是（转下页）

§9. 第二个问题是关于归纳相关性(本章的主题)与相关系数(或者我更愿意称其为定量相关性)之间的关系的,这是最近英国的统计理论主要研究的问题。我不打算详细讨论这个理论,因为我怀疑,它至少在目前的形式中更关注统计描述而不是统计归纳。从将“相关系数”定义为代数表达式,到将其用于推理目的的转变,即使在有关该主题的最优秀和最系统的作者(例如尤尔先生和鲍利教授)的著作中,也是非常不明确的。

在本章前面部分使用的符号中,我根据每个所考察的例证 a 是否具有特征 ϕ 对它进行分类,具有特征 ϕ 即满足命题函数 $\phi(x)$,或者换句话说,根据 $\phi(a)$是真还是假进行分类。因此,我仅考虑了两种可能的备选项,并且不将 ϕ 视为例证可以在更大或更小程度上满足的数量特征。同样,所有例证中的共同要素,也就是构成我们的统计概括所需要的例证(或者,如我有时所说的那样,满足概括的条件所需要的例证),也被认为是确定的和唯一的,而且不能有数量上的变化。也就是说,所有的例证都满足函数 $\psi(x)$,问题是,它们中有多少也满足函数 $\phi(x)$。一个典型的例子是性别比,$\psi(x)$是孩子的出生,而 $\phi(x)$是孩子的性别,其中 $\psi(x)$或 $\phi(x)$都没有程度的问题。

然而,所考察的特征可能存在程度或数量上的变化;例如,$\psi(x)$可

(接上页)独立的,则该系列是一个有机系列。

然后可以将相同的术语应用于系列 S_1, S_2, $\cdots$, S_n,它们被视为系列 $S(x)$的成员。令所研究特征的系列频率为 x_1, x_2, $\cdots$, x_n,并令 $x_1/h=\theta_1(x_1)$,即 $\theta_1(x_1)$ 是频率 x_1 在第一个系列中的概率。那么如果对于 r, s,等等的所有值有 $x_r/x_s\cdots h=\theta_r(x_s)$,则该频率是独立的;如果 $\theta_1(x)=\theta_2(x_2)=\cdots\theta(x)$,则该频率是稳定的。如果频率稳定且独立,则该系列可称为高斯系列。如果频率是稳定且独立的,并且如果每个单独的序列都服从伯努利概率,则频率的概率离散性是正常且对称的。如果单个系列是有机的,则频率的离散性可能是正常的、次正常的或超正常的。如果序列的序列是高斯的,而单个序列是伯努利的,那么我们就有了一类完美统计序列。

能是母亲的年龄,而 $\phi(x)$ 可能是孩子出生时的体重。在这种情况下, 461
我们应该有一个系列 $\psi_1(x)$, $\psi_2(x)$,等等,对应于母亲的不同年龄阶段,以及一个系列 $\phi_1(x)$, $\phi_2(x)$,等等,对应于孩子们的体重。现在,如果我们将注意力集中在 $\psi_1(x)$和 $\phi_1(x)$上,即关于特定年龄的母亲及其孩子出生时特定体重的比例,我们有一个与以前相同的一维问题;在满足 $\psi_1(x)$的所有例证中,其中的一定比例也满足 $\phi_1(x)$。但显然我们可以进一步推进我们的观察,我们可以注意到,满足 $\psi_1(x)$的例证分别满足 $\phi_2(x)$, $\phi_3(x)$,等等的比例是多少;然后,我们可以对满足 $\psi_2(x)$, $\psi_3(x)$,等等的例证做同样的事情。再然后,我们可以将这组二维观察的总结果列在所谓的双重相关表中。因此,如果 f_{rs} 是满足 $\psi_s(x)$且也满足 $\phi_r(x)$的例证的比例,我们有表格如下:

表 1

	ψ_1 (x)	ψ_2 (x)	ψ_3 (x)	…
ϕ_1 (x)	f_{11}	f_{12}	f_{13}	
ϕ_2 (x)	f_{21}	f_{22}	f_{23}	
ϕ_3 (x)	f_{31}	f_{32}	f_{33}	
⋮	⋮	⋮	⋮	

我们可以进一步增加我们观测的复杂性和完整性,一直增加到所需的任何程度。例如,我们还可以考虑父亲的年龄 $\theta(x)$,并构建一个三重表,其中 f_{rst} 是满足 $\phi_r(x)$, $\psi_s(x)$, $\theta_t(x)$的例证的比例;依此类推,直到 n 重表。

显然,对于这种表格的构建,$\phi(x)$和 $\psi(x)$应该代表相同数量特征的程度;它们可能是任何一组排他性的被选型;例如,$\psi(x)$可能是婴儿眼睛的颜色,而 $\phi(x)$可能是其教名(Christian name)。

但是为了使相关性表对推理具有某种实际意义,必要条件——我 462
认为,这是相关性的关键假设之一——是,$\psi_1(x)$, $\psi_2(x)$,… 以及

$\phi_1(x)$，$\phi_2(x)$，…应该按重要性(significant)的顺序排列，也就是说，这样我们就有一些先验的理由预期在 ψ 的顺序和 ϕ 的顺序之间存在某种联系。这一点将通过把我们的注意力集中在最简单的情况上来加以说明，其中 $\psi(x)$ 和 $\varphi(x)$ 是按量值大小排列的定量特征。现在假设年轻的母亲往往会生出较重的婴儿，那么，如果 $\psi_1(x)\psi_2(x)$ 是年龄向上增加而 $\phi_1(x)\phi_2(x)$ 是体重向下减小，那么 f_{11} 可能是 f_{r1} 的最大值，一般来说，f_{r1} 将大于 $f_{r+1,1}$；f_{22} 也可能是 f_{r2} 中最大的，依此类推；因此，位于表格对角线上的频率将是最大的，并且频率将趋向于离对角线越远则越小。如果我们有一些先验的理由(即基于我们预先存在的知识)，即使是很小的理由，来假设母亲的年龄和婴儿的体重之间可能存在某种联系，那么，如果在特定的一组例证中，频率按照上面建议的对角线排列，这可能会被视为是在为该假设提供了一些归纳支持。

现在，正如教科书中所阐述的那样，相关性理论(theory of correlation)几乎完全是关于测量观察到的频率在表中对角线上的分组有多接近(当然，完整的理论并没有像这样受限制)。"相关系数"是一个代数公式，它可以被视为以一种足以满足所有普通目的的方式来测量这种现象。如果这样定义的话，那么它只是对按特定顺序排列的特定观察集所作的统计描述。我们如何利用这个系数进行推断呢？

463 鲍利博士比大多数统计学家都更为明确地面对这个问题。尤尔先生警告他的学生，认为这个问题是存在的，[1]但他本人并没有直接对它发起进攻，也没有对特定问题更多地运用常识。然而，迄今为止，人们对数学的复杂性强调得如此之多，以至于许多统计学专业的学生模

---

[1] 《统计学理论导论》，第 191 页："相关系数，就像平均值或离散度的度量一样，仅以概括和可理解的形式表现出它所依据的事实的一个特定方面，当得到该系数时，真正的困难在于对它的解释。"

糊地从将相关系数定义为统计描述转向使用它作为统计概括概率的度量，分别用于量化 $\phi(x)$ 和 $\psi(x)$ 的数量变化之间的关联。例如，如果在一组特定的母亲年龄和婴儿体重观测值中发现频率在对角线上较劲的范围，这就被认为是一个充分的理由，将概率归结为母亲年龄和婴儿体重之间的"相关性"概括(即数量对应的趋势)。

鲍利博士的思路如下。他首先将相关系数 r 定义为统计描述(《统计学要义》，第 354 页)。然后，他表明(原书第 355 页)，作为 r 的性质的说明，如果 x 和 y 是两个变量，那么它们就以下面这样的方式依赖于(更严格地说，是已知依赖于)其他变量 U, V, W：

$$X_t = {}_1U_t + {}_2U_t + \cdots + {}_pU_t + {}_1V_t + {}_2V_t + \cdots + {}_qV_t,$$

$$Y_t = {}_1U_t + {}_2U_t + \cdots + {}_pU_t + {}_1W_t + {}_2W_t + \cdots + {}_qW_t,$$

其中，${}_1U_t$，${}_2U_t \cdots {}_1V_t$，${}_2V_t \cdots {}_1W_t$，${}_2W_t \cdots$ 是从一组独立的数量中随机选择的(更严格地说，是**相对于我们的数据**，独立组的随机成员)。那么，如果我们先验地知道描述这些组的构成的某些统计系数，r 的值可能会趋向于某个值。到目前为止，我们还算安全，但不是很有收获。我们没有根据观察到的 r 值进行倒推；但是，如果我们对 X_t 和 Y_t 是如何构成的有相当广泛和特殊的先验知识，那么当我们观察到 r 时，我们对 r 的值(即 X 和 Y 之间的相关系数)可能位于什么范围就有了可以计算的期望了。 464

鲍利博士的下一步行动更加可疑。如果独立组的构成在某个统计方面相似(即如果它们具有相同的标准差)，那么，鲍利博士总结道，$r=(p/p+q)$"用文字表示就是，相关系数往往是两个变量发生过程中共同原因的数量与每个变量所依赖的独立原因的总数之比"。到了这个时候，除非以一种超乎寻常的怀疑主义为基础，否则学生们的头脑就全投进了一个模糊的、谬误的海洋中去了。

然而,撇开刚刚引用的信条(dictum)不谈,我们发现论证的第二阶段在于表明,如果我们对变量如何构成有某种先验知识,那么变量相关系数的各种可能值将由在规定条件下进行的实际观察结果集产生,它们在进行观察之前,将先验地具有可计算的概率,其取值的某些范围是可能的,而其他范围则是不可能的。

然而,作为一项规则,我们并不是从关于变量的知识到关于它们的相关系数的预期进行争论,而是反过来,也就是从观察它们的相关系数到关于变量性质的理论进行争论。鲍利博士认为,这涉及论证的第三阶段,并相应地(原书第 409 页)诉诸"困难和难以捉摸的逆概率理论"。他理解困难之所在,但他没有对之深究;而且,像尤尔先生一样,出于实际目的,他确实依靠常识的标准,这对他来说是一种权宜之计,但不具有普遍的保障性。

鲍利博士模糊地诉诸逆概率的一般论证,无疑是如下这样的:如果465 两组数量之间没有因果关系,那么在对角线上把频率紧密地组合在一起,这在先验上是不可能的(而且个体观测值越多,不可能性就越大,因为如果这些数量是独立的,那么就有更多的机会去"平均"了);因此,反过来说,如果频率确实围绕对角线分组,那么我们就可以推定这两组量之间存在因果关系。

但是,如果读者回想起我们对逆概率原理的讨论,就会记得,除非是先验的,否则我们是无法得出这个结论的,而且除了所讨论的观测值之外,我们有理由认为在这些量之间可能存在这样一种因果关系。这个论证只能强化预先存在的假设,它不能创造出一个来。在这种特殊的研究中,如果没有特殊的理由,我们就只能求助于归纳的一般性方法和一般性的假设。

很明显,如果我们回到我们的相关表与婴儿的体重和他们的教名相关的情况,那么在相关性论证似乎合理的地方,就一定有一些默认的假设已经溜进来了。这要么是偶然的,要么就是因为我们把教名的顺序安排得很合适,在一组特定的观察中,甚至是相当多的一组观察中,相关系数可能很大。然而,仅凭这一证据,我们几乎很难断言婴儿的体重与其教名之间存在普遍联系。

事实是,明智的研究人员只使用相关系数来检验或确认他们基于其他理由得出的结论。但这并不能验证论证有时呈现出的粗略方式,也不能防止它误导粗心的人——因为并非所有研究人员都是明智之人。

如果我们放弃逆概率的方法,转而采用不太精确但更有根据的归纳过程,我想把这个特殊的统计归纳分支称为"定量相关性",它要比本章前面几段所讨论的那种论证更为复杂,但在理论上则没有区别。所增加的复杂性的特征可以这样描述:我们面对的是一个二维问题,而不是一个一维问题。仅仅存在一个特定的相关系数来描述一组观察,甚至是一个大组的观察,其本身并不比仅仅存在一个特定的频率系数更具有决定性或可作为更重要的论据。当然,如果我们有大量与特定研究相关的预先存在的知识,那么对少量相关系数的计算可能是至关重要的。但除此之外,我们必须像处理频率系数一样进行处理;也就是说,为了找到一个令人满意的论据,我们必须有许多组观测数据,其中的相关系数在非本质类特征(即那些我们的概括建议忽略的类特征)的变化中显示出显著的稳定性。 466

§10. 现在,我的这项研究已经接近尾声。在这项研究中,我从基本的逻辑学问题开始,努力推进对一些实际论证的分析,这些论证在知识的进步和经验科学的实践中给我们留下了深刻的印象。在写这类书时,作者如果要想清楚地表达自己的观点,有时就必须假装比他自己实际感觉的要更可信些才行。可以这么说,他必须给自己的论点一个机会,不能太急于用怀疑的阴云来压抑它的活力。在这些问题上有所著述,是一项艰巨的任务;如果我有时的推进速度比克服那些困难的速度快了一点,而且我的信心比以往任何时候都要大一些,想必读者诸君也会原谅我的。

在奠定概率主题的基础上,我在很大程度上背离了拉普拉斯和凯特勒的观念,这些观念支配了上个世纪的思想——尽管我相信莱布尼茨和休谟读到我写的东西时可能会产生共情。但是,在行将告别对概率的讨论时,我想说,根据我的判断,这些推理模式(即这里所称的普遍归纳和统计归纳)的实际有用性,是现代科学那令人引以为傲的知识所依赖的有效性的基础,只有当现象宇宙确实呈现出原子主义和有限多样性的特殊特征,而这些特征也越来越明显地成为物质科学(material science)所趋向的最终结果时,这种现象才能存在——我现在不会停下来再次追问这样的论证是否**必然**是循环的了:

你必须承认这些材料在有限的,形状上也有所不同。

19世纪的物理学家将物质简化为粒子的碰撞和排列,它们之间最终的质的差别很小;孟德尔主义的生物学家从染色体的碰撞和排列中得出了人的各种性状。在这两种情况下,都确实存在与完美机会游戏的类比。某些当前推理模式的有效性,可能取决于我们将它们应用于此类材料的假设。在这里,虽然我有时抱怨它们缺乏逻辑,但我对当今统计理论的深层概念是表示基本认同的。如果生物学和物理学的当代学说仍然站得住脚,那么我们可能会为传统的概率演算的某些方法提供一个即使不适当也是非同寻常的理由。概率学教授经常受到嘲笑,但这种嘲笑并无不当，因为他们认为大自然就是一个装有固定比例黑白球的瓮。凯特勒曾不惜篇幅地宣称——“我们所探究的瓮，就是大自然”。但是在科学史上，占星术的方法或许对天文学家是有用的；把凯特勒的说法反过来，可能也可以被证明为真——“我们所探究的大自然，就是一个瓮”。 468

参考书目

引 言

一种观点无论它多么荒谬、多么令人难以置信，也都曾经为我们的某位哲学家所持有。

——笛卡尔

对于下面这个参考书目，我并不认为它是完整全面的，但与其他地方所给出的相比，它列出了更多有关概率的著述。在为这个参考书目增加许多著作的名字时，我曾颇为踌躇，因为它们当中现在仍有价值的，寥寥无几。但是，当我第一次开始研究这一领域时，由于缺乏这一领域分散而广泛的文献所给予的指导，我自己曾大受阻碍；我是为自己的方便而整理出的这样一份清单，既没有太过注意书目的精确性，也没有注意其风格的确切统一性，希望它能对别人也有用处。

在这篇参考书目中，把哪些著作放进来，哪些不放进来，是相当武断的事情。概率问题与其他主题交叠在一起，有些著作所处理的主要问题是其他的内容,但其中有些部分,则是我们所要参考的最重要文献。另一方面,把所有偶有涉及概率问题的参考文献都涵盖进来将是荒谬而不可想象的。把那些详细论述概率论的各种应用的浩如烟海的文献——其中涉及保险、机会游戏、统计学、观测误差和最小二乘——进行分类,也没有什么用处。因此,要精确地知道在哪里划界是一个难题。如果一本书或一篇论文的主要主题正好是关于"概率"的,那么我就一定会把它收录进来,而几乎不管我自己对其重要性的看法如何,我也不试图充当这个审查员。但是,在概率不是主要主题的情况下,或者当涉及概率的应用时,其主要的兴趣仅在于应用本身的情况下,我只收录那些我认为重要的著作,其考虑要么基于作者的名气,要么基于其内在的价值,要么基于历史的重要性。特别是,曼斯 471 菲尔德·梅里曼(Mansfield Merriman)教授在1877年发表于《康涅狄格学院学报》上的包罗甚广的参考书目,使我们可以很轻松地(就其精选的书目不算太多这个意义上)处理有关最小二乘的庞大文献。这份参考书目包括408篇与最小二乘法和偶然观测误差理论相关的著作,就1877年之前出版的有关该主题的文献回顾而言,这份书目是足够详尽的了。

在有关概率的文献资料中,陶德杭特的《概率数学理论史》(*History of the Mathematical Theory of Probability*)和洛朗的《概率计算》(*Calcul des probabilités*)尤其重要。在拉普拉斯时代之前出版的数学著作中,陶德杭特的书目清单以及他的评论和分析都是全面而准确的,这是一部真正的饱学之作,无可非议。洛朗于1873年出版的《概率计算》一书最后的参考书目部分,是迄今出版的概率论一般著作中最长的参考书目。但是,由于在保险和观测误差研究方面包含了太多的著作名目,使它显得过于冗长了,而这些著作对概率论的影响非常微小;[1]它主要是一部偏向于数学的书目清单;而且它现在已经快过去五十年了。

这篇参考书目中所列的这些书,我自己也没有全部读过,但我读过所有那些重读一遍仍还有些益处的文献。这里列出的许多论文,早已湮没无闻;所列的许多备忘录,其中的人物也已沉入历史的尘埃中。这份参考书目太长了,我总是不能成功地抑制住想要以一个收藏家的精神来增加它的冲动。值得保留的书目不止 100 种——只要能确定 100 种是哪些就够了。目前,书目编纂者总以罗列众多书目为荣,但是,如果他能不辞辛劳,多加删节,并编制一份更为可信的删节索引,这对其他人或许更加有用,而且研究人员的工作量也会得以减轻。但这只能通过对饱学之士的集体判断所产生的缓慢的磨合来完成。我已经在正文的大量脚注中给出了我自己喜爱的作者们的观点。

472

这份参考书目很长;然而,也许还没有哪个主题比本书的主题更重要,对人们的思想更有吸引力,而关于这方面的文献却又为数极少。如今距离维恩博士第一次发表了他的《机会逻辑》,已经 55 年矣,他至今仍是剑桥的风云人物。[2]然而,在概率论逻辑基础上撰写的英文的成体系的著作中,我的这本专著在时间顺序上仅次于他的那部书。

---

[1] 洛朗的书目上包含 310 篇文献,我把其中 174 篇剔除了,因为它们的相关性不大。

[2] 约翰·维恩 1923 年卒于剑桥,凯恩斯撰写此书时,维恩先生仍健在。——译者注

后学们会在这里看到许多著名的名字。这个学科保持着其神秘性,因而引起了最具思考力的人们的关注,这些关注虽经常是惊鸿一瞥,但都无比深刻。仅就已经去世的人物就有:莱布尼兹(Leibniz),帕斯卡尔(Pascal),阿尔瑙尔德(Arnauld),惠更斯(Huygens),斯宾诺莎(Spinoza),雅克·伯努利(Jacques Bernoulli)和丹尼尔·伯努利(Daniel Bernoulli),休谟(Hume),达朗贝尔(D'Alembert),孔多塞(Condorcet),欧拉(Euler),拉普拉斯(Laplace),泊松(Poisson),古诺(Cournot),凯特勒(Quetelet),高斯(Gauss),穆勒(Mill),布尔(Boole),切比雪夫(Tchebycheff),列克西斯(Lexis)和庞加莱(Poincaré)。斯人已去,著作永存。 473

Abbott, T. K. 'On the Probability of Testimony and Arguments.' *Phil. Mag.* (4), vol. 27, 1864.

Adrain, R. 'Research concerning the Probabilities of the Errors which happen in making Observations.' *The Analyst* or *Math. Museum*, vol. 1, 1808, pp. 93–109.

[This paper, which contains the first deduction of the normal law of error, was partly reprinted by Abbé with historical notes in *Amer. Journ. Sci.* vol. 1, 1871, 411–15.]

Ammon, O. 'Some Social Applications of the Doctrine of Probability.' *Journ. Pol. Econ.* vol. 7, 1899.

Ampère. *Considérations sur la théorie mathématique du jeu.* pp. 63. 4to. Lyon, 1802.

Ancillon. 'Doutes sur les bases du calcul des probabilités.' *Mém. Ac. Berlin*, 1794–5, pp. 3–32.

Arbuthnot, J. *Of the Laws of Chance, or a Method of Calculation of the Hazards of Game plainly Demonstrated.* 16mo. London, 1692.

[Contains a translation of Huygens, *De ratiociniis in ludo aleae.*]

4th edition revised by John Hans. By whom is added a demonstration of the gain of the banker in any circumstance of the game call'd Pharaon, etc. Sm. 8vo. London, 1738.

[For a full account of this book and discussion of the authorship, see Todhunter's History, pp. 48–53.]

'An Argument for Divine Providence, taken from the constant Regularity observ'd in the Births of both Sexes.' *Phil. Trans.* vol. 27, 1710–12, pp. 186–90.

[Argues that the excess of male births is so invariable, that we may conclude that it is not an even chance whether a male or female be born.]

Aristotle. *Anal. Prior.* ii. 27, 70a 3.

Rhetoric i. 2, 1357 a 34. [See Zeller's *Aristotle* for further references.]

Arnauld. (The Port Royal Logic.) *La Logique ou l'Art de penser.* 12mo. Paris, 1662. Another ed. C. Jourdain, Hachette, 1846. Transl. into Eng. with introduction by T. S. Baynes. London, 1851. xlvii+430. See especially pp. 351–370.

Babbage, C. 'An Examination of some Questions connected with Games of Chance.' *Trans. R. Soc. Edin.* 1820, 4to, pp. 25.

Bachelier, Louis. *Calcul des probabilités.* Tome i. 4to. pp. vii+517. Paris, 1912.

Le Jeu, la chance, et le hasard, pp. 320. Paris, 1914.

[Bailey, Samuel.] *Essays on the pursuit of truth, on the progress of knowledge and on the fundamental principle of all evidence and expectation.* pp. xii+302. London, 1829.

Baldwin. *Dictionary of Philosophy.* Bibliographical volumes; *s.v.* 'Probability'.

Baniol. A. 'Le Hasard.' *Revue Internationale de Sociologie*, 1912, pp. 16.

Barbeyrac. *Traité du jeu.* 1st ed. 1709. 2nd ed. 1744.

[Todhunter states (p. 196) that Barbeyrac is said to have published a discourse 'Sur la nature du sort.']

Bayes, Thomas. 'An Essay towards solving a Problem in the Doctrine of Chances.' *Phil. Trans.* vol. liii, 1763, 370–418. 'A demonstration, etc.' *Phil. Trans.* vol. liv, 1764, pp. 296–325.

[Both the above were communicated by the Rev. Richard Price, and the second is partly due to him.]

German transl. *Versuch zur Lösung eines Problems der Wahrscheinlichkeitsrechnung.* Herausgegeben von H. E. Timerding. Sm. 8vo. pp. 57. Leipzig, 1908.

Béguelin. 'Sur les suites ou séquences dans le loterie de Gênes.' *Hist. de l'Acad*, pp. 231–80. Berlin, 1765.

'Sur l'usage du principe de la raison suffisante dans le calcul des probabilités.' *Hist. de l'Acad*, pp. 382–412. Berlin, 1767. (Publ. 1769.)

Bellavitis. 'Osservazioni sulla theoria delle probabilità.' *Atti del Instituto Veneto di Scienze, Lettere*, ed. Arti. Venice, 1857.

Benard. 'Note sur une question de probabilités.' *Journal de l'École royale politechnique*, vol. 15. Paris, 1885.

Bentham, J. *Rationale of Judicial Evidence*.

See Introductory view, chap. XII, and Book i, chapters V, VI, VII.

Bernoulli, Daniel. 'Specimen theoriae novae de mensura sortis.' *Comm. Acad. Sci. Imp. Pet.* vol. V, 1738, pp. 175–92.

Germ. transl. 1896, by A. Pringsheim: *Die Grundlage der modernen Wertlehre.* Versuch einer neuen Theorie der Wertbestimmung von Glücksfällen (Einleitung von Ludvig Fick). pp. 60. Leipzig, 1896.

Recueil des pièces qui ont remporté le prix de l'Académie Royale des Sciences, 1734, vol. III, pp. 95–144.

[On 'La cause physique de l'inclinaison des plans des orbites des planètes par rapport au plan de l'équateur de la révolution du soleil autour de son axe.']

'Essai d'une nouvelle analyse de la mortalité causée par la petite vérole.' *Hist. de l'Acad.*, pp. 1–45. Paris, 1760.

'De usu algorithmi infinitesimalis in arte conjectandi specimen.' *Novi Comm.* Petrop. 1766, vol. XII, pp. 87–98. 'A 2nd memoir.' Petrop. 1766. vol. XII, pp. 99–126. See a criticism by Trembley, *Mém. de l'Acad.* Berlin, 1799.

'Disquisitiones analytiquae de novo problemate conjecturali.' *Novi Comm.* Petrop. xiv, 1769, pp. 1–25. 'A 2nd memoir.' Petrop. xiv, 1769, pp. 26–45.

'Dijudicatio maxime probabilis plurium observationum discrepantium atque verisimillima inductio inde formanda.' *Acta Acad.*, pp. 3–23. Petrop. 1777. Crit. by Euler, pp. 24–33.

Bernoulli, Jac. *Ars conjectandi, opus posthumum.* pp. ii+306+35. Sm. 4to. Basileae, 1713.

[Published by N. Bernoulli eight years after Jac. Bernoulli's death.]

Part I. Reprint with notes and additions of Huygens, De ratiociniis in ludo aleae.

Part II. Doctrina de permutationibus et combinationibus.

Part III. Explicans usum praecedentis doctrinae in variis sortitionibus et ludis aleae. [Twenty-four problems.]

Part IV. Tradens usum et applicationem praecedentis doctrinae in civilibus, moralibus et oeconomicis

Tractatus de seriebus infinitis. [Not connected with the subject of Probability.]

Lettre à un amy, sur les partis du jeu de paume.

[The most important sections, including Bernoulli's theorem, are in Part IV. For a very full account of the whole volume see Todhunter's *History*, chapter VII.]

Engl. Transl. of Part II only, vide *Maseres.*
Fr. transl. of Part I only, vide *Vastel.*
Germ. transl.: *Wahrscheinlichkeitsrechnung.* 4 Teile mit dem Anhage: Brief an einem Freund über das Ballspiel, übers. u. hrsg. v. R. Haussner. 2 vols. Sm. 8vo. 1899.
[See also *Leibniz.*]
Bernoulli, John. *De alea, sive arte conjectandi, problemata quædam.* Collected ed. vol. IV, 1742, pp. 28–33.
Bernoulli, John (grandson). 'Sur les suites ou séquences dans la loterie de Gênes.' *Hist. de l'Acad.*, pp. 234–53. Berlin, 1769.
'Mémoire sur un problème de la doctrine du hasard.' *Hist de l'Acad.*, pp. 384–408. Berlin, 1768.
Bernoulli, Nicholas. *Specimina artis conjectandi, ad quaestiones juris applicatae.* Basel, 1709. Repr. *Act. Erud. Suppl.* 1711, pp. 159–70.
Bertrand, J. *Calcul des probabilités.* Pp. lvii + 332. Paris, 1889.
'Sur l'application du calcul des probabilités à la théorie des jugements.' *Compte rendus*, 1887.
'Les Lois du hasard.' *Rev. des Deux Mondes*, p. 758. Avril. 1884.
Bessel. 'Untersuchung über die Wahrscheinlichkeit der Beobachtungsfehler.' *Astr. Nachrichten*, vol. XV, 1838, pp. 369–404.
Also Abhandl. von Bessel, vol. II, pp. 372–91. Leipzig, 1875.
Bicquilley, C. F. de. *Du calcul des probabilités.* 1783. pp. 164, 2nd ed. 1805.
Germ. transl. by C. F. Rüdiger. Leipzig, 1788.
Bienaymé, J. 'Sur un principe que Poisson avait cru découvrir et qu'il avait appelé loi des grands nombres.' *Comptes rendus de l'Acad. des Sciences morales*, 1855.
[Reprinted in *Journal de la Soc. de Statistiques de Paris*, pp. 199–204, 1876.]
'Probabilité de la constance des causes conclue des effets observés.' *Procès-verbaux de la Soc. Philomathique*, 1840.
'Sur la probabilité des résultats moyens des observations, etc.' *Sav. Étrangers*, vol. V, 1838.
'Théorème sur la probabilité des résultats moyens des observations.' *Procès-verbaux de la Soc. Philomathique*, 1839.
'Considerations à l'appui de la découverte de Laplace sur la loi de probabilité dans la méthode des moindres carrés.' *Comptes rendus des séances de l'Académie des Sciences*, vol. XXXVII, 1853.
[Reprinted in *Journal de Liouville*, 2nd series, vol. XII, 1867, pp. 158–76.]
'Remarques sur les différences qui distinguent l'interpolation de Cauchy de la méthode des moindres carrés.' *Comptes rendus*, 1853.
'Probabilité des erreurs dans la méthode des moindres carrés.' *Journ. Liouville*, vol. XVII, 1852.

Binet. 'Recherches sur une question de probabilité' (Poisson's theorem). *Comptes rendus*, 1844.

Blaschke, E. *Vorlesungen über mathematische Statistik*, pp. viii+268. Leipzig, 1906.

Bobek, K. J. 'Lehrbuch der Wahrscheinlichkeitsrechnung.' *Nach System Kleyer*. pp. 296. Stuttgart, 1891.

Bohlmann, G. 'Die Grundbegriffe der Wahrscheinlichkeitsrechnung in ihrer Anwendung auf die Lebensversicherung.' *Atti del IV Congr. intern. dei matematici*, Rome, 1909.

Boole, G. *Investigations of Law of Thought on which are founded the Mathematical Theories of Logic and Probabilities*. pp. ix+424. London, 1854.

'Proposed Questions in the Theory of Probabilities.' *Cambridge and Dublin Math. Journal*, 1852.

'On the Theory of Probabilities, and in particular on Michell's Problem of the Distribution of the Fixed Stars.' *Phil. Mag.* 1851.

'On a General Method in the Theory of Probabilities.' *Phil. Mag.* 1852.

'On the Solution of a Question in the Theory of Probabilities.' *Phil. Mag.* 1854.

'Reply to some Observations published by Mr Wilbraham in the *Phil. Mag.* vol. VII, p. 465, on Boole's *Laws of Thought*.' *Phil. Mag.* 1854.

'Further Observations in reply to Mr Wilbraham.' *Phil. Mag.* 1854.

'On the Conditions by which the Solutions of Questions in the Theory of Probabilities are limited. *Phil.*' *Mag.* 1854.

'On certain Propositions in Algebra connected with the Theory of Probabilities.' *Phil. Mag.* 1855.

'On the Application of the Theory of Probabilities to the Question of the Combination of Testimonies or Judgments.' *Edin. Phil. Trans.* vol. XXI, 1857, pp. 597–652.

'On the Theory of Probabilities.' *Roy. Soc. Proc.* vol. XII, 1862–3, pp. 179–184.

Borchardt, B. *Einführung in die Wahrscheinlichkeitslehre*. pp. vi+86. Berlin, 1889.

Bordoni, A. 'Sulle probabilità.' 4to. *Giorn. dell' I. R. Instit. Lombardo di Scienze*. T. iv, Nuova Serie. Milano, 1852.

Borel. E. *Élémentes de la théorie des probabilités*. 8vo, pp. vii+191. Paris, 1909. 2nd ed. 1910.

Le Hasard. pp. iv+312. Paris, 1914.

'Le Calcul des probabilités et la méthode des majorités.' *L'Année psychologique*, vol. 14, pp. 125–51. Paris, 1908.

'Les Probabilities dénombrables et leurs applications arithmétiques.' *Rendiconti del Circolo matematico di Palermo*, 1909.
'Le Calcul des probabilités et la mentalité individualiste.' *Revue du Mois*, vol. 6, 1908, pp. 641–50.
'La Valeur practique du calcul des probabilités'. *Revue du Mois*, vol. 1, 1906, pp. 424–37.
'Les Probabilités et M. le Dantec.' *Revue du Mois*, vol. 12, 1911, pp. 77–91.
Bortkiewicz, L. von. *Das Gesetz der kleinen Zahlen.* 8vo. pp. viii + 52, Leipzig, 1898.
'Anwendungen der Wahrscheinlichkeitsrechnung auf Statistik.' *Encyklopädie der mathematischen Wissenschaften*, Band 1, Heft 6.
'Wahrscheinlichkeitstheorie und Erfahrung.' *Zeitschrift für Philosophie und philosophische Kritik*, vol. 121, pp. 71–81. Leipzig, 1903.
[With reference to Marbe, Brömse, and Grimsehl, *q.v.*]
'Kritisch Betrachtungen zur theoretischen Statistik.' *Jahrb. f. Nationalök. u. Stat* (3), vol. 8, 1894, pp. 641–80; vol. 10, 1895, pp. 321–60; vol. 11, 1896, pp. 671–705.
'Die erkenntnistheoretischen Grundlagen der Wahrscheinlichkeitsrechnung.' *Jahrb. f. Nationalök. u. Stat.* (3), vol. 17, 1899, pp. 230–44.
[Criticised by Stumpf., *q.v.*, who is answered by Bortkiewicz, *loc. cit.*, vol. 18, 1899, pp. 239–42.]
'Zur Verteidigung des Gesetzes der kleinen Zahlen.' *Jahrb. f. Nationalök. u. Stat.* (3), vol. 39, 1910, pp. 218–36.
[The literature of this topic is not fully dealt with in this Bibliography, but very full references to it will be found in the above article.]
'Über den Präzisionsgrad des Divergenzkoeffizientes.' *Mitteil. des Verbandes der österr. und ungar. Versicherungstechniker*, vol. 5.
'Realismus und Formalismus in der mathematischen Statistik.' *Allg. Stat. Archiv.* vol. ix, pp. 225–256. Munich, 1915.
Die Iterationen: ein Beitrag zur Wahrscheinlichkeitstheorie. pp. xii + 205. Berlin, 1917.
Die radioaktive Strahlung als Gegenstand wahrscheinlichkeitstheoretischer Untersuchungen, pp. 84. Berlin, 1913.
'Wahrscheinlichkeitstheoretische Untersuchungen über die Knabenquote bei Zwillings Gebieten.' *Sitzungsber. der Berliner Math. Ges.*, vol. xvii, 1918, pp. 8–14.
'Homogeneität und Stabilität in der Statistik.' pp. 81. (Extracted from the *Skandinavisk Aktuarietidskrift.*) Uppsala, 1918.
Bostwick, A. E. 'The theory of probabilities.' *Science*, vol. iii, 1896, p. 66.
Boutroux, Pierre, 'Les Origines du calcul des probabilités.' *Revue du Mois*, vol. 5, 1908, pp. 614–54.

Bowley, A. L. *Elements of Statistics.* Pp. xi+459. 4th ed. London, 1920.
Bradley, F. H. *The Principles of Logic.* Book i, chapter 8, §§ 32–63, pp. 201–20. London, 1883.
Bravais. 'Analyse mathématique sur les probabilités des erreurs de situation d'un point.' *Mém. Sav.* vol. 9. pp. 255–332, Paris, 1846.
Brendel. *Wahrscheinlichkeitsrechnung mit Einschluss der Anwendungen.* Göttingen, 1907.
Broad, C. D. 'The Relation between Induction and Probability.' *Mind,* vol. xxvii, 1918, pp. 389–404 and vol. xxix, 1920, pp. 11–45.
Bromse, H. *Untersuchungen zur Wahrscheinlichkeitslehre.* (Mit besonderer Beziehung auf Marbes Schrift (*q.v.*).)
Zeitschrift für Philosophie und philosophische Kritik. Band 118. Leipzig, 1901. Pp. 145–53.
(See also Marbe, Grimsehl, and v. Bortkiewicz.)
Brunn, Dr Hermann. 'Über ein Paradoxon der Wahrscheinlichkeitsrechnung.' *Sitzungsberichte der philos.-philol. Klasse der K. bayrische Akademie,* 1892, pp. 692–712.
Bruns, H. *Wahrscheinlichkeitsrechnung und Kollektivmasslehre.* 8vo. pp. viii+310+18. Leipzig, 1906.
'Das Gruppenschema für zufällige Ereignisse.' *Abhandl. d. Leipz. Ges. d. Wissensch.* vol. XXIX, 1906, pp. 579–628.
Bryant, Sophie. 'On the Failure of the Attempt to deduce inductive Principles from the Mathematical Theory of Probabilities.' *Phil. Mag.* S. 5, no. 109, suppl. vol. 17.
Buffon. 'Essai d'arithmétique morale.' *Supplément à l'Histoire Naturelle,* vol. 4, 1777, pp. 103. 4to. *Hist. Ac. Par.* 1733, pp. 43–5.
Bunyakovski. Osnovaniya, etc. *Principles of the Mathematical Theory of Probabilities.* Petersburg, 1846.
Burbury, S. H. 'On the Law of Probability for a System of correlated variables.' *Phil. Mag.* (6), vol. 17, 1909, pp. 1–28.
Campbell, R. 'On a Test for ascertaining whether an observed Degree of Uniformity, or the reverse, in tables of Statistics is to be looked upon as remarkable.' *Phil. Mag.* 1859.
'On the Stability of Results based upon average Calculations.' *Journ. Inst. Act.,* vol. 9, p. 216.
A popular Introduction to the Theory of Probabilities. pp. 16, Edinburgh, 1865.
Cantelli, F. P. 'Sulla applicazione delle probabilità parziali alla statistica.' *Giornale di Matematica finanziaria,* vol. 1, 1919, pp. 30–44.
Cantor, G. *Historische Notizen über die Wahrscheinlichkeitsrechnung.* 4to. pp. 8, Halle, 1874.

Cantor, M. *Politische Arithmetik oder die Arithmetik des täglichen Lebens.* pp. x+155. Leipzig, 1898, 2nd ed. 1903.

Canz, E. C. *Tractatio synoptica de probabilitate juridica sive de praesumtione.* 4to. Tübingen, 1751.

Caramuel, John. *Kybeia, quae combinatoriae genus est, de alea, et ludis fortunae serio disputans.* 1670. [Includes a reprint of Huygens, which is attributed to Longomontanus.]

Cardan, *De ludo aleae.* fo. Pp. 15. 1663. [Cardan ob. 1576.]

Carvello, E. *Le Calcul des probabilités et ses applications.* 8vo. pp. ix+169. Paris, 1912.

Castelnuovo, Guido. *Calcolo delle probabilità.* Large 8vo. pp. xxiii+373. Rome, 1919.

Catalan, E. 'Solution d'un problème de probabilité, relatif an jeu de rencontre.' *Journ. Liouville*, vol. II, 1837.

'Deux problèmes de probabilités.' *Journ. Liouville*, vol. vi.

Problèmes et théorèmes de probabilités. 4to. 1884.

Cauchy. *Sur le système de valeurs qu'il faut attribuer à divers éléments déterminés par un grand nombre d'observations.* 4to. Paris, 1814.

Cayley, A. 'On a Question in the Theory of Probabilities.' *Phil. Mag.*, 1853.

Cesàro, E. 'Considerazioni sul concetto di probabilità.' *Periodico di Matematica*, VI, 1891.

Charlier, C. V. L. 'Researches into the Theory of Probability.' Publ. in Engl. in *Meddelanden* from Lund's *Astronom. Observatorium*, Series ii, no. 24. 4to, pp. 51. Lund, 1906.

'Contributions to the Mathematical Theory of Statistics,' *Arkiv för matematik, astronomi och fysik*, vols. 7, 8, 9, *passim.*

Vorlesungen über die Grundzüge der mathematischen Statistik. Sm. 4to. pp. 125. Lund, 1920.

Charpentier, T. V. 'Sur la nécessité d'instituer la logique du probable.' *Comptes rendus de l'Acad. des Sciences morales*, vol. I, 1875, pp. 103.

'La Logique du probable'. *Rev. phil.* vol. VI, 1878, pp. 23–28, 146–63.

Chrystal, G. *On some Fundamental Principles in the Theory of Probability.* London, 1891.

Clark, Samuel. *The Laws of Chance: or a Mathematical Investigation of the Probability arising from any proposed Circumstance of Play, etc.* pp. ii+204. 1758.

Cohen, J. *Chance: A Comparison of 4 Facts with the Theory of Probabilities.* pp. 47. London, 1905.

Condorcet, Marquis de. *Essai sur l'application de l'analyse à la probabilité des décisions rendues à la pluralité des voix.* 4to. pp. cxci+304. Paris 1785. Another edition, 1804.

'Sur les événements futurs.' *Acad. des Sc.*, 1803.

Memoir on Probabilities in six parts:

1. 'Réflexions sur la règle générale qui prescrit de prendre pour valeur d'un événement incertain la probabilité de cet événement multipliée, par la valeur de l'événement en lui-même.' *Hist. de l'Acad.* pp. 707–28. Paris, 1781.
2. 'Application de l'analyse à cette question: Déterminer la probabilité qu'un arrangement régulier est l'effet d'une intention de la produire.' *Hist. de l'Acad.*, Paris, 1781,. With Par I.
3. *Sur l'évaluation des droits éventuels.* 1782, pp. 674–91.
4. Réflexions sur la méthode de déterminer la probabilité des événements futurs, d'après l'observation des événements passés. 1783, pp. 539–59.
5. *Sur la probabilité des faits extraordinaires.* 1783, with Part 4.
6. *Application des principes de l'article précédent à quelques questions de critique.* 1784, pp. 454–68.

Coover, J. *Experiments in Psychical Research at Leland Stanford Junior University.* pp. 641. Stanford University, California, 1917.

[See *Psychical Research and Statistical Method* by F. Y. Edgeworth, *Stat. Jl*, vol. LXXXII, 1919, p. 222.]

Corbaux, F. *Essais metaphysiques et mathématiques sur le hasard.* 8vo. Paris, 1812.

Costa. *Probabilité du tir.* 8vo. Paris, 1825.

'Question de probabilité applicable aux décisions, rendues par les jurés.' *Liouv. J.* (1), VII, 1842.

Courcy, Alph. de. *Essai sur les lois du hasard suivi d'étendus sur les assurances.* 8vo. Paris, 1862.

Cournot, A. *Revue de Métaphysique et de Morale*, May 1905. Numéro spécialement consacré à Cournot. See especially:

F. Faure: '*Les Idées de Cournot sur la statistique*,' pp. 395–411.

D. Parodi: '*Le Criticisme de Cournot*', pp. 451–84.

F. Mentré: '*Les Racines historiques du probabilisme rationnel de Cournot*,' pp. 485–508.

Art. 'Probabilités.' *Dictionnaire de Franck.*

'Sur la probabilité des jugements et la statistique.' *Journal de Liouville*, t. iii, p. 257.

'Mémoire sur les applications du calcul des chances à la statistique judiciaire'. *Liouv. J.* (1) iii, 1838.

Exposition de la théorie des chances et des probabilités. pp. viii + 448. Paris, 1843.

German translation by C. H. Schnuse. 8vo. Braunschweig, 1849.

Couturat, L. *La Logique de Leibniz d'après des documents inédits*. pp. xiv+608. Paris, 1901.
[See especially chapter VI, for references to Leibniz's views on Probability.]
Opuscules et fragments inédits de Leibniz. Paris, 1903.
Craig. *Theologiae Christianae principia mathematica*. 4to. London, 1699. Reprinted Leipzig, 1755.
[Craig (?).] 'A Calculation of the Credibility of Human Testimony.' *Phil. Trans.* vol. XXI, 1699, pp. 359–65.
[Also attributed to Halley.]
Crakanthorpe, R. *Logica*. 1st ed. London, 1622. 2nd ed. London, 1641 (auctior et emendatior). 3rd ed. Oxon., 1677.
Crofton, M. W. 'On the Theory of Local Probability, applied to Straight Lines drawn at random in a Plane.' *Phil. Trans.* vol. 158, 1869, pp. 181–99.
[Summarised in *Proc. Lond. Math. Soc.* vol. 2, 1868, pp. 55–7.]
'Probability.' *Encycl. Brit.* 9th ed., 1885.
'Geometrical Theorems relating to Mean Values.' *Proc. Lond. Math. Soc.* vol. 8, 1877, pp. 304–9.
Czuber, E. *Zum Gesetz der grossen Zahlen*. Prague, 1889.
Geometrische Wahrscheinlichkeiten und Mittelwerte. pp. vii+244. Leipzig, 1884.
Theorie der Beobachtungsfehler. pp. xiv+418. Leipzig, 1891.
Die Entwicklung der Wahrscheinlichkeitstheorie und ihrer Anwendungen. pp. viii+279. Leipzig, 1899.
Wahrscheinlichkeitsrechnung und ihre Anwendung auf Fehlerausgleichung, Statistik und Lebensversicherung. Leipzig, 1903.
Ditto. 2 vols, 8vo. Pp. x+410+x+470. Leipzig, 1908–10. Second edition, revised and enlarged. Vol. I; *Wahrscheinlichkeitstheorie, Fehlerausgleichung, Kollektivmasslehre*, 1908. Vol. II: *Mathematische Statistik, mathematische Grundlagen der Lebensversicherung*, 1910.
D'Alembert. *Opuscules mathématiques*: Paris, 1761–1780.
[*Réflexions sur le calcul des probabilités*, II, pp. 1–25, 1761.
Sur l'application du c. des p. à l'inoculation, II, pp. 26–95.
Sur le calcul des probabilités, etc., IV, pp. 73–105; IV, pp. 283–341; V, pp. 228–31; V, pp. 508–10; VII, pp. 39–60.]
Mélanges de littérature, d'histoire et de philosophie. Amsterdam, 1770.
[*Doutes et questions sur le calcul des probabilitiés*, vol. V, pp. 223–46.
Réflexions sur l'inoculation. vol. V. (These two papers were reprinted in the first volume of D'Alembert's collected works published at Paris in 1821 (pp. 451–514).)]

Articles in *Encyclopédie ou Dictionnaire raisonné*:
'Croix ou Pile,' 1754;
'Gageure,' 1757.
Article in *Encyclopédie méthodique*: 'Cartes.'

D'Anières. 'Réflexions sur les jeux de hasard.' *Mém. de l'Acad.* pp. 391–8. Berlin, 1784.

Dantec, Félix le. 'Le Hasard et la question d'échelle.' *Revue du Mois*, vol. 4, 1907, pp. 257–88.

Le Chaos et l'harmonie universelle. Paris, 1911.

Darbishire, A. D. *Some Talks illustrating Statistical Correlation.* (Reprinted from *Memoirs of the Manchester Literary and Philosophical Society.*) Pp. 12 and plates. 8vo. 1907.

Darbon, A. *Le Concept du hasard dans la philosophie de Cournot. Étude critique.* Pp. 60. Paris, 1911.

Davenport, C. B. *Statistical Methods.* 1904.

De Moivre, A. 'De mensura sortis, seu, de probabilitate eventuum in ludis a casu fortuito pendentibus.' *Phil. Trans.* vol. XXVII, 1711, pp. 213–64.

Doctrine of Chances, or A Method of Calculating the Probabilities of Events in Play. 1st ed. 4to, 1718, pp. xiv+175; 2nd ed. Large 4to, 1738, pp. xiv+258; 3rd ed. Large 4to, 1756, pp. xii+348.

La dottrina d. azzardi applic. ai problemi d. probabilità di vita, di pensi, ecc., trad. da R. Gaeta e G. Fontana. Milan, 1776.

Miscellanea analytica de seriebus et quadraturis. 4to, pp. 250+22. London, 1730.

De Morgan, A. *Essay on Probabilities and their Application to Life Contingencies and Insurance Offices.* 1838.

Formal Logic: or the Calculus of Inference Necessary and Probable. 1847.

Theory of Probabilities. 4to, 1849.

[From the *Encyclopaedia Metropolitana.*]

'On the Structure of the Syllogism and on the Application of the Theory of Probabilities to Questions of Argument and Authority.' 4to. *Camb. Phil. Soc.* pp. 393–405, 1847 (read Nov. 9, 1846).

'On the Symbols of Logic, the Theory of the Syllogism, and in particular of the Copula, and the Application of the Theory of Probabilities to some Questions of Evidence.' 4to. *Camb. Phil. Soc.* vol. IX, 1851, pp. 116–25.

De Witt, John. *De vardye van de lif-renten na proportie van de los-renten.* La Haye, 1671.

English trans.: Contributions to the History of Insurance, by Frederick Hendriks in the *Assurance Magazine*, vol. 2, 1852, p. 231.

[For an abstract see N. Struyck. *Inleiding tot het algemeine geography, etc.* 4to, p. 345. Amsterdam, 1740.]

Dedekind, R. 'Bemerkungen zu einer Aufgabe der Wahrscheinlichkeitsrechnung.' *Crelle J.* vol. I, 1855, pp. 268–71.

Degen, C. F. *Tabularum ad faciliorem probabilitatis computationem utilem Enneas.* Kobenhavn, 1824.

Diderot. Art. 'Probabilité' in the *Encyclopédie.*

Didion, J. *Calcul des probabilités appliqué au tir des projectiles.* 8vo, 1858.

Dodson, James, *Mathematical Repository.* 3 vols., 1753. Vol. II, pp. 82–136.

Donkin, W. F. 'Sur la théorie de la combinaison des observations.' *Liouv. J.* (1), vol. XV, 1850.

'On Certain Questions relating to the Theory of Probabilities.' *Phil. Mag.*, May 1851.

Dormoy, E. *Théorie mathématique des assurances sur la vie.* 2 vols. Paris, 1878.

Drobisch, A. 'Über die nach der Wahrscheinlichkeitsrechnung zu erwartende Dauer der Ehen.' *Berichte über die Verhandlungen der Königl. Sächsischen Gesellschaft der Wissenschaften mathem.-physik.* 1880.

Drobisch, M. W. *Neue Darstellung der Logik.* 2nd ed. Leipzig, 1851; 3rd ed., 1863; 4th ed. 1875; 5th ed. 1887.

[Probability, pp. 181–209, §§ 145–57 (references to 4th ed).]

Edgeworth, F. Y. 'Calculus of Probability applied to Psychical Research.' *Proceedings of Soc. for Psych. Res.* Parts VIII and X.

'On the Method of ascertaining a Change in the Value of Gold.' *Roy. Stat. Soc. J.* XLVI, 1883, pp. 714–18.

'Law of Error.' *Phil. Mag.* (5) vol. XVI, 1883, pp. 300–9.

'Method of least Squares.' *Phil. Mag.* (5) vol. XVI, 1883, pp. 360–75.

'Physical Basis of Probability.' *Phil. Mag.* vol. XVI, 1883, pp. 433–5.

'*Chance and Law*'. Hermathene (Dublin), 1884.

'On the Reduction of Observations.' *Phil. Mag.* (5) vol. XVII, 1884, pp. 135–41.

'Philosophy of Chance.' *Mind*, April 1884.

'*A priori* Probabilities.' *Phil. Mag.* (5) vol. XVIII, 1884, pp. 209–10.

'On Methods of Statistics.' *Stat. Journ. Jub.* vol. 1885, pp. 181–217.

[Criticised by Bortkiewicz and defended by Edgeworth, *Jahrb. f. nat. Ök. u. Stat.* (3), vol. 10, pp. 343–7; vol. 11, pp. 274–7, 701–5, 1896.]

'Observations and Statistics.' *Phil. Soc.* 1885.

'Law of Error and Elimination of Chance.' *Phil. Mag.* vol. XXI, 1886, pp. 308–24.

'Problems in Probabilities.' *Phil. Mag.* 1886, vol. XXII, pp. 371–84, and and 1890, vol. XXX, pp. 171–88.

Metretike: or the Method of Measuring Probability and Utility. 8vo. 1887.

'On Discordant Observations.' *Phil. Mag.* (5) vol. XXIII, pp. 1887.

'The Empirical Proof of the Law of Error.' *Phil. Mag.* (5) vol. XXIV, 1887, pp. 330–42.
'The Element of Chance in Competitive Examinations.' *Roy. Stat. Soc. Journ.* LIII, pp. 460–75 and 644–63, 1890.
'The Law of Error and Correlated Averages.' *Phil. Mag.* (5) vol. XXXV, 1893, pp. 63–4.
'Statistical Correlation between Social Phenomena.' *Roy. Stat. Soc. Journ.* LVI, pp. 670–5, 1893.
'The Asymmetrical Probability-Curve.' *Phil. Mag.* vol. XLI, 1896, pp. 90–9.
'Miscellaneous Applications of the Calculus of Probabilities.' *Roy. Stat. Soc. Journ.* LX, pp. 681–98, 1897; 1898, LXI, pp. 119–31 and 534–44.
'Law of Error.' *Phil. Trans.* vol. XX.
'The Generalised Law of Error.' *Stat. Journ.* vol. LXIX, 1906.
'On the Probable Error of Frequency-Constants.' *Stat. Journ.* vol. LXXI, 1908, pp. 381–97, 499–512, 651–78; and vol. LXXII, 1909, pp. 81–90.
'On the Application of the Calculus of Probabilities to Statistics.' *Bulletin* XVIII, *of the International Statistical Institute*, Paris, 1910, 32 pp.
'Applications of Probabilities to Economics.' *Economic Journal.* vol. XX, 1910, pp. 284–304, 441–65.
'Probability'. *Encyclopaedia Britannica.* 11th ed. vol. 22, 1911, pp. 376–403.
'On the Application of Probabilities to the Movement of Gas-Molecules. *Phil. Mag.* vol. XL, 1920, pp. 249–72.
'Molecular Statistics.' *Roy. Stat. Soc. Journ.* vol. LXXXIV, 1921, pp. 71–89.
Eggenberger, J. 'Beitrage zur Darstellung des bernoullischen Theorems.' *Berner Mitth.* vol. 50, 1894; and *Zeitschr. f. Math. u. Ph.* 45, 1900, p. 43.
Elderton, W. P. *Frequency-Curves and Correlation.* 8vo. London, 1907. xiii + 172.
[Contains a useful list of papers on Correlation, p. 163.]
Ellis, R. L. 'On the Foundations of the Theory of Probability.' 4to. *Camb. Phil. Soc.* vol. VIII, 1843.
[Reprinted in *Mathematical and other Writings.* 1863.]
'On a Question in the Theory of Probabilities.' *Camb. Math. Journ.* no. xxi, vol. IV, 1844.
[Reprinted in *Mathematical and other Writings.* 1863.]
'On the Method of Least Squares.' *Trans. Camb. Phil. Soc.* vol. VIII, 1844.
[Reprinted in *Mathematical and other Writings.* 1863.]
'Remarks on an alleged proof of the "Method of Least Squares".' *Phil. Mag.* (3) vol. XXXVII, 1850.

[Reprinted in *Mathematical and other Writings*. 1863.]
'Remarks on the Fundamental Principle of the Theory of Probabilities.' *Trans. Camb. Phil. Soc.* vol. IX, 1854.
[Reprinted in *Mathematical and other Writings*. 1863.]
Elsas, A. 'Kritische Betrachtungen über die Wahrscheinlichkeitsrechnung.' *Philos. Monatssch.* vol. XXV, 1889, pp. 557–84.
Emmerson, William. *Miscellanies*, 1776. [See espec. pp. 1–48.]
Encke, J. F. Methode der kleinsten Quadrate. *Fehler theoret. Untersuchungen.* Berlin, 1888.
Engel, G. 'Über Möglichkeit und Wirklichkeit.' *Philos. Monatssch.* vol. V, 1875, pp. 241–71.
Ermakoff, W. P. *Wahrscheinlichkeitslehre* (in Russian).
Euler. 'Calcul de la probabilité dans le jeu de rencontre.' *Hist. Ac. Berl.* 1751, pp. 255–70, 1753.
'Sur l'avantage du banquier au jeu de pharaon.' *Hist. Ac. Berl.* 1764, pp. 144–64, 1766.
'Sur la probabilité des séquences dans la loterie genoise.' *Hist. Ac. Berl.* 1765, pp. 191–230, 1767.
'Solution d'une question très difficile dans le calcul des probabilities.' *Hist. Ac. Berl.* 1769, pp. 285–302, 1771.
'Solutio quarundam quaestionum difficiliorum in calculo probabilium.' *Opuscula analytica.* vol. II, 1785, pp. 331–46.
'Solutio quaestionis ad calculum probabilitatis pertinentis: Quantum duo conjuges persolvere debeant, ut suis haeredibus post utriusque mortem certa argenti summa persolvatur.' *Opuscula analytica.* vol. II, 1785, pp. 315–30.
'Wahrscheinlichkeitsrechnung.' *Opera omnia.* ser. I, A, vol. IV. Leipzig.
Fahlbeck. 'La Regularité dans les choses humaines, ou les types statistiques et leurs variations.' *Journ. Soc. Stat. de Paris.* 1900, pp. 188–200.
Fechner, G. Th. *Kollektivmasslehre.* (Edited by G. F. Lipps.) 1897.
Fick, A. *Philosophischer Versuch über die Wahrscheinlichkeiten.* pp. 46. Würzburg, 1883.
Fisher, A. *The Mathematical Theory of Probabilities.* Translated from the Danish, pp. xx + 171. New York, 1915.
Forbes, J. D. 'On the alleged Evidence for a Physical Connexion between Stars forming Binary or Multiple Groups, deduced from the Doctrine of Chances.' *Phil. Mag.* Dec. 1850. (See also *Phil. Mag.*, Aug. 1849)
Forncey. *The Logic of Probabilities.* Transl. from the French. 8vo. London, n.d. (? 1760).
Förster, W. *Wahrheit und Wahrscheinlichkeit.* pp. 40. Berlin, 1875.

Fries, J. J. *Versuch einer Kritik der Principien der Wahrscheinlichkeitsrechnung.* Braunschweig, 1842.

Frömmichen. *Über Lehre der Wahrscheinlichkeit.* 4to. Braunschweig, 1773.

Fuss, N. 'Recherches sur un problème du calcul des probabilités.' *Act. Ac. Petr.* (1779), pars posterior, 1783, pp. 81–92.

'Supplément au mémoire sur un problème du calcul des probabilités.' *Act. Ac. Petr.* (1780), pars posterior, 1784, pp. 91–6.

Galileo, G. 'Considerazioni sopra il giuoci dei dadi.' *Opere.* vol. III, 1817, pp. 119–21. Also, *Opere.* vol. XIV, pp. 293–6. Firenze, 1855.

'Lettere intorno le stima di un cavallo.' *Opere.* vol. XIV, pp. 231–84. Firenze, 1855.

Galloway, T. *A Treatise on Probability.* 8vo. Edinburgh, 1839. (From the 7th edition of the *Encyclopaedia Britannica.*)

Galton, F. 'Correlations and their Measurement.' *Proc. Roy. Soc.* vol. XLV, pp. 136–45.

Probability, the Foundation of Eugenics. Herbert Spencer Lecture, 1907. (Reprinted: *Essays in Eugenics.* 8vo, ii + 109 pp. London, 1909).

Gardon, C. *Antipathies des 90 nombres, probabilités, et observations comparatives, sur les loteries de France et de Bruxelles.* 8vo. Paris, 1801.

Traité élémentaire des probabilités, etc. Paris, 1805.

L'investigateur des chances...pour obtenir souvent des succès aux loteries impériales de France. Paris.

Garve, C. *De nonnullis quae pertinent ad logicam probabilium.* 4to. Halae, 1766.

Gataker, T. *On the Nature and Use of Lots.* 4to. 1619.

Gauss, C. F. *Theoria motus corporum coelestium.* 4to. Hamburg, 1809.

'Theoria combinationis observationum erroribus minimis obnoxiae.' *Comm. Soc. Göttingen.* vol. V, 1823, pp. 33–90.

Méthode des moindres carrés. Traduit en français par J. Bertrand. 8vo. 1855. [A translation of part of the above.]

'Wahrscheinlichkeitsrechnung.' *Werke*, vol. IV, pp. 1–53. 4to. Göttingen, 1873.

Geisenheimer, L. *Über Wahrscheinlichkeitsrechnung.* 8vo. Berlin, 1880.

Gilman, B. I. 'Operations in Relative Number with Applications to Theory of Probability.' *Johns Hopkins Studies in Logic.* 1883.

Gladstone, W. E. 'Probability as a Guide to Conduct.' *Nineteenth Century.* vol. V, 1879, pp. 908–34; and in *Gleanings.* vol. II, pp. 153–200.

Glaisher, J. W. L. 'On the Rejection of Discordant Observations.' *Monthly Notices R. Astr. S.* vol. XXIII, 1873.

'On the Law of Facility of Errors of Observation, and on the Method of Least Squares.' *Mem. R. Astr. S.* vol. XXXIX, 1872.

Goldschmidt, L. 'Wahrscheinlichkeit und Versicherung.' *Bull. du Comité permanent des Congrès Internationaux d'Actuaires.* 1897.

Die Wahrscheinlichkeitsrechnung: Versuch einer Kritik. pp. 279. Hamburg, 1897.

[Cf. *Zeitschr. f. Philos. u. phil. Kr.* CXIV, pp. 116–19.]

Gonzalez, T. *Fundamentum theologiae moralis, id est tractatus theologicus de recto usu opinionum probabilium.* 4to. Dillingen, 1689. Naples, 1694.

[An abridgement entitled: *Synopsis tract. theol. de recto usu opin. prob., concinnata a theologo quodam Soc. Jesu: cui accessit logistica probabilitatum.* 3rd ed., 8vo, Venice, 1696. See Migne, *Theol. Cur. Compl.*, vol. XI, p. 1397.]

Gourand, Ch. *Histoire du calcul des probabilités depuis ses origines jusqu'à nos jours.* 8vo. Paris, 1848, 148 pp.

[His history seems to be a portion of a very extensive essay in 3 folio volumes containing 1929 pp., written when he was very young, in competition for a prize proposed by the Fr. Acad. on a subject entitled *Théorie de la certitude*; see *Séances et Travaux de l'Académie des Sciences morales et politiques.* vol. X, pp. 372, 382; vol. XI, p. 137. *See* Todhunter.]

Gravesande, W. J. 'S. *Introductio ad philosophiam, metaphysicam et logicam continens.* 8vo. Venetiis, 1737.

Œuvres philosophiques et mathématiques. 4to. Amsterdam, 1774, 2 vols., 4to. II, pp. 82–93, 221–48.

Grellings, K. 'Die philosophischen Grundlagen der Wahrscheinlichkeitsrechnung.' *Abhandlungen der Friesschen Schule. N.F.* vol. III, 1910.

Grimsehl, E. 'Untersuchungen zur Wahrscheinlichkeitslehre. (Mit besonderer Beziehung auf Marbes Schrift (*q.v.*).)' *Zeitschrift für Philosophie und philosophische Kritik.* Band 118, pp. 154–67. Leipzig, 1901.

[See also Brömse, Marbe and v. Bortkiewicz.]

Grolous. 'Sur une question de probabilité appliquée à la théorie des nombres.' *Journal de l'Institut.* 1872.

Groschius, J. A. *Logica probabilium in artium practicarum subsidium adornata.* Sm. 8vo. Halae, 1764. pp. xvi+352.

Grünbaum, H. *Isolierte und reine Gruppen und die Marbesche Zahl 'p.'* Würzburg, 1940.

Guibert, A. 'Solution d'une question relative à la probabilité ces jugements rendus à une majorité quelconque.' *Liouv. J.* (1) vol. III, 1838.

Hack, *Wahrscheinlichkeitsrechnung.* Leipzig, 1911.

Hagen, G. F. *Meditationes philosophicae de methodo mathematico.* Norimbergae, 1734.

Fortsetzung einiger aus der Mathematic abgenommenen Regeln, nach welchen

sich der menschliche Verstand bei Erfindung der Wahrheiten richtet. Halle, 1737.
Hagen, G. *Grundzüge der Wahrscheinlichkeitsrechnung*. Berlin, 1837. (2nd ed. 1867; 3rd ed. 1882.)
Der constante wahrscheinliche Fehler: Nachtrag zur 3ten Auflage der Grundzüge der Wahrscheinlichkeitsrechnung. pp. 38. Berlin, 1884.
Halley. *See* Craig.
Hans, John, *See* J. Arbuthnot.
Hansdorff, F. 'Beitrage zur Wahrscheinlichkeitsrechnung.' *Leipz. Ber.* vol. 53, 1901, pp. 152–78.
'Das Risiko bei Zufallsspielen.' *Leipz. Ber.* vol. 49, 1897, pp. 497–548.
Hansen, P. A. 'Über die Anwendung der Wahrscheinlichkeitsrechnung auf geodatische Vermessungen.' *Aster. N.* vol. IX, 1831.
Hartmann, E. von. 'Die Grundlage der Wahrscheinlichkeitsurteils.' *Vierteljahrsschr. f. wiss. Phil. u. Soz.* vol. XXVIII, 1904.
Hauteserve, Gauthier d'. *Traité élémentaire sur les probabilités*. Paris, 1834.
Application de l'algèbre élémentaire au calcul des probabilités. Paris, 1840.
Hélie. *Mémoire sur la probabilité du tir*. 8vo. 1854.
Helm. 'Eine Anwendung der Theorie des Tauschwerthes auf die Wahrscheinlichkeitsrechnung.' *Zeitschr. f. Math. u. Phys.* vol. 38, pp. 374–6. Leipzig, 1893.
'Die Wahrscheinlichkeitslehre als Theorie der Kollektiv-begriffe.' *Annalen der Naturphilosophie* vol. I.
Henry, Charles. *La Loi des petits nombres. Recherches sur le sens de l'écart probable dans les chances simples à la roulette, au trente-et-quarante etc., en général dans les phénomènes dépendant de causes purement accidentales*. pp. 72. 8vo. Paris, 1908.
Herschel, W. 'On the Theory of Probabilities.' *Journal of Actuaries*. 1869.
'Quetelet on Probabilities.' *Edin. Rev.*, 1850.
[Reprinted on Quetelet's *Physique Sociale*. vol. I, pp. 1–89, 1869.]
'On an Application of the Rule of Succession.' *Edin. Rev.* 1850.
Herz, N. *Wahrscheinlichkeits- und Ausgleichungsrechnung*. pp. iv+381. Leipzig, 1900.
Hibben, J. G. *Inductive Logic*. London, 1896.
[See chapters XV, XVI.]
Hobhouse, L. T. *Theory of Knowledge*.
[See Part II, chapters X, XI.]
Hoyle. *An Essay towards making the Doctrine of Chances easy to those who understand vulgar Arithmetic only*. pp. viii+73, 1754, 1758, 1764.
Huberdt, A. *Die Principien der Wahrscheinlichkeitsrechnung*. 4to. Berlin, 1845.

Hume, David. *Treatise on Human Nature.* 1st ed. 1739.
[See especially Part III.]
An Enquiry concerning Human Understanding.
[See specially Section VI.]
Essays, Part I, XIV. 'On the Rise and Progress of the Arts and Sciences,' pp. 115, 116. 1742.

Huygens, Ch. 'De ratiociniis in ludo aleae.' *Schooten's Exercitat. math.* pp. 519–534. 4to. Lugd. Bat., 1657.
[Written by Huygens in Dutch and translated into Latin by Schooten.] Engl. transl. by W. Browne. Sm. 8vo, pp. 24. London, 1714.
[See also Jac. Bernoulli, Arbuthnot (Engl. Transl.), and Vastel (Fr. Transl.).]

Jahn, G. A. *Die Wahrscheinlichkeitsrechnung und ihre Anwendung auf das wissenschaftliche und praktische Leben.* Leipzig, 1839.

Janet. *La Morale.* Paris, 1874. [See Book III, chapter 3 for Probabilism.]
Engl. trans. *The Theory of Morals.* New York, 1883, pp. 292–308.

Jevons, W. S. *Principles of Science.* 2 vols. 1874.

Jordan, C. 'De quelques formules de probabilité (sur les causes).' *Comptes rendus.* 1867.

Jourdain, P. E. B. 'Causality, Induction, and Probability.' *Mind.* vol. XXVIII, 1919, pp. 162–79.

Kahle, L. M. *Elementa logicae probabilium methodo mathematica, in usu scientiarum et vitae adornata.* pp. 10+xxii+245. Sm. 8vo. Halae, 1735.

Kanner, M. 'Allgemeine Probleme der Wahrscheinlichkeitsrechnung und ihre Anwendung auf Fragen der Statistik.' *Journ. des Collegiums für Lebens-Versicherungs-Wissencshaft.* Berlin, 1870.

Kaufmann, Al. *Theorie und Methoden der Statistik.* [Translated from the Russian.] pp. xii+540. Tübingen, 1913.

Kepler, J. *De stella nova in pede serpentarii.* 1606. See J. Kepler's *Astr. Op. Omn.* edidit Frisch. II, pp. 714–16.

Kirchmann, J. H. von. *Über die Wahrscheinlichkeit.* Pp. 60. Leipzig, 1878.

Knapp. 'Quetelet als Theoretiker'. *Jahrb. f. nat. Ök. und Stat.* (New Series), vol. XVIII.

Kozák, Josef. *Grundlehren der Wahrscheinlichkeitsrechnung als Vorstufe für das Studium der Fehlerausgleichung, Schiesstheorie, und Statistik.* Vienna, 1912.
Théorie des Schiesswesens auf Grundlage der Wahrscheinlichkeitsrechnung und Fehlertheorie. Vienna, 1908.

Kries, J. von. *Die Principien der Wahrscheinlichkeitsrechnung. Eine logische Untersuchung.* pp. 298. 8vo. Freiburg, 1886.
[See also Lexis, Meinong and Sigwart.]

Lacroix, S. F. *Traité élémentaire du calcul des probabilités*. pp. viii + 299. 8vo. Paris, 1816.
[2nde éd., revue et augmentée, 1822; 4th ed. 1864.]
[Translated into German: E. S. Unger, Erfurt, 1818.]
Lagrange. 'Mémoire sur l'utilité de la méthode de prendre le milieu entre les résultats de plusieurs observations, dans lequel on examine les avantages de cette méthode par le calcul des probabilités, et où l'on résout différents problèmes relatifs à cette matière.' *Misc. Taurinensia*. vol. 5, 1770-3, pp. 167-232. Œuvres complètes, vol. 2, Paris, 1867-77.
'Recherches sur les suites recurrentes...et sur l'usage de ces équations dans la théorie des hasards.' *Nouv. Mém. Ac. Berl.* 1775, pp. 183-272, 1777. *Œuvres complètes*. vol. 4. Paris, 1867-77.
Laisant, C. A. *Algèbre. Théorie des nombres, probabilités, géométrie de situation*. Paris, 1895.
Lambert, J. H. 'Examen d'une espèce de superstition ramenée au calcul des probabilités.' *Nouv. Mém. Ac. Berl.* 1771, pp. 411-20.
Lämmel, R. *Untersuchungen über die Ermittelung von Wahrscheinlichkeiten*. (Inaug.-Dissert.) pp. 80. Zürich, 1904.
Lampe, E. 'Über eine Aufgabe aus der Wahrscheinlichkeitsrechnung.' *Grun. Arch*. vol. 70, 1884.
Lange, F. A. *Logische Studien*.
Laplace, *Essai philosophique sue les probabilités*. (Printed as introduction to *Théorie analytique des probabilités*, from 2nd ed. of the latter onwards.) 4to. Paris, 1814.
German translation by Tönnies. Heidelberg, 1819. German translation by N. Schwaiger. Leipzig, 1886.
A Philosophical Essay on Probabilities. transl. from the 6th French ed. by E. W. Truscott and F. L. Emory. pp. 196. 8vo. New York, 1902.
Théorie analytique des probabilités.
1st ed. 4to. Paris, 1812. 1st and 2nd Suppl., 1812-20. 2nd ed. 4to. pp. cxi + 506 + 2, Paris, 1814. 3rd Suppl. 1820. 3rd ed. Paris, 1820. 4th Suppl. after 1820. *Œuvres complètes*. vol. 7. pp. cxcv + 691. Paris, 1847. *Œuvres complètes*. vol. 7. pp. 832. Paris, 1886.
'Recherches sur l'intégration des équations différentielles aux différences finies, et sur leur usage dans la théorie des hasards.' *Mém. prés. à l'Acad. des Sc.* 1773, pp. 113-63.
'Mémoire sur les suites récurro-récurrentes et sur leurs usages dans la théorie des hasards.' *Mém. prés. à l'Acad. des Sc.* vol. 6, 1774, pp. 353-71.
'Mémoire sur la probabilité des causes par les événements.' *Mém. prés. à l'Acad. des Sc.* vol. 6, 1774, pp. 621-56.

'Mémoire sur le probabilités.' *Mém. prés. à l'Acad. des Sc.* 1780, pp. 227–332.

'Mémoire sur les approximations des formules qui sont fonctions de très grands nombres, et sur leurs applications aux probabilités.' *Mém. de l'Inst.* 1810, pp. 353–415, 539–65.

'Mémoire sur les intégrales définies, et leur application aux probabilités.' *Mém. de l'Inst.* 1810, pp. 279–347.

[The above memoirs are reprinted in *Œuvres complètes.* vols. 8, 9, and 12, Paris, 1891–1898.]

Sur l'application du calcul des probabilités appliqué à la philosophie naturelle. *Conn. des temps. Œuvres complètes.* vol. 13. Paris, 1904.

'Applications du calcul des probabilités aux observations et spécialement aux opérations du nivellement.' *Annales de Chimie. Œuvres complètes.* vol. 14, Paris, 1913.

La Placette, J. *Traité des jeux de hasard.* 18mo. 1714.

Laurent, H. *Traité du calcul des probabilités.* Paris, 1873.

[A la fin une liste des principaux ouvrages (320) ou mémoires publiés sur le calcul des probabilités.]

'Application du calcul des probabilités à la vérification des répartitions.' *Journ. des Actuaires français.* vol. I.

'Sur le théorème de J. Bernoulli.' *Journ. des Actuaires français.* vol. I.

Lechalas, G. 'Le Hasard.' *Rev. Néo-scolastique.* 1903.

'A propos de Cournot: hasard et déterminisme.' *Rev. de Mét. et de Mor.* 1906.

Legendre. 'Methode des moindres carrés.' *Mém. de l'Inst.* 1810, 1811.

Nouvelles méthodes pour la détermination des orbites des comètes. Paris, 1805–6

Lehr. 'Zur Frage der Wahrscheinlichkeit von weiblichen Geburten und von Totgeburten.' *Zeitschrift f. des ges. Staatsw.* vol. 45, 1889, p. 172, and p. 524.

Leibniz. *Nouveaux Essais.* Book II, chapter XXI; Book IV, chapters II, § 14, XV, XVI, XVIII, XX.

Opera omnia, ed. Dutens, V, 17, 22, 28, 29, 203, 206; VI, pt. I, 271, 304, 36, 217; IV, part III, 264.

Correspondence between Leibniz and Jac. Bernoulli. L.'s *Gesammelte Werke* (ed. Pertz and Gerhardt), vol. 3, pp. 71–97, *passim.* Halle, 1855.

[These letters were written between 1703 and 1705.]

See also s.v. Couturat.

Lemoine, E. 'Solution d'un problème sur les probabilités.' *Bulletin de la Soc. math. de Paris.* 1873.

Questions de probabilites et valeurs relatives des pieces du jeu des echecs. 8vo. 1880.
'Quelques questions de probabilites resolues geometriquement.' *Bull. de la Soc. math. de France.* 1883.
'Divers problèmes de probabilite.' *Ass. francaise pour l'Avancement des Sciences.* 1885.
Lexis, W. *Abhandlungen zur Theorie der Bevölkerungs- und Moral-statistik.* pp. 253. Jena, 1903.
Zur Theorie der Massenerscheinungen in der menschlichen Gesellschaft. Pp. 95. Freiburg, 1877.
'Uber die Wahrscheinlichkeitsrechnung und deren Anwendung auf die Statistik. *Jahrb. f. nat. Ök. u. Stat.* (2), vol. 13, 1886, pp. 433–50.
[Contains a review of v. Kries's *Principien.*]
'Über die Theorie der Stabilitat statistischer Reihen.' *Jahrb. f. nat. Ök. u. Stat.* (1), vol. 32, 1879, p. 604.
[Reprinted in *Abhandlungen.*]
'Das Geschlechtsverhältnis der Geborenen und die Wahrscheinlichkeitsrechnung.' *Jahrb. f. nat. Ök. u. Stat.* (1), vol. 27, 1876, p. 209.
[Reprinted in *Abhandlungen.*]
Einleitung in die Theorie der Bevölkerungsstatistik. Strassburg, 1875.
Liagre, J. B. J. *Calcul des probabilités et théorie des erreurs avec des applications aux sciences d'observation en général et à la géodésie en particulier.* 416 pp. Brussels, 1852. 2nd ed. 8vo. 1879.
'Sur la probabilité d'une cause d'erreur régulière, etc.' *Bull. de l'Acad. de Belgique.* 1855.
Liapounoff, A. 'Sur une proposition de la théorie des probabilités.' *Bull. de l'Acad. des Sc. de Saint-Pét.* v, série, vol. XIII.
'Nouvelle Forme du théorème sur la limite de probabilite.' *Mém. de l'Acad. des Sc. de Saint-Pét.* VIII, série, vol. XIII, 1901.
Liebermeister, C. 'Über Wahrscheinlichkeitsrechnung in Anwendung auf therapeutische Statistik.' *Sammlung klinische Vorträge.* Nr 110. 1877.
Lilienfeld, J. 'Versuch einer strengen Fassung des Begriffs der mathematischen Wahrscheinlichkeit.' *Zeitschr. f. Philos. u. phil. Kr.* vol. CXX, 1902, pp. 58–65.
Lipps, G. F. *Kollectivmasslehre.* 1897.
Littrow, J. J. *Die Wahrscheinlichkeitsrechnung in ihrer Anwendung auf das wissenschaftliche und praktische Leben.* 8vo. Wien, 1833.
Lobatchewsky, N. J. 'Probabilité des résultats moyens tirés d'observations repetees.' *Crelle J.* 1824.
Reprinted. *Liouv. J.* vol. 24, 1842.
Lottin, J. *Le Calcul des probabilités et les régularités statistiques.* 32 pp. 8vo.

Louvain, 1910. (Originally published in the *Revue Néo-scolastique*. Feb. 1910).

Quetelet, statisticien et sociologue. Louvain, 1912. pp. xxx + 564.

[Contains a very full discussion of Quetelet's work on probability.]

Lotze, H. *Logik*. 1st ed. 1874, 2nd ed. 1880.

English transl. by B. Bosanquet. Oxford, 1884.

[See Book II, chapter IX: 'Determination of Single Facts and Calculus of Chances.']

Lourié, S. *Die Prinzipien der Wahrscheinlichkeitsrechnung*. Tübingen, 1910.

Lubbock, J. W. and Drinkwater. *Treatise on Probability*. (Library of Useful Knowledge.)

[Often wrongly ascribed to De Morgan.]

Macalister, Donald. 'The Law of the Geometric Mean. *Phil. Trans*. 1879.

McColl, Hugh. *Symbolic Logic*. 1906. [Especially chapters XVII, XVIII.]

'The Calculus of Equivalent Statements.' *Proc. Lond. Math. Soc*. Six papers.

[See particularly 1877, vol. IX, pp. 9–20; 1880, XI, 113–211, 4th paper; 1897, XXVIII, p. 556, 6th paper.]

'Growth and Use of a Symbolical Language.' *Memoirs Manchester Lit. Phil. Soc*. series III, vol. 7, 1881.

'Symbolical or Abbreviated Language with an Application to Mathematical Probability'. *Math. Questions*. vol. 28, pp. 20–23.

Various Papers in Mathematical Questions from the *Journal of Education*, vols. 29, 33, etc.

'A Note on Prof. C. S. Peirce's Probability Notation of 1867.' *Proc. Lond. Math. Soc*. vol. XII, p. 102.

Macfarlane, Alexander. *Principles of the Algebra of Logic*.

[See especially chapters II, III, V, XX, XXI, XXII, XXIII, and the examples.]

Various Papers in Mathematical Questions from the *Journal of Education*, vols. 32, 36, etc.

MacMahon, P. A. 'On the Probability that the Successful Candidate at an Election by Ballot may never at any time have fewer Votes than the one who is unsuccessful, etc.' *Phil. Trans*. (A), vol. 209, 1909, pp. 153–75.

Maldidier, Jules. 'Le Hasard.' *Rev. Philos*. XLIII, 1897, pp. 561–88.

Malfatti, G. F. 'Esame critico di un problema di probabilità del Sig. Daniele Bernoulli, e soluzione d'un altro problema analogo al bernulliano.' *Memorie di Matematica e Fisica della Società Italiana*. vol. I, 1782, pp. 768–824.

Mallet. 'Sur le calcul des probabilités.' *Act. Helv. Basileae*. 1772, VII, pp. 133–63.

Mansions, P. 'Sur la portee objective du calcul des probabilités.' *Bulletin de l'Académie de Belgique* (Classe des sciences). 1903, pp. 1235–94.

Marbe, Dr Karl. *Naturphilosophische Untersuchungen zur Wahrscheinlichkeitslehre.* 50 pp. Leipzig, 1899.

Die Gleichförmigkeit in der Welt. Munich, 1916.

Markoff, A. A. 'Über die Wahrscheinlichkeit *à posteriori*' (in Russian). *Mitteilungen der Charkowv Math. Gesell.* 2 serie, vol. III, 1900.

'Untersuchung eines wichtigen Falles abhängiger Proben' (in Russian). *Abh. der K. Russ. Ak. d. W.* 1907.

'Über einige Fälle der Theoreme vom Grenzwert der mathematischen Hoffnungen und vom Grenzwert der Wahrscheinlichkeiten' (in Russian). *Abh. der K. Russ. Ak. d. W.* 1907.

'Erweiterung des Gesetzes der grossen Zahlen auf von einander abhängige Grössen' (in Russian). *Mitt. d. phys.-math. Ges. Kazan.* 1907.

'Über einige Fälle des Theorems vom Grenzwert der Wahrscheinlichkeiten' (in Russian). *Abh. der K. Russ. Ak. d. W.* 1908.

'Erweiterung gewisser Sätze der Wahrscheinlichkeitsrechnung auf eine Summe verketteter Grössen' (in Russian). *Abh. der K. Russ. Ak. d. W.* 1908.

'Untersuchung des allgemeinen Falles verketteter Ereignisse' (in Russian). *Abh. der K. Russ. Ak. d. W.* 1910.

'Über einen Fall von Versuchen, die eine komplizierte zusammenhängendes Kette bilden', and 'Über zusammenhängende Grössen, die keine echte Kette bilden' (both in Russian). *Bull. de l'Acad des Sciences.* Petersburg, 1911.

Wahrscheinlichkeitsrechnung. Transl. from 2nd Russian edition by H. Liebmann. Leipzig, 1912. pp. vii + 318.

Démonstration du second théorème—limite du calcul des probabilités par la méthode des moments. Saint-Pétersbourg, 1913. pp. 66.

[Supplement to the 3rd Russian edition of *Wahrscheinlichkeitsrechnung*, in honour of the bicentenary of the Law of Great Numbers, with a Portrait of Jacques Bernoulli.]

Masaryk, T. G. *David Hume's Skepsis und die Wahrscheinlichkeitsrechnung.* Wien, 1884.

Maseres, F. *The Doctrine of Permutations and Combinations, being an Essential and Fundamental Part of the Doctrine of Chances: As it is delivered by Mr James Bernoulli, in his excellent Treatise on the Doctrine of Chances*, intitled, *Ars conjectandi*... 8vo. London, 1795.

Meinong, A. Review of Von Kries's 'Die Principien der Wahrscheinlichkeitsrechnung.' *Göttingische Gelehrte Anzeigen.* vol. 2, 1890, pp. 56–75.

Über Möglichkeit und Wahrscheinlichkeit Beiträge zur Gegenstandstheorie und Erkenntnistheorie. pp. xvi + 760. Leipzig, 1915.

Meissner (Otto). *Wahrscheinlichkeitsrechnung: I. Grundlehren: II. Anwendungen.* Leipzig, 1912; 2nd ed., 1919. pp. 56+52.
[An elementary primer.]
Mendelssohn, Moses. *Philos. Schriften, 2 Tle.* 12mo. pp. xxii+278+283. Berlin, 1771. (*Vide* especially vol. II, pp. 243–83, entitled 'Ueber die Wahrscheinlichkeit'.)
Mentrè, F. 'Rôle du hasard dans les inventions et découvertes.' *Rev. de Phil.* 1904.
'Les Racines historiques du probabilisme rationnel de Cournot.' *Rev. de Métaphysique et de Morale.* pp. 485–508, May 1905.
Cournot et la renaissance du probabilisme au xixe siècle. Paris, 1908.
Merriman, M. *A Text-book of the Method of Least Squares.* New York, 1884. 6th ed. 1894, pp. vii+198.
'List of Writings relating to the Method of Least Squares, with Historical and Critical Notes.' *Trans. Connecticut Acad.* vol. 4, 1877, pp. 151–232.
Mertz. *Die Wahrscheinlichkeitsrechnung und ihre Anwendung, etc.* Frankfort, 1854.
Messina, I. 'Intorno a un nuovo teorema di calcolo delle probabilità.' *Giornale di Matematiche di Battaglini.* vol. LVI, 4to. Naples, 1918. 20 pp.
[Described *Stat. Jl.* vol. LXXXII, 1919, p. 612.]
'Su di un nuovo teorema di calcolo delle probabilità, sul teorema di Bernoulli e sui postulati empirici per la loro applicazione.' *Boll. del Lavoro et della Presidenza.* vol. XXXIII, 1920.
Meyer, A. *Essai sur une exposition nouvelle de la théorie analytique des probabilités* à posteriori. 4to, pp. 122. Liége, 1857.
Cours de calcul des probabilités fait à l'université de Liége de 1849 à 1857. Publié sur les mss. de l'auteur par F. Folie. Bruxelles, 1874.
Vorlesungen über Wahrscheinlichkeitsrechnung. (Translation of the above by E. Czuber). pp. xii+554. Leipzig, 1879.
Michell. 'An Inquiry into the Probable Parallax and Magnitude of the Fixed Stars, from the Quantity of Light which they afford us, and the particular Circumstances of their Situation.' *Phil. Trans.* vol. 57, 1767, pp. 234–64.
Milhaud, G. 'Le Hasard chez Aristote et chez Cournot.' *Revue de Méta. et de Mor.* vol. X, 1902, pp. 667–81.
Mill, J. S. *System of Logic.* Book III, chapters, 18, 23.
Mondésir. 'Solution d'une question qui se présente dans le calcul des probabilités.' *Liouville Journ.* vol. II.
Monro, C. J. 'Note on the Inversion of Bernoulli's Theorem in Probabilities.' *Proc. Lond. Math. Soc.* vol. 5, 1874, pp. 74–7 and 145.

Montessus, R. de. *Leçons élémentaires sur le calcul des probabilités*. pp. 191. Paris, 1908. (Reviewed *Stat. Journ.*, 1909, p. 113).
'Le Hasard.' *Rev. du Mois*. March 1907.

Montessus, R. de, and Lechalas, G. 'Un Paradoxe du calcul des probabilités.' *Nouv. Ann.* IV (3), 1903.

Montmort, P. de. *Essai d'analyse sur les jeux de hasard*. 4to, pp. xxiv+189. Paris, 1708.
Essai d'analyse sur les jeux de hasard. 4to, pp. 414. Paris, 1714. (The 2nd ed. is increased by a treatise on Combinations, and the correspondence between M. and Nicholas Bernoulli.)

Montucla, J. T. *Histoire des mathématiques*. 4 vols. 4to. Paris, 1799–1802. vol. III, pp. 380–426.

Newcomb, Simon. *A Statistical Inquiry into the Probability of Causes of the Production of Sex in Human Offspring*. (Published by the Carnegie Institution of Washington.) pp. 34. 8vo. Washington, 1904.

Nicole, F. 'Examen et résolution de quelques questions sur les jeux.' *Hist. Ac. Par.* 1730, pp. 45–56, 331–44.

Nieuport, C. F. de. *Un peu detort ou amusemens d'un sexagenaire*. 8vo. Bruxelles, 1818. Containing 'Conversations sur la théorie des probabilités'.

Nitsche, A. 'Die Dimensionen der Wahrscheinlichkeit und die Evidenz der Ungewissheit.' *Vierteljahrsschr. f. wissensch. Philos.* vol. 16, 1892, pp. 20–35.

Nixon, J. W. 'An Experimental Test of the Normal Law of Error.' *Stat. Journ.* vol. 76, 1913, pp. 702–6.

Oettinger, L. *Die Wahrscheinlichkeitslehre*. 4to. Berlin, 1852.
[Reprinted from *Crelle, J.*, vols. 26, 30, 34, 36, under the title, 'Untersuchungen über Wahrscheinlichkeitsrechnung'.]

Ostrogradsky. 'Probabilité des jugements.' *Acad. de St-Pétersbourg*. 1834.
'Sur la probabilité des hypothèses.' *Mélanges math. et astr.* 1859.

Pagano, F. *Logica dei probabili*. Napoli, 1806.

Parisot, S. A. *Traité du calcul conjectural ou l'art de raisonner sur les choses futures et inconnues*. 4to, Paris, 1810.

Pascal, B. 'Letters to Fermat.' *Varia opera mathematica D. Petrie de Fermat*. pp. 179–188, Toulouse, 1678.
Œuvres, vol. 4, pp. 360–88, Paris, 1819.

Patavio. *Probabilismus methodo mathematico demonstratus*. 1840.

Paulhan, Fr. 'L'erreur et la sélection.' *Rev. Philos.* vol. VIII, pp. 72–86, 179–90, 290–306, 1879.

Peabody, A. P. 'Religious Aspect of the Logic of Chance and Probability.' *Princeton Rev.* vol. V, pp. 303–20, 1880.

Pearson, K. 'On a Form of Spurious Correlation which may arise when Indices are used, etc.' *Proc. Roy. Soc.* vol. LX, pp. 489–98.

'On the Criterion that a given System of Deviations from the Probable in the case of a Correlated System of Variables is such that it can be reasonably supposed to have arisen from Random Sampling.' *Phil. Mag.* (5), vol. 50, 1900, pp. 157–60.

'On some Applications of the Theory of Chance to Racial Differentiation.' *Phil. Mag.* (6), vol. 1, 1901, pp. 110–24.

Contributions to the *Mathematical Theory of Evolution.*

[The main interest of the twelve elaborate memoirs published in the *Phil. Trans.* under the above title is in every case statistical. References are given below to those of them which have most reference to the theory of probability and in which Professor Pearson's general theory is mainly developed.]

II. 'Skew Variation in Homogeneous Material.' *Phil. Trans.* (A), vol. 186, Part I, 1895, pp. 343–414.

III. 'Regression, Heredity and Panmixia'. *Phil. Trans.* (A), vol. 187, 1897, pp. 253–318.

IV. 'On the Probable Errors of Frequency Constants and on the Influence of Random Selection on Variation and Correlation.' *Phil. Trans.* (A), vol. 191, 1898, pp. 229–311. (With L. N. G. Filon.)

VII. 'On the Correlation of Characters not quantitatively measurable.' *Phil. Trans.* (A), vol. 195, 1901, pp. 1–47.

'Mathematical Contributions to the Theory of Evolution.' *Roy. Stat. Soc. Journ.* LVI, 1893, pp. 675–9; LIX, 1896, pp. 398–402; LX, 1897, pp. 440–9.

'On the Mathematical Theory of Errors of Judgment, with special reference to the Personal Equation.' *Phil. Trans.* (A), vol. 198, 1902, pp. 235–99.

On the Theory of Contingency and its relation to Association and Normal Correlation. pp. 35. 4to. London, 1904.

On the General Theory of Skew Correlation and Non-linear Regression. pp. 54. 4to. London, 1905.

On further Methods of determining Correlation. London, 1907. (Reviewed by G. U. Yale. *Journ. Roy. Stat. Soc.*, Dec. 1907.)

'On the Influence of Past Experience on Future Expectation.' *Phil. Mag.* (6), vol. 13, 1907, pp. 365–78.

'The Fundamental Problem of Practical Statistics.' *Biometrika.* vol. XIII, 1920, pp. 1–16.

[On Inverse Probability.]

'Notes on the History of Correlation.' *Biometrika.* vol. XIII, 1920, pp. 25–45.

The Chances of Death and other essays. 2 vols. 8vo, London, 1897.
The Grammar of Science. London, 1892.
Peirce, C. S. 'A Theory of Probable Inference.' *Johns Hopkins Studies in Logic.* 1833.
'On an Improvement in Boole's Calculus of Logic.' *Proc. Amer. Acad. Arts and Sci.* vol. VII, 1867, pp. 250–61. Pp. 62. Cambridge, 1870.
Perozzo. 'Nuove applicazioni del calcolo delle probabilità allo studio dei fenomeni statistici.' *Proceedings of Academia dei Lincei.* 1881–2.
Germ. trans. by O. Elb. *Neue Anwendungen der Wahrscheinlichkeitsrechnung in der Statistik.* pp. 33. 4to. Dresden, 1883.
Pièron, H. 'Essai sur le hasard. La Psychologie d'un concept.' *Rev. de Méta. et de Mor.* vol. X, 1902, pp. 682–93.
Pinard, H. 'Sur la Convergence des Probabilités.' *Rev. Néo-Schol. de Phil.* no. 84 (1919) and no. 85 (1920).
Pincherle, S. 'Il calcolo delle probabilità e l'intuizione.' *Scientia.* vol. XIX, 1916, pp. 417–26.
Pizzetti, P. 'I fondamenti matematici per la critica dei risultati sperimentali.' *Atti della R. Univ. Genova*, 1892.
Plaats, J. D. van der. *Over de toepassing der waarschijnlijkheidsrekening op medische statistick.* 1895.
Plana, G. 'Memoire sur divers problèmes de probabilité.' *Mémoires de l'Académie de Turin for 1811–12*, vol. XX, 1813, pp. 355–408.
Poincarè, H. *Calcul des probabilités.* pp. 274. Paris, 1896.
2nd edition (with additions). pp. 333. Paris, 1912.
Science et hypothèse. Paris.
Engl. transl, London, 1905.
Science et méthode. Paris. (Includes a chapter on 'Le Hasard'.)
Eng. transl. (by F. Maitland). pp. 288. London, 1914.
'Le Hasard.' *Rev. du Mois.* March 1907.
Poisson, S. D. *Recherches sur la probabilité des jugements en matière criminelle et an matière civile, précédées des règles générales du calcul des probabilités.* 4to. pp. ix+415. Paris, 1837.
Lehrbuch der Wahrscheinlichkeitsrechnung. German translation of the above by H. Schnuse. Braunschweig. 8vo. 1841.
'Sur la probabilité des résultats moyens des observations.' *Conn. des Temps*, pp. 273–302, 1827; pp. 3–22, 1832.
'Formules relatives aux probabilités qui dépendent de très grand nombres.' *Compt. Rend. Acad. Paris.* vol. 2, 1836, pp. 603–13.
'Sur le jeu de trente et quarante.' *Annal. de Gergonne.* XV.
'Solution d'un problème de probabilité.' *Liouv. J.* (1), vol. 2, 1837.

'Mémoire sur la proportion des naissances des filles et des garçons.' *Mém. Acad. Paris.* vol. 9, 1830, pp. 239–308.

Pondra et Hossard. *Question de probabilité résolue par la géométrie.* 8vo. Paris, 1819.

Poretzki, Platon, S. 'Solution of the general Problem of the Theory of Probability by means of Mathematical Logic.' (In Russian.) *Bull. of the physico-mathematical Academy of Kasan.* 1887.

Prevost, P. 'Sur les principes de la théorie des gains fortuits.' *Nouv. Mém.* pp. 430–72. Berlin, 1780.

Prevost, P. and Lhuilier, S. A. 'Sur les probabilités.' *Mém. Ac. Berl.* 1796, pp. 117–42, 1799.

'Sur l'art d'estimer la probabilité des causes par les effets.' *Mém. Ac. Berl.* 1796, pp. 3–24, 1799.

'Remarques sur l'utilité et l'étendue du principe par lequel on estime la probabilité des causes.' *Mém. Ac. Berl.* 1796, pp. 25–41, 1799.

Note on above. *Mém. Ac. Berl.* 1797, p. 152, 1800.

'Mémoire sur l'application du calcul des probabilités à la valeur du témoignage'. *Mém. Ac. Berl.* 1797, pp. 120–51, 1800.

Price, R. See Bayes.

Pringsheim, A. See Daniel Bernoulli.

'Weiteres zur Geschichte des Petersburger Problems.' *Grunert Archiv.* 77, 1881.

Proctor, R. A. *Chance and Luck. A Discussion of the Laws of Luck, Coincidences, Wagers, Lotteries, and the Fallacies of Gambling, with Notes on Poker and Martingales.* pp. vii+263. London, 1887.

Protimalethes. *Miracle* versus *Nature: being an Application of Certain Propositions in the Theory of Chances to the Christian Miracles.* 8vo. Cambridge, 1847.

Quetelet, A. *Instructiones populaires sur le calcul des probabilités.* 12mo. Bruxelles, 1828.

Engl. transl.: *Popular Instructions on the Calculation of Probabilities.* Transl. with notes by R. Beamish, 1839.

Dutch transl. by H. Strootman. Breda, 1834.

Lettres sur la théorie des probabilités appliquée aux sciences, morales et politiques. Bruxelles, 1846.

Engl. transl.: *Letters on the Theory of Probabilities as applied to the Moral and Political Sciences.* Transl. by O. G. Downes. 8vo. 1849.

'Sur la possibilité de mesurer l'influence des causes qui modifient les élémens sociaux.' *Corresp. mathém. et phys.* vol. VII, pp. 321–46. Bruxelles, 1832.

'Sur la constance qu'on observe dans le nombre des crimes qui se commettent.' *Corresp. mathém. et phys.* vol. VI, pp. 214–17. Brussels, 1830.

'Théorie des probabilités.' (In the *Encyclo. populaire.*) Brussels, 1853.

'Sur le calcul des probabilités appliqué à la science de l'homme.' *Bull. de l'Acad. roy.* vol. XXVI, pp. 19–32. Brussels, 1873.

[For a full bibliography and discussion of Quetelet's writings on these topics see Lottin's Quetelet.]

Rayleigh, Lord. 'On James Bernoulli's Theorem in Probabilities.' *Phil. Mag.* (5), vol. 47, 1899, pp. 246–51.

Regnault. *Calcul des chances et philosophie de la bourse.* 8vo. Paris, 1863.

Renouvier, Ch. *L'Homme: la raison, la passion, la liberté, la certitude, la probabilité morale.* 8vo. 1859.

Revel, P. Camille. *Esquisse d'un système de la nature fondé sur la du loi hasard.* 1890. 2nd ed. (corrigée), 1892.

Le Hasard, sa loi et ses conséquences dans les sciences et en philosophie. Paris, 1905. 2nd ed. (corrigée et augmentée). pp. 249. Paris, 1909.

Rizzetti, J. 'Ludorum scientia, sive artis conjectandi elementa ad alias applicata.' *Act. Erud. Suppl.* vol. 9, pp. 215–29, 296–307, Leipzig. 1729.

Roberts, Hon. Francis. 'An Arithmetical Paradox concerning the Chances of Lotteries'. *Phil. Trans.* vol. XVII, 1693, pp. 677–681.

Roger. 'Solution d'un problème de probabilité.' *Liouv. J.* (1), vol. 17, 1852.

Rouse, W. *Doctrine of Chances, or the Theory of Gaming made easy to every Person—Lotteries, Cards, Horse-Racing, Dice, etc.* 1814.

Rudiger, Andreas. *De sensu falsi et veri libri iv.* [Lib. i. cap. xii. et lib. iii.] Editio Altera, 4to. Lipsiae, 1722.

Ruffini. *Critical Reflexions on the Essai philosophique of Laplace* (in Italian). Modena, 1821.

Sabudski-Eberhard. *Die Wahrscheinlichkeitsrechnung, ihre Anwendung auf das Schiessen und auf die Theorie des Einschiessens.* Stuttgart, 1906.

Sawitsch, A. *Die Anwendung der Wahrscheinlichkeitstheorie auf die Berechnung der Beobachtungen und geodätischen Messungen oder die Methode der kleinsten Quadrate.* (Translated into German from the Russian by Lais.) Leipzig, 1863.

Schell, W. *Über Wahrscheinlichkeit.* 8vo.

Schnuse, H. Vid. Poisson.

Schweigger, F. *Berechnung der Wahrscheinlichkeit beim Würfeln.*

Scott, John. *The Doctrine of Chance: the Arithmetic of Gambling.* pp. 56. 8vo. 1908.

Segueri, Paolo. *Lettere sulla materia del probabile.* 12mo. Colonia, 1732.

Sextus Empiricus. *Works.*

Sheldon, W. H. 'Chance.' *Journal of Phil., Psych., and Sci. Meth.*, vol. IX, 1912, pp. 281–90.

Sheppard, W. F. 'On the Application of the Theory of Error to Cases of

Normal Distribution and Normal Correlation.' *Phil. Trans.* A, vol. 192, 1899, pp. 101–67.

On the Calculation of the most Probable Values of the Frequency Constants for Data arranged according to Equidistant Divisions of a Scale.' *Proc. Lond. Math. Soc.* vol. XXIX, pp. 353–80.

'Normal Correlation.' *Camb. Phil. Soc.* vol. XIX.

'Normal Distribution and Correlation.' *Roy. Soc. Trans.*, 1898.

Sigwart, C. Review of von Kries in *Vierteljahrsschr. für Wiss. Phil.* XIV, p. 90.

Logik. Tübingen, 1878.

2nd ed. Freiburg, i. B., 1893. English ed., 1895.

Vol. II, part 3, chapter 3, § 85, Die Wahrscheinlichkeitsrechnung; 5, § 102. Die Wahrscheinlichkeit auf statischem Boden.

References in English ed.:

Probability, vol. II, pp. 216–30, 261–71 (errors of observation), 303–9 (induction), 405–7 (statistics).

Simmons, T. C. 'A New Theorem in Probability.' *Proc. Lond. Math. Soc.* vol. 26, 1895, pp. 290–323.

'Sur la probabilité des événements composés.' *Ass. Franc. pour l'Avancement des Sciences.* 1896.

Simon. 'Exposition des principes du calcul des probabilités.' *Journ. des Actuaires français*, I.

Simpson, T. 'A Letter to the Right Honourable George, Earl of Macclesfield, President of the Royal Society, as to the Advantage of taking the Mean of a Number of Observations in Practical Astronomy.' *Phil. Trans.* vol. XLIX, 1755, pp. 82–93.

'An Attempt to show the Advantage arising by taking the Mean of a Number of Observations in Practical Astronomy.' (*Miscellaneous tracts on some curious subjects*, pp. 64–75). London, 4to. 1757.

[A reprint of the above with some new matter. The probability, assuming positive and negative errors to be equally likely, that the mean is nearer to the truth than a single observation taken at random, is here investigated for the first time.]

Treatise on the *Nature and Laws of Chance.* 4to. London, 1740.

Another edition. 8vo. 1792.

Sorel, G. 'Le Calcul des probabilités et l'experience.' *Rev. Philos.* vol. XXIII, 1887, pp. 50–66.

Spehr, F. W. *Vollständiger Lehrbegriff der reinen Combinationslehre mit Anwendungen derselben auf Analysis und Wahrscheinlichkeitsrechnung.* 2. wohlfeile Ausg. 4to. Braunschweig, 1840,

Spinoza. Letter to Jan van der Meer. *Opera.* ed. Van Vloten and Land, vol. II, pp. 145–9, Ep. 38 (in Latin and Dutch).

See also Spinoza's Briefwechsel in J. H. v. Kirchmann's *Philos. Bibliothek*, vol. XLIVI, pp. 145–7.
Sprague, T. B. *On Probability and Chance and their Connexion with the Business of Insurance*. 8vo. 1892.
Stamkart, F. J. *Over de waarschijnlijkheidsrekening*. 8vo.
Sterzinger, O. *Zur Logik und Naturphilosophie der Wahrscheinlichkeitslehre*. Leipzig, 1911.
Stewart, Dugald. 'On the Calculus of Probabilities, in reference to the Preceding Argument for the Existence of God, from Final Causes.' *Philosophy of the Moral Powers*. vol. II, pp. 108–19. (Sir W. Hamilton's ed., Edinb., 1860). 1st ed., 1828.
Stieda, L. Über die Anwendung der Wahrscheinlichkeitsrechnung in der anthropologischen Statistik. *Arch. f. Anthrop.*, 1882.
Streeter, T. E. *The Elements of the Theory of Probabilities*. 31 pp. 8vo. 1908.
Struve, *Catalogus novus stellarum duplicium et multiplicium*. Dorpati, 1827, pp. xxxvii–xlviii.
Stumpf. C, 'Bemerkung zur Wahrscheinlickheitslehre.' *Jahrb. f. national. Ök. u. Stat.* (3), vol. 17, 1899, pp. 671, 672; vol. 18, 1899, p. 243.
[In criticism of Bortkiewicz, *q.v.*]
Stumpf, K. Über den Begriff der mathematischen Wahrscheinlichkeit.' *Ber. bayr. Ak.* (*Phil. Cl.*), 1892, pp. 37–120.
'Uber die Anwendung des mathematischen Wahrscheinlichkeitsbegriffes auf Teile eines Continuums.' *Ber. bayr. Ak.* (*Phil. Cl.*). pp. 681–91, 1892.
Suppantschitsch. *Einführung in die Wahrscheinlichkeitsrechnung*. Leipzig.
Tait, P. G. 'Law of Frequency of Error.' *Edin. Phil. Trans.* vol. 4, 1865.
On a Question of Arrangement and Probabilities. 1873.
Tchebycheff, P. L. *Essai d'analyse élémentaire de la théorie des probabilités*. 4to. Moscow, 1845 (in Russian, degree thesis). pp. ii + 61 + iii.
'Démonstration élémentaire d'une proposition générale de la théorie des probabilités.' *Crelle J.* vol. 33, 1846, pp. 259–67.
'Des valeurs moyennes.' *Liouv. J.* (2), vol. 12, 1867, pp. 177–84.
(Extrait du Recueil des Sciences mathématiques, vol. II.)
'Sur deux théorèmes relatifs aux probabilités.' *Petersb. Abh.* vol. 55, 1887. (In Russian.) French translation by J. Lyon: *Act. Math. Petr.* vol. 14, 1891, pp. 305–15.
Œuvres. 2 vols. 4to. St-Petersbourg, 1907.
(The three memoirs preceding are here reprinted in French.)
Terrot, Bishop. 'Summation of a Compound Series and its Application to a Problem in Probabilities.' *Edin. Phil. Trans.* 1853, vol. XX, pp. 541–5.
'On the Possibility of combining two or more Probabilities of the same

Event, so as to form one Definite Probability.' *Edin. Phil. Trans.* vol. XXI, 1856, pp. 369–76.

Thiele, T. N. *Theory of Observations.* pp. vi + 143. 4to. London, 1903.

Thomson, Archbishop. *Laws of Thought.* § 124, Syllogisms of Chance (13 pp.).

Thubeuf. *Élémens et principes de la royale arithmétique aux jettons, etc.* 12mo. Paris, 1661.

Timerding. *Die Analyse des Zufalls.* pp. ix + 168. Braunschweig, 1915.

Todhunter, I. 'On the Method of Least Squares.' *Camb. Phil. Trans.* vol. ii.

A History of the Mathematical Theory of Probability from the Time of Pascal to that of Laplace. Lge. 8vo. pp. xvi + 624, Cambridge and London, 1865.

Tozer, J. 'On the Measure of the Force of Testimony in Cases of Legal Evidence.' 4to. *Camb. Phil. Soc.* vol. VIII, part II, 16 pp. (read Nov. 27, 1843). 1844.

Trembley. 'Observations sur le calcul d'un jeu de hasard.' *Mém. Ac. Berl.* 1802, pp. 86–102.

'Recherches sur une question relative au calcul des probabilités.' *Mém. Ac. Berl.* 1794–5, pp. 69–108, 1799.

(On Euler's memoir, 'Solutio quarundam quaestionum difficiliorum in calculo probabilitatum'.)

'De probabilitate causarum ab effectibus oriunda.' *Comm. Soc. Reg. Gott.* 1795–8, vol. 13, pp. 64–119, 1799.

'Observations sur la méthode de prendre les milieux entre les observations.' *Mém. Ac. Berl.* 1801, pp. 29–58, 1804.

'Disquisitio elementaris circa calculum probabilium.' *Comm. Soc. Reg. Gott.* (1793–4), vol. 12, 1796, pp. 99–136.

Tschuprow, A. A. 'Die Aufgaben der Theorie der Statistik.' *Jahrb. f. gesetzg. Verwalt. u. Volkswirtsch.* vol. 29, 1905, pp. 421–80.

'Zur Theorie der Stabilität statistischer Reihen.' *Skandinavisk Aktuarietidskrift.* 1918, pp. 199–256; 1919, pp. 80–133.

Twardowski, K. 'Über sogenannte relative Wahrheiten.' *Arch. f. syst. Philos.* vol. III, 1902, pp. 439–47.

Urban, F. N. 'Über den Begriff der mathematischen Wahrscheinlichkeit.' *Vierteljahrsschr. f. wiss. Phil. und Soz.* vol. x, (N.S.), 1911.

Vastel, L. G. F. *L'Art de conjecturer. Traduit du latin de J. Bernoulli, avec observations, éclaircissemens et additions.* Caen, 1801.

[Translation of Part I only of Bernoulli's *Ars Conjectandi* (*q.v.*) containing a commentary on and reprint of Huygens, *De ratiociniis in ludo aleae.*]

Venn, J. *The Logic of Chance.* 1866. 2nd ed., 1876. 3rd ed., 1888.

'The Foundations of Chance.' *Princeton Rev.* vol. 2, 1872, pp. 471–510.

'On the Nature and Uses of Averages.' *Stat. Journ.* vol. 54, 1891, pp. 429–48.
Wagner, A. *Die Gesetzmässigkeit in den scheinbar willkürlichen Handlungen des Menschen.* Hamburg, 1864.
'Wahrscheinlichkeitsrechnung und Lebensversicherung.' *Zeitschr. f. d. ges. Versicherungswissenschaft.* Berlin, 1906.
Waring, E. (M.D. Lucasian Prof.) *On the Principles of translating Algebraic Quantities into Probable Relations and Annuities, etc.* pp. 59. Cambridge, 1792.
An Essay on the Principles of Human Knowledge. pp. 244. Cambridge, 1794.
Welton, J. *Manual of Logic.* (*Probability*, vol. II, pp. 165–85.) London, 1896.
Westergaard. *Grundzüge der Theorie der Statistik.*
Whitaker, Lucy. 'On the Poisson Law of Small Numbers.' *Biometrika.* vol. x, 1914.
Whittaker (E. T.). 'On Some Disputed Questions of Probability.' *Transactions of the Faculty of Actuaries in Scotland.* vol. VIII, 1920, pp. 163–206.
[Problems of Inverse Probability including the Law of Succession. This paper is followed by others on the same subject by various writers.]
Whitworth, W. A. *Choice and Chance, An Elementary Treatise on Permutations, Combinations, and Probability, with* 300 *Exercises.* 1867. 2nd ed., 1870. 3rd ed. pp. viii + 244. Cambridge, 1878.
Expectations of Parts into which a Magnitude is divided at Random. 1898.
Wicksell, S. D. 'Some Theorems in the Theory of Probabilities.' *Skandinavisk Aktuarietidskrift.* p. 196, 1910.
Wijnne, H. A. *De leer der waarschijnlijkheid in hare toepassing op het dagelijksche leven.* 1862.
Wilbraham, H. 'On the Theory of Chances developed in Prof. Boole's "Laws of Thought".' *Phil. Mag.*, 1854.
Wild, A. *Die Grundsätze der Wahrscheinlichkeitsrechnung und ihre Anwendungen.* München, 1862.
Windelband, W. *Die Lehren vom Zufall.* Berlin, 1870.
Wolf, A. 'The Philosophy of Probability.' *Proc. Arist. Soc.* vol. XIII, pp. 29. London, 1913.
Wolf, R. 'Über eine neue Serie von Würfelversuchen.' *Vierteljs. Naturforsch. Gesellsch. in Zürich.* vol. 26, 1881, pp. 126–36 and 201–24; vol. 27, 1882, pp. 247–62; vol. 28, 1883, pp. 118–24.
'Neue Serie von Würfelsversuchen.' *Ibid.* vol. 38, 1893, pp. 10–32.
'Versuche zur Vergleichung der Erfahrungswahrscheinlichkeit mit der mathematischen Wahrscheinlichkeit.' *Mitth. d. Naturforsch. Gesellsch.* Bern, 1849–51, 1853.

Wolff, Christian. *Philosophia rationalis sive logica*. Leipzig, 1732.

Woodward, R. S. *Higher Mathematics*. Chapter x, Probability and Theory of Error, pp. 467, 507. New York, 1900.

Probability and Theory of Errors. New York, 1906.

Wyrouboff, G. 'Le Certain et le probable.' *La Philos. posit.* p. 165, 1867.

Young, J. R. *Elementary Treatise on Algebra, Theoretical and Practical, with an Appendix on Probabilities and Life Annuities*. 4th ed. enlarged, post 8vo. 1844.

Young, Rev. M. 'On the Force of Testimony in establishing Facts contrary to Analogy.' *Trans. Roy. Ir. Acad.* vol. VII, 1800, pp. 78–118.

Young, T. 'Remarks on the Probabilities of Error in Physical Observations, etc.' *Phil. Trans.* 1819.

Yule, G. U. 'On the Theory of Correlation.' *Journ. Stat. Soc.* vol. LX, 1897, p. 812.

'On the Association of Attributes in Statistics.' *Phil. Trans.* (A), vol. 194, 1900, pp. 257–319.

'On the Theory of Consistence of Logical Class-frequencies.' *Phil. Trans.* (A), vol. 197, 1901, pp. 91–132.

An Introduction to the Theory of Statistics. Pp. xiii + 376. London, 1911.

Yule and Galton. 'The Median.' *Stat. Journ.* pp. 392–8, 1896.

附录：R. B. 布莱斯维特 1972 年为《论概率》一书撰写的序言[1]

这篇序言先是尝试着给出凯恩斯《论概率》一书在 1921 年发表时的哲学环境，然后，就接下来半个世纪在概率哲学发展中该书的重要性进行评估。由于这一哲学在今天几乎与凯恩斯在撰写本书时一样富有争议性，所以，我的这篇序言必然只是一个个人意义上的评价。

《论概率》的撰写，内中的款曲在 R. F. 哈罗德(R. F. Harrod)的《凯恩斯传》中已经得到了充分记述。凯恩斯是在 1906 年开始其在概率方面的研究的，此时他在印度事务部工作，在接下去的五年间，他将其大部分的学术热情都倾注在这个主题上，一直到本书接近完成时为止。1911 年之后，凯恩斯别有他务，这推迟了他结束此书写作的时间。但伯特兰·罗素在本国大学图书馆丛书系列中出版的《哲学问题》(*The*

[1] 这篇序并非 1921 年原书的序言，而是 1972 年此书再版时由著名逻辑学家 R.B. 布莱斯维特(R. B. Braithwaite, 1900—1990 年)所写。布莱斯维特是英国著名哲学家，尤以其在科学哲学以及道德和宗教哲学领域所提出来的理论闻名于世。他早年在剑桥大学学习物理学和数学，后来转学哲学。布莱斯维特在物理科学哲学方面的工作，对于他关于科学归纳推理的性质以及模型使用方面的理论，以及他关于概率法则的运用方面的理论，都十分重要。鉴于这篇序言对于理解凯恩斯的这部专著非常有益，所以，我特意将它翻译成中文，列为附录，以飨读者。——译者注

Problems of Philosophy)(1912)一书里,已经对凯恩斯的一些思想进行了广泛的披露。虽然截至1914年8月,《论概率》的大部分内容已经打印完毕,但直到1921年8月,在凯恩斯将1920年的大部分时间用于对它的最后修改之后,此书方才付梓。

正如凯恩斯所说(见于原书473页),他的《论概率》是55年来以英文写就的,关于概率的逻辑基础之第一部系统性著作(而且,事实上从1866年到1915年,以其他语言出版的可以与之相较的著作,也仅有一部而已)。此外,《论概率》出现之时,不列颠和美国后来复兴的经验主义传统下的哲学家,对于"派生知识"(derivative knowledge)(使用罗素的术语)如何能够根据它与"直觉知识"(intuitive knowledge)之间的逻辑关系而建基于"直觉知识"之上,怀有极大的兴趣。凯恩斯通过把逻辑关系的概念扩展到可以容纳概率关系,而使之能表达这样一种相似的表述,即直觉知识如何能够为尚不足以称之为知识的合理信念(rational belief)形成基础。凯恩斯的著作受到了英语学界的热烈欢迎,这很大程度上是因为,他关于概率的阐述弥补了当时知识理论的一个明显的空白。

凯恩斯所关注的主题是,一项概率陈述表达了命题 p 和命题 h[h 通常是多个命题的联接(conjunction)]之间的一种逻辑关系(即一种逻辑关系的成立)。一个知道 h 并且洞悉 p 和 h 之间逻辑关系的人,我们有理由认为,他以相应于该逻辑关系的信念程度而相信 p。如果这一逻辑关系是,p 作为 h 的逻辑结果,那么,有理由认为,他确定 p 为真;如果这一逻辑关系是,p 作为 h 的逻辑结果非真,那么,有理由认为,他确定 p 非真;如果两种情况皆不是,那么,有理由认为,他对 p 拥有不完全的信念程度,该信念程度介于确定相信和确定不相信之间。

凯恩斯方法的原创性在于,他坚持认为,概率在其根本意义上,乃是命题之间所建立的一种逻辑关系，它虽然弱于逻辑结果的那种逻辑关系，但庶几近之。概率的数理理论的创造者（伯努利、贝叶斯、拉普拉斯等）使用概率这一概念的方式表明，与凯恩斯一样，他们认为概率关乎信念的可信程度。但［除了多罗西·瑞奇（Dorothy Wrinch）和哈罗德·杰夫瑞斯（Harold Jeffreys）在1919年所写的一篇文章（此文凯恩斯没有看到过）］《论概率》所包含的以下这个观点，乃是首次面之于世，即关于逻辑的概率关系（logical probability-relationship）的知识，可以表明不完全信念的合理性，这些逻辑关系构成了概率理论的重要主题。

在最近（1967年）出版的《哲学百科全书》（*Encyclopedia of Philosophy*）中，麦克斯·布莱克（Max Black）撰写了一篇关于概率的权威文章，它把这一主题描述为“概率”这一术语的**逻辑解释**（logical interpretation），并认为凯恩斯“针对其对手而对逻辑方法所做的优雅辩护”，对于“其今日的风行厥功至伟”。凯恩斯的理论实质，今天依然有其生命力；但他完成其理论的那种具体的方法，则未能幸存。凯恩斯撰写《论概率》之时，数学家找到了在任何一个领域构建形式上令人满意的公理化系统所需要的条件；同时，概率演算诸定理的公理化发展（《论概率》的第二编），具有多个严重的形式化缺陷。凯恩斯坚持认为，大多数概率关系是不可测度的，而且事实上许多概率关系是不可比较的，以至于所有概率关系构成的集合，无法以简单的一维顺序在确定为真和确定为假两个极端之间进行排列。但凯恩斯的这个意见，并没有得到逻辑解释派大多数拥趸的认可。虽然我们经常能够在不知晓概率关系的测度数字情况下，对概率关系肆意而谈，但每一概率关系由0到1之间的一个数字来测度，对于大部分情形而言，也还是会成立的：凯恩斯关于某些概率关系可测度，而其他的概率关系不可测度的观点，在没有某些相补偿的优点之下，会带来诸多难以容忍的困难。

对凯恩斯的理论有一个更为严重的批评，那就是：它假定“概率”的逻辑解释可以应用到该术语被使用到的每一领域中去。当凯恩斯写出他的《论概率》时，另外一套概率阐述（account of probability）学说，也在关注于为不完全信念寻找正当的理由。在这套学说里，概率关心的是事件中属于某一类事件的比例，而那些事件也属于另外一类事件（例如，生育事件中生下来是男孩的那一类生育事件所占的比例）。在统计学家当中，这一“频率理论”当时非常流行，他们认为，频率理论可以为不完全信念提供一种逻辑。《论概率》的第八章对这种说法给予了令人信服的驳斥。但证明频率理论无法解释合理信念情境中所使用的“概率”意义，并不能证明它无法充分地解释在科学陈述中出现的概率，例如一个镭原子在1622年之内裂变的概率是1/2（这就是物理学家所说的，1622年是镭原子的“半衰期”的含义之所在）。这些命题无疑是经验性的，因此这就为把它们纳入概率的逻辑理论中去，添设了诸多难以克服的障碍。凯恩斯从未明确地讨论这类概率，但在第二十四章，他在导出几率（chance）概念上做出了英勇的尝试，这个概念与那些“主观的”概念（即关注于合理信念的程度）不同，它是“客观的”。他的解释预先假设，那些谈论一个事件的存在乃是由于几率而然的人，不会认为它在因果意义上无法被决定，而只会认为其原因未知而已。在1925年以后的这些年里，不可简约的统计法则（irreducibly statistical laws）开始在量子物理中得到接纳，人们不再认为，有某个原因使镭原子在一段时间而非另一段时间上发生特定的裂变，有关镭的半衰期的命题不是一个经验性命题的说法，也变得更加难以站得住脚。

现在的情况是，那些遵循凯恩斯和杰夫瑞斯而坚持在不完全信念情境中的概率逻辑解释的最近研究者，在坚持概率可用于自然或社会科学经验性命题内部情境的某种频率解释上，已经把他们抛在了身后。

逻辑解释中的概率已然被称作“证实程度”(degree of confirmation)或“可置信性”(credibility)或“可接受性”(acceptability);在后一种解释中,它被称为“长期频率”(long-run frequency)或“统计概率”(statistical probability)或“几率”。有时候,在同一个句子中两种解释都会牵涉到:我们说某一镭原子很可能不会在一年内裂变,就是在说,该镭原子在一年内不裂变有很高的几率这一统计假说,是一个基于当前的证据在较高的程度上可以被证实的假说。

虽然那些对凯恩斯的方法持同情态度的概率学者,大都感到有必要从几率的研究中分出一个凯恩斯的解释所不适用的截然不同的领域来,但相反的是,对于许多统计学家来说,几率是他们的主要兴趣所在,在他们攻击如何挑选最佳的假说来解释可观察的统计数据问题时,他们已经无法避免去使用一些与凯恩斯的解释很相像的东西。那些如今被称为“贝叶斯主义者”的人们,在给定数据的情况下,会通过比较他们的凯恩斯主义概率,而比较统计假说。的确,几乎任何主张偏好一个统计假说胜过另一个统计假说的貌似有理的原理,都等价于一套具有把适宜的先验概率归结于这些假说的贝叶斯主义方法。例如,如果这些假说被视为是同等的,那么,我们就可以得出 R. A. 费希尔(R. A. Fisher)的最大似然原理。

因此,在“概率”这个术语被用之于合理的不完全信念这种情境中去的时候,由凯恩斯、瑞奇、杰夫瑞斯[影响了凯恩斯的 W. E. 约翰逊(W. E. Johnson)也应该被提及]在 50 年前所发展的“概率”的逻辑解释,于今天又开始兴旺起来。不过,如今接受这类解释的那些人中的大多数,不再会以凯恩斯的方式来发展它。凯恩斯把两个命题之间的逻辑概率关系视为其对合理不完全信念解释的根基,他坚持认为,在适宜的情况下,这种关系可以予以构想,予以直接认知,并凭直觉而知道。

在他写作他的这本书时,大多数逻辑学家已然愿意使用这些动词来描述,人们认识到一个命题是另一个命题的逻辑结果的一种方式;凯恩斯认为,他只是指向了也能被洞察到的一类更宽泛的逻辑关系种类。但大多数当代的逻辑学家在使用诸如“洞察”(perceive)这类动词来描述逻辑结果关系的知识时,会很小心:相反,许多人按照语言系统的结构和用途来描述这类知识。在声称可以洞察概率关系上,他们甚至会更加小心。

结果,在今天,许多就不完全信念的逻辑进行思考的人们,不会从概率关系入手,不会把信念程度视为由概率关系成立这一知识而提供了正当理由,而是会从信念程度着手,并就在给定情况下作为一个理性的人其所具有的信念须满足哪些条件而进行思考。以这种方式来入手,需要信念程度这个概念,它独立于对理性所做的各种思虑,而这一点是由 F. P. 拉姆齐(F. P. Ramsey)在 1926 年撰写的一篇刻意地对凯恩斯的观点给予建设性批评的论文所给出的。拉姆齐提出,根据某人打算以多大的赌注比率赌 p 为真,而测量他在某一特定时间上对命题 p 所拥有的信念。意思就是说,如果这个人为了取得如下这样的权利,即当 p 为真时就获得一单位价值,而如果 p 为假时就一无所获,那么,他如果打算支付这一单位价值中的 q 比例(而不是更多),我们就说,信念是 q 程度的($0 \leqslant q \leqslant 1$)。以这种方法测量得出的信念程度,被称为**赌商**(betting quotients):赌商测量的是一个人在某一特定时间上实存的不完全信念,但它不取决于该人是否就持有该程度的不完全信念拥有着良好的理由(reason)。为了把不完全信念局限在理性的情况下,一个有效的做法是,对赌商施予适当的限制。

一个人在一个命题集上的赌商,若如下所示,即对于在那些赌商上施予赌注的某个集合来说,无论该集合的命题哪一个为真,他都会输。

如果是这样，我们就说他是非理性的，第一个限制条件就源于此。这个“无荷兰赌”(No Dutch book)限制条件，已经被证明与要满足概率计算(the probability calculus)的公理和定理的那些赌商是等价的。就凯恩斯的理论来说，为什么概率关系应该受到概率计算的辖制，是颇具几分神秘色彩的。

接下来，一个人在他对于另一个命题为真变得确定之后而给出的关于一个命题的赌商，应当与他之前就第一个命题的条件赌局(conditional bet)中的赌商相同，如果这第二个命题为真，该赌局才是唯一有效的。满足这个要求之后，我们才可以施加第二个限制条件。这两个对该人赌商的限制条件，确保了他在两个方面都是理性的，还确保了他在一个时间点上的赌商应该具有某种特定的**自洽性**(coherence)，以及确保了那些在不同时间点上的赌商应该具有某种特定的**连续性**(continuity)。

不过，这些限制条件并不能确定任何一个特定的赌商的值。在适宜的情况里，这些值可以由施加一个相应于凯恩斯无差异原理(第四章)那样的条件来决定。这个原理是他用来给概率关系添设数字用的。这一原理，以及发展出来起到相同功能的那些原理，在过去50年里得到了大量的讨论。似乎已经得到澄清的是，在我们所致力于追问的理性(rationality)层面，对称性的某些条件是被恰当地施加在了赌商之上的：如果两个命题充分接近，对于一个人来说，在其上而有不同的赌商，就会是不合理的。但这个充分相似性在不把这些命题看作由原子命题(atomic propositions)所构造而来的情况下，是否可以得到切实的界定呢？就那些仅由具备原子特征的语言系统来表达命题的形式下进行思考，这就是鲁道夫·卡尔纳普(Rudolf Carnap)所划出的那条线。卡尔纳普使用构造式语言系统的形式化工具，阐发了概率的准逻辑解释。

卡尔纳普把他的解释与赌商以及施加于赌商之上的限制条件联系起来;他的工作向我昭示了我刚才所给出的那种思考不完全信念的方式。

把不完全信念的逻辑当作赌商的合理性理论来对待,可能看起来与凯恩斯对概率所做的逻辑解释大不相同。但是,凯恩斯在撰写《论概率》时的主要动机,无疑是要解释信念程度如何能够是合理的(rational),因此这就不只是该信念持有者的心理构造而已,而是所有理性的人在相似的条件下所将共享的心理构造。凯恩斯的逻辑概率关系仅仅是作为一个通向该目的的手段而被引介进来的;在他把概率视为"在人类理性(human reason)原理的意义上而言是相对的"(原书第35页)那一段中,他全盘给出了其关于特定客观概率关系的学说。1921年之后,凯恩斯发表的与其概率理论有关的作品,只有他对拉姆齐1926年论文的评论。拉姆齐的这篇论文是在其身后出版的,凯恩斯的这篇评论也发表于拉姆齐的这本名为《数学基础与其他逻辑学论文》(*The Foundations of Mathematics and other logical essays*, 1931)的书中。凯恩斯对此书所写的书评见于《新政治家和民族》(*The New Statesman and Nation*)(1931年10月3日)杂志,后被收入《传记文集》。在此,凯恩斯这样回应了拉姆齐的批评,"有关于概率问题,他不同意我所提出来的处理办法,拉姆齐认为,'概率牵涉的不是命题之间的客观联系,而是(某种意义上的)信念程度'。"因此,凯恩斯可能不会对"受到限制的赌商"理论持同情态度。

不过,这一理论似乎不能为归纳推理提供合理的理由,而这原本是凯恩斯所希望达到的结果。作为先驱者之一,凯恩斯清楚地认识到,基于一个经验假说的某些(不是所有的)情况而赋予一个正概率给它,对此所给出的任何合理的理由,都必须预设:先验于有关该假说情况的任何知识,该假说已被赋予了一个概率。他提出了(在第二十二章)一个有限独立多样性原理(principle of limited independent variety),来给出这些先验概率,自1921年以来,许多哲学家已经就此提出了各种变化和改进。但即便我们不是在对一个一般性的假说做推断,而是对该假说的一种新情况做推断,为了给出会给归纳推理赋予先验概率,在关于某个经验体系的某个命题中的(完全的或不完全的)信念,似乎非常根本。

拉姆齐追随C. S. 皮尔士(C. S. Peirce),认为归纳不需要这类理由;但他没有能够改变凯恩斯。在思考(再次援引那篇评论)"我们信念程度的基础——或他们过去常称呼的所谓先验概率——是我们人类全套装备的一部分,可能只是由自然选择赋予我们的"方面,凯恩斯是认同拉姆齐的。但是,他希望表达的并不止这些。"仅仅说它是一种有用的心智习惯(mental habit),尚不足以对归纳原理穷形尽相。"由休谟导夫先路,在凯恩斯的《论概率》这里出现了新的转向的这场对于归纳推理地位的争辩,仍在延续。

R. B. 布莱斯维特

1972年12月

译者跋

约翰·梅纳德·凯恩斯是20世纪当之无愧的伟大经济学家和重要思想家，其经济思想对今天世界各国的经济政策制定仍然有着相当的影响。

凯恩斯生前一共出版过9部著作，分别是：《印度的通货与金融》、《〈凡尔赛和约〉的经济后果》、《论概率》、《条约的修正》、《货币改革略论》、《货币论》(全二卷)、《劝说集》、《传记文集》以及《就业、利息和货币通论》。此外，他还出版过6本小册子作品。译者在研习经济思想史时，发现凯恩斯著作的汉译本虽然很多，但多是对其中某些名著如《就业、利息和货币通论》和《货币论》的重译，而诸如《货币改革略论》和《论概率》等这类反映其思想渊源与流变的重要著作，却付诸阙如。经过几年的阅读和准备之后，译者这才起心动念，打算在前人译本的基础上，提供一套较为完备的凯恩斯生前著作的中文译本。

凯恩斯先生是一代英文大家，译者虽然不辞辛劳，心里存着追慕远哲、裨益来者的决心，但是才疏学浅，译文中的错讹之处必多。祈望海内外学人，对于译文能够多予教诲，译者先在这里表达一下不胜感激之情。

李井奎

写于浙江工商大学·钱塘之滨

图书在版编目(CIP)数据

论概率/(英)约翰·梅纳德·凯恩斯著;李井奎译. —上海: 复旦大学出版社,2024.9
(约翰·梅纳德·凯恩斯文集)
书名原文:A TREATISE ON PROBABILITY
ISBN 978-7-309-17165-5

Ⅰ.①论… Ⅱ.①约… ②李… Ⅲ.①概率-研究 Ⅳ.①O211.1

中国国家版本馆 CIP 数据核字(2024)第 003862 号

本书据 MACMILLAN AND CO., LIMITED 出版公司 1921 年版 ***A Treatise On Probability*** 译出。中文简体翻译版由译者授权复旦大学出版社有限公司出版发行,版权所有,未经出版者预先书面许可,不得以任何方式复制或发行本书的任何部分内容。

论概率
[英]约翰·梅纳德·凯恩斯 著
李井奎 译
责任编辑/谷 雨
装帧设计/胡 枫

复旦大学出版社有限公司出版发行
上海市国权路 579 号 邮编: 200433
网址: fupnet@fudanpress.com http://www.fudanpress.com
门市零售: 86-21-65102580 团体订购: 86-21-65104505
出版部电话: 86-21-65642845
上海盛通时代印刷有限公司

开本 787 毫米×960 毫米 1/16 印张 35 字数 420 千字
2024 年 9 月第 1 版
2024 年 9 月第 1 版第 1 次印刷

ISBN 978-7-309-17165-5/O·740
定价: 128.00 元

如有印装质量问题,请向复旦大学出版社有限公司出版部调换。
版权所有 侵权必究